煤炭行业特有工种职业技能鉴定培训教材

矿井维修电工

（初级、中级、高级）

·第 3 版·

煤炭工业职业技能鉴定指导中心　组织编写

应急管理出版社

·北　京·

内 容 提 要

本书以矿井维修电工国家职业标准为依据，分别介绍了初级、中级、高级矿井维修电工职业技能考核鉴定的知识及技能方面要求。内容包括电工基础、机械基础、仪器仪表使用、设备的维护与检修等知识。

本书是初级、中级、高级矿井维修电工职业技能考核鉴定前的培训和自学教材，也可作为各级各类技术学校相关专业师生的参考用书。

本书编审人员

主　编　刘雨中

副主编　纪四平　姜　华

编　写　郭宝学　倪宝兴　张兴华　王云龙　李生虎
　　　　梁汝生　陈为信　蒋庆鸿　张晓林　胡春银
　　　　张爱祥　张　平　柳少平　夏晓辉

主　审　高志华

审　稿　倪长敏　韩　斌　张兴华　张黎明　张新生
　　　　王夺穆　王云泉　张　雷

修　订　王　拓　张宗平　寇春刚

前言 PREFACE

为了进一步提高煤炭行业职工队伍素质，加快煤炭行业高技能人才队伍建设步伐，实现煤炭行业职业技能鉴定工作的标准化、规范化，促进其健康发展，根据国家的有关规定和要求，从2004年开始，煤炭工业职业技能鉴定指导中心陆续组织有关专家、工程技术人员和职业培训教学管理人员编写了《煤炭行业特有工种职业技能鉴定培训教材》，作为国家职业技能鉴定考试的推荐用书。

本套教材以相应工种的职业标准为依据，内容上力求体现“以职业活动为导向，以职业技能为核心”的指导思想，突出职业技能培训特色。在结构上，针对各工种职业活动领域，按照模块化的方式，分初级工、中级工、高级工、技师、高级技师5个等级进行编写。每个工种的培训教材分为两册出版，其中初级工、中级工、高级工为一册，技师、高级技师为一册。

本套教材自2005年陆续出版以来，一直备受煤炭企业的欢迎，现已有近50个工种的初级工、中级工、高级工教材和近30个工种的技师、高级技师教材，涵盖了煤炭行业的主体工种，较好地满足了煤炭行业高技能人才队伍建设和职业技能鉴定工作的需要。

当前，煤炭科技迅猛发展，新法律法规、新标准、新规程、新技术、新工艺、新设备、新材料不断涌现，特别是我国煤矿安全的主体部门规章——《煤矿安全规程》已于2022年全面修订并颁布实施，原教材有些内容已显陈旧，不能满足当前职业技能水平评价工作的需要，因此我们决定再次对教材进行修订。

本次修订出版的第3版教材继承前两版教材的框架结构，对已不适应当前要求的技术方法、装备设备、法律法规、标准规范等内容进行了修改完善。

编写技能鉴定培训教材是一项探索性工作，有相当的难度，加之时间仓促，不足之处在所难免，恳请各使用单位和个人提出宝贵意见和建议。意见建议反馈电话：010－84657932。

煤炭工业职业技能鉴定指导中心

2023年12月

CONTENTS 目录

第三部分　中级矿井维修电工知识要求

第四部分　中级矿井维修电工技能要求

第五部分　高级矿井维修电工知识要求

第六部分　高级矿井维修电工技能要求

职 业 道 德

第一节 职业道德的基本知识

一、道德

道德是一种普遍的社会现象。没有一定的道德规范，人类社会既不能生存，也无法发展。什么是道德、道德具有什么特点、什么是职业道德、职业道德具有什么特点和社会作用等，在我们学习职业（岗位、工种）基本知识和操作技能之前，应当对这些问题有个基本了解。

1. 道德的含义

在日常生活和工作实践中，我们经常会用到“道德”这个词。我们或用它来评价社会上的人和事，或用它来反省自己的言谈举止。

道德是一个历史范畴，随着人类社会的产生而产生，同时也随着人类社会的发展而发展。道德又是一个阶级范畴，不同阶级的人对它的理解也不同，甚至互相对立。在我国古代，“道”和“德”原本是两个概念。“道”的原意是道路，“德”的原意是正道而行，后来把这两个词合起来用，引申为调整人们之间关系和行为的准则。在西方，一些思想家也对道德作过多种多样的解释，但只有用马克思主义观点来认识道德的含义和本质才是唯一的正确途径。

马克思主义认为，道德是人类社会特有的现象。在人类社会的长期发展过程中，为了维护社会生活的正常秩序，就需要调节人们之间的关系，要求人们对自己的行为进行约束，于是就形成了一些行为规范和准则。一般来说，所谓道德，就是调整人和人之间关系的一种特殊的行为规范的总和。它依靠内心信念、传统习惯和社会舆论的力量，以善和恶、正义和非正义、公正和偏私、诚实和虚伪、权利和义务等道德观念来评价每个人的行为，从而调整人们之间的关系。

2. 道德的基本特征

（1）道德具有特殊的规范性。道德在表现形式上是一种规范体系。虽然在人类社会生活中，以行为规范方式存在的社会意识形态还有法律、政治等，但道德具有不同于这些行为规范的显著特征：①它具有利他性。它同法律、政治一样，也是社会用来调整个人同他人、个人同社会的利害关系的手段。但它同法律、政治的不同之处在于，在调整这些关系时，追求的不是个人利益，而是他人利益、社会利益，即追求利他。②道德这种行为规范是依靠人们的内心信念来维系的。当然，道德也需要靠社会舆论、传统习俗来维系，这些也是具有外在性、强制性的力量。但如果社会舆论和传统习俗与个人的内心信念不一致，就起不到约束作用。因此，道德具有自觉性的特点。③道德的这种规范作用表现为对人们的行为进行劝阻与示范的统一。道德依据一定的善恶标准来对人们的行为进行评价，对恶行给予谴责、抑制，对善行给予表扬、示范，这同法律规范以明确的命令或禁止的方式来发生作用是不同的。

（2）道德具有广泛的渗透性。道德广泛地渗透到社会生活的各个领域和一切发展阶段。横向地看，道德渗透于社会生活的各个领域，无论是经济领域还是政治领域，也无论是个人生活、集体生活还是整个社会生活，时时处处都有各种社会关系，都需要道德来调节。纵向地看，道德又是最久远地贯穿于人类社会发展的一切阶段，可以说，道德与人类始终共存亡；只要有人，有人生活，就一定会有道德存在并起着作用。

（3）道德具有较强的稳定性。道德在反映社会经济关系时，常以各种规范、戒律、格言、理想等形式去约束和引导人们的行为与心理。而这些格言、戒律等又以人们喜闻乐见的形式出现，它们很容易被因袭下来，与社会风尚习俗、民族传统结合起来，而内化为人们心理结构的特殊情感。心理结构是相当稳定的东西，一经形成就不易改变。因此，当某种道德赖以存在的社会经济关系变更以后，这种道德不会马上消失，它还会作为一种旧意识被保留下来，影响（促进或阻碍）社会的发展。如在我们国家，社会主义制度已经建立起来了，但封建主义、资本主义的道德残余依然存在，就是这个原因。

（4）道德具有显著的实践性。所谓实践性，是指道德必须实现向行为的实际转化，从意识形态进入人们的心理结构与现实活动。我们判断一个人的道德面貌，不能根据他能背诵多少道德的戒律和格言，也不能根据他自诩怀抱多么纯正高尚的道德动机，而只能根据他的实际行为。道德如果不能指导人们的道德实践活动，不能表现为人们的具体行为，其自身也就失去了存在的意义。

二、职业道德

1. 职业道德的含义

在人类社会生活中，除了公共生活、家庭生活外，还有丰富多彩的职业生活。与此相适应，用以指导和调节人与社会之间关系的道德体系，也可以划分为三个部分，即社会道德、婚姻家庭道德和职业道德。职业道德是道德体系的重要组成部分，有其特殊的重要地位。

在人类社会生活中，几乎所有成年的社会成员都要从事一定的职业。职业是人们在社会生活中对社会承担的一定职责和从事的专门业务。职业作为一种社会现象并非从来就有，而是社会分工及其发展的结果。每个人一旦步入职业生活，加入一定的职业团体，就必然会在职业活动的基础上形成人们之间的职业关系。在论述人类的道德关系时，恩格斯曾经指出："每一个阶级，甚至每一个行业，都各有各的道德。"这里说的每一个行业的道德，就是职业道德。

所谓职业道德，就是从事一定职业的人们，在履行本职工作职责的过程中，应当遵循的具有自身职业特征的道德准则和规范。它是职业范围内的特殊道德要求，是一般社会道德和阶级道德在职业生活中的具体体现。每一个行业都有自己的职业道德。职业道德，一方面体现了一般社会道德对职业活动的基本要求，另一方面又带有鲜明的行业特色。例如，热爱本职、忠于职守、为人民服务、对人民负责，是各行各业职业道德的基本规范。但是每一种具体的职业，又都有独特的不同于其他职业道德的内涵，如党政机关、新闻出版单位、公检法部门、科研机构等都有自己的职业道德。

2. 职业道德的特征

各种职业道德反映着由于职业不同而形成的不同的职业心理、职业习惯、职业传统和职业理想，反映着由于职业的不同所带来的道德意识和道德行为上的一定差别。职业道德作为一种特殊的行为调节方式，有其固有的特征。概括起来，主要有以下四个方面：

（1）内容的鲜明性。无论是何种职业道德，在内容方面，总是要鲜明地表达职业义务和职业责任，以及职业行为上的道德特点。从职业道德的历史发展可以看出，职业道德不是一般地反映阶级道德或社会道德的要求，而是着重反映本职业的特殊利益和要求。因而，它往往表现为某职业特有的道德传统和道德习惯。俗话说“隔行如隔山”，它说明职业之间有着很大的差别，人们往往可以从一个人的言谈举止上大致判断出他的职业。不同的职业都有其自身的特点，有各自的业务内容、具体利益和应当履行的义务，这使各种职业道德具有鲜明的职业特色。如，执法部门道德主要是秉公执法，而商业道德则是买卖公平，等等。

（2）表达形式的灵活性和多样性。这主要是指职业道德在行为准则的表达形式方面，比较具体、灵活、多样。各种职业集体对从业人员的道德要求，总是要适应本职业的具体条件和人们的接受能力，因而，它往往不仅仅是原则性的规定，而是很具体的。在表达上，它往往用体现各职业特征的“行话”，以言简意明的形式（如章程、守则、公约、须知、誓词、保证、条例等）表达职业道德的要求。这样做，有利于从业人员遵守和践行，有助于从业人员养成本职业所要求的道德习惯。

（3）调节范围的确定性。职业道德在调节范围上，主要用来约束从事本职业的人员。一般来说，职业道德主要是调整两个方面的关系：一是从事同一职业人们的内部关系，二是同所接触的对象之间的关系。例如，一个医生，不但要热爱本职工作，尊重同行业人员，而且要发扬救死扶伤的精神，尽自己最大努力为患者解除痛苦。由此可见，职业道德主要是用来约束从事本职业的人员的，对于不属于本职业的人，或职业人员在该职业之外的行为活动，它往往起不到约束作用。

（4）规范的稳定性和连续性。无论何种职业，都是在历史上逐渐形成的，都有漫长的发展过程。农业、手工业、商业、教育等古老的职业，都有几千年的历史。而伴随现代工业产生的系列新型职业也有几十年或几百年的历史。虽然每种职业在不同的历史时期有不同的特点，但是，无论在哪个时代，每种职业所要调整的基本道德关系都是大致相同的。如，医生在历朝历代主要是协调医患关系。正因为如此，基于调整道德关系而产生的职业道德规范，就具有历史的连续性和较大的稳定性。例如，从古希腊奴隶制社会的著名医生希波克拉底，到我国封建时代的唐代名医孙思邈，再到现代世界医协大会所制定的《日内瓦宣言》，都主张医生要救死扶伤，对病人一视同仁。医生职业道德规范的基本内容鲜明地体现着历史的连续性和稳定性。

3. 职业道德的社会作用

职业道德是调整职业内部、职业与职业、职业与社会之间的各种关系的行为准则。因此，职业道德的社会作用主要是：

（1）调整职业工作与服务对象的关系，实际上也就是职业与社会的关系。这要求从业人员从本职业的性质和特点出发，为社会服务，并在这种服务中求得自身与本职业的生存和发展。教师道德涉及教师和学生的关系，医生道德涉及医生和患者的关系，司法道德涉及司法人员与当事人的关系。哪种职业为社会服务得好，哪种职业就会受到社会的赞许，否则就会受到社会舆论的谴责。

（2）调整职业内部关系。包括调整领导者与被领导者之间、职业各部门之间、同事之间的关系。这诸种关系之间都要保持和谐共进、相互信任、相互支持、相互合作，避免互相拆台、互相掣肘，从而实现社会关系的协调统一。

（3）调整职业之间的关系。通过职业道德的调整，使各行业之间的行为协调统一。社会主义社会各种职业的目的都是为实现全社会的共同利益服务的。各行业之间的分工合作、协调一致，是社会主义职业道德的基本要求。除此之外，职业道德在促进职业成员成长的过程中也有重要作用。一个人有了职业，就意味着这个人已经踏入社会。在职业活动中，他势必要面对和处理个人与他人、个人与社会的关系问题，并接受职业道德的熏陶。由于职业道德与从业人员的切身利益息息相关，人们往往通过职业道德接受或深化一般社会道德，并形成一个人的道德素养。注重职业道德的建设和提高，不仅可以造就大批有强烈道德感、责任心的职业工作者，而且可以大大促进社会道德风尚的发展。

第二节 职 业 守 则

通常职业道德要求通过在职业活动中的职业守则来体现。广大煤矿职工的职业守则有以下几个方面：

1. 遵纪守法

煤炭生产有它的特殊性，从业人员除了遵守《煤炭法》《安全生产法》《煤矿安全生产条例》《煤矿安全规程》外，还要遵守煤炭行业制定的专门规章制度。只有遵法守纪，才能确保安全生产。作为一名合格的煤矿职工，应该遵守煤矿的各项规章制度，遵守煤矿劳动纪律，尤其是岗位责任制和操作规程、作业规程，处理好安全与生产的关系。

2. 爱岗敬业

热爱本职工作是一种职业情感。煤炭是我国当前的主要能源，在国民经济中占举足轻重的地位。作为一名煤矿职工，应该感到责任重大、使命光荣；应该树立热爱矿山、热爱本职工作的思想，认真工作，培养职业兴趣；干一行、爱一行、专一行，既爱岗又敬业，创造性地干好本职工作，为我国的煤矿安全生产多作贡献。

3. 安全生产

煤矿生产是人与自然的斗争，工作环境特殊，作业条件艰苦，情况复杂多变，危险有害因素多，稍有疏忽或违章，就可能导致事故发生，轻者影响生产，重则造成矿毁人亡。安全是煤矿工作的重中之重。没有安全，生产就无从谈起。作为一名煤矿职工，一定要按章作业，抵制“三违”，做到安全生产。

4. 钻研技能

职业技能，也可称为职业能力，是人们进行职业活动、完成职业责任的能力和手段。它包括实际操作能力、业务处理能力、技术能力以及相关理论知识水平等。

经过新中国成立以来几十年的发展，我国的煤炭生产也由原来的手工作业转变为综合机械化作业，正在向智能化开采迈进，大量高科技产品、科研成果被广泛应用于煤炭生产、安全监控之中，建成了许多世界一流的现代化矿井。所有这些都要求煤矿职工在工作和学习中刻苦钻研职业技能，提高技术能力，掌握扎实的科学知识，只有这样才能胜任自己的工作。

5. 团结协作

任何一个组织的发展都离不开团结协作。团结协作、互助友爱是处理组织内部人与人之间、组织与组织之间关系的道德规范，也是增强团队凝聚力、提高生产效率的重要法宝。

6. 文明作业

爱护材料、设备、工具、仪表，保持工作环境整洁有序；着装整齐，符合井下作业要求；行为举止大方得体。

第一部分

初级矿井维修电工知识要求

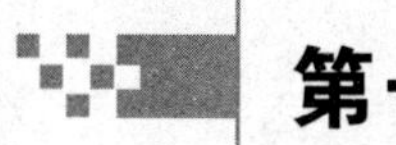

第一章 电 工 基 础

第一节 电路的基本知识和基本定律

一、电路及其基本物理量

电路是电流通过的路径，按其通过的电流性质可分为交流电路和直流电路。电路中通过的电流大小和方向都不随时间变化的电路为直流电路。图 1-1 所示为简单的直流电路。

电路由电源、负载和导线 3 个主要部分组成。一般的电路中还装有控制电路的开关和各种测量仪表以及保护电路的熔断器。

电源即供电的装置，如发电机、电池等，是将其他能量转换成电能的装置。

负载即用电装置，如电灯、电感线圈（电动机、电磁铁）等。负载是将电能转换成其他能量的装置。

导线是电源和负载之间相连的导电线，起着输送电能的作用。

电路图是用各种元件的符号绘成的电路图形。

电路的基本物理量有电流、电位、电压、电动势以及电阻等。

（一）电流

所谓电流，即是在电场的作用下，电荷做有规则的定向运动，如图 1-2 所示。

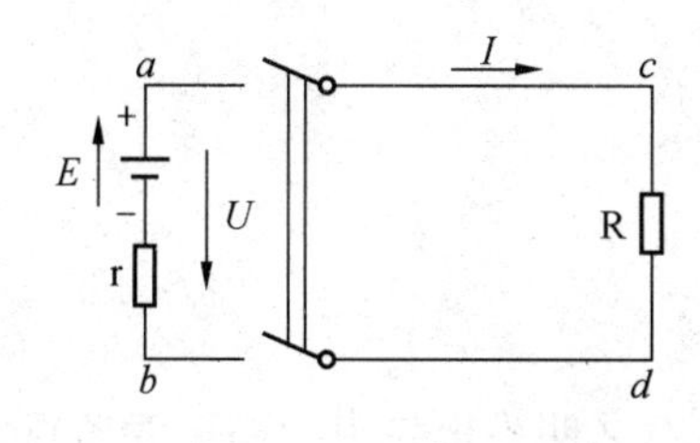

图 1-1 简单的直流电路

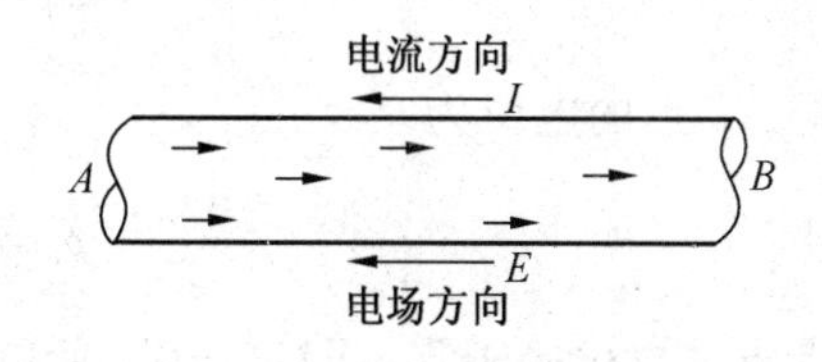

图 1-2 导体中的电流

电流是表示电流强弱的物理量，即在电场作用下，在单位时间内通过某一导体横截面的电量。

如果电流的大小和方向不随时间变化而变化，就将这种电流称为直流电流，简称直

流，用 I 表示，其表达式为

$$I = \frac{Q}{t} \tag{1-1}$$

式中　Q——电量，C；

　　　t——时间，s。

电流的单位名称是安培，简称安，用符号 A 表示。在每秒内通过导体横截面的电量为 1 C 时，则电流为 1 A。在计量小电流时，以 mA 或 μA 为单位。其换算关系是

$$1\ \text{mA} = 10^{-3}\ \text{A}$$

$$1\ \mu\text{A} = 10^{-6}\ \text{A}$$

人们习惯上规定正电荷运动的方向（即负电荷运动的相反方向）为电流的方向。

（二）电压和电位

1. 电压

电场对处在电场中的电荷有力的作用，当电场力使电荷移动时，我们就说电场力对电荷做了功。如图 1－3 所示的电场中，电场力 F 把正电荷 Q 从 a 点移到 b 点所做的功 $A_{ab} = FL_{ab}$。为了衡量电场力移动电荷做功的能力，引入电压这个物理量，规定：电场力把单位正电荷从电场中 a 点移动到 b 点所做的功称为 a、b 两点间的电压，用 U_{ab} 表示

$$U_{ab} = \frac{A_{ab}}{Q}$$

电压的单位名称是伏特，简称伏，用符号 V 表示。电场力把 1 C 电量的正电荷从 a 点移到 b 点，如果所做的功为 1 J，那么 a、b 两点间的电压就是 1 V。

电压的单位还有 kV、mV、μV，其换算关系是

$$1\ \text{kV} = 10^{3}\ \text{V}$$

$$1\ \text{V} = 10^{3}\ \text{mV}$$

$$1\ \text{mV} = 10^{3}\ \mu\text{V}$$

2. 电位

如果在电路中任选一点为参考点，那么电路中某点的电位就是该点到参考点之间的电压。也就是说某点的电位等于电场力将单位正电荷从该点移动到参考点所做的功。电位的符号用 φ 表示。如图 1－3 所示，以 o 点为参考点，则 a 点的电位为

$$\varphi_a = \frac{A_{ao}}{q} = U_{ao}$$

同样，b 点的电位为

$$\varphi_b = \frac{A_{bo}}{q} = U_{bo}$$

参考点的电位等于零，即 $\varphi_o = 0$，所以说，参考点又叫零电位点。高于参考点的电位是正电位，低于参考点的电位是负电位。电位的单位与电压相同，也是 V。

3. 电压与电位的关系

如图 1－3 所示，以 o 点为参考点时，则 a 与 b 点的电位分别为

$$\varphi_a = U_{ao}$$

$$\varphi_b = U_{bo}$$

$$U_{ab} = \varphi_a - \varphi_b$$

可见电路中任意两点间的电压就等于两点间的电位之差，所以电压又称电位差。

参考点改变，各点的电位也随着改变，各点的电位与参考点的选择有关。但不管参考点如何变化，两点间的电压是不改变的。

电路中，参考点可以任意选定。在电力工程中，常取大地为参考点。因此，凡是外壳接地的电气设备，其外壳都是零电位。有些不接地的设备（如电子设备中的电路板），在分析其工作原理时，常选用许多元件汇集的公共点作为零电位，即参考点，并在电路图中用符号“⊥”表示。

习惯规定电场力移动正电荷做功的方向为电压的实际方向，电压的实际方向也就是电位降的方向，即高电位指向低电位的方向，所以电压又称为电位降。

电压的参考方向有两种表示方法，如图 1－4 所示。第一种表示方法是用箭头表示，箭头由假定的高电位指向低电位端。第二种表示方法是用双下标字母表示，如 U_{ab}中，前一个下标字母 a 表示假定的高电位点，后一个下标字母 b 表示假定的低电位点，当 U_{ab}为正值时，说明 a 点比 b 点电位高；当 U_{ab}为负值时，说明 a 点比 b 点电位低。

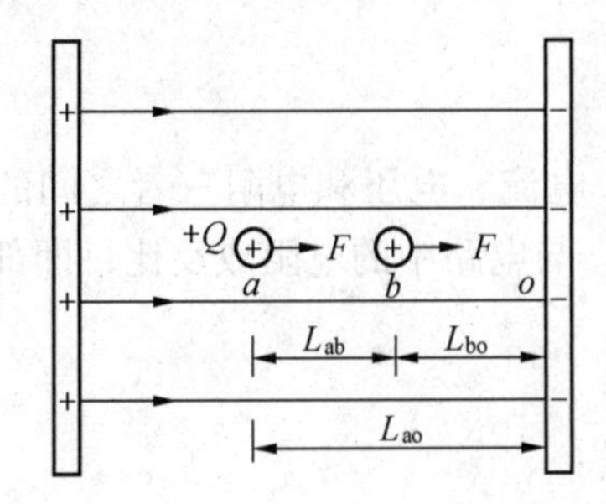

图 1－3 电场力移动电荷做功

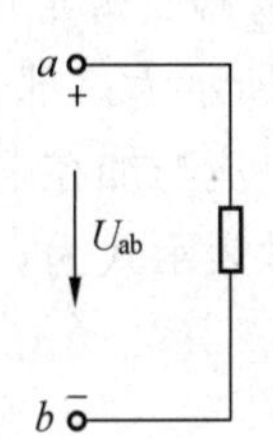

图 1－4 电压的参考方向

（三）电动势

为了衡量电源力做功的能力，我们引入电动势这个物理量。在电源内部，电源力将单位正电荷从电源负极 b 移到正极 a 所做的功叫作电源的电动势，用符号 E 表示，即

$$E = \frac{A_{ba}}{Q}$$

电动势的单位也和电位的单位相同。电动势的方向是由电源的负极指向正极，因此，电动势的方向与电压的方向相反，这就是两者的区别。在数值关系上，电动势等于电源内部电压降与负载的电压降之和，即 $E = Ir + IR$。如果忽略电源内部的电压降 Ir，则电动势就等于负载两端的电压降，即 $E = IR$。

当外电路（即负载）开路时，则电动势就等于电路的开路电压。

（四）电阻

电阻是表征导体对电流阻碍作用大小的一个物理量。

电流通过导体时，做定向运动的自由电子会与其他做热运动的带电质子发生碰撞，阻碍自由电子的运动。因此，导体就呈现了电阻。

电阻用 R 或 r 表示，其单位是 Ω。除此之外，常用的电阻单位还有 kΩ 和 MΩ，其换算关系是

$$1\ \text{k}\Omega = 10^3\ \Omega$$

$$1\ \text{M}\Omega = 10^6\ \Omega$$

导体的电阻是客观存在的，它不随导体两端电压的高低而变化。实验证明，导体的电阻与导体的长度成正比，与导体的横截面积成反比，并且与导体的材料性质有关，即

$$R = \rho \frac{l}{S}$$

式中　l——导体长度，m；

S——导体横截面积，m^2；

ρ——导体的电阻率，Ω · m。

二、欧姆定律、电功和电功率

（一）欧姆定律

欧姆定律是电路最基本的定律之一，有部分（一段）电路欧姆定律和全电路欧姆定律两种形式。

1. 部分电路欧姆定律

图 1－5 所示为一部分（一段电阻）电路。电流、电压和电阻三者之间的关系是：通过电路中的电流与加在电路两端的电压成正比，与电路中的电阻成反比，即部分电路欧姆定律。其数学表示式为

$$I = \frac{U}{R} \tag{1-2}$$

2. 全电路欧姆定律

图 1－6 所示的电路为全电路。图中 E 为电源的电动势，r 为电源的内部电阻，R 为负载的电阻，I 为电路中通过的电流。当用导线将电源和负载连接起来构成回路时，在电源的电动势作用下，电流就由电源的负极经其内部电阻到电源的正极。而在外电路该电流由电源的正极经负载电阻回到电源的负极。电流通过负载电阻引起电压降 IR，电流通过电源的内部电阻引起电压降 Ir。

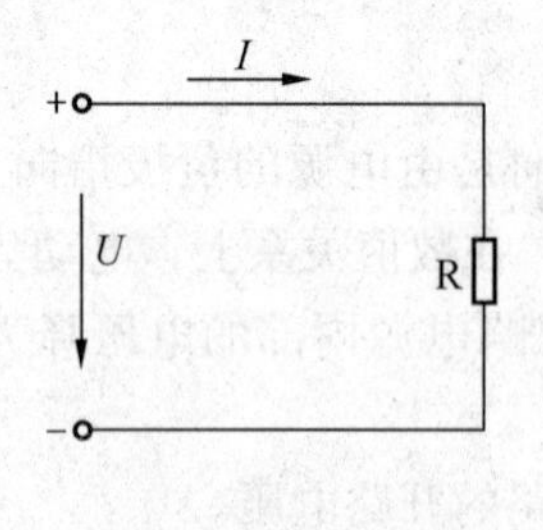

图 1－5　部分电路

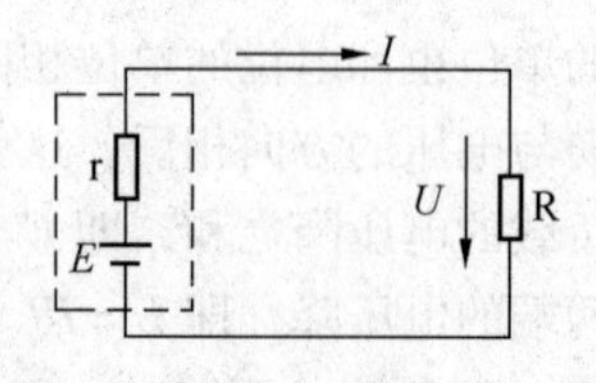

图 1－6　全电路

根据电动势与电压降的数值关系

$$E = Ir + IR$$

那么

$$I=\frac{E}{r+R} \tag{1-3}$$

式（1－3）表述的就是全电路欧姆定律，即通过电路中的电流与电源的电动势成正比，而与电源的内部电阻、负载电阻之和成反比。通常情况下，电源的电动势和内部电阻可以认为不变，因此，外电路（负载）电阻的变化是影响电流大小的唯一因素。

（二）电功

电源力在电源的内部克服电场力而将正电荷由电源的负极（低电位）移到电源的正极（高电位），使正电荷获得电位能而做功。电场力在外电路中推动正电荷由高电位到低电位使正电荷的电位能减少即释放能量而做功。因此，电源力（或电场力）所做的功，就称为电功，用 A 表示。电源力所做的功与电源的电动势、通过电源的电荷量成正比，即

$$A=EQ=EIt$$

电场力所做的功与电路两端的电压、电路中通过的电荷量成正比，即

$$A_1=UQ=UIt$$

根据能量守恒定律 $A=A_1+A_0$

式中 A——电源输入电路中的功，J；

A_1——电场力对负载所做的功，J；

A_0——电源内部损耗的功（即 I^2rt），J。

电功较大的单位为 kW·h，1 kW·h $=36\times10^5$ J。

（三）电功率

电源力（或电场力）在单位时间内所做的功，称为电功率，用 P 表示。电源力的电功率为

$$P=\frac{A}{t}=\frac{EQ}{t}=EI$$

即电源力的电功率与电源的电动势、电路中的电流成正比。

电场力的电功率 $P_1=\frac{A_1}{t}=\frac{UQ}{t}=UI=I^2R=\frac{U^2}{R}$

即电场力的电功率与电路两端的电压、电路中的电流成正比。

电路的电功率平衡方程为

$$P=P_1+P_0$$

式中 P——电源输入电路中的电功率，W；

P_1——负载消耗的电功率，W；

P_0——电源内部损耗的电功率，W。

电功率较大的单位为 kW，1 kW $=10^3$ W。

（四）负载获得最大功率的条件

由电路的电功率平衡方程可知，电源输入电路中的电功率包括负载消耗的功率和电源内部损耗的功率两部分。如果电源输入电路中的功率一定，当电源内阻损耗的功率增大时，则负载消耗（即获得）的功率必然减小。在电子电路中负载获得最大功率的条件是：负载的电阻等于电源的内电阻（$R=r$）。

在电信工作中，将满足负载获得最大功率的条件的状态称为阻抗匹配。显然，当阻抗匹配时，负载就一定能获得最大功率。

三、简单直流电路的计算

1. 电阻串联

将两个或两个以上的电阻首尾依次连接，称为电阻的串联，如图1-7a所示，图1-7b为其等效电路。电阻串联电路有以下性质：

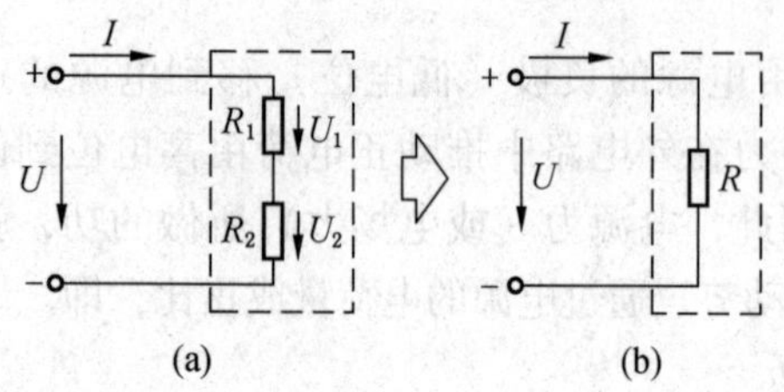

图1-7　电阻的串联电路

(1) 串联电路中通过每个电阻的电流都相等，并且等于电路中的总电流，即

$$I = I_1 = I_2 = \cdots = I_n$$

(2) 串联电路两端的电压等于各电阻两端电压之和，即

$$U = U_1 + U_2 + \cdots + U_n$$

(3) 串联电路的等效电阻等于各串联电阻之和，即

$$R = R_1 + R_2 + \cdots + R_n$$

根据欧姆定律，如果两个电阻串联，则串联电路中 R_1 电阻的电压分配为

$$U_1 = I_1 R_1 = IR_1 = \frac{R_1}{R_1 + R_2}U$$

同理，R_2 电阻的电压分配为

$$U_2 = \frac{R_2}{R_1 + R_2}U$$

由此可见，在电阻的串联电路中各电阻分配的电压与电阻阻值成正比，即

$$U_1 : U_2 : \cdots : U_n = R_1 : R_2 : \cdots : R_n$$

2. 电阻并联

两个或两个以上的电阻，接在相同的两点之间的连接形式称为电阻的并联，如图1-8a所示，图1-8b为其等效电路。

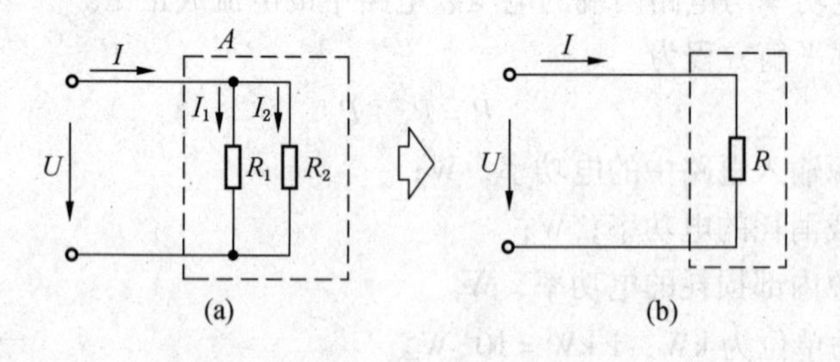

图1-8　两个电阻的并联电路

电阻的并联电路具有以下性质：

(1) 各电阻两端的电压相等，并等于电路两端的电压，即

$$U = U_1 = U_2 = \cdots = U_n$$

（2）电路中的总电流等于各电阻中的电流之和，即

$$I = I_1 + I_2 + \cdots + I_n$$

（3）等效电阻的倒数等于各电阻倒数之和，即

$$\frac{1}{R} = \frac{1}{R_1} + \frac{1}{R_2} + \cdots + \frac{1}{R_n}$$

如果两个电阻并联，其等效电阻为

$$R = \frac{R_1 R_2}{R_1 + R_2}$$

3 个电阻并联的等效电阻为

$$R = \frac{R_1 R_2 R_3}{R_1 R_2 + R_2 R_3 + R_3 R_1}$$

有 n 个阻值相等的电阻并联时等效电阻为

$$R = \frac{R_1}{n} = \frac{R_2}{n}$$

（4）电阻并联电路中，通过各电阻中的电流与电阻阻值成反比。如两个电阻并联，则

$$I_1 = \frac{R_2}{R_1 + R_2} I \qquad I_2 = \frac{R_1}{R_1 + R_2} I$$

3. 电阻的混联

在一个电路中，电阻既有串联又有并联，称为电阻的混合连接，简称电阻的混联，如图 1－9 所示。

混联电路的计算没有固定格式，要根据电路来具体分析，一般是先将电路进行简化，简化混联电路的方法是：

（1）将电阻的连接点编号。

（2）合并同电位点。

（3）将电阻“对号入座”。

【例 1－1】如图1－9 所示，$U = 12$ V，$R_1 = R_2 = R_3 = R_4 = R_5 = 6\ \Omega$，求电路的等效电阻、总电流以及通过 R_5 中的电流各为多少？

解：将图 1－9 所示的电路简化为图 1－10 所示的电路。

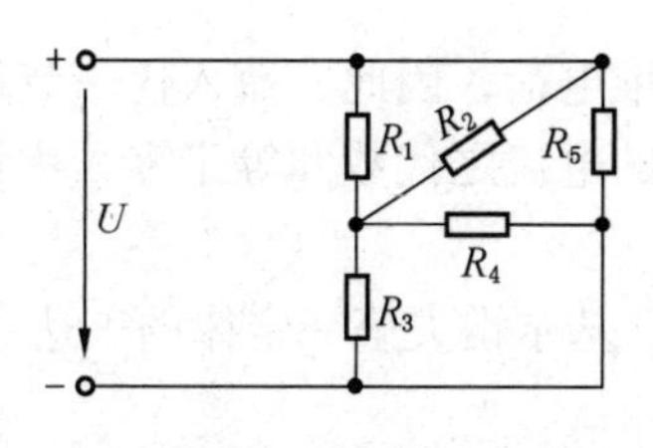

图 1－9 电阻的混联电路

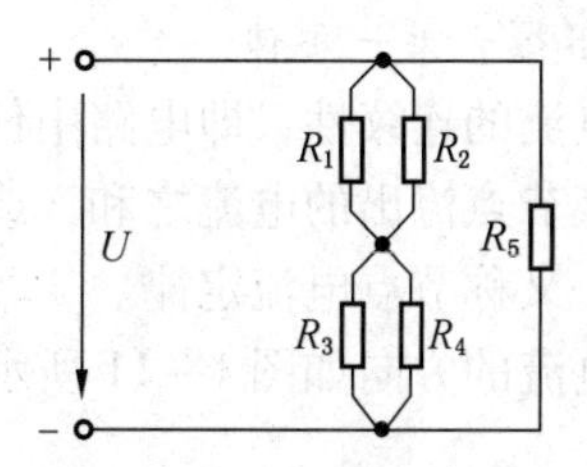

图 1－10 简化电路图

这就不难看出，R_1 与 R_2 并联，即

$$R_{12}=\frac{R_1}{2}=\frac{6}{2}=3(\Omega)$$

R_3 与 R_4 并联，即

$$R_{34}=\frac{R_3}{2}=\frac{6}{2}=3(\Omega)$$

R_{12}与 R_{34}串联，即

$$R'=R_{12}+R_{34}=3+3=6(\Omega)$$

R'与 R_5 并联得等效电阻，即

$$R'=\frac{R'}{2}=\frac{6}{2}=3(\Omega)$$

电路中的总电流为

$$I=\frac{U}{R}=\frac{12}{3}=4(\mathrm{A})$$

通过 R_5 中的电流为

$$I_5=\frac{1}{2}I=\frac{1}{2}\times4=2(\mathrm{A})$$

四、复杂直流电路的基本概念

所谓复杂直流电路，即不能用电阻的串并联简化的直流电路。图 1－11 所示即为复杂直流电路。

1. 复杂直流电路中的术语名词

了解复杂直流电路应掌握以下术语名词：

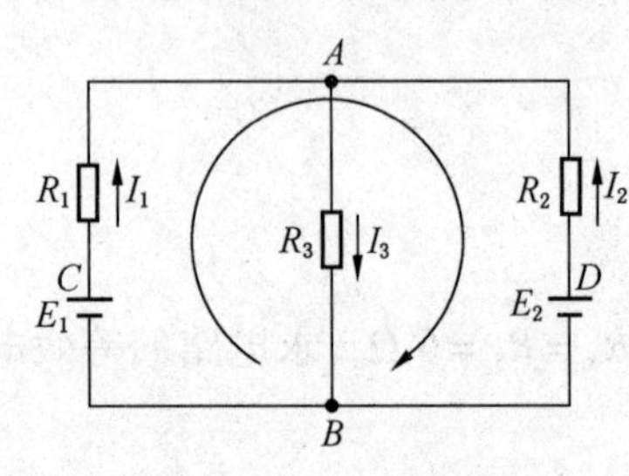

图 1－11　复杂直流电路

（1）节点，指 3 个或 3 个以上电流的汇合点，如图 1－11 中的 A、B 两个节点。

（2）支路，指两个节点间的电路，如图 1－11 中的 E_1、R_1 支路；E_2、R_2 支路；R_3 支路。

（3）回路，指闭合的电路，如图 1－11 中的 $ABCA$ 回路、$ABDA$ 回路、$ADBCA$ 回路。

（4）网孔，指最简单的回路，如上述 3 个回路中前面的两个回路。

2. 基尔霍夫第一定律

由于电流的连续性，即电路中任一节点都不积堆电荷，因此，流入任一节点的电流之和等于由该节点流出的电流之和，或流入任一节点的电流之代数和等于零，称为基尔霍夫第一定律，又称节点电流定律。

假设电流的方向如图 1－11 所示，对于节点 A，基尔霍夫第一定律的表达式为

$$I_1+I_2=I_3$$

或

$$I_1+I_2-I_3=0$$

这就是说，规定流入节点的电流为正，则流出节点的电流为负，表达式可写为

$$\sum I=0 \tag{1-4}$$

3. 基尔霍夫第二定律

基尔霍夫定律用来确定回路中各部分电压（含电动势）之间的关系。如果从回路的任一点出发以顺时针或逆时针方向沿回路绕行一周，则电动势的代数和就等于电阻上电压降的代数和，这即为基尔霍夫第二定律，又称回路电压定律。如图 1－11 所示的 *ADBCA* 回路（按顺时针的绕行方向），则该定律的表达式为

$$E_1 - E_2 = R_1I_1 - R_2I_2$$

则
$$\sum E = \sum IR \tag{1-5}$$

或
$$\sum U = 0 \tag{1-6}$$

式（1－6）表明，在回路中各段电压的代数和等于零，这是基尔霍夫第二定律的另一种表达形式。

规定凡是与回路的绕行方向一致的电动势皆为正，反之为负；凡是与回路的绕行方向一致的电流在其流经的电阻上所引起的电压皆为正，反之为负。

第二节 磁和电磁的基本知识

一、磁路及其物理量

（一）*磁路*

磁通所通过的闭合路径称为磁路。磁路一般由铁芯（包括衔铁）和空气隙组成。磁路按结构可分为无分支磁路和分支磁路，分支磁路又分为对称分支磁路和不对称分支磁路。图 1－12a 所示为无分支磁路，图 1－12b、图 1－12d 所示为对称分支磁路，图 1－12c 所示为不对称分支磁路。

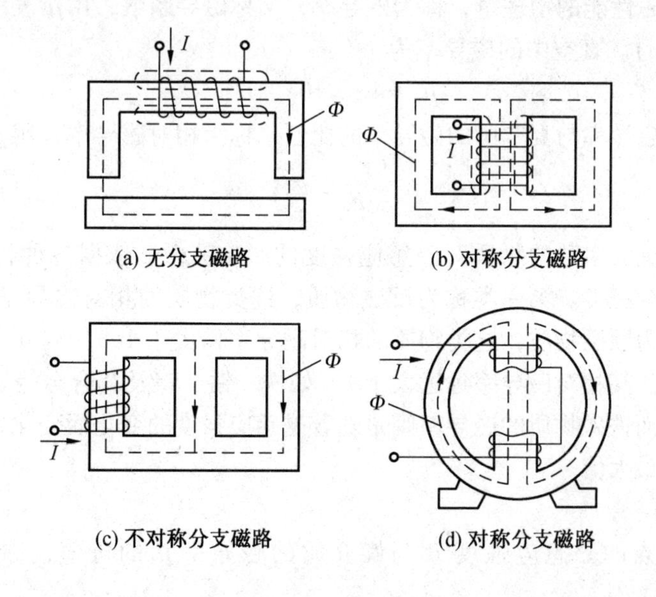

图 1－12　磁路

（二）磁路的物理量

1. 磁通量

磁力线垂直通过某一面积的条数，称为该面积的磁通量，简称磁通。磁通的符号是 Φ，其单位是韦伯（Wb），简称韦。

2. 磁感应强度

单位面积中的磁通量称为磁感应强度，又称磁通密度，用 B 表示。

$$B=\frac{\Phi}{S} \tag{1-7}$$

式中　Φ——磁通量，Wb；

　　S——面积，m^2。

磁感应强度的单位是 Wb/m^2，又称特斯拉（T），较小的单位是高斯（Gs），简称高，它们的关系为

$$1\ T=10^4\ Gs$$

磁感应强度是描述磁场中各点磁场强弱和方向的物理量，是既有大小又有方向的矢量。式（1-7）不但表达了磁感应强度的定义，而且也表示出其大小。磁感应强度在磁场中某一点的方向，就是该点的小磁针 N 极所指的方向，即是该点的磁力线的切线方向。

各点的磁感应强度大小相等而方向相同（即方向相互平行）的磁场，称为均匀磁场。通常用符号“⊕”和“⊙”分别表示电流或磁场垂直进入或流出纸面的方向。

3. 磁导率

载流导体周围磁场的强弱，不仅取决于载流导体（主要指线圈）的几何形状、匝数和导体中通过电流的大小，而且也取决于磁场中的介质。

为了表明载流线圈的磁场强弱与磁场中的介质关系，引入磁导率这个物理量。我们把用来表征物质导磁性能的物理量，称为磁导率，又称磁导系数，用 μ 表示。磁导率的单位是亨利/米（H/m）。真空中的磁导率为

$$\mu_0=4\pi\times10^{-7}\ H/m$$

任一物质的磁导率与真空中的磁导率的比值，称为相对磁导率，用 μ_r 表示，即

$$\mu_r=\frac{\mu}{\mu_0}$$

自然界中，绝大多数的物质对磁感应强度的影响甚微。依据各种物质的磁导率的大小，可将物质分为三类。第一类称为反磁物质，这类物质的相对磁导率稍小于 1，如铜、银等；第二类称为顺磁物质，这类物质的相对磁导率稍大于 1，如空气、锡、铝等；第三类称为铁磁物质，其相对磁导率远远大于 1，如铁、钴、镍及其合金等。前两类物质的磁导率皆为常数，而铁磁物质的磁导率则是随着磁感应强度的变化而变化，并且各种铁磁物质的磁导率都有最大值。

4. 磁场强度

磁场中某一点的磁感应强度 B 与媒介质的磁导率 μ 的比值，称为该点的磁场强度，即

$$H=\frac{B}{\mu} \tag{1-8}$$

在均匀媒介质中，磁场强度的数值与媒介质无关。

磁场强度的单位是 A/m，较大的单位是奥斯特（Oe），它们的关系为

$$1\ \mathrm{Oe} \approx 80\ \mathrm{A/m}$$

磁场强度也是矢量，它在磁场中某一点的方向与磁感应强度在该点的方向一致。

必须指出，磁场强度仅是描述外（载流线圈）磁场的物理量；而磁感应强度既是描述外磁场的物理量，又是描述内（铁芯）磁场的物理量。

5. 磁动势

类似电路中的电动势，产生磁通的原动力，称为磁动势，简称磁势。用 F_c 表示磁动势的大小，其值为载流线圈中的电流和匝数的乘积，即

$$F_c = NI \tag{1-9}$$

磁动势的单位是安匝（At）。

二、电流的磁场和磁场对载流导体的作用力

1. 电流的磁场

磁铁周围存在着磁场，并且可以用磁力线来描绘。

磁力线具有以下性质：

（1）在磁体外部，磁力线的方向总是由 N 极至 S 极；而在磁体内部，磁力线的方向则是由 S 极至 N 极，每条磁力线都构成闭合形状。磁力线不但能够描绘磁场的方向，而且还能描绘出磁场各点的强弱。在磁体两极，磁力线较密则表明此处的磁场较强；在磁场中的其他地方磁力线较疏（距磁极越远，磁力线就越疏），表明这些地方的磁场较弱。

（2）磁力线互不相交。

（3）磁力线具有缩短的趋势。

（4）磁力线上任意一点的切线方向，就是该点的磁场方向。

不仅磁铁的周围存在着磁场，电流的周围也存在着磁场，这就是电流的磁效应。如图 1-13 所示，仔细观察排列成圆环的铁屑可以发现，靠近导线的地方铁屑较密，是磁场较强的地方，离导线越远，铁屑越疏，则磁场越弱。当通过导线的电流增大时，在靠近导线的地方铁屑排列得就更密，表明磁场较以前增强了。这说明载流导体周围的磁场中各点的磁感应强度，与导线中通过的电流成正比，而与该点至导线的距离成反比。其表达式为

$$B = \frac{\mu_0 I}{2\pi a} \tag{1-10}$$

式中 B——磁感应强度，T；

I——导体中通过的电流，A；

a——某点至导线表面的距离，m；

$\frac{\mu_0}{2\pi}$——比例常数，其中 μ_0 为真空中的磁导率（单位为 H/m）。

载流导体磁场的方向，与导体中电流的流动方向有密切的关系，并且有一定的规律，这个规律称为右手螺旋定则。用右手握住导线，伸直的拇指表示电流的方向，则与拇指垂直的卷曲的其余四指的方向，就是磁场的方向，如图 1-14a 所示。

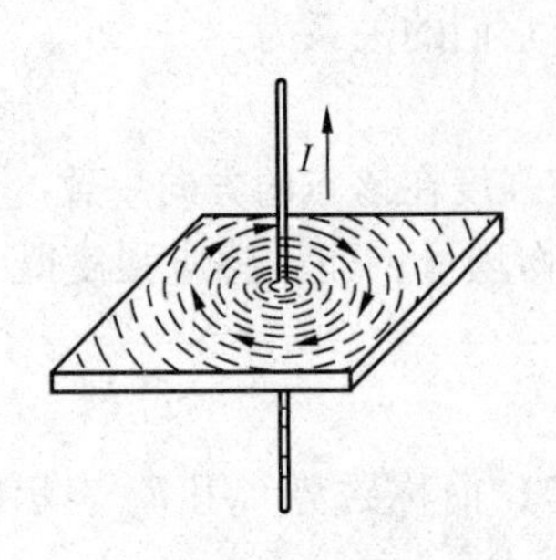

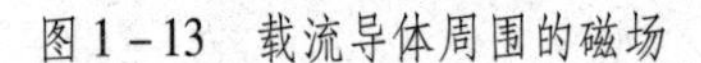
图1－13　载流导体周围的磁场

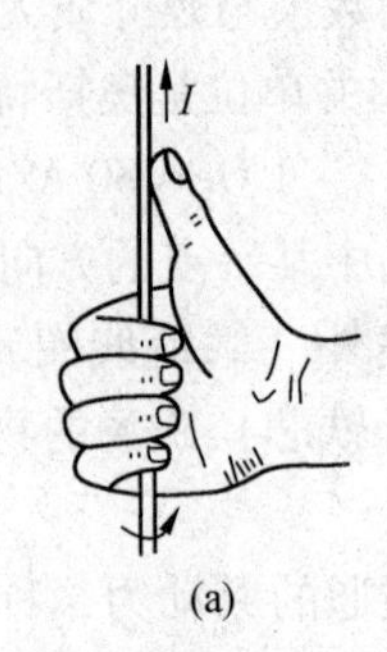

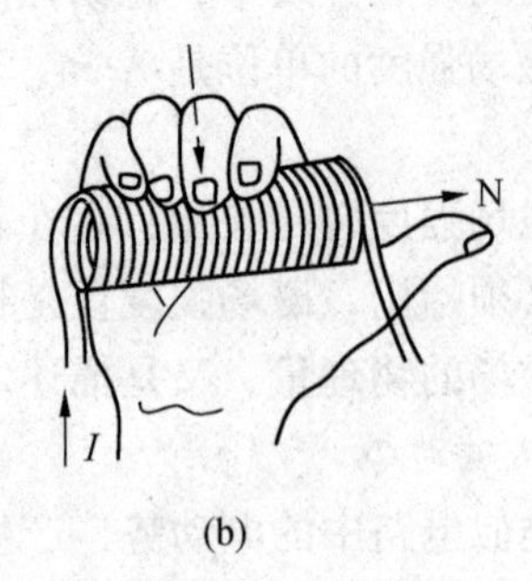

图1－14　右手螺旋定则

载流线圈的磁场方向也用右手螺旋定则来判断，如图1－14b所示，用右手握住线圈，卷曲的四指表示电流的环绕方向，则与四指垂直且伸直的拇指所指的方向即是磁场的方向，或拇指所指的一端为线圈的N极。

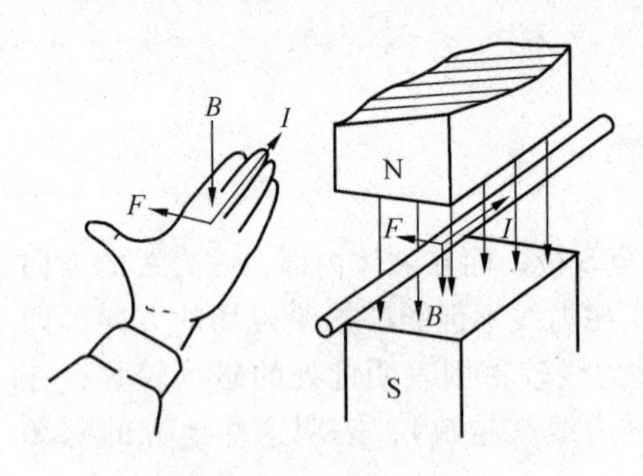

图1－15　电动机左手定则

2. 磁场对载流导体的作用力

磁力线、电流和作用力三者的方向相互垂直，其关系可用左手定则来判定：伸开左手，拇指与其余四指垂直，使磁力线穿入手心（即手心向着N极），用四指指向电流的方向，则拇指所指的方向就是载流导体受作用力（运动）的方向，如图1－15所示。

均匀磁场对载流导体的作用力的通用表达式为

$$F = BIL\sin\alpha \tag{1-11}$$

式中　B——磁感应强度，T；

I——导体中通过的电流，A；

L——导体的有效长度，m；

α——载流导体与磁力线的夹角，(°)；

F——磁场对载流导体的作用力，N。

三、铁磁材料

1. 铁磁材料的磁化

用铁磁物质做成的材料称为铁磁材料。在外磁场的作用下，使原来没有磁性的铁磁材料变为磁体的过程，称为磁化。凡是铁磁材料都能被磁化，非铁磁材料（即用反、顺磁物质做成的材料）内部的分子电流不能构成磁畴而不能被磁化。

2. 铁磁材料的磁性能

铁磁材料的磁性能有：

（1）能被磁体吸引。

（2）能被磁化，在反复磁化时有磁滞现象和磁滞损耗。

（3）磁导率不是常量，各种铁磁材料都有一个磁导率的最大值。

（4）磁感应强度与磁场强度为非线性关系，各种铁磁材料都有一个磁感应强度的饱和值。

第三节 单 相 交 流 电

一、正弦交流电的基本物理量

所谓正弦交流电，即指大小和方向随时间按正弦规律变化的电流（含电压、电动势）。

（一）周期、频率和角频率

1. 周期

从图 1－16 可以看出，e 是一个按正弦规律变化的交流电动势。把交流电一次周期性变化所需的时间称为交流电的周期，用符号 T 表示，单位是 s，周期较小的单位还有 ms 和 μs。在图 1－16 中，横坐标轴上由 O 到 a 或由 b 到 c 的这段时间就是一个周期。

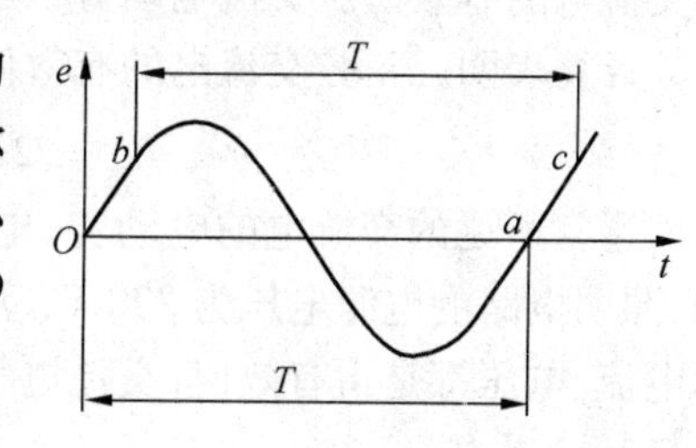

图 1－16 交流电的周期

2. 频率

交流电在 1 s 内完成周期性变化的次数叫作交流电的频率，用符号 f 表示，单位是赫兹，简称赫，用符号 Hz 表示，频率较大的单位还有 kHz 和 MHz。

根据定义，周期和频率互为倒数，即

$$f=\frac{1}{T} \quad 或 \quad T=\frac{1}{f} \tag{1－12}$$

在我国的电力系统中，国家规定动力和照明用电的频率为 50 Hz，习惯上称为工频，其周期为 0.02 s。频率和周期都是反映交流电变化快慢的物理量，如果周期越短（频率越高），那么交流电变化就越快。

3. 角频率

交流电变化的快慢除了用周期和频率表示外，还可以用角频率表示。通常交流电变化一周也可以用 2π 弧度来计量，交流电每秒所变化的角度（电角度），称为交流电的角频率，用符号 ω 表示，单位是 rad/s。周期、频率和角频率的关系为

$$\omega=\frac{2\pi}{T}=2\pi f \tag{1－13}$$

（二）频率与磁极对数的关系

电枢线圈每切割一对磁极下的磁力线，其电动势就完成一个周期变化。在具有 p 对磁极的发电机中，电枢每转一圈，电动势就完成 p 次周期变化。如果电枢每分钟旋转 n 圈，则其频率为

$$f=\frac{np}{60} \tag{1－14}$$

（三）瞬时值和最大值

1. 瞬时值

交流电在某一时刻的值称为瞬时值。电动势、电压和电流的瞬时值分别用小写字母 e、u 和 i 表示。

2. 最大值

交流电最大的瞬时值称为最大值，也称为幅值或峰值。电动势、电压和电流的最大值分别用符号 E_m、U_m 和 I_m 表示。在波形图中，曲线的最高点对应的值即为最大值。

（四）有效值和平均值

1. 有效值

交流电的有效值是根据电流的热效应来规定的，让一个交流电和一个直流电分别通过阻值相同的电阻，如果在相同时间内产生的热量相等，那么就把这一直流电的数值称为这一交流电的有效值。交流电动势、电压和电流的有效值分别用大写字母 E、U 和 I 表示。

计算表明，正弦交流电的有效值和最大值之间有如下关系：

$$E_m=\sqrt{2}E \qquad U_m=\sqrt{2}U \qquad I_m=\sqrt{2}I$$

通常所说的交流电的电动势、电压、电流的值，凡没有特别说明的，都是指有效值。例如，照明电路的电源电压为 220 V，动力电路的电源电压为 380 V；用交流电工仪表测量出来的电流、电压都是指有效值；交流电气设备铭牌上所标的电流、电压的数值也都是指有效值。

2. 平均值

正弦交流电的波形对称于横轴，在一个周期内的平均值恒等于零，所以一般所说平均值是指半个周期内的平均值。根据分析计算，正弦交流电在半个周期内的平均值为

$$E_{av}=0.637E_m \qquad U_{av}=0.637U_m \qquad I_{av}=0.637I_m$$

（五）相位和相位差

1. 相位

由式 $e=E_m\sin(\omega t+\varphi)$ 可知，电动势的瞬时值 e 是由振幅 E_m 和正弦函数 $\sin(\omega t+\varphi)$ 共同决定的。我们把 t 时刻线圈平面与中性面的夹角（$\omega t+\varphi$）称为该正弦交流电的相位或相角。φ 是 $t=0$ 时的相位，称为初相位，简称初相，它反映了正弦交流电起始时刻的状态。

2. 相位差

两个同频率交流电的相位之差称为相位差。设 $e_1=E_{m1}\sin(\omega t+\varphi_1)$，$e_2=E_{m2}\sin(\omega t+\varphi_2)$，则其相位差为

$$\Delta\varphi=(\omega t+\varphi_1)-(\omega t+\varphi_2)=\varphi_1-\varphi_2$$

这里要注意的是，初相的大小与时间起点的选择（计时时刻）密切相关，而相位差与时间起点的选择无关。交流电的相位差实际上反映了两个交流电在时间上谁先到达最大值的问题，也就是它们到达最大值有一段时差，时差的大小等于相位差除以角频率。

有效值（或最大值）、频率（或周期、角频率）和初相是表征正弦交流电的三个重要物理量，通常把它们称为正弦交流电的三要素。

二、单相交流电路

（一）纯电阻正弦交流电路

交流电路中如果只有线性电阻，这种电路就称为纯电阻电路，如图 1－17 所示。负载

为白炽灯、电炉、电烙铁的交流电路都可以近似看成是纯电阻电路。

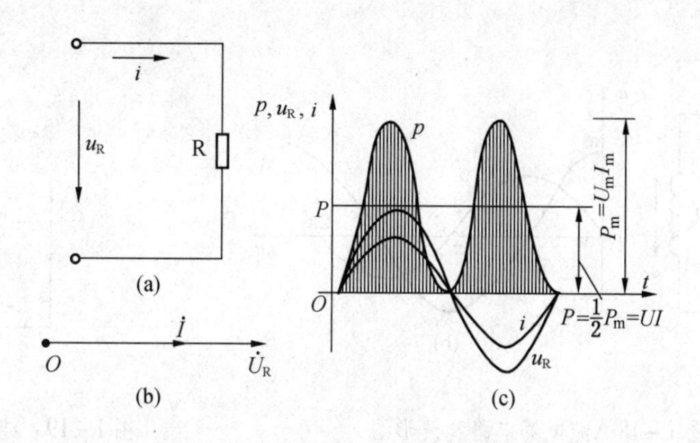

图 1-17 纯电阻电路及其相量图和波形图

1. 电流与电压的关系

设加在电阻两端的正弦电压为 $u_R = U_{Rm}\sin\omega t$，实验表明，交流电流与电压的瞬时值仍然符合欧姆定律，即

$$i = \frac{u_R}{R} = \frac{U_{Rm}}{M}\sin\omega t = I_m\sin\omega t$$

可见在纯电阻电路中，电流 i 与电压 u 是同频率、同相位的正弦量。

如果将式 $I_m = \frac{U_{Rm}}{R}$ 两边同时除以$\sqrt{2}$，则得

$$U_R = IR$$

这说明在纯电阻正弦交流电路中，电流、电压的瞬时值、最大值及有效值与电阻之间的关系均符合欧姆定律。

2. 电路的功率

在交流电路中，电压和电流是不断变化的，电压瞬时值 u 和电流瞬时值 i 的乘积称为瞬时功率，用小写字母 p 表示。所以，纯电阻正弦交流电路的瞬时功率为

$$p = u_Ri = U_{Rm}\sin\omega t I_m\sin\omega t = U_{Rm}I_m\sin^2\omega t = U_{Rm}I_m(1-\cos^2\omega t) = U_RI - U_RI\cos^2\omega t$$

瞬时功率的变化曲线如图 1-17c 所示。由于电流与电压同相位，所以瞬时功率总是正值（或者为零），表明电阻总是在消耗功率（除了 i 和 u_R 等于零的瞬时）。因此，电阻元件是耗能元件。

为了反映电阻所消耗功率的大小，在工程上常用平均功率（也叫有功功率）来表示。所谓平均功率就是瞬时功率在一个周期内的平均值，用大写字母 P 表示。瞬时功率的平均值为

$$P = U_RI \tag{1-15}$$

也可以表示为

$$P = I^2R = \frac{U^2}{R}$$

（二）纯电感正弦交流电路

在交流电路中，如果只用电感线圈做负载，且线圈的电阻和分布电容均可忽略不

计，那么这样的电路就称为纯电感交流电路，如图 1－18 所示，图 1－19 为其相量图。

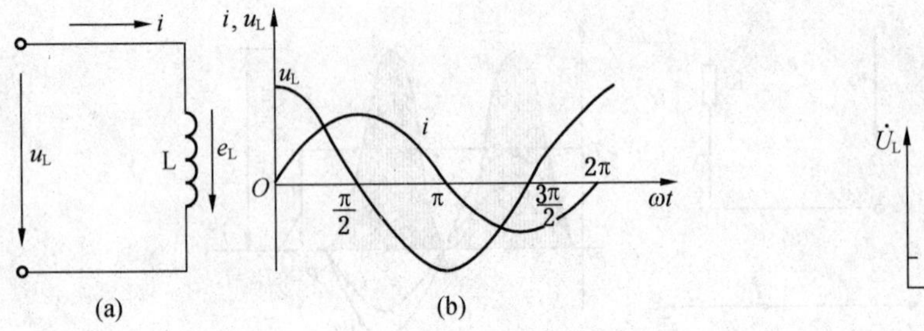

图 1－18　纯电感电路和波形图

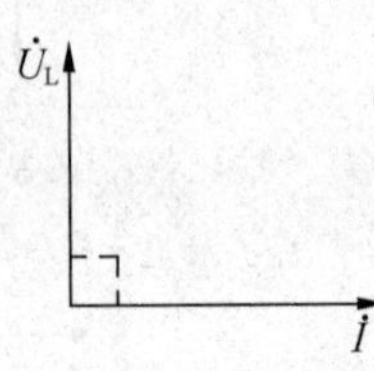

图 1－19　纯电感电路相量图

1. 电流与电压的关系

在电感线圈两端加上交流电压 u_L，线圈中必定产生交流电流 i。由于这一电流时刻都在变化，因而线圈内将产生感应电动势。

根据分析可知，在纯电感电路中，电感两端的电压超前电流 90°，或者说电流滞后电压 90°。假设流过电感的正弦电流的初相为零，则电流、电压的瞬时值表达式为

$$I = I_m \sin\omega t$$

$$u_L = U_{Lm} \sin\left(\omega t + \frac{\pi}{2}\right) \tag{1-16}$$

电流、电压的相量图如图 1－19 所示。

可以证明，电流与电压最大值之间的关系为

$$U_{Lm} = \omega L I_m \tag{1-17}$$

式（1－17）两边同时除以$\sqrt{2}$，可得到有效值之间的关系为

$$U_L = \omega L I \quad 或 \quad I = \frac{U_L}{\omega L}$$

若将 ωL 用符号 X_L 表示，则可以得到

$$I = \frac{U_L}{X_L} \tag{1-18}$$

这说明在纯电感正弦交流电路中，电流与电压的最大值及有效值之间符合欧姆定律。

2. 感抗

由式（1－18）可以看出，电压一定时，若 X_L 增大，电路中的电流就减小；反之，若 X_L 减小，电流就增大。这表明 X_L 具有阻碍电流流过电感线圈的性质，所以称 X_L 为电感元件的电抗，简称感抗。感抗的计算公式为

$$X_L = \omega L = 2\pi f L \tag{1-19}$$

感抗的单位和电阻一样也是 Ω。

电感线圈具有“通直阻交”的性质，它在电功和电子技术中应用广泛，如高频扼流圈就是利用感抗随频率增高而增大的性质制成的。

3. 电路的功率

1）瞬时功率

纯电感正弦交流电路中的瞬时功率等于电流瞬时值与电压瞬时值的乘积，即

$$p = u_{L}i = U_{Lm}\sin\left(\omega t + \frac{\pi}{2}\right)I_{m}\sin\omega t = U_{Lm}I_{m}\sin\omega t\cos\omega t = \frac{1}{2}U_{Lm}I_{m}\sin2\omega t = U_{L}I\sin2\omega t$$

电感元件的瞬时功率p按正弦规律变化，其频率为电流频率的2倍，其波形如图1-20所示。由图可见，在电流变化一个周期内，瞬时功率变化两周，即两次为正，两次为负，数值相等，平均功率为零，也就是说，纯电感元件在交流电路中不消耗电能。

2）无功功率

电感线圈不消耗电源的能量，但电感元件与电源之间在不断地进行周期性的能量交换。为了反映电感元件与电源之间进行能量交换的规模，我们把瞬时功率的最大值，称为电感元件的无功功率，用符号Q_{L}表示，其数学表达式为

$$Q_{L} = U_{L}I = I^{2}X_{L} = \frac{U_{L}^{2}}{X_{L}} \tag{1-20}$$

无功功率的单位为var或kvar。

无功功率反映的是储能元件与外界交换能量的规模。因此，“无功”的含义是“交换”而不是消耗，是相对“有功”而言的，绝不能理解为“无用”。

（三）RL串联正弦交流电路

1. 电压与电流的关系

因为在串联电路中通过各元件的电流相同，所以可取交流电流为参考量，如图1-21所示。

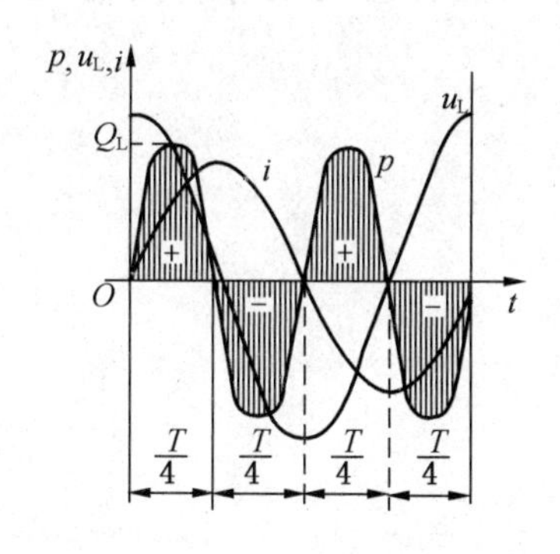

图1-20 纯电感参数波形

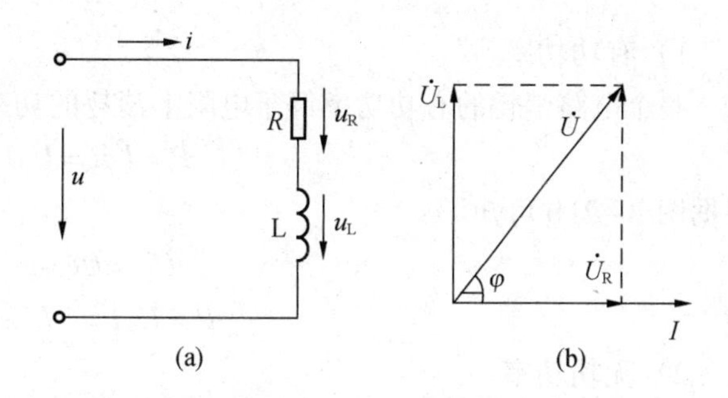

图1-21 RL串联电路和相量图

设电路中的电流为

$$i = \sqrt{2}I\sin\omega t$$

则电阻两端的电压为

$$u_{R} = \sqrt{2}U_{R}\sin\omega t$$

电感线圈两端的电压为

$$u_{L} = \sqrt{2}U_{L}\sin\left(\omega t + \frac{\pi}{2}\right)$$

$$u = u_R + u_L = \sqrt{2}U_R\sin\omega t + \sqrt{2}U_L\sin\left(\omega t + \frac{\pi}{2}\right)$$

总电压相量为

$$U = U_R + U_L$$

总电压相量和电阻电压、电感电压相量构成一个直角三角形。根据勾股定理，可求得总电压的有效值为

$$U = \sqrt{U_R^2 + U_L^2} = \sqrt{(IR)^2 + (IX_L)^2} = I\sqrt{R^2 + X_L^2} \quad (1-21)$$

由相量图可以看出，总电压在相位上比电流超前，比电感电压滞后。总电压比电流超前的相位角 φ 为

$$\varphi = \arctan\frac{U_L}{U_R} = \arctan\frac{LX_L}{IR} = \arctan\frac{X_L}{R} \quad (1-22)$$

2. 阻抗

由式（1－22）可以看出，总电压有效值与电流有效值之间的关系仍符合欧姆定律。一般 $\sqrt{R^2 + X_L^2}$ 可以用 Z 表示，即

$$Z = \sqrt{R^2 + X_L^2} \quad (1-23)$$

Z 称为电路的阻抗，它表示电阻和电感串联电路对交流电的总阻碍作用，如图 1－22a 所示。阻抗的单位为 Ω。

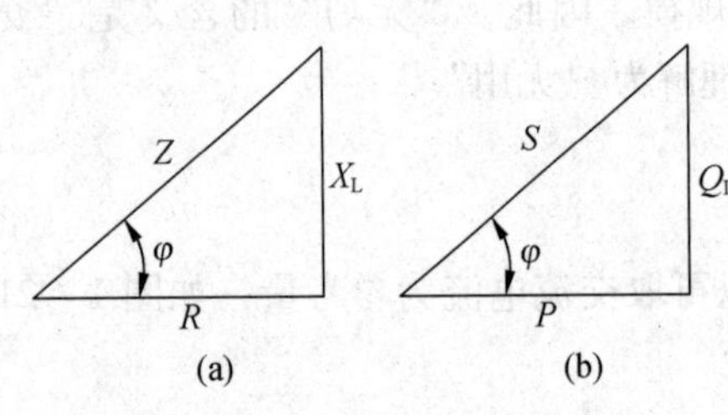

图 1－22　RL 电路的阻抗和功率

3. 电路的功率和功率因数

电阻、电感串联电路中，既有耗能元件，又有磁场储能元件，既有有功功率，又有无功功率。

1）有功功率

整个电路消耗的有功功率等于电阻上消耗的功率，即

$$P = I^2R = U_RI$$

根据图 1－21b 可知

$$U_R = U\cos\varphi$$

则

$$P = U_RI = UI\cos\varphi$$

2）无功功率

整个电路的无功功率也就是电感上的无功功率，即

$$Q_L = I^2X_L = U_LI = UI\sin\varphi$$

3）视在功率

电源输出的总电流与总电压有效值的乘积称为电路的视在功率，用 S 表示，即

$$S = UI \quad (1-24)$$

为了区别于有功功率和无功功率，视在功率的单位为 V · A 或 kV · A。

若把电压三角形的三条边边长分别乘以电流 I，就可以得到功率三角形，如图 1－22b 所示。由功率三角形得

$$S = \sqrt{P^2 + Q_L^2}$$

$$P = S\cos\varphi$$

$$Q_L = S\sin\varphi$$

视在功率代表电源所提供的功率。许多电器设备，如变压器的额定容量通常用视在功率来表示。

4）功率因数

有功功率与视在功率之比称为功率因数，即

$$\cos\varphi = \frac{P}{S} \quad (1-25)$$

功率因数也可以由阻抗求得，即

$$\cos\varphi = \frac{R}{Z} \quad (1-26)$$

第四节 三相正弦交流电路

一、三相正弦交流电动势的表示方法

若以三相对称电动势中的 U 相为参考正弦量，可得到它们的瞬时值表达式。

$$e_U = E_m\sin\omega t$$

$$e_V = E_m\sin(\omega t - 120°)$$

$$e_W = E_m\sin(\omega t - 240°) = E_m\sin(\omega t + 120°)$$

三相交流电路的波形图与相量图如图 1 - 23 所示。

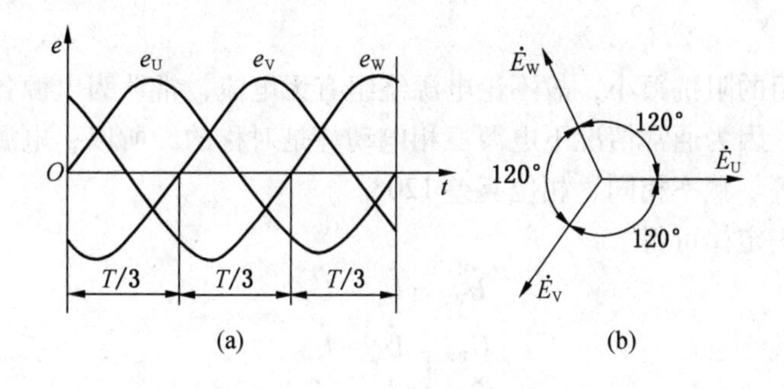

图 1 - 23 三相交流电路的波形图和相量图

二、相序

三相交流电出现正值（或相应零值）的顺序称为相序。在图 1 - 23 中三相电动势到达正幅值的顺序为 e_U、e_V、e_W，其相序为 U—V—W—U，称为正序或顺序；若最大值出现的顺序为 V—U—W—V，恰好与正序相反，称为负序或逆序。工程上通用的相序是正序。

感应电动势的正方向是由绕组的尾端指向首端。

三、三相电源绕组的连接

三相电源的三相绕组一般都按两种方式连接起来供电，一种是星形（Y 形）连接，一种是三角形（D 形）连接。

1. 三相电源绕组的星形连接

将三相发电机中三相绕组的末端 U_2、V_2、W_2 连接在一起，始端 U_1、V_1、W_1 引出作输出线，这种连接称为星形接法，用 Y 表示。从始端 U_1、V_1、W_1 引出的 3 根线称为相线或端线，俗称火线；末端接成的一点称为中性点，简称中点，用 N 表示；从中性点引出的输电线称为中性线，简称中线。地面低压供电系统的中性点直接接地，把接大地的中性点称为零点，接地的中性线称为零线。工程上，U、V、W 3 根相线分别用黄色、绿色、红色来区别。

有中线的三相制接线方式称为三相四线制，如图 1－24 所示；无中线的三相制接线方式称为三相三线制，如图 1－25 所示。

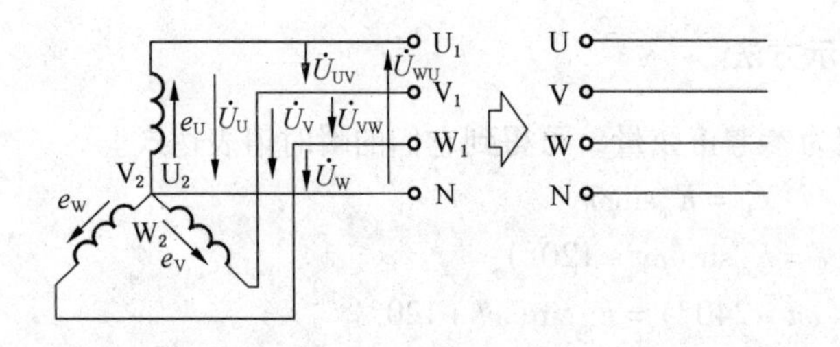

图 1－24　三相四线制接线

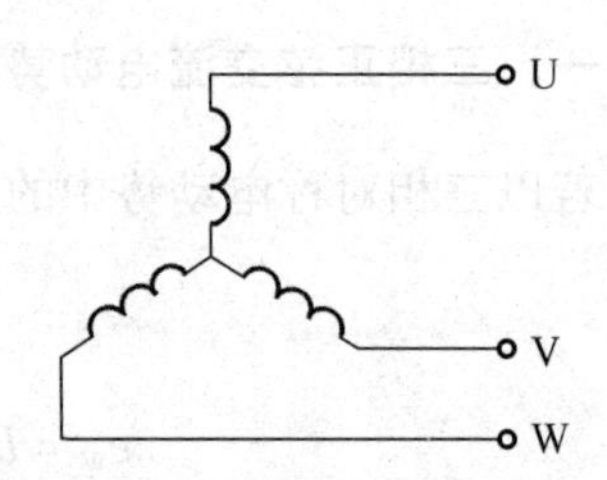

图 1－25　三相三线制接线

一般电源绕组的阻抗很小，故不论电源绕组有无电流，常认为电源各电压的大小就等于相应的电动势。因为通常情况下电源三相电动势是对称的，所以，电源三相电压也是对称的，即大小相等、频率相同、相位互差 120°。

根据基尔霍夫定律可得

$$\dot{U}_{UV} = \dot{U}_U - \dot{U}_V$$

$$\dot{U}_{VW} = \dot{U}_V - \dot{U}_W$$

$$\dot{U}_{WU} = \dot{U}_W - \dot{U}_U$$

三相电源星形连接时的相电压和线电压相量图如图 1－26 所示。由图可见，线电压也是对称的，在相位上比相应的相电压超前 30°。

线电压和相电压的数量关系，很容易从相量图上得出。任选一相电压，从 $\dot{U}_U$ 的端点 Q 作直线垂直于 $\dot{U}_{UV}$，得直角三角形 OPQ。

由此得出线电压与相电压的数量关系为

$$\frac{1}{2}U_{UV} = U_U\cos30° = \frac{\sqrt{3}}{2}U_U$$

$$U_{线} = \sqrt{3}U_{相}$$

发电机（或变压器）的绕组接成星形，可以为负载提供两种对称三相电压，一种是对称的相电压，另一种是对称的线电压。目前电力网的低压供电系统中的线电压为380 V，相电压为220 V，常写作“电源电压380/220 V”。

2. 三相电源绕组的三角形连接

将三相电源每相绕组的末端和另一组的始端依次相连的连接方式，称为三角形接法，用D表示，如图1－27所示。

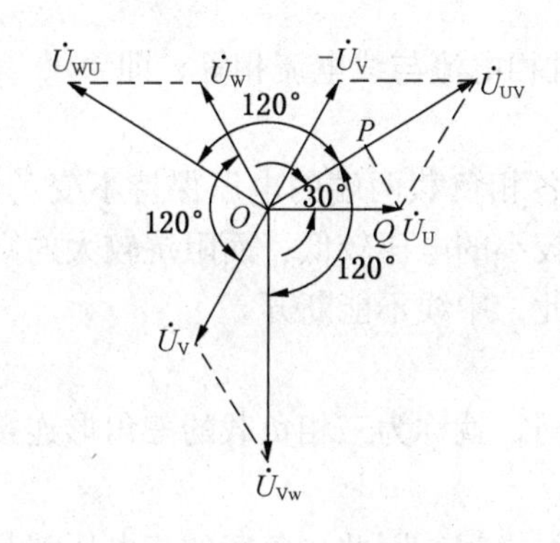

图1－26 三相电源星形连接时的电压相量图

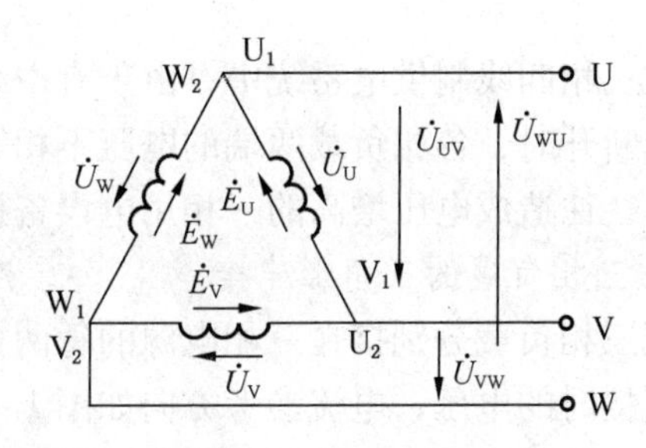

图1－27 电源绕组三角形连接

由图1－27中可以明显看出，三相电源作三角形连接时，线电压就是相电压，即

$$U_{线} = U_{相}$$

若三相电动势为对称三相正弦电动势，则三角形闭合回路的总电动势等于零，即

$$\dot{E} = \dot{E}_U + \dot{E}_V + \dot{E}_W = 0$$

由此可以看出，这时电源绕组内部不存在环流。但若三相电动势不对称，则回路总电动势就不为零，此时即使外部没有负载，也会因为各相绕组本身的阻抗均较小，使闭合回路内产生很大的环流，使绕组过热，甚至烧毁。因此，三相发电机绕组一般不采用三角形接法而采用星形接法，三相变压器绕组有时采用三角形接法，但要求在连接前必须检查三相绕组的对称性及接线顺序。

四、三相负载的连接

三相负载的连接有星形连接（Y）与三角形连接（D）两种方法，现分述如下。

1. 三相负载的星形连接

将三相负载分别接在三相电源的相线和中线之间的接法称为三相负载的星形连接（Y），如图1－28所示。图中 Z_U、Z_V、Z_W 为各相负载的阻抗，N′为负载的中性点。

为分析方便，我们先做如下规定：

（1）每相负载两端的电压称为负载的相电压，流过每相负载的电流称为负载的相电流。

（2）流过相线的电流称为线电流，相线与相线之间的电压称为线电压。

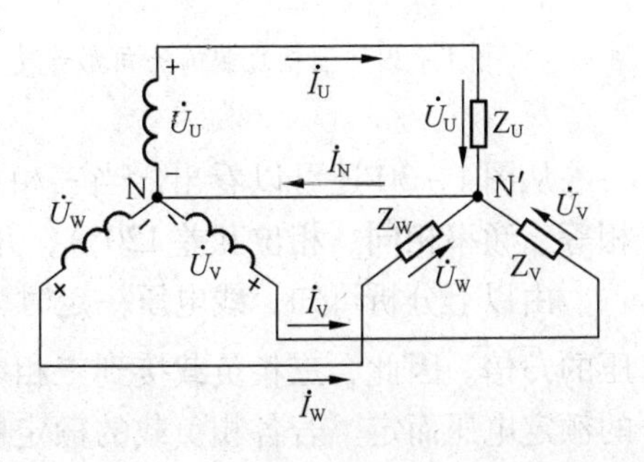

图1－28 三相负载的星形连接

(3) 负载为星形连接时，负载相电压的参考方向规定为自相线指向负载中性点 N′，分别用 $\dot{U}_{U}$、$\dot{U}_{V}$、$\dot{U}_{W}$ 表示。相电流的参考方向与相电压的参考方向一致，线电流的参考方向为电源端指向负载端，中线电流的参考方向规定为由负载中点指向电源中点。

由图 1－28 可知，如忽略输电线上的电压损失时，负载端的相电压就等于电源的相电压，负载端的线电压就等于电源的线电压。因此，三相负载星形连接时，得到如下结论：

$$U_{Y线} = \sqrt{3} U_{Y相}$$

线电压的相位仍超前对应的相位电压 30°，并且相电流与线电流相等，即

$$I_{Y线} = I_{Y相}$$

在三相四线制供电系统中，由于有中线存在，各相负载两端的电压保持不变。但是，当中线断开时，各相负载两端的电压不相等，阻抗较小的电压较低，而阻抗较大的则电压较高，往往造成电压增高的一相用电设备损坏。因此，中线不能断开。

2. 三相负载的三角形连接

把三相负载分别接在三相电源的每两根端线之间，就称为三相负载的三角形连接。三角形连接时的电压、电流参考方向如图 1－29 所示。

在三角形连接中，由于各相负载是接在两根相线之间，因此，负载的相电压就是线电压，即

$$U_{D相} = U_{D线}$$

三相负载三角形连接的相量图如图 1－30 所示，由相量图可以明显看出

$$I_{U} = \sqrt{3} I_{UV}$$

所以，对于三角形连接的对称负载来说，线电流与相电流的数量关系为

$$I_{D线} = \sqrt{3} I_{D相}$$

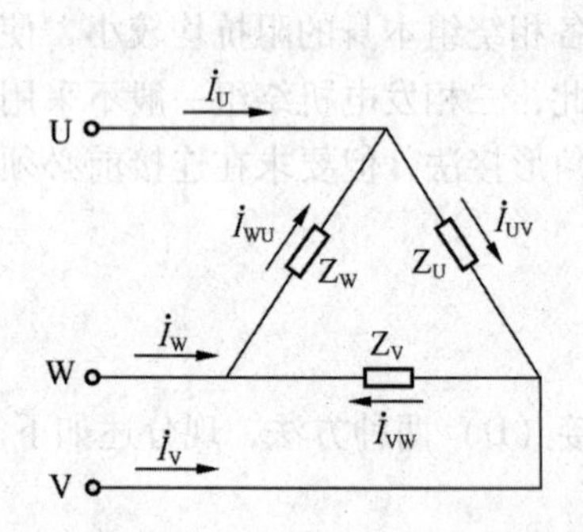

图 1－29 三相负载的三角形连接

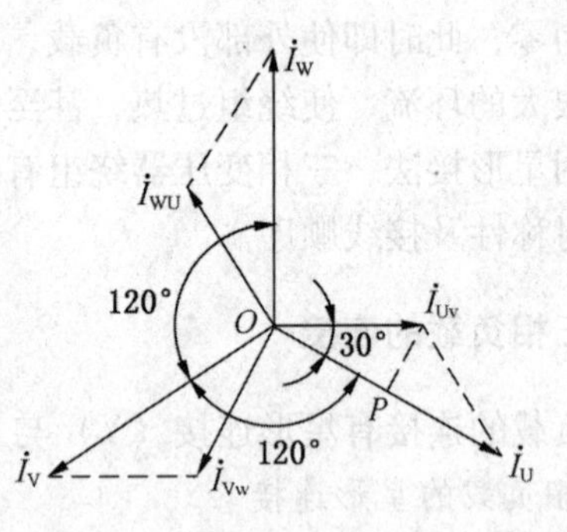

图 1－30 三相负载三角形连接时的电流相量图

从图 1－30 还可以看出，当三相相电流对称时，其三相线电流也是对称的（即大小相等、频率相同、相位互差 120°），并且线电流的相位总是滞后于与之对应的相电流 30°。

由以上分析可知，线电压一定时，负载做三角形连接时的相电压是星形连接时的相电压的$\sqrt{3}$倍。因此，三相负载接到三相电源中，做 D 形还是做 Y 形连接，应根据三相负载的额定电压而定。若各相负载的额定电压等于电源的线电压，则应做 D 形连接；若各项负载的额定电压是电源线电压的 $1/\sqrt{3}$，则应做 Y 形连接。

五、三相电路的功率

一个三相电源发出的总有功功率等于电源每组发出的有功功率之和，一个三相负载接受（即消耗）的总有功功率等于每相负载接受（即消耗）的有功功率之和，即

$$P = P_U + P_V + P_W = U_U I_U \cos\varphi_U + U_V I_V \cos\varphi_V + U_W I_W \cos\varphi_W \tag{1-27}$$

式中 U_U、U_V、U_W——各相相电压；

I_U、I_V、I_W——各相相电流；

$\cos\varphi_U$、$\cos\varphi_V$、$\cos\varphi_W$——各相的功率因数。

三相四线制不对称负载的总功率按式（1-27）计算。

三相负载对称时，各相的相电压、相电流和相角分别相等，各相负载的性质相同，即

$$U_U = U_V = U_W \qquad I_U = I_V = I_W \qquad \varphi_U = \varphi_V = \varphi_W$$

在对称三相电路中，由于各相相电压、相电流的有效值均相等，功率因数也相同，因而可得出

$$P = 3U_{相} I_{相} \ \mathrm{coc}\varphi = 3P_{相}$$

对于 Y 形连接，相电流等于线电流，而相电压等于 $1/\sqrt{3}$倍的线电压，则总功率按下式计算

$$P_Y = 3U_{Y相} I_{Y相} \cos\varphi = 3\frac{U_{线}}{\sqrt{3}} I_{Y线} \cos\varphi = \sqrt{3} U_{Y线} I_{Y线} \cos\varphi$$

对于 D 形连接，相电压等于线电压，而相电流等于 $1/\sqrt{3}$倍的线电流，则总功率按下式计算

$$P_D = 3U_{D相} I_{D相} \cos\varphi = 3U_{D线} \frac{I_{D线}}{\sqrt{3}} \cos\varphi = \sqrt{3} U_{D线} I_{D线} \cos\varphi$$

由此可见，负载对称时，不论何种接法，求总功率的公式都是相同的，即

$$P = \sqrt{3} U_{线} I_{线} \cos\varphi = 3U_{相} I_{相} \cos\varphi$$

同理，可得到对称三相负载无功功率和视在功率的表达式

$$Q = 3I_{相} U_{相} \sin\varphi = \sqrt{3} U_{线} I_{线} \sin\varphi$$

$$S = \sqrt{P^2 + Q^2} = \sqrt{3} U_{线} I_{线} = 3U_{相} I_{相}$$

三相发电机、三相变压器、三相电动机的铭牌上标注的额定功率均指三相总功率。对称三相电路在功率方面还有一个很重要的性质，即对称三相电路的瞬时功率是一个不随时间变化的恒定值，且等于三相电路的有功功率。这个性质对旋转的电动机来说是极其有利的。三相电动机任一瞬间所吸收的瞬时功率恒定不变，则电动机所产生的机械转矩也恒定不变，这样就避免了机械转矩的变化引起的振动。

第二章 电工专业知识

第一节　常用电工仪表

电工仪表在电气线路及电气设备的安装、使用与维修中起着重要的作用。常用的电工仪表有电流表、电压表、万用表、钳形电流表、兆欧表等。

一、常用电工仪表知识

用来测量电流、电压、功率等电量的指示仪表称为电工测量仪表。熟悉和了解电工仪表的基本知识是正确使用和维护电工仪表的基础。

1. 电工仪表的基本组成和工作原理

电工仪表的基本工作原理是将被测电量或非电量变换成指示仪表活动部分的偏转角位移量。一般来说，被测量不能直接加到测量机构上，通常是将被测量转换成测量机构可以测量的过渡量，这个将被测量转换为过渡量的组成部分就是“测量线路”。将过渡量按某一关系转换成偏转角的机构叫“测量机构”。测量机构由活动部分和固定部分组成，它是仪表的核心，其作用是产生使仪表的指示器偏转的转动力矩，以及使指示器保持平衡和迅速稳定的反作用力矩和阻尼力矩。图 2－1 所示为电工仪表的基本组成框图。

图 2－1　电工仪表基本组成框图

测量线路将被测电量或非电量转换成测量机构能直接测量的电量时，测量机构的活动部分在偏转力矩的作用下偏转。同时，测量机构产生反作用力矩的部件所产生的反作用力矩也作用在活动部件上，当转动力矩与反作用力矩相等时，可动部分便停下来。由于可动部分具有惯性，以至于它在达到平衡时不能迅速停止，仍在平衡位置附近来回摆动。因此，在测量机构中设置阻尼装置，依靠其产生的阻尼力矩使指针迅速停止在平衡位置上，指出被测量的大小。

2. 常用电工仪表的分类

电工仪表种类繁多，分类方法也很多。按仪表的工作原理不同，可分为磁电式、电磁式、电动式、感应式等；按测量对象的不同，可分为电流表（安培表）、电压表（伏特表）、功率表（瓦特表）、电度表（千瓦时表）、欧姆表以及多用途的万用表等；按测量电流种类的不同，可分为单相交流表、直流表、交直流两用表、三相交流表等；按测量准确度等级，可分为0.1、0.2、0.5、1.0、1.5、2.5、5.0共7个等级。

3. 电工仪表的精确度

电工仪表的精确度等级是指在规定条件下使用时，可能产生的基本误差占满刻度的百分数，它表示了该仪表基本误差的大小。在前述的测量准确度的7个等级中，数字越小者，仪表精确度越高，基本误差越小。0.1级到0.5级的仪表，精确度较高，常用于实验室作为校检仪表；1.5级以上的仪表，精确度较低，通常用作工程上的检测与计量。

二、电流表与电压表

电流表又称安培表，用于测量电路中的电流。电压表又称伏特表，用于测量电路中的电压。按其工作原理的不同，可分为磁电式、电磁式、电动式3种类型，其结构分别如图2-2所示。

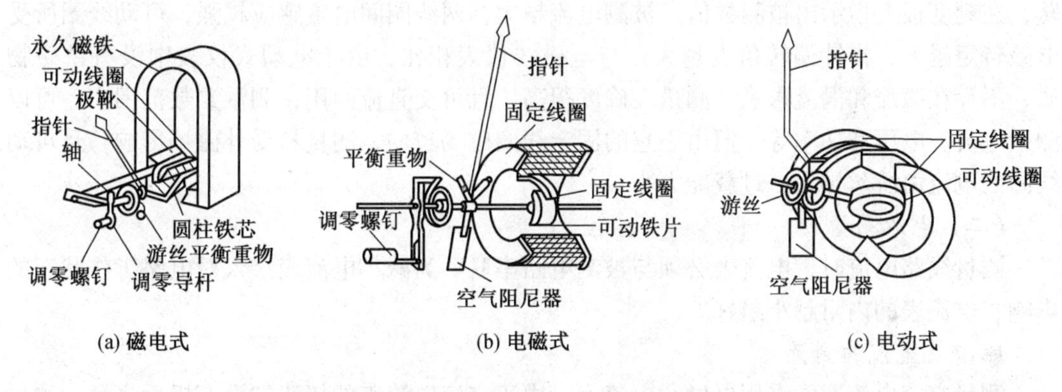

图2-2　电流表、电压表结构

（一）结构及工作原理

1. 磁电式仪表的结构与工作原理

磁电式仪表主要由永久磁铁、极靴、铁芯、活动线圈、游丝、指针等组成。铁芯是圆柱形的，它可使极靴与铁芯之间产生一个均匀磁场。活动线圈绕在铝框上，两端各连接一个半轴，可以自由转动。指针固定在半轴上。游丝装在活动线圈上，它有两个作用：一是产生反作用力矩，二是作为线圈电流的引线。铝框的作用是产生阻力矩，这个力矩的方向总是与线圈转动的方向相反，能够阻止线圈来回摆动，使与其相连的指针迅速静止。当被测电流流过线圈时，线圈受到磁场力的作用产生电磁转矩，该转矩绕中心轴转动带动指针偏转，游丝也发生弹性形变。当线圈偏转的电磁力矩与游丝形变的反作用力矩平衡时，指针便停在相应位置，在面板刻度标尺上指示出被测数据。

与其他仪表比较，磁电式仪表具有测量准确度和灵敏度高、消耗功率小、刻度均匀等优点，应用非常广泛。如直流电流表、直流电压表、直流检流计等都属于此类仪表。

2. 电磁式仪表的结构与工作原理

电磁式仪表的测量机构有吸引型和排斥型，主要由固定部分和可动部分组成。以排斥型结构为例，固定部分包括圆形的固定线圈和固定于线圈内壁的铁片，可动部分包括固定在转轴上的可动铁片、游丝、指针、阻尼片和零位调整装置。当固定线圈中有被测电流通过时，线圈电流的磁场使定铁片通过传动轴带动指针偏转。被测电流越大，指针偏转角也越大。当电磁偏转力矩与游丝形变的反作用力矩相等时，指针停转，面板上指示值即为所测数值。由于电磁式仪表的被测电流流入固定线圈，不通过游丝，且固定线圈磁场的极性与其中被磁化的可动铁片的极性能够随着电流方向的改变而同时变化，指针的偏转方向与电流方向无关。因此，电磁式仪表具有过载能力强、交直流两用的优点，但其准确度较低，工作频率范围不大，易受外界影响，附加误差较大。

3. 电动式仪表的结构与工作原理

电动式仪表由固定线圈、可动线圈、指针、游丝和空气阻尼器等组成。固定线圈做成两个，且平行排列，目的是使固定线圈产生的磁场均匀。可动线圈与转轴固定连接，一起放置在固定线圈的两个部分之间。游丝产生反作用力矩，空气阻尼器产生阻尼力矩。当被测电流流过固定线圈时，该电流变化的磁通在可动线圈中产生电磁感应，从而产生感应电流。可动线圈受固定线圈磁场力的作用产生电磁转矩而发生转动，通过转轴带动指针偏转，在刻度板上指示出被测数值。被测电流越大，两线圈间电磁感应越强，可动线圈所受电磁转矩越大，指针偏转角也越大。与电磁式仪表相比，由于电动式仪表中没有铁磁物质，不存在磁滞和涡流影响，测量准确度很高，且可交直流两用，测量参数范围广，可以测量电流、电压和功率等。但由于它的固定线圈磁场较弱，测量易受外磁场影响，且可动线圈的电流由游丝导入，过载能力小。

（二）电流测量

测量线路电流时，电流表必须与被测电路串联。为减小电流表接入对电路工作状态的影响，电流表的内阻越小越好。

1. 交流电流的测量

测量交流电流通常采用电磁式电流表。由于交流电流表的接线端没有极性之分，测量时，只要在测量量程范围内将电流表串入被测电路即可，如图 2－3 所示。当需要测量较大电流时，必须扩大电流表的量程。除了在表头上并联分流电阻，还可加接电流互感器，此法对磁电式、电磁式、电动式电流表均适用，其接法如图 2－4 所示。电气工程上配电流互感器用的交流电流表，量程通常为 5 A，不需换算，表盘读数即为被测电流值。

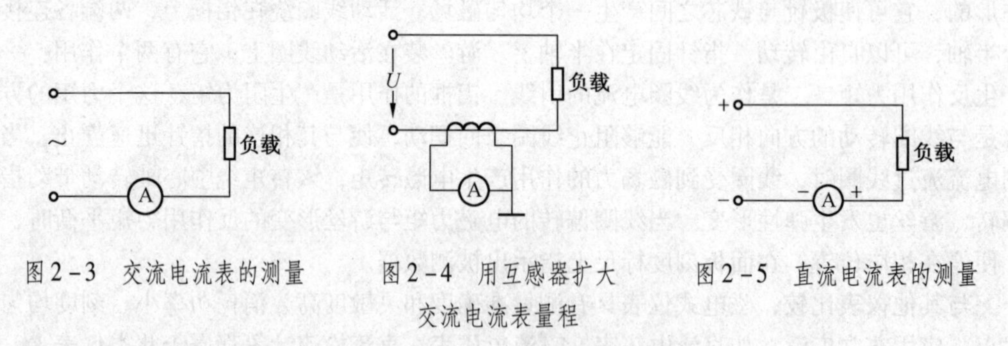

图 2－3　交流电流表的测量　　图 2－4　用互感器扩大交流电流表量程　　图 2－5　直流电流表的测量

2. 直流电流的测量

测量直流电流通常采用磁电式电流表。由于直流电流表有正、负极性，测量时，必须将电流表的正端钮接被测电路的高电位端，负端钮接被测电路的低电位端，如图2－5所示。如果被测电流超过电流表允许量程，则要采取措施扩大量程。由于磁电式电流表的表头线圈和游丝不能加粗，所以不能通过较大电流，只能在表头上并联低阻值制成的分流器，如图2－6所示。对于电磁式电流表，可通过加大固定线圈线径来扩大量程；还可以将固定线圈接成串、并联形式做成多量程表，如图2－7所示。对于电动式电流表，也可采用将固定线圈与活动线圈串、并联的方法扩大量程。

（三）电压测量

测量线路电压时，电压表必须与被测电路并联。为了尽量减小电压表接入时对被测电路工作状态的影响，电压表的内阻通常较大。

1. 交流电压的测量

测量交流电压通常采用电磁式电压表。由于交流电压表的接线端没有极性之分，测量时，只要在测量量程范围内将电压表直接并入被测电路即可，如图2－8所示。当需要测量较高电压时，必须扩大交流电压表的量程。电气工程上常用电压互感器来扩大交流电压表的量程，如图2－9所示，不论磁电式、电磁式、电动式仪表均适用。按测量电压等级不同，互感器有不同的标准电压比率，如3000/100 V、6000/100 V等，配用互感器的电压表量程一般为100 V。使用时，根据被测电路电压等级和电压表量程进行选择。

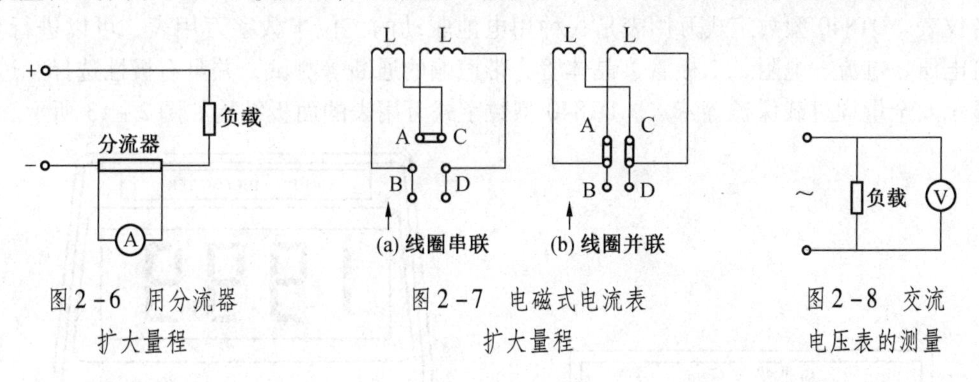

图2－6　用分流器扩大量程　　图2－7　电磁式电流表扩大量程　　图2－8　交流电压表的测量

2. 直流电压的测量

测量直流电压通常采用磁电式电压表。由于直流电压表有正、负极性，测量时，必须将电压表的正端钮接被测电路的高电位端，负端钮接被测电路的低电位端，如图2－10所示。采用串接分压电阻的方法可扩大电压表的量程，如图2－11所示。此法对磁电式、电磁式、电动式仪表均适用。被测电压越高，所串联的分压电阻越大。

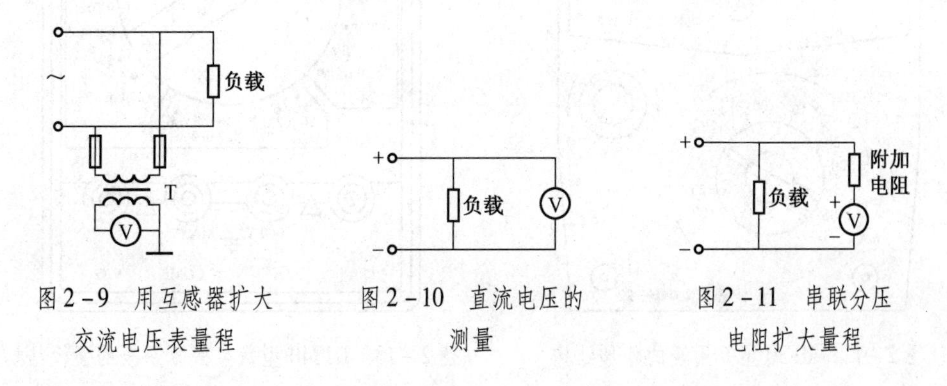

图2－9　用互感器扩大交流电压表量程　　图2－10　直流电压的测量　　图2－11　串联分压电阻扩大量程

三、万用表

万用表又称三用表、复用表，是一种多功能、多量程的测量仪表。一般的万用表可以测量直流电压、直流电流、交流电压、电阻、音频电平等电量，有的还可测量交流电流、电容量、电感量、晶体管共射极直流电流放大系数等电量参数。数字式万用表也已经大量使用，甚至还出现了微处理器控制的万用表。本节以 MF30 型指针式万用表和 DT840 型数字式万用表为例做简要介绍。

1. 指针式万用表

指针式万用表主要由表头、测量线路、转换开关 3 部分组成。表头用于指示被测量的数值，测量线路用于将各种被测量转换到适合表头测量的直流微小电流，转换开关实现对不同测量线路的选择，以适用各种测量要求。指针式万用表的刻度盘、转换开关、调零旋钮、接线柱（或表笔插孔）通常集中安装在面板上，外形做成便携式或袖珍式，使用起来十分方便。MF30 型万用表的外形结构如图 2－12 所示。

2. 数字式万用表

数字式万用表显示直观、速度快、功能全、测量精度高、可靠性好、小巧轻便、耗电小、便于操作，受到人们的普遍欢迎，已成为电工、电子测量以及电子设备维修等部门的必备仪表。DT840 型数字式万用表是一种用电池驱动的三位半数字万用表，可以进行交、直流电压、电流、电阻、二极管、晶体管、带声响的通断等测试，并具有极性选择、过量程显示及全量程过载保护等特点。DT840 型数字式万用表的面板结构如图 2－13 所示。

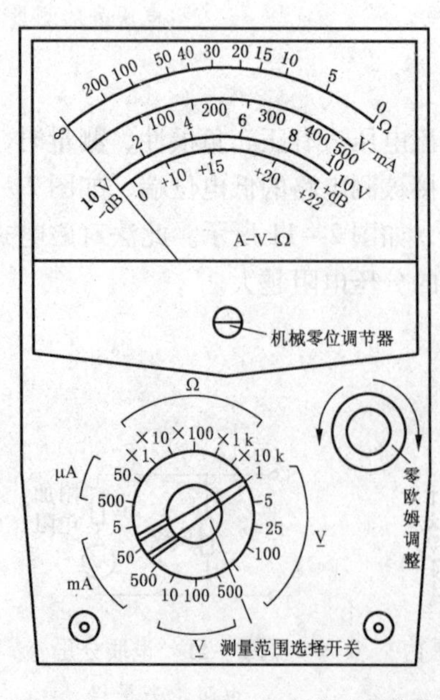

图 2－12　MF30 型万用表的外形结构

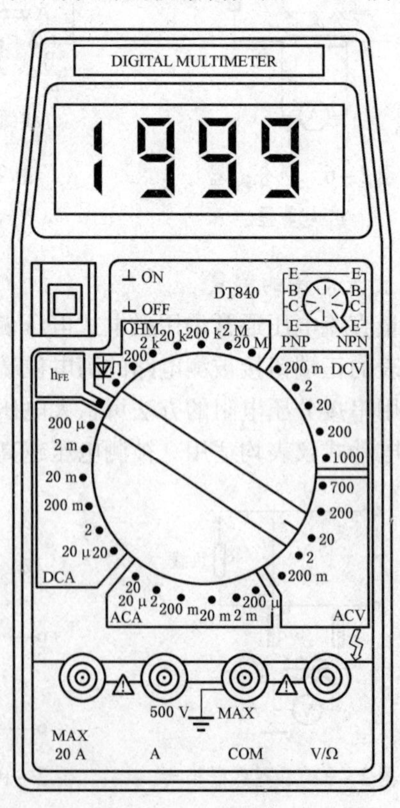

图 2－13　DT840 型数字式万用表的面板结构

四、钳形电流表

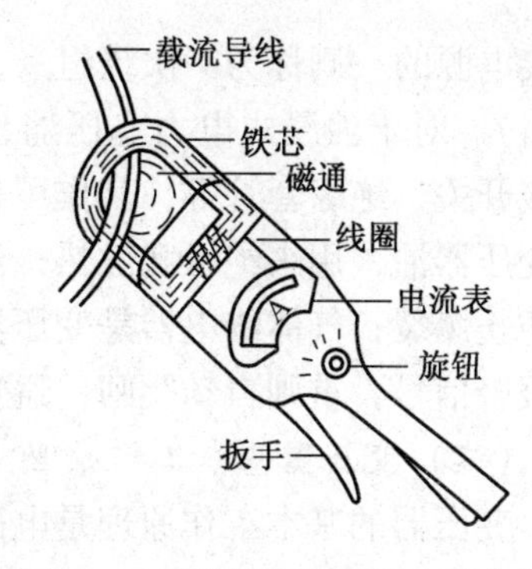

图 2－14 钳形电流表的外形结构

用普通电流表测量电流，必须将被测电路断开，把电流表串入被测电路，操作很不方便。采用钳形电流表，不需断开电路，就可直接测量交流电路的电流，使用非常方便。

钳形电流表简称钳形表，其外形结构如图 2－14 所示。测量部分主要由一只电磁式电流表和穿心式电流互感器组成。穿心式电流互感器铁芯做成活动开口，且成钳形，故名钳形电流表。穿心式电流互感器的原边绕组为穿过互感器中心的被测导线，副边绕组则缠绕在铁芯上与整流电流表相连。旋钮实际上是一个量程选择开关，扳手用于控制穿心式互感器铁芯的开合，以便使其钳入被测导线。

测量时，按动扳手，钳口打开，将被测载流导线置于穿心式电流互感器的中间，当被测载流导线中有交变电流通过时，交流电流的磁通在互感器副绕组中感应出电流，使电磁式电流表的指针发生偏转，在表盘上可读出被测电流值。

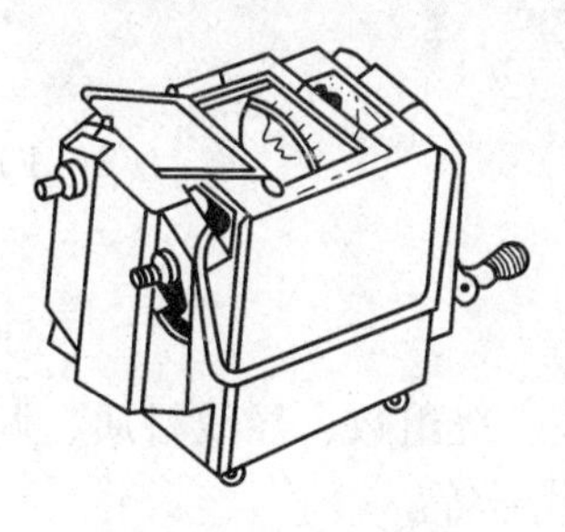
图 2－15 兆欧表

五、兆欧表

兆欧表又称摇表、高阻计、绝缘电阻测定仪等，是一种测量电气设备及电路绝缘电阻的仪表。兆欧表外形如图 2－15 所示。

第二节 变 压 器

一、变压器的分类和用途

变压器是根据电磁感应原理制成的一种电力设备，它广泛地应用于电力、电信和自动控制系统中。由于种类繁多，分类方法有多种。一般按其用途不同可分为下列几类：

（1）电力变压器，输配电系统中用于升压或降压，是变压器的主要品种。

（2）特殊用途变压器，如电炉变压器、电焊变压器、整流变压器、矿用变压器、船用变压器等。

（3）仪用互感器，如电压互感器、电流互感器。

（4）试验变压器，如对电气设备做耐压试验的调压变压器。

（5）控制变压器，如用于自动控制系统中的小功率变压器。

变压器的主要用途是：改变交变电压，改变交变电流，变换阻抗及改变相位等。

二、单相及三相变压器

（一）变压器的基本构造

变压器主要由铁芯和绕组两大部分组成，此外还有其他附件。铁芯构成变压器的磁路，用硅钢片叠成以减少磁阻和铁损。绕组构成变压器的电路，用绝缘导线绕制而成。其中接电源的一侧称为一次绕组（又称初级绕组），接负载的一侧称为二次绕组（又称次级绕组）。对于油浸式电力变压器，其他附件还包括油箱、油枕、安全气道、气体继电器、分接开关、绝缘套管等，其作用是共同保证变压器安全、可靠地运行。油箱中盛放有专用的变压器油，用来绝缘和散热；油枕用来隔绝空气、避免潮气浸入；安全气道用来保护油箱防止爆裂；气体继电器是变压器的主要保护装置，当变压器的内部发生故障时，轻则发生报警信号，重则自动跳闸，避免事故扩大。

（二）变压器基本工作原理

变压器的基本工作原理是电磁感应原理。当变压器的一次绕组接通电源时，便在其中产生空载励磁电流 I_0，在铁芯中激起交变主磁通 Φ。在磁通 Φ 的作用下，一次绕组、二次绕组中产生感应电动势 E_1、E_2。单相变压器负载运行时，只要一次电压 U_1 一定，则铁芯中主磁通的最大值 Φ_m 就基本一定。当二次电流 I_2 增大时，一次电流 I_1 也必然随之增大，以维持 Φ_m 的基本不变，并维持变压器的功率平衡。变压器一次、二次侧的电压与匝数成正比，而电流与匝数成反比，即

$$K_U = \frac{U_1}{U_2} = \frac{N_1}{N_2} = \frac{I_2}{I_1} \tag{2-1}$$

（三）变压器的铭牌数据

变压器的铭牌上主要包括以下内容和参数：

（1）型号。型号表示变压器的相数、冷却方式、循环方式、绕组数、导线材质、调压方式、设计序号、额定容量、高压绕组额定电压等级、防护代号等。

（2）额定电压。一次电压 U_{N1} 是根据绝缘强度和允许发热条件而规定的正常工作电压值，二次电压 U_{N2} 是当一次电压为 U_{N1} 时二次侧的空载电压值。对于三相变压器，额定电压指线电压。

（3）额定电流。额定电流是指根据变压器的允许发热条件而规定的满载电流值。对于三相变压器，额定电流指线电流。

（4）额定容量。额定容量是变压器额定运行时允许传递的最大功率。对于单相变压器，$S_N = U_{N2}I_{N2}$；对于三相变压器，$S_N = \sqrt{3}U_{N2}I_{N2}$。

（5）阻抗电压。阻抗电压是短路电压占一次侧额定电压的百分数，又称短路电压标么值，即

$$U_K^* = \frac{U_K}{U_{N1}} \times 100\% \tag{2-2}$$

式中，短路电压 U_K 是当变压器二次侧短路时，使变压器一次绕组流过额定电流时在一次侧施加的电压值。

（6）温升。温升是变压器在额定运行时允许超过周围环境温度的数值，它取决于变压器的绝缘等级。设计时一般规定环境温度为 40 ℃。

除此之外，变压器铭牌上还标有质量、连接组别、制造厂家等内容。

（四）铁芯

铁芯是变压器的磁路部分，作为变压器的机械骨架，包括铁芯柱和铁轭两部分。铁芯柱上套装绕组，铁轭的作用是使磁路闭合。为了提高导磁性能，减少磁滞损耗和涡流损耗，铁芯采用 0.3 mm 左右厚的硅钢片叠装而成，硅钢片表面经过浸漆处理，因此片间彼

此绝缘。按照线圈套入铁芯柱的形式，铁芯可分为壳式和芯式两种。

壳式变压器的铁芯包围着绕组的上下和侧面，如图 2－16a 所示。这种结构的机械强度较好，铁芯散热容易，但外层绕组的用铜量较多，制造较为复杂。小型干式变压器多采用这种结构形式。

芯式变压器的副绕组套装在铁芯的两个铁芯柱上，如图 2－16b 所示。这种结构比较简单，有较多的空间装设绝缘，装配也比较容易，适用于容量大、电压高的变压器，一般的电力变压器均采用芯式结构。

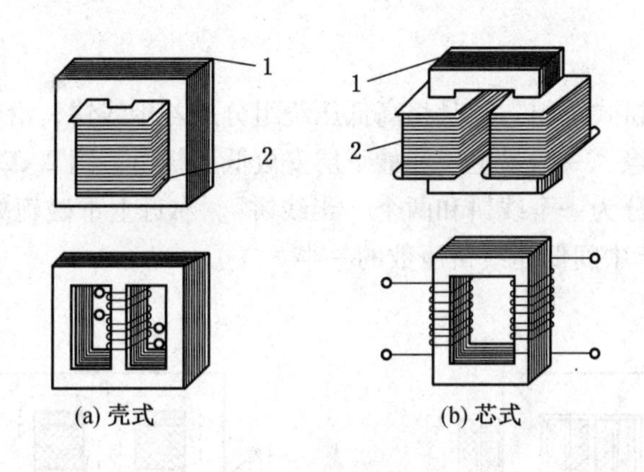

1—铁芯；2—绕组

图 2－16　变压器的结构

大中型变压器的铁芯，一般都将硅钢片剪成条状，再用交错叠片的方式叠装而成，使各层磁路的接缝互相错开，如图 2－17 所示。这种做法可以减少气隙，以减少磁阻；而且因各层冲片交错镶嵌，在把铁芯压紧时，可以少用穿过铁芯的螺杆而使铁芯的结构简化。

小型变压器为了简化工艺和减少气隙，常用“E”字形和“日”字形冲片交错叠装而成，这些冲片的形状如图 2－18 所示。

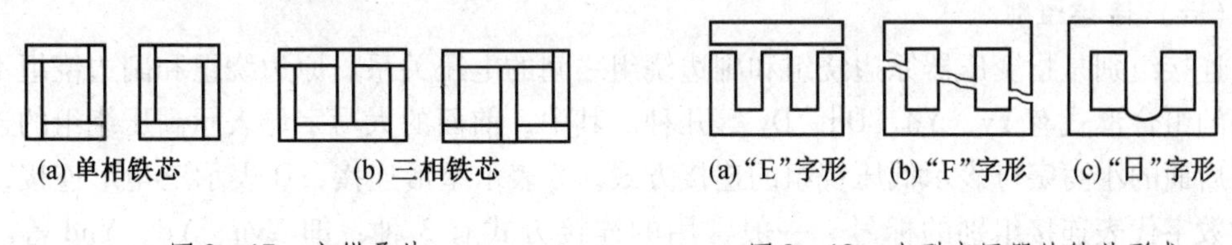

图 2－17　交错叠片

图 2－18　小型变压器的铁芯形式

中小型变压器铁芯柱的截面是正方形或长方形的；大型变压器为了充分利用空间，常采用阶梯形截面。当铁芯柱直径大于 380 mm 时，中间还要留有油道。相应地，大型变压器的铁轭截面也采用长方形或阶梯形。

（五）绕组

绕组是变压器的电路部分，常用绝缘铜线或铝线绕制而成，近年来也有用铝箔绕制的。

在变压器中，工作电压高的称为高压绕组，工作电压低的绕组称为低压绕组。按高低压绕组相互位置和形状的不同，绕组可分为同心式和交迭式两种。

1. 同心式绕组

同心式绕组是将高低压绕组同心地套在铁芯柱上，如图2－19所示。它是一种常用的绕组形式。为了便于与铁芯绝缘，把低压绕组装在里面，而把高压绕组装在外面。在低压大电流大容量变压器中，低压绕组引出线很粗，也可以将其放在外面。

同心式绕组按其绕制方法的不同，又可分为圆筒式、螺旋式和连续式等。同心式绕组的结构简单、制造方便，常用于芯式变压器，是电力变压器的主要结构形式。国产电力变压器均采用这种结构。

2. 交叠式绕组

交叠式绕组又称饼式绕组，它是将高低压绕组分成若干线饼，沿着铁芯柱的高度交替排列着。为了便于绝缘，一般最上层和最下层安放低压绕组。图2－20中的高压绕组分为两个线饼。低压绕组分为一个线饼和两个“半线饼”。靠近上下磁轭处的线饼为低压“半线饼”，其匝数为位于中间低压线饼匝数的一半。

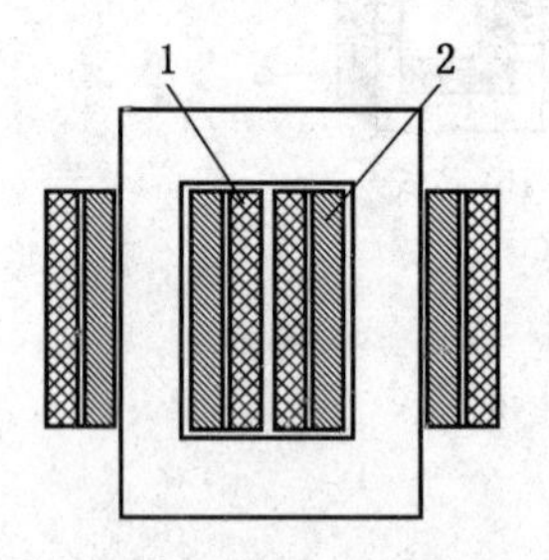

1—高压绕组；2—低压绕组

图2－19　同心式绕组

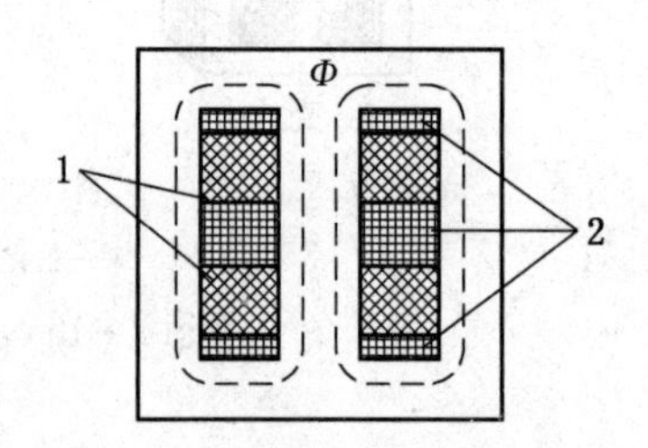

1—高压绕组；2—低压绕组

图2－20　交叠式绕组

交叠式绕组的主要优点是漏抗小，机械强度好，引线方便。这种绕组仅用于壳式变压器中，如大型电炉变压器就采用这种结构。

（六）连接组别

连接组别是指变压器原边绕组和副边绕组之间的电压关系。原边绕组和副边绕组不同接法的组合形式有Yy、Yd、Dd、Dy等几种。其中，前面的大写字母表示高压绕组的连接法，后面的小写字母表示低压绕组的连接方式，Y表示星形连接，D表示三角形连接，后面的数字代表连接组别的标号。一般常用的连接方式有3种，即Yyn、Yd、Ynd等。例如，Yyn表示高压绕组接成星形，低压绕组接成星形并有中点引出线；Ynd表示高压绕组是星形连接，有中点引出线，低压绕组是三角形连接。对于高压绕组来说，接成星形时比较有利，因为此接法的相电压只有线电压的$1/\sqrt{3}$，因而绕组绝缘要求降低了。降压变压器二次电流往往很大，因而绕组通常采用三角形接法，这样可使低压绕组的导线截面比采用星形接法时小些，便于绕制。所以大容量的变压器通常采用Yd或Ynd形式连接。容量不太大而且需要中线的变压器，多采用Yyn形式连接法，以提供照明与动力混合负载需要的两种电压。

上述各种接法中，原边线电压与副边线电压之间的相位关系是不同的，这就是所谓变压器的连接组别。国际上规定，三相变压器高低压绕组线电势的相位关系用时钟表示法，即规定高压边线电势 $E_{1U,1V}$ 为长针，永远指向钟面上的“12”；低压边线电势 $E_{2U,2V}$ 为短针，它指向钟面上的哪个数字，该数字则为三相变压器联接组别的标号。

（七）变压器的并联运行

1. 变压器并联运行的条件

变压器并联运行时应符合以下条件：

（1）参加并联运行的变压器，它们的原副边电压应相等，即变压比应相等。

（2）三相变压器应属于同一连接组别。

（3）各变压器的短路阻抗电压应相等，即短路电压要相等。

（4）两台变压器的容量比不超过3∶1。

2. 变压比不等时的变压器并联运行

变压比不等的变压器并联运行时，它们的原边接有同一电源电压 U_1，副边并联后，也应当有同样的电压 U_2，但由于变压比不同，副边电势有差别，差值电势就会在副边两绕组之间形成环流。空载时，空载损耗增大，其差值电势越大，增加的空载损耗越多。带负载时，就可能使各变压器实际分担的电流不合理，形成一台满载、一台欠载，或一台过载、一台刚满载。如果两台变压器的电压比相差较大时，环流可能达到很大的数值，以致影响变压器的正常运行。因此，一般要求环流不超过额定电流的10%，通常规定并联变压器的电压比相差不应超过±0.5%。

3. 连接组别不同的变压器并联运行

连接组别不同的变压器并联运行时，两台变压器间也会产生很大的环流。因为连接组别不同，两台变压器对应线电势的相位至少相差30°，在副边回路内会产生很大的电势差值。由于变压器绕组的短路阻抗很小，因此，环流将比额定电流大许多倍，这是很危险的。

4. 短路电压不相等时的变压器并联运行

短路电压不相等时的变压器并联运行时，因阻抗电压不同，对变压器的负载分配有影响。并联运行的各变压器所分担的电流与其短路阻抗成反比，即短路阻抗大的分担电流小，短路阻抗小的分担电流大，分担电流小的变压器其容量不能得到充分利用。变压器并联运行时，要求并联运行的变压器阻抗电压差值不超过其平均值的10%，这样，各变压器负载分配相差也不超过10%。

5. 并联运行的方法

1）两台 Yyn12 连接组别的并联

两台 Yyn12 连接组别的变压器并联时，可先按相同相序接好原边，副边只连接中性点，然后用电压表分别测副边出线端的三组同相端 2 U ~ 4 U、2 V ~ 4 V、2 W ~ 4 W 的电压，如图 2 – 21 所示。若每次所得读数均为零，则接线正确，可以并联运行。若有相序接反的情况，必定有两次测得的电压为副边的线电压。

2）Yd 连接组的并联

图 2 – 22 所示为两台 Yd 连接组的变压器，原边按相同相序接好，但副边三角形的相序是不同的，为证明这种接法是不能并联的，可将 2 U、4 U 点用导线连接，再用电压表测下面两组端点之间的电压 $U_{2V\sim4V}$、$U_{2W\sim4W}$，显然它们都是线电压。若测 2 W、4 V 两点

间，其电压应当为零，因为这两点就是 2 U_2、4 U_2 两点，测 2 V、4 W 两点间的电压，应为 2 V 相电压和 2 W 相电压之差，其值为一相电压的$\sqrt{3}$倍。

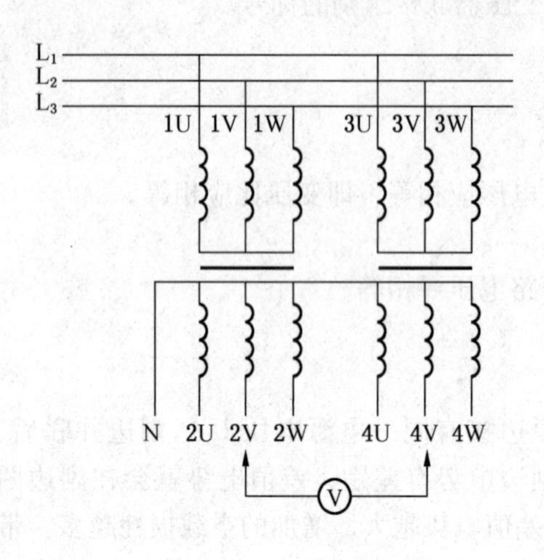

图 2－21　Ynl2 并联

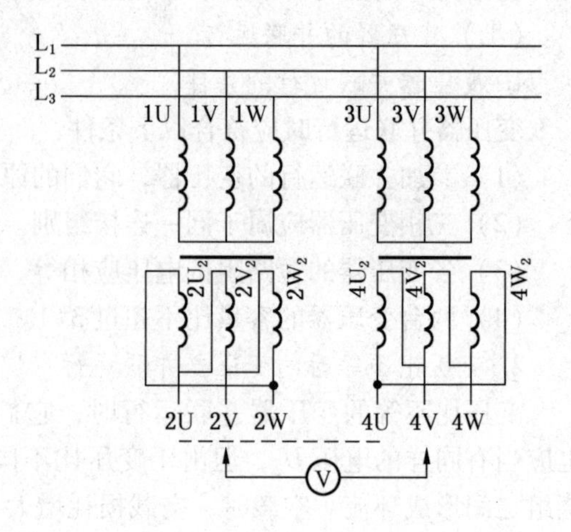

图 2－22　Yd 连接组的并联

三、自耦变压器

一只大电感的铁芯线圈接入电压 U_1 后，从它的一个中间抽头到另一端接一只电压表，如图 2－23 所示，可测得这一部分线圈中的感应电动势 E_2，若线圈中的总匝数为 N_1，部分线圈中的匝数为 N_2，则应有

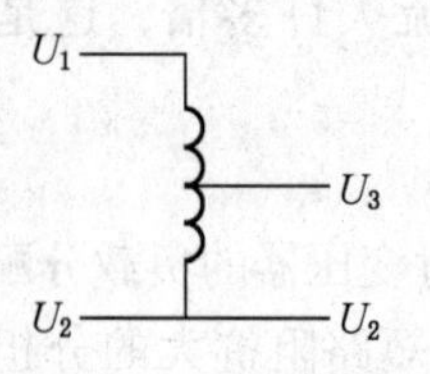

图 2－23　自耦变压器原理

$$U_1 = E_1 = 4.44 f N_1 \Phi_m$$

$$U_2 = E_2 = 4.44 f N_2 \Phi_m$$

把 U_2 作为输出电压，则有

$$\frac{U_1}{U_2} = \frac{E_1}{E_2} = \frac{N_1}{N_2} = K$$

只有一个绕组担当变压器的任务，这就是自耦变压器的工作原理。它和普通双绕组变压器的唯一区别是只有一个原绕组，其中的一部分又作为变压器的副绕组。原边和副边除了磁的联系外，还有电的联系。

当自耦变压器接上负载，副边有电流 I_2 输出时，铁芯中的磁通 Φ 是由合成磁势 $\dot{I}_1(N_1 - N_2) + (\dot{I}_1 + \dot{I}_2)N_2$ 所产生。若外加电压 U_1 不变，可得磁势平衡方程式

$$\dot{I}_1(N_1 - N_2) + (\dot{I}_1 + \dot{I}_2)N_2 = \dot{I}_0 N_1$$

因为空载电流 I_0 很小，可忽略不计，则得

$$\dot{I}_1 N_1 + \dot{I}_2 N_2 = 0$$

即

$$\dot{I}_1 = -\frac{N_2}{N_1}\dot{I}_2 = -\frac{1}{K}\dot{I}_2$$

或在数值上

$$\frac{I_1}{I_2} = \frac{1}{K} = \frac{N_2}{N_1}$$

在相位上，$\dot{I}_1$ 与 $\dot{I}_2$ 几乎相差 180°，即相位相反。

由此可见，自耦变压器绕组中，原副边公共部分（即 N_2 匝绕组）内的电流为原边与副边电流之差为

$$I = I_2 - I_1 \tag{2-3}$$

当变压比 K 接近于 1 时，I_1 与 I_2 的数值相差不大，公共部分的电流 I 很小。因此，这部分绕组可用截面较小的导线绕制，以减小变压器的体积和质量。

自耦变压器输出的视在功率为

$$S_2 = U_2 I_2$$

将式（2-3）代入，可得

$$S_2 = U_2(I + I_1) = U_2 I + U_2 I_1 = S_2 + S_2'$$

从上式可以看出，自耦变压器的输出功率由两部分组成，其中 $S_2 = U_2 I$ 是借助于 U_1、U_3 段绕组和 U_3、U_2 段绕组之间的电磁感应从原边传递到副边的视在功率。而 $S_2' = U_2 I_1$ 则是通过电路的直接联系从原边直接传递到副边的视在功率。由于 I_1 只在一部分绕组的电阻上产生损耗，使得自耦变压器比普通变压器的损耗要小，因而运行较为经济。

理论分析和实践都可以证明：当原副边电压比接近于 1 时，或者不大于 2 时，自耦变压器的优点明显；当电压比大于 2 时，优点就不多了。所以实际应用的自耦变压器，其变压比一般在 1.2～2.0 的范围内。大容量的异步电动机降压启动，也可用自耦变压器降压，以减小启动电流。

自耦变压器的缺点：原副绕组的电路直接连接在一起，高压侧的电气故障会波及低压侧。当高压绕组的绝缘破坏时，高电压会直接传到副绕组，这很不安全。因此，在低压侧使用的电气设备必须有防止高电压的措施，要求接线正确，外壳必须接地。自耦变压器不准作为照明变压器使用。

自耦变压器不仅能降压，如果把副边作为输入时，也可以作为升压变压器使用。可调自耦变压器如图 2-24 所示。

自耦变压器也可以制成三相的，其原理图如图 2-25 所示。

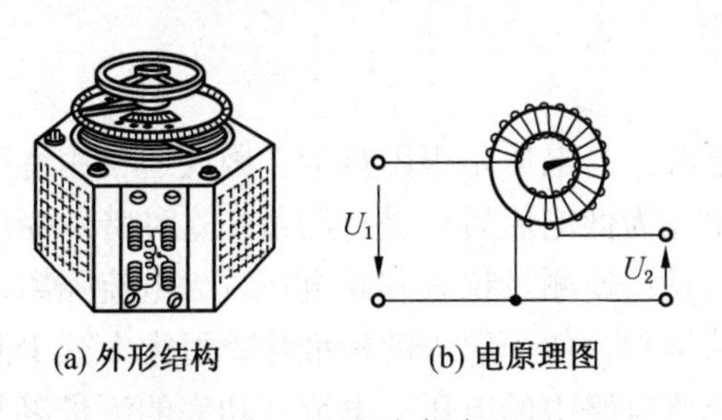

图 2-24　可调自耦变压器

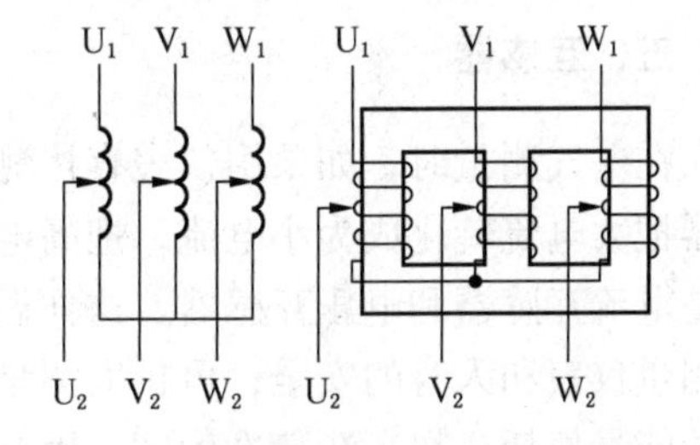

图 2-25　三相自耦变压器原理图

四、电焊变压器

交流弧焊机由于结构简单、成本低廉、制造容易和维护方便而应用广泛。电焊变压器作为交流弧焊机的主要组成部分，是特殊的降压变压器。为保证焊接质量和电弧燃烧的稳定性，对电焊变压器有下列要求：

（1）应具有 60～75 V 的空载电压，以保证起弧容易。为了操作安全，制造时空载电

压一般不超过85 V。

（2）负载时，电压应随负载的增大而急剧下降，具有如图2－26所示的外特性。通常在额定负载时，电压为30 V左右。

（3）短路电流不应过大，以免损坏电焊机。

（4）为了适应不同焊条和焊接工件的需要，要求焊接电流能在一定范围内调节。

为了满足上述要求，电焊变压器必须具有较大的漏抗，而且可以调节。因此，电焊变压器的结构特点是：铁芯的气隙比较大；原副绕组不是同心地套在一起，而是分装在两个铁芯柱上；用磁分路法或串联可变电抗法来调节漏抗的大小，以获得不同的外特性。

电焊变压器与变压器的主要区别在于改变漏磁的方法不同，它是通过改变原副绕组的相对位置，以改变两者的耦合程度来实现的。

动圈式电焊变压器的结构如图2－27所示，它的原绕组是固定的，副绕组是可动的。两绕组之间的距离不同，漏抗也不同。绕组间的距离最大时，空间漏磁达到最大值，漏抗最大，这时空载输出电压降低，而焊接电流最小；当两绕组接近时，空载输出电压升高，漏抗减小，焊接电流增大。

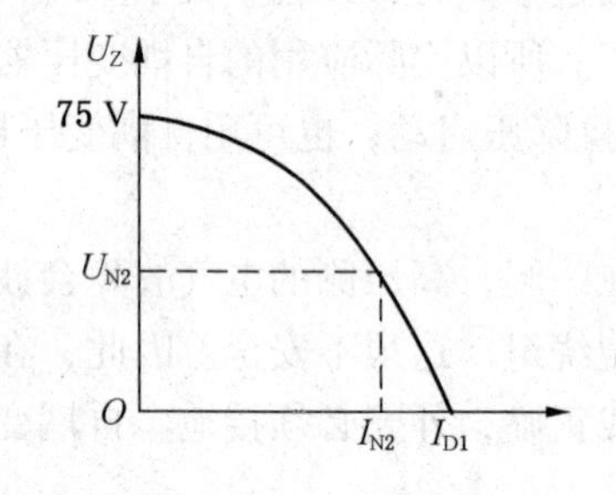

图2－26　交流弧焊机的外特性

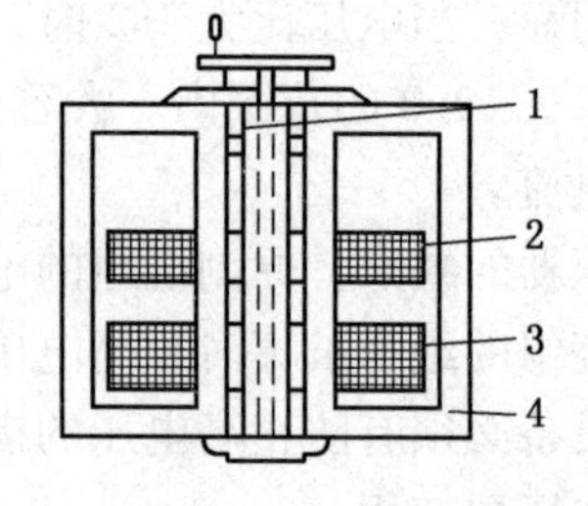

1—副绕组调节机构；2—可动的副绕组；
3—固定的原绕组；4—铁芯

图2－27　动圈式电焊变压器的结构示意图

五、互感器

在电气测量时，如果用仪表直接测量大电流、高电压是很困难的，因此通常用特殊变压器把大电流转化成为小电流，把高电压转化成为低电压后再进行测量。这种特殊变压器就是电流互感器和电压互感器。这样做的优点是：使测量仪表和高电压、大电流隔离，保证测量仪表和人身的安全；可扩大测量仪表的量程，便于仪表的标准化；可大大减少测量中的能量损耗，提高测量准确度。因此，在交流电路中的电压、电流、功率的测量以及各种保护和控制电路中，互感器的应用相当广泛。

1. 电流互感器

电流互感器的结构与双绕组变压器相似，也是由铁芯和原副绕组两部分组成。其不同点在于，电流互感器原绕组的匝数很少，只有一匝到几匝，它串联在被测电路中，流过被测电流，如图2－28所示。这个电流与普通变压器的原边电流相同，它与电流互感器的负载大小无关。副绕组的匝数比较多，常与电流表或其他仪表的电流线圈串联成闭合电路。由于这些线圈的阻抗均很小，所以副边接近于短路状态。由变压器的短路试验可知，当副

边短路时，原边的压降是很小的，这时可以忽略励磁电流，根据磁势平衡原则，应有

$$\dot{I}_1 N_1 + \dot{I}_2 N_2 \approx 0$$

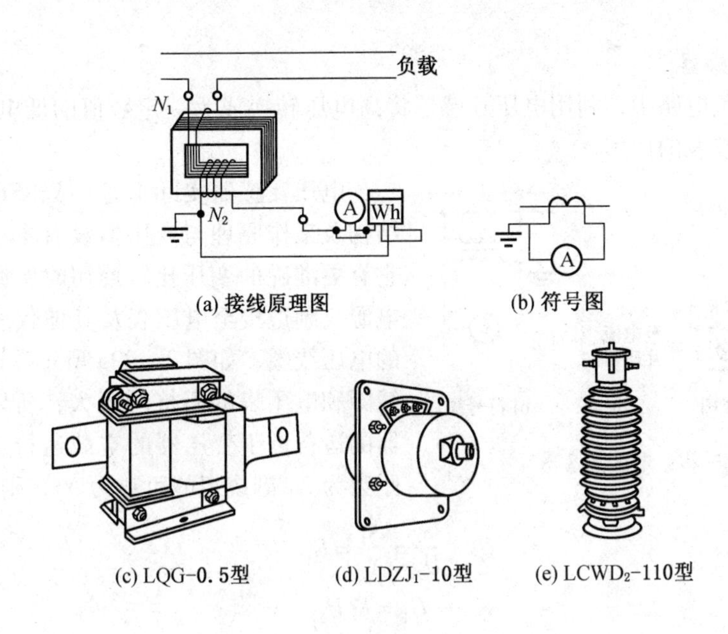

图 2-28 电流互感器的结构

即
$$\dot{I}_1 = -\frac{N_2}{N_1}\dot{I}_2 = K_i \dot{I}_2$$

或
$$I_1 \approx K_i I_2 \tag{2-4}$$

式中，$K_i = \dfrac{N_2}{N_1}$称为电流互感器的变流比。

式（2-4）表明，在电流互感器中，副边电流与变流比的乘积 K_i 等于原边电流。例如，电流表的读数为 3 A，变流比为 50/5，则原边电流为 $I_1 = K_i I_2 = \dfrac{50}{5} \times 3 = 30$（A）。

电流互感器副边的额定电流通常为 5 A，原边额定电流在 10～25000 A。电流互感器的额定功率通常为 5～20 V · A，准确度等级通常为 0.5～3 级，分别用于不同准确度等级要求的测量。电压等级有 0.5 kV、10 kV、15 kV、35 kV 等，低压测量中常用 0.5 kV 电流互感器。

在选择电流互感器时，必须按互感器的额定电压、副边额定电流及负载阻抗适当选取。若没有与主电路额定电流相符的电流互感器，应该按接近或稍大于主电路额定电流来选取。在使用电流互感器时，为了测量的准确和安全，应注意以下几点：

（1）电流互感器在运行中副边不得开路。

（2）电流互感器的铁芯和副边要同时可靠接地，以免在高压绝缘击穿时，危及仪表和人身安全。

（3）电流互感器的原副绕组有“+”“-”或“*”标记，表示同名端，当副边接功率表或电度表的电流线圈时，一定要注意极性。

(4) 电流互感器的负载大小，与测量的准确度密切相关，选用时一定要使副边的负载阻抗小于要求的阻抗值，并且准确度等级比所接仪表的准确度等级要高两级，以保证测量的准确度。

2. 电压互感器

在高压交流电路中，利用电压互感器将高电压转换成为一定数值的低电压以供测量、保护和指示等仪表的使用。

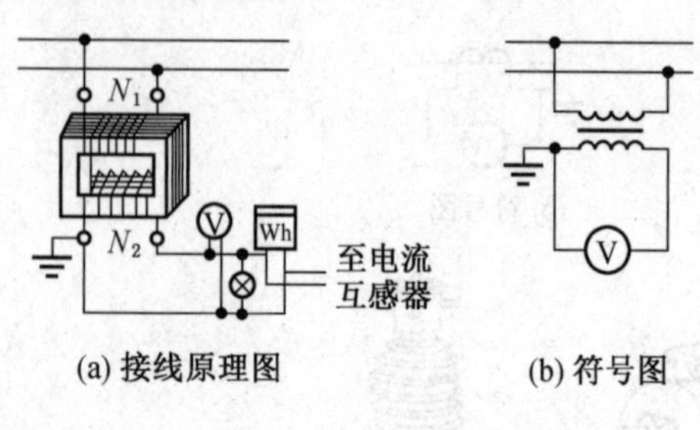

(a) 接线原理图　(b) 符号图

图 2-29　电压互感器

电压互感器实际上是一只降压变压器，其结构及工作原理与变压器没有本质的区别，但它有更准确的变压比。使用时，原边接至高压电源，副边接至电压表及其他仪表或控制电器的电压线圈，如图 2-29a 所示。由于这些电压线圈和电压表的阻抗均很大，所以，电压互感器的运行近于变压器的空载运行。若原绕组的匝数为 N_1 副绕组的匝数为 N_2，则应有

$$\frac{U_1}{U_2}=\frac{N_1}{N_2}=K_u$$

或

$$U_1=K_uU_2 \tag{2-5}$$

式 (2-5) 表明，当 K_u 值一定时，U_2 与变压比 K_u 的乘积等于 U_1。

电压互感器副边的额定电压规定为 100 V，原边额定电压为所接电路的电压等级。这样做的优点在于所接的电压表实际上只测 100 V 以下的电压，其他电器和仪表的电压线圈的额定电压也相应为 100 V。固定的板式电压表表面上的刻度是实际电压与变压比的乘积，因而可以直接读数。

电压互感器在选择、使用时必须注意：

(1) 电压互感器在运行时副边绕组绝对不允许短路。

(2) 电压互感器的副边接功率表或电度表的电压线圈时，应当按要求的极性连接。三相电压互感器和三相变压器一样，要注意它的连接法。

(3) 电压互感器的铁芯和副边绕组的一端必须可靠接地，以防止高压绕组绝缘损坏时，铁芯和副边绕组带高电压而造成事故。

(4) 电压互感器的准确度等级与其使用的额定容量有关。如 JDG-0.5 型电压互感器，其最大容量为 200 V · A，输出容量不超过 25 V · A 时准确度等级为 0.5 级，40 V · A 以下容量时准确等级为 1.0 级，100 V · A 容量时准确等级为 3 级。为了保证所接仪表的测量准确度等级，电压互感器的准确度等级要比所接仪表的准确度等级高两个等级。

六、矿用变压器

变压器一般分为电力变压器和特种变压器两大类。矿用变压器是为适应煤矿生产对变压器结构提出特殊要求的特种变压器。

矿用变压器一般用于煤矿井下供电系统，容量一般不超过 1000 kV · A。井下供电系统装备的变压器有 KSGB、KBSGZY 等多个系列，KSGB 为干式自冷式，KBSGZY 为干式自冷移动变电站。

KSGB 型变压器不仅可作为独立的干式变压器使用，而且壳内的变压器还可作为移动变电站的主体设备。其绕组绝缘等级为 H 级（或用聚酸亚胺 C 级绝缘），可长期在 180 ℃以下的温度下工作。隔爆外壳上有散热片，并设有保护绕组过热的温度继电器。

变压器的原边绕组设有调节二次电压 ±5% 的分接抽头，必要时用以调节低压侧电压。

KSGB 型变压器的技术数据见表 2－1。

表 2－1 KSGB 型隔爆干式变压器的主要技术数据

容量/（kV·A）	电压/V		电流/A			绕组别	损耗/W	
	原边	副边	原边	副边	空载/%		空载	短路
315	6000 ±5%	1200/690	30.3	151.5/262.5	6	Yy12 Yd11	1700	2300
500	6000 ±5%	1200	48.2	241	5	Yy12	2300	3400
630	6000 ±5%	1200	60.6	303	4	Yy12	2700	4100

容量/（kV·A）	阻抗电压/%	重量/kg		外形尺寸/mm				绕组温升/℃
		铁	铜	总	长	宽	高	
315	4	890	320	2230	2200	820	1240	130
500	4	1310	425	2960	2300	870	1430	130
630	4	1620	520	3580	2400	920	1550	130

第三节 电动机

一、直流电动机

1. 基本构造

直流电动机由定子和电枢两大部分组成。定子包括主磁极、换向磁极、机座、电刷装置等，电枢包括电枢铁芯、电枢绕组、换向器及转轴、风扇等。

2. 基本工作原理

直流电动机的基本工作原理是通电导体受磁场的作用力而使电枢旋转。通过换向器，使直流电动机获得单方向的电磁转矩；通过换向片使处于磁场中不同位置的电枢导体串联起来，使其电磁转矩相叠加而获得几乎恒定不变的电磁转矩。

3. 分类及用途

按照励磁绕组与电枢绕组的连接关系，直流电动机可分为他励、并励、串励、复励 4 种类型。他励直流电动机适用于调速范围较宽、负载变化时转速变化不大的场合，如某些精密车床、铣床、刨床、磨床等。并励直流电动机适用场合与他励电动机相同。串励直流电动机适用于启动较频繁、有冲击性负载的场合，如起重机械、电力牵引装置等。复励直流电动机广泛应用于起重设备、牵引装置、轧钢机及冶金辅助机械中。

4. 铭牌及额定值

直流电动机铭牌及额定值主要包括以下内容：

（1）型号。型号表示直流电动机系列号、设计序号、规格代号等。

（2）额定功率。额定功率指额定运行时转轴上允许输出的机械功率。

（3）额定电压。额定电压指额定运行时施加的电源电压。

（4）额定电流。额定电流指额定运行时取用的电流。

（5）额定转速。额定转速指额定运行时的转速。

（6）定额。定额指电动机允许的运行方式，分为连续、短时、断续 3 种。

（7）温升。温升是指电动机发热部分允许超出周围环境温度的数值。

二、三相异步电动机

1. 基本结构

三相异步电动机由定子和转子两大部分组成。定子包括定子铁芯、定子绕组和机座等，转子包括转子铁芯、转子绕组和转轴等。转子绕组又分为笼型和绕线型两类。

2. 基本工作原理

对称三相定子绕组中通入对称三相正弦交流电，便产生旋转磁场。旋转磁场切割转子导体，便产生感应电动势和感应电流。感应电流一旦产生，便受到旋转磁场的作用，形成电磁转矩，转子便沿着旋转磁场的转向转动起来。

3. 分类和用途

三相异步电动机分类方法很多，按防护形式分为开启式、防护式和封闭式；按转子结构分为鼠笼型和绕线型，鼠笼型异步电动机又分为单笼式、双笼式和深槽式；按电压高低可分为高压电动机和低压电动机；按安装方式可分为立式、卧式电动机等。

三相异步电动机由于具有结构简单、价格低廉、坚固耐用、使用和维护方便等优点，在工业、农业等各个生产领域得到广泛应用。

4. 铭牌与额定值

三相异步电动机的铭牌与额定值大多与直流电动机的相同，区别在于：三相异步电动机的额定电压指线电压，额定电流指线电流，还有额定频率、额定功率因数、接线方式等的区别。

5. 电动机的洗油

三相异步电动机的洗油属于正常技术维护。电动机每运行 2500 ~ 3000 h 进行一次洗油，高温车间的电动机每年至少进行一次洗油。洗油就是将电动机拆卸后，将转子轴承置于柴油或汽油中，边转动边用于刷刷干净，然后晾干，按要求注入润滑脂（习惯上也叫润滑油）即可。

三、同步电机

同步电机是转子转速等于同步转速的一类交流电机。按照功率转换关系，同步电机可分为同步发电机、同步电动机和同步补偿机 3 类。

（一）三相同步发电机

1. 基本结构

三相同步发电机由定子和转子两大部分组成。按结构形式分为转磁式和转枢式两种，其中转磁式应用广泛。转磁式同步发电机定子结构与三相异步电动机相同。其转子又分为两种，一种是隐极式分布绕组转子，呈细长的圆柱形，气隙均匀，适于高速旋转，一般为卧式安装，为汽轮发电机所采用。另一种是凸极式集中绕组转子，呈短粗的盘状，有明显的凸极，适于低速旋转，一般为立式安装，为水轮发电机所采用。

2. 基本工作原理

在转子励磁绕组中通入直流电产生恒定磁场，由原动机带动转子旋转形成旋转磁场，旋转磁场切割对称三相定子绕组产生对称三相正弦交流电，频率为$f=\frac{pn}{60}$。

3. 同步发电机的并联运行

同步发电机并联供电的优越性为：便于发电机的轮流检修，减少备用机组，提高供电的可靠性；便于充分、合理地利用动力资源，降低电能成本；便于提高供电电压和频率的稳定性。

同步发电机并联运行的条件为：欲并网的发电机的电压必须与电网电压的有效值相等，频率相同，极性、相序一致，相位相同，波形一致。

同步发电机的并网方法有以下两种：

（1）准同步法。使发电机达到并网条件后合闸并网。采用同步指示器，调节发电机的转速，调整发电机电压的大小和相位，基本满足并网条件时就可合闸。优点是对电网基本没有冲击，缺点是手续复杂。

（2）自同步法。发电机先不加励磁并用一个电阻值等于 5 ~ 10 倍励磁电阻的附加电阻接成闭合回路，由原动机带动转子达到接近同步转速就可合闸，然后切除限流电阻，加上励磁电流，将同步发电机自动拉入同步。优点是操作简单、并网迅速，缺点是合闸时冲击电流稍大。

4. 同步发电机的主要运行特性

（1）同步发电机的外特性。同步发电机的外特性是指同步发电机在转速、励磁电流和负载功率因数都不变的条件下，端电压随负载电流变化的关系，如图 2 - 30 所示。同步发电机的外特性与变压器的外特性相同，即与负载的性质有关。

（2）同步发电机的调节特性。在保持发电机转速和负载功率因数不变的情况下，为保持发电机端电压不变而调节励磁电流随负载电流变化的关系，叫同步发电机的调节特性，如图 2 - 31 所示。对于电阻性、电感性负载，应随负载电流的增大而增加励磁电流；对于电容性负载，则应随负载电流的增大而减小励磁电流。

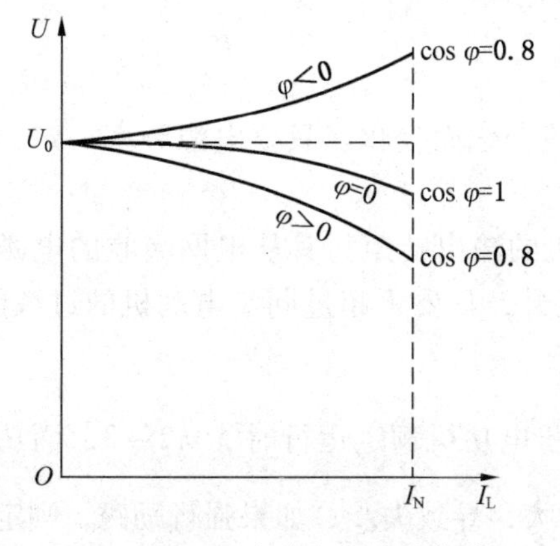

图 2 - 30　同步发电机的外特性

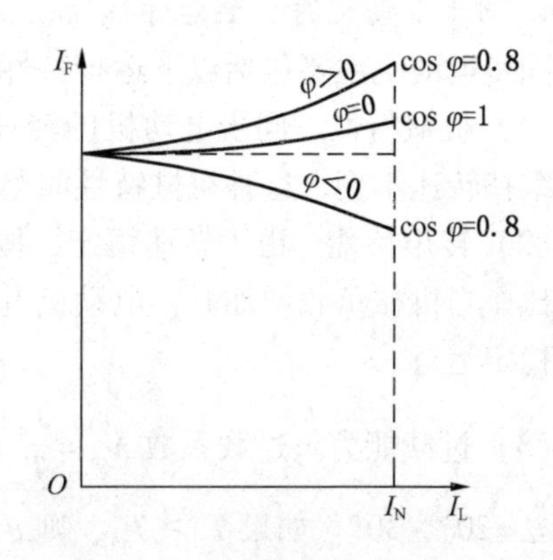

图 2 - 31　同步发电机的调节特性

（二）三相同步电动机

1. 基本结构

三相同步电动机的基本结构与同步发电机的基本结构相同，但转子一般采用凸极式结构。

2. 工作原理

对称三相定子绕组通入对称三相正弦交流电产生旋转磁场。转子励磁绕组通入直流电产生与定子极数相同的恒定磁场。同步电动机靠定、转子之间异性磁极的吸引力带动磁性转子旋转。在理想空载的情况下，定、转子磁极的轴线重合。带上一定负载时，气隙间的磁力线将被拉长，使定子磁极超前转子磁极一个 θ 角，如图 2－32 所示。这个 θ 角称为功角。在一定范围内，θ 角越大，磁力线拉得越长，电磁转矩就越大。负载一定，若增大励磁电流，θ 角将减小。如果负载过重，θ 角过大，则磁力线会被拉断，同步电动机将停转，这种现象称为同步电动机的“失步”。只要同步电动机的过载能力允许，采用强行励磁是克服同步电动机“失步”的有效方法。

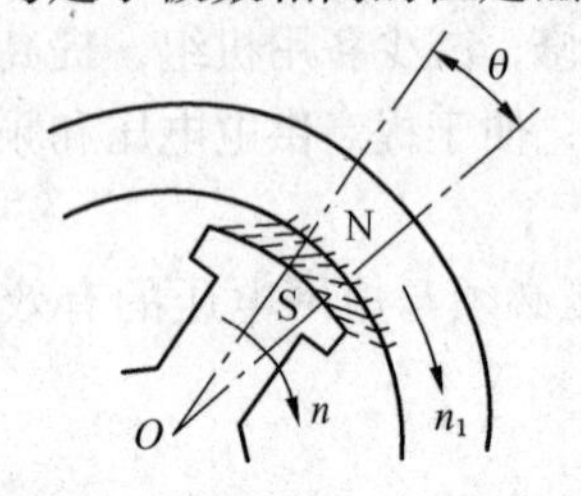

图 2－32　同步电动机的工作原理

3. 同步电动机的启动

同步电动机不能自行启动，当定子绕组接通电源时，旋转磁场立即产生并高速旋转。转子由于惯性，根本来不及跟着旋转。当定子磁极迅速越过转子磁极时，前后两次作用在转子磁极上的磁力大小相等、方向相反、间隔时间极短，平均转矩为零，因此不能自行启动。

同步电动机有以下启动方法：

（1）辅助电动机启动。用辅助电动机带动同步电动机转动达到接近同步转速时，再脱离辅助电动机投入正常运行。因使用设备多、操作复杂，已基本不采用。

（2）异步启动法。在转子上安装笼型启动绕组，启动时将励磁绕组用一个 10 倍于励磁电阻的附加电阻连接成闭合回路。当旋转磁场作用于笼型启动绕组使转子转速达到同步转速的 95% 时，迅速切除附加电阻，通入励磁电流，使转子迅速拉入同步运行。当同步电动机处于同步运行时，笼型启动绕组不起作用。

4. 同步电动机的主要运行特性

同步电动机主要包括以下运行特性：

（1）机械特性。同步电动机的转速不因负载变化而变化。只要电源频率一定，就能严格维持转速不变，这种机械特性叫绝对硬特性。

（2）转矩特性。由于转速恒定，同步电动机的输出转矩与其从电网吸收的电磁功率成正比。当机械负载增加时，电动机电流直线上升，只要不超过同步电动机的过载能力，就能稳定运行。

（3）过载能力。过载系数 $\lambda_m = \frac{T_m}{T_n}$，通常同步电功机额定运行时 $\lambda = 2 \sim 3$，而功率因数角 $\theta = 20° \sim 30°$。如果 $T_L > T_m$，则 θ 角迅速增大，导致失步；如果强行励磁，则定子电流剧增，严重过载时将会烧毁电动机。

(4) 功率因数调节特性。当机械负载一定时，可以调节励磁电流，使定子电流达到最小值。由于输入功率 $P_1=\sqrt{3}U_1I_1\cos\varphi$，其中 P_1、U_1 一定，I_1 的改变必然伴随 $\cos\varphi$ 的变化。当 I_1 最小时，必定 $\cos\varphi=1$ 最大，同步电动机相当于纯电阻负载，这种情况称为正常励磁，简称正励。当励磁电流减小时，功角 θ 增大，电流 I_1 增大，且 I_1 滞后 U_1，同步电动机相当于电感性负载，这种情况称为不足励磁，简称欠励。当励磁电流从正励增大时，功角 θ 减小，电流 I_1 也增大，但 I_1 超前 U_1，同步电动机相当于电容性负载，

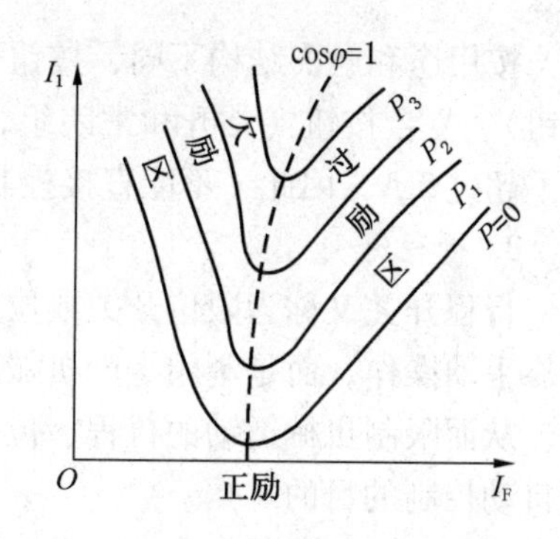

图 2-33　同步电动机功率因数调节特性——U 形曲线

这种情况称为过度励磁，简称过励。这种保持负载不变，定子电流 I_1 随转子励磁电流 I_F 变化的特性叫功率因数调节特性，如图 2-33 所示。当负载变化时，又可画出另一条曲线。由于这种特性曲线形状如“U”字，而称为 U 形曲线。在过励区，同步电动机相当于电容性负载，这对于提高电网的功率因数十分有利，因此同步电动机通常都工作在过励区。

（三）同步补偿机

同步补偿机实际就是一台空载过励运行的同步电动机，它基本上是一个纯电容负载，而且电容性无功功率容量大，调节方便，常被装在变电所中用来调节电网的功率因数。

第四节　常用低压控制电器

一、主令电器

主令电器是用于自动控制系统中发出指令的操作电器，利用它控制接触器、继电器或其他电器，使电路接通和分断，实现对生产机械的自动控制。常用的主令电器有按钮开关、行程开关、主令控制器等。

1. 按钮开关

按钮开关的外形和结构如图 2-34 所示，主要由按钮帽、复位弹簧、常开触头、常闭触头、接线柱、外壳等组成。它是一种用来短时接通或分断小电流电路的手动控制电器，在控制电路中，通过它发出“指令”控制接触器、继电器等电器，再由它们去控制主电路的通断。按钮开关的种类很多，机床常用的有 LA2、LA10、LA12、LA19 等系列。其中 LA18 系列按钮是积木式结构，触头数目可按需要拼装，一般拼装成二常开、二常闭，也可拼装成六常开、六常闭；结构形式有揿按式、紧急式、钥匙式和旋钮式。LA19 系列在按钮内装有信号灯，除作为控制电路的主令电器使用外，还可兼做信号指示灯使用。

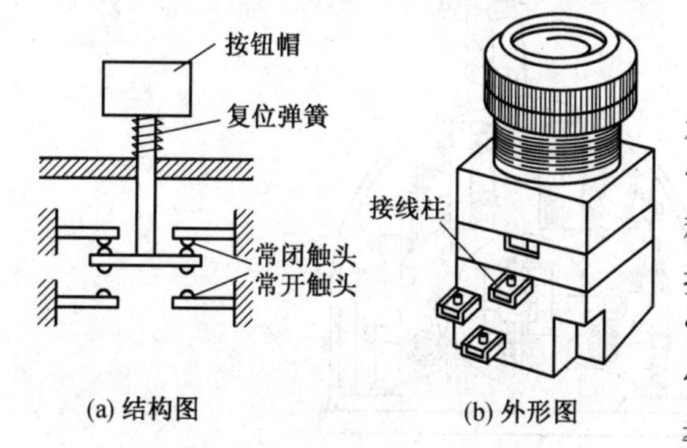

图 2-34　LA19 系列按钮开关的结构及外形图

按用途和触头结构不同，按钮开关又可分为停止按钮（常闭按钮）、启动按钮（常开按钮）、复合按钮（常开和常闭组合按钮）。不论何种按钮，其触头允许通过的电流一般都不超过5 A，因此，不能直接控制主电路的通断。

2. 行程开关

行程开关又称为限位开关或位置开关，其作用与按钮开关相同，只是其触头的动作不是靠手动操作，而是利用生产机械某些运动部件的碰撞使其触头动作来接通或分断某些电路，从而限制机械运动的行程、位置或改变其运动状态，实现自动停车、反转或变速，达到自动控制的目的。

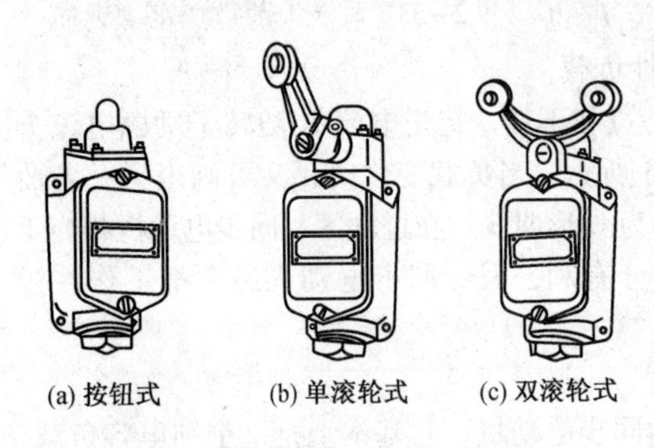

图2－35 常用行程开关的外形图

为了适应生产机械对行程开关的碰撞，行程开关有多种构造形式，常用的有按钮式（直动式）和滚轮式（旋转式），其中滚轮式又有单滚轮式和双滚轮式两种。它们的外形如图2－35所示。

行程开关触头允许通过的电流较小，一般不超过5 A。选用行程开关，主要应根据被控制电路的特点、要求及生产现场条件和所需触头数量、种类等因素综合考虑。

3. 主令控制器

主令控制器是用来频繁地按顺序操纵多个控制回路的主令电器，用它在控制系统中发布命令，通过接触器来实现对电动机的启动、制动、调速和反转控制。

主令控制器的外形及结构如图2－36所示。它由铸铁底座和支架、支架上安装的动静触头及凸轮盘所组成的接触系统等构成。图中1与7是固定于方形转轴上的凸轮块；2是固定触头的接线柱，由它连接操作回路；3是固定触头，由桥式触头4来闭合与分断；动触头4固定于能绕轴6转动的支杆5上。

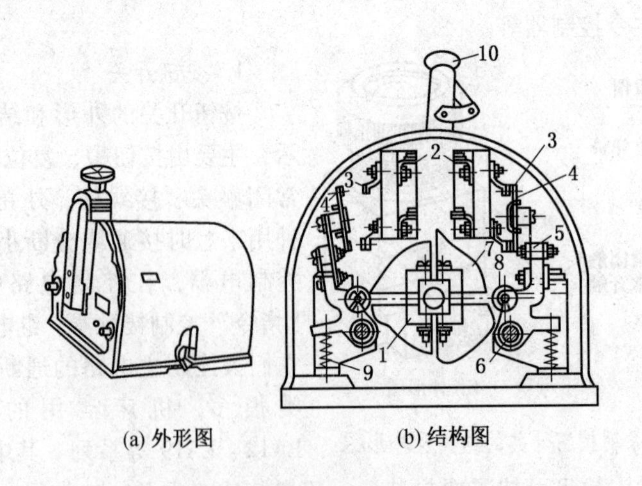

图2－36 主令控制器的外形及结构图

主令控制器的动作原理如下：

当转动手柄10使凸轮块7转动时，推压小轮8，使支杆5绕轴6转动，使动触头4与静触头3分断，将被操作回路断开。相反，当转动手柄10使小轮8位于凸轮块7的凹槽处，由于弹簧9的作用，使动触头与静触头3闭合，接通被操作回路。可见，触头闭合与分断的顺序是由凸轮块的形状所决定的。

主令控制器在电气原理图中的符号及触头分合表与万能转换开关的相同。主令控制器的选用主要根据额定电流和所需控制回路数选择。

二、低压开关类电器

（一）转换开关

转换开关由多节触头组合而成，故又称组合开关，是一种手动控制电器。它可用作电源引入开关，也可用作5.5 kW以下电动机的直接启动、停止、反转和调速控制开关。转换开关主要用于机床控制电路中。

转换开关的外形及结构如图2－37所示。它的内部有3对静触头，分别用3层绝缘板相隔，各自附有连接线路的接线柱。3个动触头相互绝缘，与各自的静触头相对应，套在共同的绝缘杆上，绝缘杆的一端装有操作手柄，转动手柄，即可完成3组触头之间的开合或切换。开关内装有速断弹簧，以提高触头的分断速度。

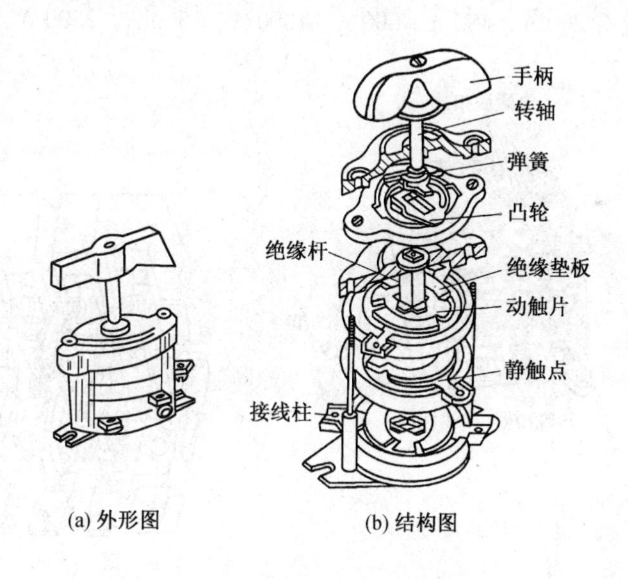

图2－37 转换开关的外形及结构图

转换开关具有体积小、寿命长、结构简单、操作方便、灭弧性能较好等优点。选用时，应根据电源种类、电压等级、所需触头数量及电动机的容量进行选择。

（二）自动开关

自动开关又称自动空气开关或自动空气断路器。在低压电路中，用于分断和接通负荷电路，控制电动机的运行和停止。它具有过载、短路、失压保护等功能，能自动切断故障电路，保护用电设备的安全。常用的自动开关有装置式和万能式两种。

1. 装置式自动开关

装置式自动开关又称塑壳式自动开关，常用作电动机及照明系统的控制开关、供电线路的保护开关等。其外形和内部结构如图 2－38 所示。装置式自动开关主要由触头系统、灭弧装置、自动操作机构、电磁脱扣器（用作短路保护）、热脱扣器（用作过载保护）、手动操作机构及外壳等部分组成。电磁脱扣器和热脱扣器是主要保护装置，也有再加上失压脱扣器的。电磁脱扣器线圈串联在主电路中，若主电路发生短路，流过线圈的电流增大，磁场增强，吸引衔铁，使操作机构动作，断开主触头，分断主电路，起到短路保护作用。电磁脱扣器的动作电流大小可以调节。热脱扣器是一个双金属片热继电器，它的发热元件也串联在主电路中。当电路过载时，发热元件温度升高，双金属片弯曲变形，顶动自操作机构动作，断开主触头，切断主电路，起到过载保护作用。热脱扣器的动作电流可以调节。

2. 万能式自动开关

万能式自动开关又称框架式自动开关，主要用于低压电路上不频繁接通和分断容量较大的电路，也可用于 40～100 kW 电动机不频繁全压启动，并对电路起过载、短路和失压保护作用。常用的万能式自动开关的外形如图 2－39 所示。万能式自动开关的所有零部件均安装在框架上，它的电磁脱扣器、热脱扣器、失压脱扣器等的保护原理与装置式自动开关相同。它的操作方式有手柄操作、杠杆操作、电磁铁操作、电动机操作 4 种。额定电压为 380 V，额定电流有 200 A、400 A、600 A、1000 A、1500 A、2500 A、4000 A 等数种。

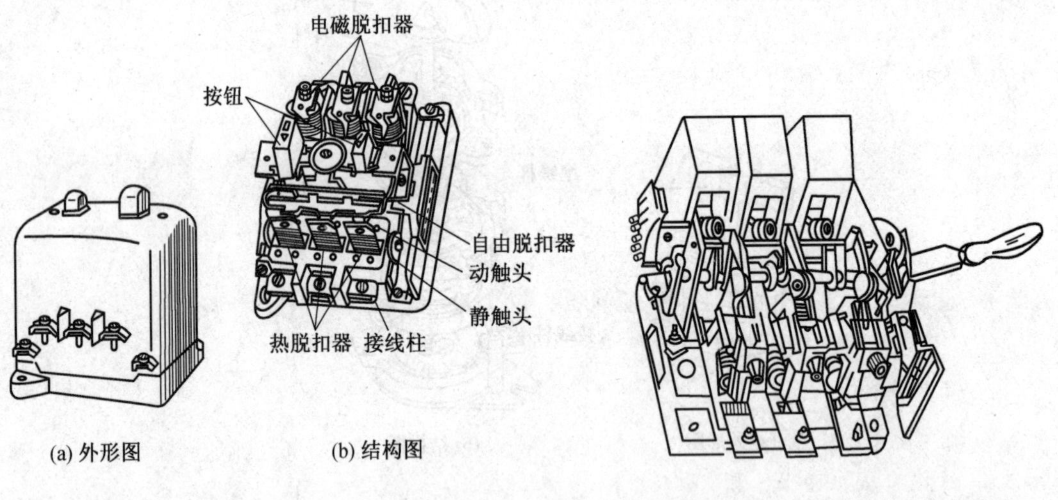

图 2－38 装置式自动开关外形及结构图

图 2－39 万能式自动开关外形图

选用自动开关应考虑其额定电压、额定电流、允许切断的极限电流、所控制的负载性质等参数。特别要注意热脱扣器整定电流和电磁脱扣器瞬时脱扣整定电流的设置，对于不同的负载，其整定电流与负载电流的倍率不同。

三、接触器

接触器是通过电磁机构动作，频繁地接通和分断主电路的远距离操纵电器。按其触头通过电流种类的不同，分为交流接触器和直流接触器两类。它的控制容量大，具有低电压保护的功能，在自动控制系统中应用非常广泛。

（一）交流接触器

1. 交流接触器的结构

交流接触器主要由电磁系统、触头系统、灭弧装置等部分组成，其外形及结构如图2－40所示。

1）电磁系统

交流接触器的电磁系统由线圈、静铁芯、动铁芯（衔铁）等组成，其作用是操纵触头的闭合与分断。

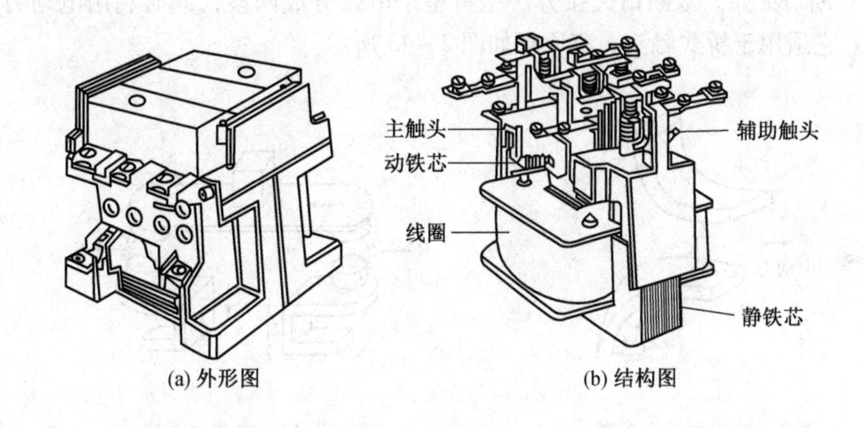

(a) 外形图　(b) 结构图

图2－40　交流接触器外形及结构图

交流接触器的铁芯一般用硅钢片叠压铆成，以减少交变磁场在铁芯中产生的涡流及磁滞损耗，避免铁芯过热。为了减少接触器吸合时产生的振动和噪声，在铁芯上装有一个短路铜环（又称减振环），如图2－41所示。当线圈中通有交流电时，在铁芯中产生的是交变磁通，它对衔铁的吸力是按正弦规律变化的。无短路铜环时，当磁通经过零值时，铁芯对衔铁的吸力也为零，衔铁在弹簧的作用下有释放的趋势，使得衔铁不能被铁芯紧紧吸住，产生振动，发出噪声。同时，这种振动使衔铁与铁芯容易磨损，造成触头接触不良。安装短路铜环后，它相当于变压器的一个副绕组，当电磁线圈通入交流电时，线圈电流 I_1 产生磁通 Φ_1，短路环中产生感应电流 I_2 形成磁通 Φ_2，由于 I_1 与 I_2 的相位不同，故 Φ_1 与 Φ_2 的相位也不同，即 Φ_1 与 Φ_2 不同时为零。这样，在磁通 Φ_1 为零时，Φ_2 不为零而产生吸力，吸住衔铁，使衔铁始终被铁芯吸牢，振动和噪声显著减小。

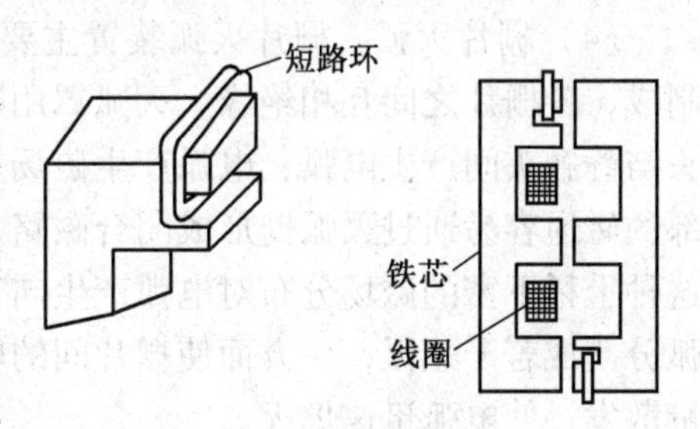

图2－41　交流电磁铁的短路环

2）触头系统

接触器的触头按功能不同分为主触头和辅助触头两类。主触头用于接通和分断电流较大的主电路，体积较大，一般由3对常开触头组成；辅助触头用于接通和分断小电流的控制电路，体积较小，有常开和常闭两种触头。为使触头导电性能良好，通常用紫铜制成。由于铜的表面容易氧化生成不良导体氧化铜，故一般都在触头的接触点部分镶上银块，使之接触电阻小，提高导电性能，延长使用寿命。

3）灭弧装置

交流接触器在分断大电流或高压电路时，动、静触头间气体在强电场作用下产生放电，形成电弧。电弧发光、发热，灼伤触头，并使电路切断时间延长，引发事故。因此，必须采取措施使电弧迅速熄灭。交流接触器中常用以下几种方法灭弧：

（1）电动力灭弧。利用触头分断时本身的电动力将电弧拉长，使电弧热量在拉长的过程中散发冷却而迅速熄灭，其原理如图 2－42 所示。

（2）双断口灭弧。双断口灭弧方法是将整个电弧分成两段，同时利用电动力将电弧迅速熄灭。它适用于桥式触头，其原理如图 2－43 所示。

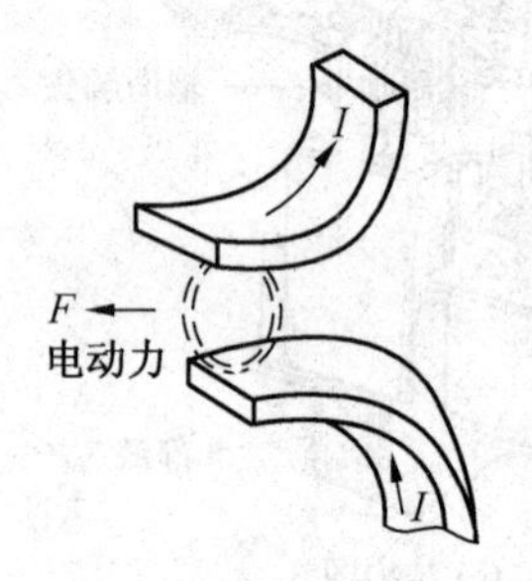

图 2－42　电动力灭弧

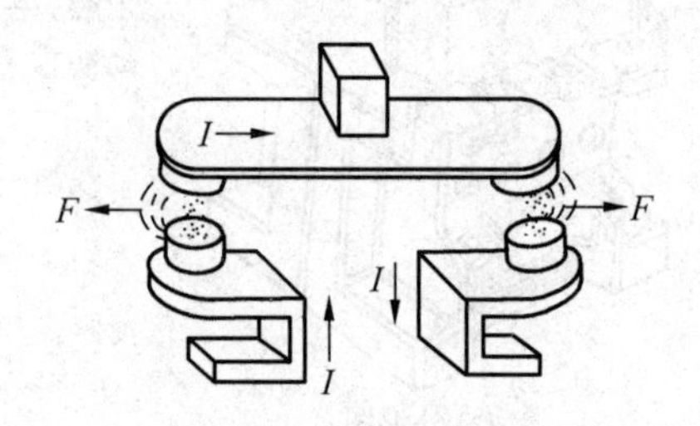

图 2－43　双断口灭弧

（3）纵缝灭弧。纵缝灭弧方法采用一个纵缝灭弧装置来完成灭弧任务，灭弧罩内有一条纵缝，下宽上窄。下宽便于放置触头，上窄有利于电弧压缩，并和灭弧室壁有很好的接触。当触头分断时，电弧被外界磁场或电动力横吹而进入缝内，其热量传递给室壁而迅速冷却熄灭。

（4）栅片灭弧。栅片灭弧装置主要由灭弧栅和灭弧罩组成。灭弧栅用镀铜的薄铁片制成，各栅片之间互相绝缘。灭弧罩用陶土和石棉水泥制成。当触头分断电路时，在动触头与静触头间产生电弧，电弧产生磁场。由于薄铁片的磁阻比空气小得多，因此，电弧上部的磁通容易通过灭弧栅形成闭合磁路，使得电弧上部的磁通稀疏，而下部的磁通稠密。这种上稀下密的磁场分布对电弧产生向上运动的力，将电弧拉到灭弧栅片当中。栅片将电弧分割成若干短弧，一方面使栅片间的电弧电压低于燃弧电压，另一方面栅片将电弧的热量散发，使电弧迅速熄灭。

4）其他部件

交流接触除上述 3 个主要部分外，还包括反作用弹簧、复位弹簧、缓冲弹簧、触头压力弹簧、传动机构、接线柱、外壳等部件。

2. 交流接触器的工作原理

当交流接触器的电磁线圈接通电源时，线圈电流产生磁场，使静铁芯产生足以克服弹簧反作用力的吸力，将动铁芯向下吸合，使常开主触头和常开辅助触头闭合，常闭辅助触头断开。主触头将主电路接通，辅助触头则接通或分断与之相连的控制电路。

当接触器线圈断电时，静铁芯吸力消失，动铁芯在反作用弹簧力的作用下复位，各触头也随之复位，将有关的主电路和控制电路分断。

3. 交流接触器的选用

选择接触器时，主要应考虑以下技术参数：

（1）主触点控制电源的种类（交流还是直流）。

（2）主触点的额定电压和额定电流。

（3）辅助触点的种类、数量及触点额定电流。

（4）电磁线圈的电源种类、频率和额定电压。

（5）额定操作频率（次/h），即每小时允许接通的最多次数等。

接触器的额定电压不得低于被控制电路的最高电压，电磁线圈的额定电压应与被控制辅助电路的电压一致，主触头额定电流应大于被控制电路的最大工作电流。如果控制电动机，电动机最大电流不应超过接触器额定电流的允许值。用于控制可逆运转或启动频繁的电动机时，接触器要增大一至二级使用，确保其工作安全可靠。

（二）直流接触器

直流接触器主要用于控制直流用电设备。直流接触器的结构、工作原理与交流接触器基本相同，其结构如图 2－44 所示。它主要由电磁系统、触头系统、灭弧装置等三大部分组成。

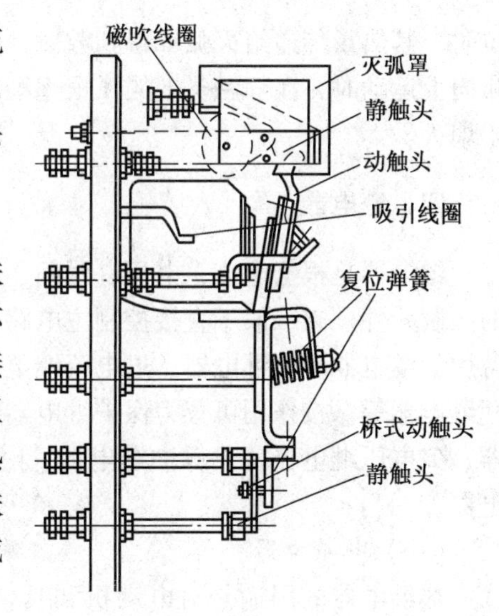

图 2－44 直流接触器的结构图

1. 电磁系统

直流接触器的电磁系统由线圈、静铁芯、动铁芯组成。直流接触器线圈中通入的是直流电，铁芯中不会产生涡流，不易发热，故它的铁芯与交流接触器不同，采用整块铸钢或铸铁制成；它的线圈匝数较多，电阻大，铜损大，发热较多。为使其散热良好，常将铁芯做成长而薄的圆筒状；为保证动铁芯能可靠释放，磁路中通常夹有非磁性垫片，以减小剩磁影响。

2. 触头系统

直流接触器的触头包括主触头和辅助触头。主触头一般做成单极或双极，并且采用滚动接触的指形触头，以增大通断电流；辅助触头的通断电流较小，常采用点接触的桥式触头。

3. 灭弧装置

直流接触器的主触头在断开直流大电流时，也会产生强烈的电弧，由于直流电弧的特殊性，一般采用磁吹式灭弧。灭弧装置的结构如图 2－45 所示。

磁吹式灭弧装置由磁吹线圈、灭弧罩、灭弧角等组成。磁吹线圈由扁铜条 1 弯成，里层装有铁芯 3，中间隔有绝缘大套筒 2，铁芯两端装有两片铁夹板 4，夹在灭弧罩的两边，接触器的触头就处在灭弧罩内、铁夹板之间。磁吹线圈与主触头串联，流过触头的电流就是流过磁吹线圈的电流 $I_{磁}$，其方向如图 2－45 中箭头所示。当动触头 6 与静触头 7 分断产生电弧时，电弧电流 $I_{弧}$ 在电弧周围形成一个磁场，其方向可用右手螺旋定则确定。由

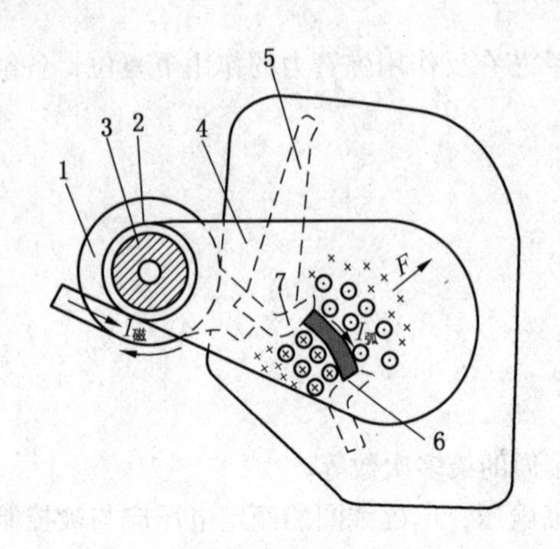

1—扁铜条；2—绝缘大套筒；3—铁芯；
4—铁夹板；5—灭弧角；6—动触头；7—静触头

图 2-45 磁吹式灭弧装置

图可见，在电弧上方磁力线方向引出纸面，用⊙表示；在电弧下方磁力线方向进入纸面，用⊗表示。在电弧周围还有一个由磁吹线圈产生的磁场，其磁通从一块夹板穿过夹板间的空隙，进入另一块夹板，形成闭合磁路，磁场方向用右手螺旋定则确定，如图 2-45 所示为进入纸面方向，用×表示。因此，在电弧上方，磁吹线圈电流与电弧电流所产生的两个磁通方向相反而相互削弱；在电弧下方，两个磁通的方向相同而磁通增强。于是，电弧从磁场强的一边拉向弱的一边，向上运动。灭弧角 5 与静触头 7 相连接，其作用是引导电弧向上运动。电弧因向上运动，迅速拉长，与空气发生相对运动，其温度迅速降低而熄灭；同时，电弧上拉时，其热量传递给灭弧罩得到散发，也使电弧温度迅速下降，促使电弧熄灭；另外，电弧向上运动时，在静触头上的弧根逐渐移到灭弧角 5 上，弧根的上移使电弧拉长，也有助于熄灭。

四、继电器

继电器是根据电流、电压、时间、温度和速度等信号来接通或断开小电流电路和电器的控制元件。它一般不直接控制主电路，而是通过接触器或其他电器对主电路进行控制。常用的继电器有热继电器、过电流继电器、欠电压继电器、时间继电器、速度继电器、中间继电器等。按作用可分为保护继电器和控制继电器两类，其中，热继电器、过电流继电器、欠电压继电器属于保护继电器；时间继电器、速度继电器、中间继电器属于控制继电器。

（一）热继电器

热继电器的用途是对电动机和其他用电设备进行过载保护。与熔断器相比，它的动作速度更快，保护功能更为可靠。

1. 热继电器外形及结构

热继电器的外形如图 2-46 所示，它由热元件、触头、动作机构、复位按钮和整定电流装置 5 部分组成。

图 2-46 热继电器的外形图

2. 热继电器过载保护原理

如图 2-47 所示，按启动按钮 SB_2，接触器 KM 线圈通电，松开 SB_2 后由与 SB_2 并联的常开触头 KM 维持线圈 KM 的通电回路，主电路 3 个常开触头 KM 接通了三相电源，电动机 M 运转。设热继电器整定电流 I_Z 等于电动机 M 的额定电流 I_N。当 M 带上额定负载后流过热元件电阻丝的电流 $I = I_N$，双金属片虽也受热弯曲，但不能使滑杆推动人字拨杆克服弹簧的拉力而顶动动触头，热继电器长期不动作。如果因过载等原因使电动机的电流 $I_M > I_Z$，此时热继电器电阻丝发热量 $Q = I^2Rt$ 增加使双金属片进一步弯曲，经一定的时间后热继电器动作，常闭触头 FR 断开了线圈 KM 的通电回路，接触器分断切除了 M 的电源完成了过载保护动作。要使电动机再启动需按下热继电器的手动复位按钮（也可调成自动复位）。

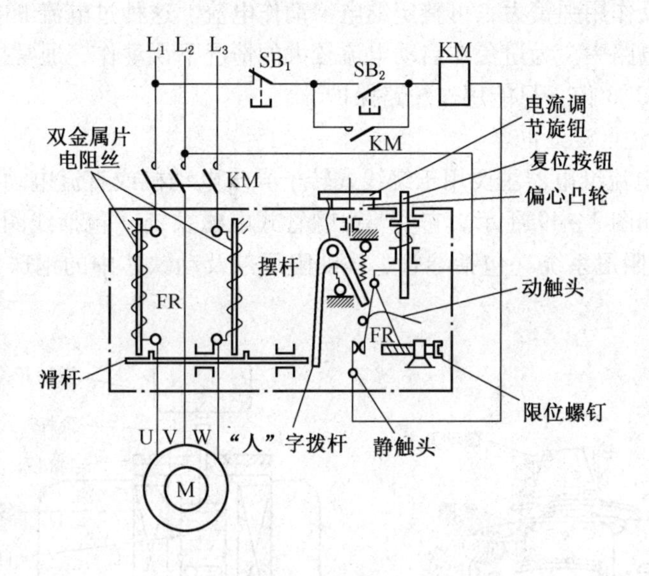

图 2－47 热继电器保护原理图

（二）电流继电器

电流继电器可分为过电流继电器和欠电流继电器。过电流继电器主要用于频繁、重载启动的场合，作为电动机的过载和短路保护。常用的过电流继电器有 JT4、JL12 及 JL14 等系列。

1. JT4 系列过电流继电器

JT4 系列为交流通用继电器，即加上不同的线圈或阻尼圈后便可作为电流继电器、电压继电器或中间继电器使用。JT4 系列过电流继电器的外形结构和动作原理如图 2－48 所示，它由线圈、圆柱静铁芯、衔铁、触头系统及反作用弹簧等组成。

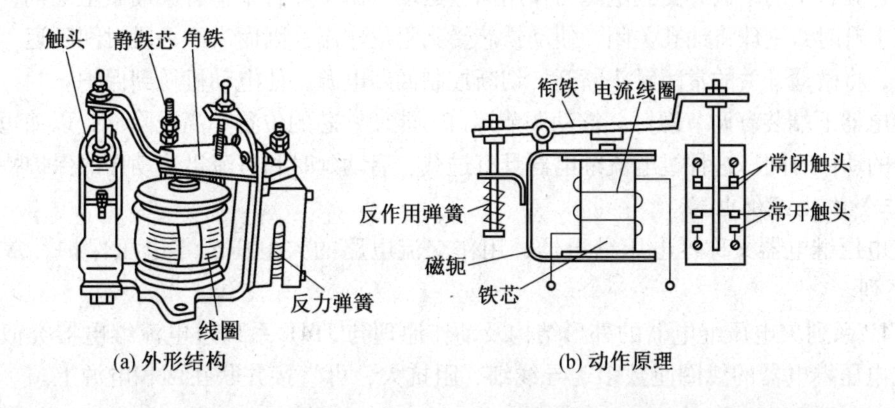

图 2－48 JT4 系列过电流继电器的外形结构和动作原理图

过电流继电器的线圈串接在主电路中，当通过线圈的电流为额定值时，它所产生的电磁吸力不足以克服反作用弹簧力，常闭触头保持闭合状态。当通过线圈的电流超过整定值后，电磁吸力大于反作用弹簧力，铁芯吸引衔铁使常闭触头分断，切断控制回路，使负载得到保护。调节反作用弹簧力，可整定继电器动作电流。这种过电流继电器瞬时动作，常用于桥式起重机电路中。为避免在启动电流较大的情况下误动作，通常把动作电流整定在启动电流的1.1~1.3倍，只能用作短路保护。

2. JL12系列过电流继电器

JL12系列过电流继电器主要用于绕线式转子异步电动机或直流电动机的过电流保护。它的外形及结构如图2-49所示。它主要由螺管式电磁系统（包括线圈、磁轭、动铁芯、封帽、封口塞）、阻尼系统（包括导管、硅油阻尼剂及动铁芯中的钢珠）、触头部分（微动开关）等组成。

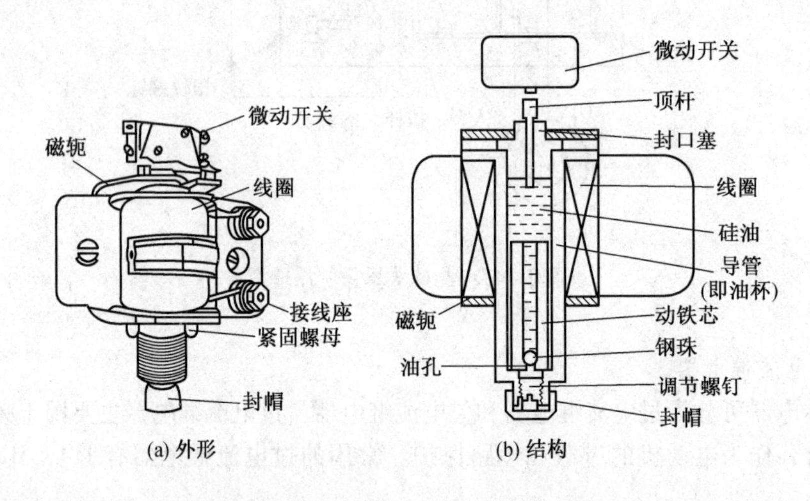

图2-49　JL12系列过电流继电器外形及结构图

与JT4系列过电流继电器一样，使用时，JL12系列过电流继电器的线圈串联在主电路中，而微动开关的常闭触头串联在控制回路中。当电动机发生过载或过电流时，电磁系统磁通剧增，导管中的动铁芯受到电磁力作用向上运动。由于导管中盛有硅油做阻尼剂，而且在动铁芯上升时，钢珠将油孔关闭，使动铁芯受到阻尼作用，因而需经一段时间延迟，才能推动顶杆，将微动开关的常闭触头断开，切断控制回路电源，使电动机得到保护。

继电器下端装有调节螺钉。拧动调节螺钉，能使铁芯的位置升高或降低，以缩短或增加继电器的动作时间。这种过电流继电器具有过载、启动延时和过流迅速动作的保护特性。

（三）欠电压继电器

欠电压继电器又称零电压继电器，用作交流电路的欠电压或零电压保护。常用的有JT4P系列。

JT4P系列欠电压继电器的外形结构及动作原理与JT4L系列过电流继电器类似，不同点是欠电压继电器的线圈匝数多、导线细、阻抗大，可直接并联在两相电源上。

（四）时间继电器

时间继电器是一种利用电磁原理或机械动作原理来延迟触头闭合或分断的自动控制电

器。它的种类很多，按其工作原理可分为电磁式时间继电器、空气阻尼式时间继电器、电子式时间继电器、电动式时间继电器等。这里对常用的空气阻尼式时间继电器和电动式时间继电器进行介绍。

1. 空气阻尼式时间继电器

空气阻尼式时间继电器在机床中应用最多，其型号有 JS7 - A 等。根据触头的延时特点，可分为通电延时（如 JS7 - 1A 和 JS7 - 2A）与断电延时（如 JS7 - 3A 和 JS7 - 4A）两种。

1）JS7 - A 系列时间继电器结构

JS7 - A 系列时间继电器的外形及结构如图 2 - 50 所示，它主要由电磁系统、工作触头、气室、传动机构 4 部分组成。电磁系统主要由线圈、铁芯、衔铁组成，还有反力弹簧和弹簧片；工作触头由两副瞬时触头（一副瞬时闭合，一副瞬时断开）、两副延时触头组成；气室主要由橡皮膜、活塞和壳体组成，橡皮膜和活塞随空气量的增减而移动，气室上面的调节螺钉可以调节延时的长短；传动机构由杠杆、推板、推杆、宝塔弹簧等组成。

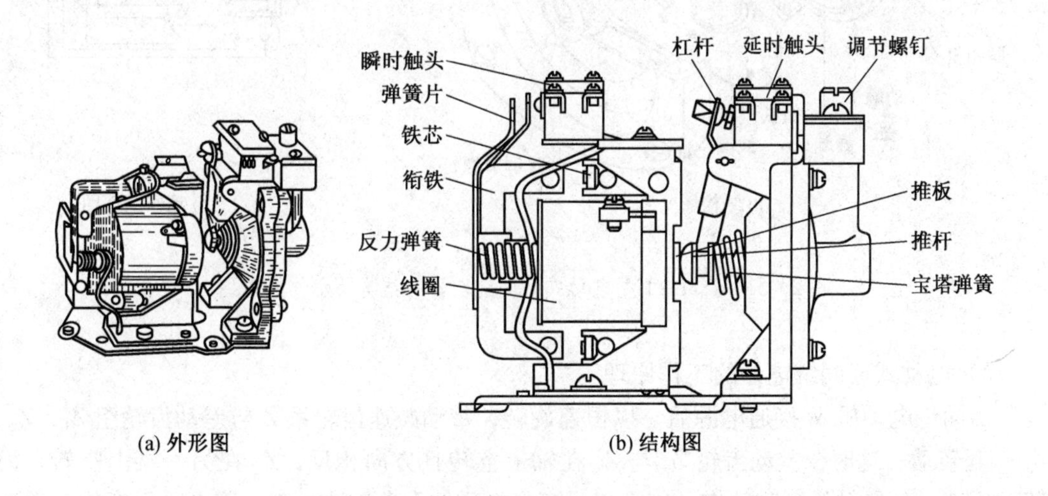

图 2 - 50　JS7 - A 系列时间继电器的外形及结构图

2）JS7 - A 系列时间继电器工作原理

图 2 - 50b 所示为断电延时型时间继电器的结构图。当线圈通电时，产生磁场，使衔铁克服反力弹簧阻力与铁芯吸合，与衔铁相连的推板向右运动，推杆在推板的作用下，压缩宝塔弹簧，带动气室内的橡皮薄膜和活塞迅速向右移动，通过弹簧片使瞬时触头动作，同时，通过杠杆使延时触头瞬时动作。当线圈断电后，衔铁在反力弹簧的作用下迅速释放，瞬时触头复位，而推杆在宝塔弹簧的作用下，带动橡皮薄膜和活塞向左移动，移动速度要视气室内进气口的节流程度决定，可通过调节螺丝调节。经过一定延时后，推杆和活塞回到最左端，通过杠杆带动延时触头动作。

通电延时型时间继电器的工作原理与断电延时继电器基本相似，在此不再赘述。

空气阻尼式时间继电器因其结构简单、价格低廉、延时范围较大而在机床控制线路中得到广泛应用。

2. 电动式时间继电器

常用的电动式时间继电器有 JS11 型，它也有通电延时和断电延时两种。

1）电动式时间继电器的结构

JS11－1型电动式时间继电器的结构及动作原理如图2－51所示，它主要由同步电动机M，减速齿轮系Z，差动齿轮Z_1、Z_2、Z_3（棘齿）、棘爪H，离合电磁铁I，触头C，脱扣机构Ca，凸轮L，复位游丝F等组成。

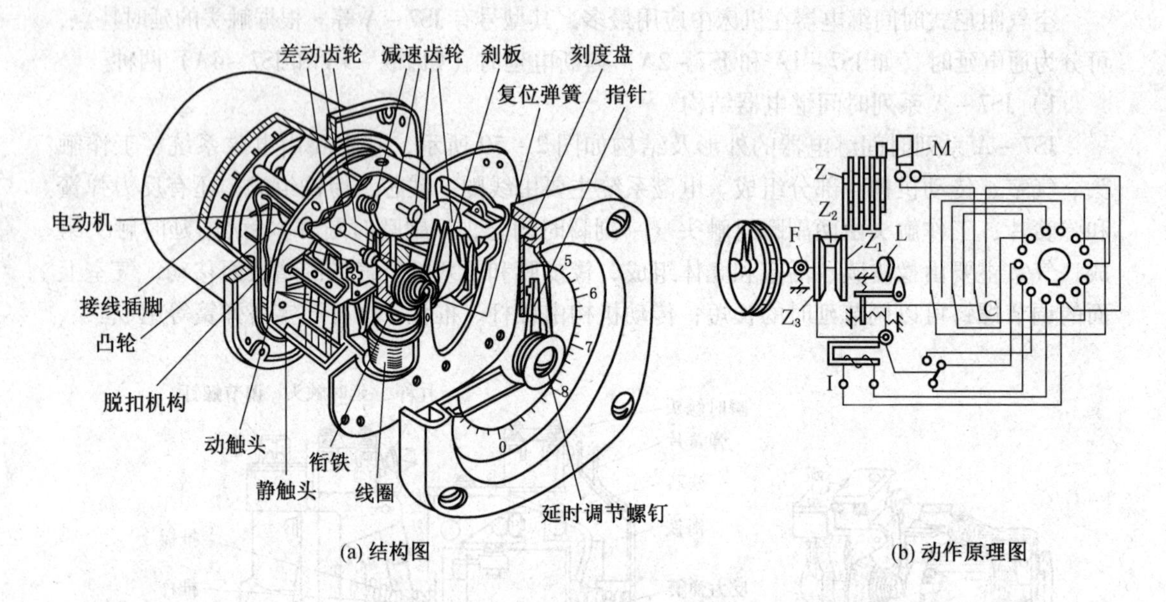

图2－51　JS11－1型电动式时间继电器的结构及动作原理图

2）电动式时间继电器的工作原理

当同步电动机M接通电源后，以恒速旋转，带动减速齿轮系Z与差动齿轮组Z_1、Z_2、Z_3一起转动。这时，差动齿轮Z_1与Z_3在轴上空转且方向相反，Z_2在另一端上空转，而转轴不转。若要触头延时动作，则需接通离合电磁铁I线圈的电源，使它吸引衔铁，并通过棘爪H将Z_3刹住不转，而使转轴带动指针和凸轮L逆向旋转，当指针转到“0”值时，凸轮L推动脱扣机构，使延时触头C动作，同步电动机便因常闭触头C延时断开而脱离电源停转。由于同步电动机的转速恒定，不受电源电压波动影响，故这种时间继电器的延时精确度较高，且延时调节范围宽，可从几秒钟到数十分钟，最长可达数十个小时。

（五）速度继电器

速度继电器又称反接制动继电器，它的作用是与接触器配合，实现电动机的反接制动。机床控制线路中常用的速度继电器有JY1、JFZ0系列。

1. JY1系列速度继电器的结构

JY1系列速度继电器主要由永久磁铁制成的转子、用硅钢片叠成的铸有笼形绕组的定子、支架、胶木摆杆和触头系统组成，其中转子与被控电动机的转轴相联结。

2. JY1系列速度继电器的工作原理

由于速度继电器与被控电动机同轴连接，当电动机制动时，由于惯性，它要继续旋转，从而带动速度继电器的转子一起转动。该转子的旋转磁场在速度继电器定子绕组中感应出电动势和电流，由左手定则可以确定。此时，定子受到与转子转向相同的电磁转矩的作用，使定子和转子沿着同一方向转动。定子上固定的胶木摆杆也随着转动，推动簧片（端部有动触头）与静触头闭合（按轴的转动方向而定）。静触头又起挡块作用，限制胶木摆杆继续转动。因此，转子转动时，定子只能转过一个不大的角度。当转子转速接近于零（低于 100 r/min）时，胶木摆杆恢复原来状态，触头断开，切断电动机的反接制动电路。

速度继电器的动作转速一般不低于 300 r/min，复位转速约在 100 r/min 以下。使用时，应将速度继电器的转子与被控制电动机同轴，而将其触头（一般用常开触头）串联在控制电路中，通过控制接触器来实现反接制动。

（六）中间继电器

中间继电器一般用来控制各种电磁线圈使信号得到放大，或将信号同时传给几个控制元件，也可以代替接触器控制额定电流不超过 5A 的电动机控制系统。

常用的交流中间继电器有 JZ7 系列，直流中间继电器有 JZ12 系列，交直流两用的中间继电器有 JZ8 系列。

JZ7 系列中间继电器的外形结构如图 2－52 所示，它主要由线圈、静铁芯、动铁芯、触头系统、反作用弹簧及复位弹簧等组成。它有 8 对触头，可组成 4 对常开、4 对常闭，或 6 对常开、2 对常闭，或 8 对常开 3 种形式。

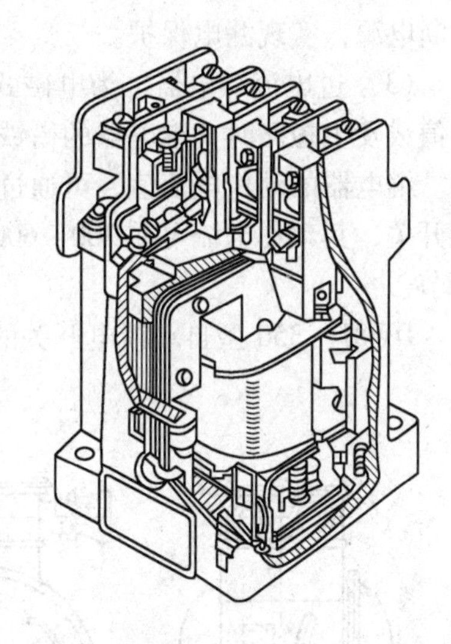

图 2－52　JZ7 系列中间继电器的外形结构图

中间继电器的触头没有主辅之分，每对触头允许通过的电流大小相同。它的触头容量与接触器的辅助触头差不多，其额定电流一般为 5 A。

第五节　隔爆馈电开关

DW 系列隔爆馈电开关是煤矿低压供电系统常用的配电总开关或分支开关，一般都具有过流保护装置，和漏电保护装置配合，还能起到漏电保护功能（新型真空馈电开关自带此功能，无须配和）。以灭弧介质的不同，可分为空气型馈电开关和真空型馈电开关两种类型。

DW81 系列自动馈电开关有 DW81－200 和 DW81－350 两种规格，两者的结构和保护装置基本相同。DW81 系列自动馈电开关适用于有瓦斯、煤尘爆炸危险的矿井中，作为低压供电线路的馈电开关，在过负荷或短路时，能自动切断故障电路，并配合检漏继电器实现漏电保护。

DW81－350 型自动馈电开关由隔爆外壳和壳内的自动空气断路器等组成，如图 2－53 所示。其外壳与前盖采用转盖式连接、外壳的右侧为断路器的操作手柄，手柄与转盖之间装有防止断路器在合闸时打开转盖的机械闭锁装置。外壳上部是电缆接线盒，为引入电源电缆和引出负荷电缆、控制电缆用。

馈电开关的内部结构主要由下列元件组成。

（1）手动空气断路器。手动空气断路器安装在绝缘板上，三相触头分别套装在 3 个灭弧罩里；为了便于熄灭电弧，其动触头由三部分组成，上面是用炭精制成的熄弧触头，下面是用铜片叠成的辅助触头和主触头。为避免烧坏主触头，通过特殊的机械传动结构，分闸时使电弧只在熄弧触头之间产生。闭合的顺序是：先合熄弧触头，再合辅助触头，最后闭合主触头。以相反的顺序断开主触头、辅助触头、熄弧触头。

（2）脱扣线圈和过流继电器。脱扣线圈的一端与中间一相连接，另一端引到上面接线盒的端子上。通过电缆引出与检漏继电器配合使用，当线路发生触电或漏电事故时，通过漏电继电器的触点，使脱扣线圈接于电源的两相上，线圈有电，使 DW 开关自动脱扣，切断电源，实现漏电保护。

（3）过电流继电器。为电磁式继电器，能瞬时动作，当馈出线路的负荷电流超过整定值或发生短路时，继电器的衔铁吸合，作用于脱扣机构，使开关自动跳闸，切断故障线路。继电器的动作电流值，可通过调节继电器弹簧的拉力进行调整，如额定电流为 200 A 的开关，其动作电流可在 300 ~ 600 A 调节；额定电流为 350 A 时，可在 600 ~ 1200 A 之间调节。

DW81 – 350 型自动馈电开关的电气接线如图 2 – 54 所示。

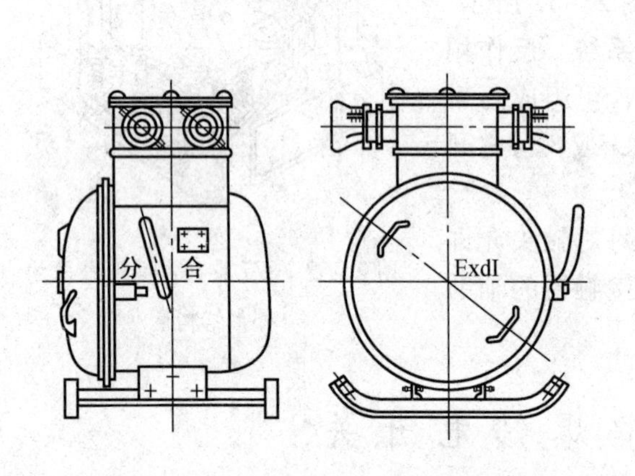

图 2 – 53　DW81 – 350 型自动馈电开关外形

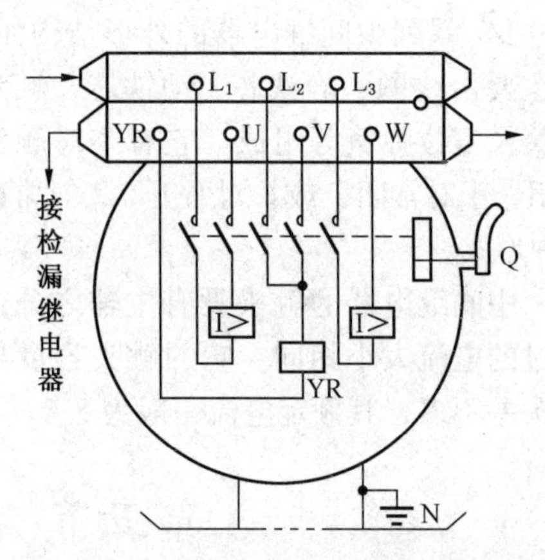

图 2 – 54　DW81 – 350 型自动馈电开关电气线路图

第六节　供　电　系　统

一、矿山企业对供电的要求

矿山企业由于生产条件的特殊性，对供电系统有如下要求：

（1）可靠性。矿井如果供电中断，不仅会影响正常生产，而且可能发生人身事故和设备损坏，严重时会造成矿井的破坏。为了保证矿井供电的可靠性，供电电源应采用两回独立电源线路，它可以来自不同的变电所（电厂）或同一变电所的不同母线，且电源线路上不得分接任何负荷。这样在一回电源发生故障的情况下，另一回电源仍能保证可靠地供电。

（2）安全性。由于矿井生产环境的特殊性，如存在瓦斯、煤尘爆炸的可能性，所以必须采取如防爆、防触电及保护接地等一系列的技术措施，以确保供电的安全性。

（3）技术合理性。在满足可靠性和安全性的前提下，还应保证供电系统的装备及技术合理，系统的结构既能满足矿山供电的要求，又无冗余。

（4）经济性。应力求供电系统简单，安装、运行、操作方便，建设投资少，运行费用低。

二、电力用户的分级

按照对供电可靠性的不同要求，一般将电力用户分为三级，以便在不同情况下区别对待：

（1）一级用户。凡突然停电会造成人身伤亡或系统重要设备损坏，对企业和国家造成重大损失者为一级用户。这类用户必须由两个独立电源供电，即使在事故状态，电源也不得中断。煤矿企业都属于一级电力用户。

（2）二级用户。凡突然停电会造成大量废品、产量显著下降或生产停顿，在经济上造成较大损失者为二级用户。对这类用户一般采用双回路供电。

（3）三级用户。凡不属于一、二级用户者，均为三级用户。这类用户停电不直接影响生产，对这类用户只设单一回路供电。因某种原因需要停电时，三级用户首先是限电的对象。

三、电力系统的基本概念

一般把某一电力线路内，由发电机、变压器和各种电压等级的输、配电线路组成的整体称为电力系统。变电站（所）与各种不同电压的线路组成的部分称为电力网。

变电站（所）有升压、降压之分，根据在电力系统内所处的地位不同，又分为区域变电站、企业变电所等。它主要由电力变压器和开关控制设备等组成。只有受电和配电开关等控制设备，无主变压器者称为配电站。用来把交流电转换为直流电的称为变电所。变电所中主要设备有变压器、母线（汇流排）、断路器、隔离开关等，辅助设备包括保护和测量装置、所用电操作电源等。其中，断路器是用来切、合正常及事故电流的设备；隔离开关因其没有灭弧装置，不能切断负荷电流，主要起隔离作用，在检修等情况下隔离电源，且有明显的断点，以保证工作安全。

四、电力系统的电压等级

由于矿井生产条件特殊，需要某些新的电压等级。电压等级的确定是否合理，将直接影响到供电系统设计的技术经济的合理性。目前，煤矿常用额定电压等级及用途见表2-2。

表2-2 煤矿常用电压等级及用途

电压/kV	用途	备注
0.036及以下	井下电气设备的控制及局部照明	
0.127	井下照明及手持式电气设备	

表2-2（续）

电压/kV	用　　途	备　注
0.22	矿井地面照明	
0.25	电机车	直流
0.38	地面低压动力及井下低压动力	现有小煤矿井下使用
0.5	电机车	直流
0.66	井下低压动力	
0.75	露天煤矿工业电机车	直流
1.14	井下综合机械化采区动力	
1.5	露天煤矿工业电机车	直流
3及6	井上、井下高压电机及配电电压	
10	煤矿井下允许采用的最高电压	
35/60	一般用于矿区配电电压或受电电压	
110/220	主要为矿区受电电压，大型矿井也作配电电压	

矿井供电系统的结线方式按网络结线布置方式可分为放射式、干线式、环式及两端供电式等结线方式。

1）无备用系统结线方式

无备用系统结线方式如图2-55所示，图2-55a为单回路放射式，图2-55b为直接连接的干线式，图2-55c为串联型干线式。

无备用系统结线方式简单，运行方便，易于发现故障；缺点是供电可靠性差。所以这种结线方式主要用于对三级负荷和部分二级负荷供电。

放射式的主要优点是供电线路独立，线路故障互不影响，易于实现自动化，停电机会少，继电保护简单，且易于整定，保护动作时间短；缺点是电源出线回路和设备投资较多。

干线式的主要优点是线路总长度较短，造价较低。由于最大负荷一般不同时出现，系统中的电压波动和电能损失较少，电源出线回路数少，可节省设备。缺点是前段线路公用，增加了停电的可能性。串联型干线式因干线的进出侧均安装隔离开关，当事故发生时，可在找到故障点后，拉开相应的隔离开关，继续供电，从而缩小停电范围。为了有选择地切除线路故障，干线式结线各段均需设断路器和保护装置，使投资增加，保护整定时间增长，延长了故障存在时间，因而降低了供电系统的安全可靠性。

2）有备用系统的结线方式

有备用系统的结线方式如图2-56所示，其中，图2-56a为双回路放射式结线，图2-56b为环式结线，图2-56c为双回路干线式结线。它们的主要优点是供电可靠性高，正常时供电质量好，但是设备多，投资大。

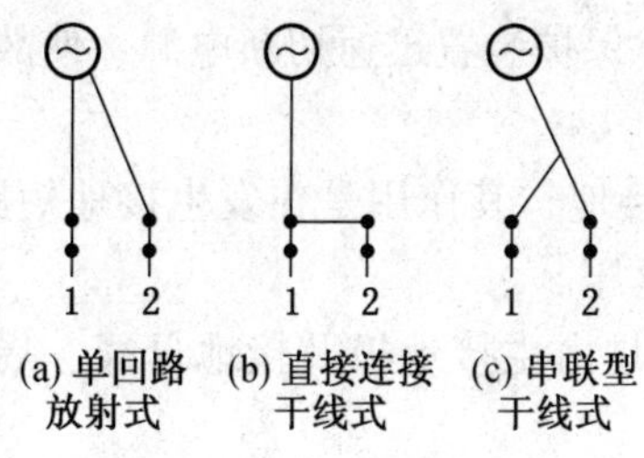

图2-55　无备用系统结线方式

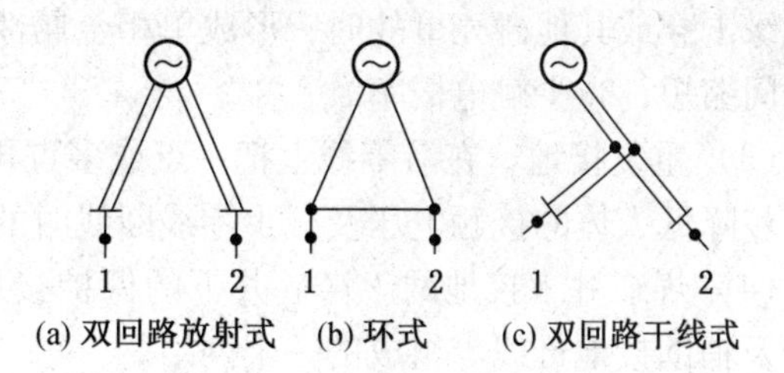

图2-56　有备用系统的结线方式

（1）双回路放射式。由于各用户均为双回路供电，故线路总长度长，电源出线回路数和所用开关设备多，投资大。优点是当双回路同时工作时，可减少线路上的功率损失和电压损失。这种结线适用于负荷大或孤立的重要用户。对于容量大，而且重要的用户，可采用母线分段结线方式，从而可以实现自动切换，以提高供电的可靠性。

（2）环式。环式结线系统所用设备少，各线路途径不同，不易同时发生故障，故可靠性较高且运行灵活；因负荷由两条线路负担，故负荷波动时电压比较稳定。缺点是故障时线路较长，电压损失大。

（3）双回路干线式。双回路干线式结线较双回路放射式线路短，比环式长，所需设备较放射式少，但继电保护较放射式复杂。

供电系统的结线方式并不是一成不变的，可根据具体情况在基本类型结线的基础上进行改革演变，以达到技术经济指标合理的目标。在矿山供电系统中一般多采用双回路放射式或环式结线。

五、供电系统中性点接地方式

供电系统的中性点接地方式是指电力变压器中性点接地的形式，一般分为以下几种：

（1）不直接接地方式，又称中性点绝缘系统，煤矿供电系统即采用此方式。

（2）直接接地方式，中性点直接与接地装置连接。

（3）电阻接地方式，中性点经过不同数值的电阻与接地装置连接，接入电阻在数十欧姆时，称为低电阻接地方式，在数百欧姆时称为高电阻接地方式。

（4）消弧线圈接地方式，中性点经电抗线圈与接地装置连接。电抗线圈有分接头，可用来调节电抗值，以便系统单相接地时，电抗电流能补偿输电线路的对地分布电容电流，使接地点的电流减少，电弧易于熄灭。煤矿高压单相接地电容电流超过 20 A 时，应采取此方式。

六、接地与接零

（1）保护接地。电气设备的金属外壳由于绝缘损坏而有可能带电，为防止漏电危及人身安全，将金属外壳通过接地装置与大地相连，称保护接地，一般用于中性点不接地系统。

（2）保护接零。当电气设备外壳与接地的零线连接时称为接零。其作用是当发生设备绝缘击穿或其他碰壳事故时，形成单相金属性短路，保护装置迅速切断电源，使故障存在时间缩短，减少触电概率。

（3）重复接地。在沿零线上把一点或多点再引入接地，其作用是在发生接地短路时，进一步降低人体的接触电压及减少零线断线时的接触电压。

（4）煤矿井下接地网。煤矿井下的保护接地网，是由主接地极及接地母线、局部接地极及辅助接地母线等组成的一个网络。

七、漏电保护

1. 漏电原因

一般可从以下几个方面分析漏电的原因：

（1）运行中电气设备绝缘受潮或进水，造成相地之间的绝缘恶化或击穿。

（2）电缆在运行中受机械或其他外力的挤压、砍砸或过度弯曲等，而产生裂口或缝隙，长期受潮气和水分侵蚀，致使绝缘恶化，造成漏电。

（3）电缆与设备在连接时，由于线芯接头不牢、喇叭口封堵不严，以及接线嘴压板不紧等原因，使之在运行中产生接头松动脱落，与外壳相连，或者接头发热，烧坏绝缘。

（4）检修电气设备时，将金属工具、材料等金属物件遗留在设备内部，造成接地故障。

（5）电气设备接线错误，或内部导线绝缘破损，而造成与外壳相连。

（6）电气设备或电缆长时间超负荷运行，使绝缘能力降低或损坏。

2. 漏电保护的作用

漏电保护的作用是多方面的，主要体现在以下几点：

（1）能够防止人身触电。

（2）能够不间断地监视电网的绝缘状态，以便及时采取措施，防止其绝缘进一步恶化。

（3）减少漏电电流引起矿井瓦斯、煤尘爆炸的危险。

（4）预防电缆和电气设备因漏电而引起的相间短路故障。在使用屏蔽电缆的情况下，相间短路必然先从接地漏电开始，漏电后，保护装置首先动作，将故障排除。

3. 预防漏电事故的措施

在变压器中性点不接地的供电系统中，可采取以下措施进行漏电保护：

（1）使用屏蔽橡套电缆，并与检漏装置配合，可以提高漏电保护的可靠性。

（2）采用保护接地。

（3）对电网对地的电容电流进行有效的补偿，以减少漏电时对人体的伤害程度。

（4）提高漏电保护装置和自动馈电开关的动作速度，以及采用超前切断电源装置等。

4. 对漏电保护装置的要求

（1）能不间断地监视电网的绝缘状态。当绝缘电阻降到漏电保护装置的动作值时，必须能及时切断其供电电源。

（2）动作迅速。检漏继电器的动作时间不应超过 0.1 s，总的分断时间（包括检漏继电器的动作时间和自动馈电开关的分断时间）不应超过0.2 s。

（3）电网的绝缘电阻值在对称下降和不对称下降时，动作电阻值不变。

（4）检漏继电器本身的内部阻抗应足够大，以不降低电网对地的阻抗和不增加人身触电危险为原则。

（5）检漏继电器动作必须灵敏可靠，不能拒动也不能误动，最好具备自检功能。

（6）对电网对地的电容电流，能够进行有效的补偿。

（7）漏电保护应有选择性，以缩小故障时的停电范围。还可在磁力起动器中装设漏电闭锁装置，这不仅可缩小漏电故障范围，也可以防止向故障支路送电。

5. 漏电闭锁

漏电闭锁主要用在低压网络，其作用是对电动机及供电电缆的绝缘水平进行合闸前的监视。当绝缘电阻降到规定值以下时，漏电闭锁保护装置动作，将控制开关或磁力起动器闭锁，使之不能送电。漏电闭锁只监视在断电状态下的供电线路，当主回路带电工作时，它便退出工作。由于漏电闭锁保护能使有故障的供电回路不投入工作，从而减少了外露火花的机会，提高了安全性。

6. 附加直流电源方式的漏电保护

图2－57所示是附加直流电源检漏继电器的原理接线图。电路由整流桥 V_1～V_4、灵敏继电器K、零序电抗器 L_K、三相电抗器 S_K 及千欧表等组成。检测直流电源由三相电抗器中柱上的副绕组T提供低压交流电，整流电源的负极经K、LK、SK接至三相电网。电源的正极经千欧表接地。检测电流通过对地电阻r构成回路，接地电容 C_D 为隔直流用，它的电容量一般都选得足够大，对交流阻抗近似为零。

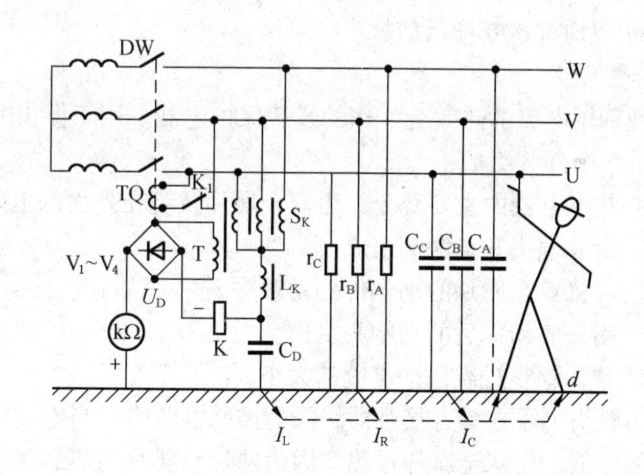

图2－57　附加直流电源保护原理图

检漏继电器的作用：一方面是连续监视电网的绝缘水平，通过欧姆表显示，当电网绝缘降到某一最小允许值时，继电器动作使低压电源总开关跳闸；另一方面是当电网发生人身触电或一相接地故障时，继电器动作，切断电源，并且利用零序电抗器提供的感性电流补偿流过人体或接地点的电容电流。

检漏继电器的动作电阻值是根据保证人身触电时的安全确定的，其值见表2－3。

表2-3　检漏继电器动作电阻值

电压/V	127	380	660	1140
动作电阻计算值/kΩ	1.43	3.4	11.7	21
动作电阻整定值/kΩ	1.1	3.5	11	20
漏电闭锁动作闭锁值/kΩ	1	7	22	40

八、过流保护

1. 过流保护装置的分类

过流保护包括短路保护、过载保护和断相保护。从实现的手段上，可分为熔断器、热继电器、过流继电器和数字保护等多种形式。

2. 常用熔断器

煤矿井下常用的熔断器有 RM10、RTO、RL1 和 RLS 等多种系列，用做电气线路和设备的短路保护。

RM10 系列为无填料封闭管式熔断器，内装变截面锌片熔体，以提高熔断器的保护性能。RTO 系列为有填料封闭管式熔断器，熔体是采用紫铜薄片的网状多根并联形式，具有提高断流能力的变截面和增加时限的锡桥，使之获得良好的短路保护性能。管内充填石英砂，用以分断和冷却电弧，使其迅速熄灭，并有可能获得限流效果。RL1 系列为螺旋式熔断器，内部装有一组熔体和石英砂，常用于小容量的低压开关设备中和控制回路中。RTO 和 RL1 系列熔断器均有熔断指示信号。

3. 热继电器

热继电器是一种利用电流的热效应工作的过载保护电器。用于保护电动机因过载而损坏。热继电器主要由 5 个部分组成：

（1）热元件，是热继电器的主要部分，由双金属片及绕在外面的电阻丝组成。

（2）常闭触头，由静触头和动触头组成。

（3）传动机构，可将双金属片的动作传到动触头。

（4）复位按钮，用来使动作后的动触头复位。

（5）调整电流装置，调整过载保护电流的大小。

热继电器的常闭触头串联在具有接触器线圈的控制电路中。当电动机过载时，主电路流过的电流超过了额定值，使双金属片过热。因为两片金属片的热膨胀系数不同，当通过双金属片的电流大于热继电器的整定电流时，双金属片弯曲推动顶杆，使动触头动作，切断控制电路。电动机断电后，双金属片散热冷却，经过一段时间，在弹簧的拉力下动触头复位，只有在热继电器的常闭触头复位后才能重新启动电动机。热继电器动作后可自动复位，也可采用手动复位。

热继电器的工作电流可以在一定范围内调整，称为整定。整定值按被保护电动机的额定电流值选取。热继电器的额定电流是指它允许长期通过的最大电流。

第七节 电气防爆知识

防爆电气设备是指按国家标准设计制造的不会引起周围爆炸性混合物爆炸的电气设备，防爆电气设备在煤炭、石油、化工等行业中普遍使用。为了使防爆电气设备的设计、制造标准化，便于检验、使用和维修，我国已制订了完整的防爆电气设备的国家标准。现行的防爆电气设备的国家标准是《爆炸性环境》（GB/T 3836）系列标准。本节所述的有关防爆电气设备的类型和标准，除特别说明外，均以 GB/T 3836 系列标准为依据。

一、防爆电气设备的类型

根据所采取的防爆措施不同，GB/T 3836 把防爆电气设备分为隔爆型、增安型、本质安全型、正压型、充油型、充砂型、无火花、浇封型、气密型和特殊型共 10 种型式。

（1）隔爆型电气设备。具有隔爆外壳的电气设备称为隔爆型电气设备。该隔爆外壳应既能承受内部混合性混合物爆炸时产生的爆炸压力，并且防止爆炸传播到外壳周围爆炸性气体环境。标志为“d”。

（2）增安型电气设备。正常运行条件下不会产生电弧、火花或可能点燃爆炸性混合物的高温的电气设备。重点在结构上采取措施，提高安全程度，避免在正常或规定的过载条件下出现电弧、火花或可能点燃爆炸性混合物。标志为“e”。

（3）本质安全型电气设备。全部电路均为本质安全电路的电气设备称为本质安全型电气设备。所谓本质安全电路是指在规定条件下，在正常工作或规定的故障状态下，产生的电火花和热效应均不能点燃爆炸性混合物的电路。标志为“i”，按安全程度不同分为“ia”和“ib”两个等级。

（4）正压型电气设备。具有正压外壳的电气设备称为正压型电气设备。所谓正压外壳是指向外壳内通入保护性气体，保持内部气体的压力高于周围爆炸性环境的压力，以阻止外部爆炸性混合物进入壳内。标志为“p”。

（5）油浸型电气设备。将全部部件或可能产生电火花或过热的部分部件浸在油内，使其不能点燃油面以上或壳外的爆炸性混合物的电气设备。标志为“o”。

（6）充砂型电气设备。外壳内部充填砂粒材料，使其在规定条件下外壳内产生的电弧、传播的火焰、壳壁或砂粒材料表面的过热温度均不能引燃该型设备周围的爆炸性混合物的电气设备。标志为“q”。

（7）“n”型电气设备。在正常工作条件下和在确定的非正常工作条件下电气设备不能点燃周围爆炸性混合物。标志为“n”。

（8）浇封型电气设备。整台或部分器件浇封在浇封剂中，在正常运行和认可的故障条件下，不能点燃周围爆炸性混合物的电气设备。标志为“m”。

（9）特殊型电气设备。凡在结构上不属于上述基本防爆类型或上述基本防爆型的组合，而采取其他特殊措施经防爆检验证明具有防爆性能的电气设备。标志为“s”。

（10）可燃性粉尘环境用电设备：粉尘防爆电气设备是采用限制外壳最高表面温度和采用“尘密”或“防尘”外壳来限制粉尘进入。该类设备将带电部件安装在有一定防护能力的外壳中，从而限制了粉尘进入，使引燃源与粉尘隔离来防止爆炸的产生。按设备采用外壳防尘结构的差别将设备分为 A 型设备或 B 型设备。按设备外壳的防尘等级的高低将设备分为 20、21 和 22 级，例如 DIP A20、DIP A21、DIP B20 和 DIP B21 等。

二、防爆电气设备的类别

爆炸性环境用电气设备分为Ⅰ类、Ⅱ类和Ⅲ类。

Ⅰ类电气设备用于煤矿瓦斯气体环境。

Ⅱ类电气设备用于除煤矿甲烷气体之外的其他爆炸性气体环境。Ⅱ类电气设备按照其拟使用的爆炸性环境的种类可再分为：ⅡA 类代表性气体是丙烷；ⅡB 类代表性气体是乙烯；ⅡC 类代表性气体是氢气。

Ⅲ类电气设备用于除煤矿以外的爆炸性粉尘环境。Ⅲ类电气设备按照其拟使用的爆炸性粉尘环境的特性可再分为：ⅢA 类可燃性飞絮；ⅢB 类非导电性粉尘；ⅢC 类导电性粉尘。

三、防爆电气设备的标志

为了从防爆电气设备的外观上能明显地了解它的类型，把防爆电气设备的类型、标志、类别、级别和组别连同防爆设备的总标志“Ex”按一定的顺序排列起来构成防爆标志。

标志含义举例说明如下：

（1）ExibI 防爆标志中 Ex 为防爆电气设备总标志；ib 为 ib 等级本质安全型电气设备；Ⅰ为Ⅰ类，表示煤矿用。

（2）ExdI 防爆标志中 Ex 为防爆电气设备总标志；d 为隔爆型；Ⅰ为Ⅰ类，表示煤矿用。

（3）ExdibI 防爆标志中 Ex 为防爆电气设备总标志；dib 为隔爆兼本质安全型，其中本质安全电路为 ib 级；Ⅰ为Ⅰ类，表示煤矿用。

上述防爆标志除应制作在防爆电气设备外壳的明显处之外，还应标在电气设备的铭牌上。铭牌用青铜、黄铜或不锈钢制作，其厚度应不小于 1 mm，但仪器、仪表的铭牌厚度可不小于 0.5 mm。

四、电气间隙和爬电距离

电气间隙是指两个裸露导体之间的最短空间距离。爬电距离是指两个导体之间沿绝缘材料表面的最短距离。由于煤矿井下环境条件较差，空气潮湿，煤尘较多，如果裸露的带电零件之间或它们对地之间的电气间隙过小就容易击穿放电。如果爬电距离过小，由于支撑裸露件的绝缘件本身具有吸水性和表面附着粉尘，会降低绝缘零件的表面电阻，产生较大的漏电流，使绝缘表面可能导致短路。因此 GB/T 3836 对于增安型电气设备（还有隔爆型电气设备的接线盒内）的电气间隙和爬电距离做出了明确规定。

对增安型电气设备电气间隙的规定见表 2－4。电气设备的额定电压可以高于表列数值的 10%。带电零件与接地零件之间的电气间隙按线电压进行计算。如果额定电压为 10 kV 或更高的电气设备仅用在中性点直接接地的电网中，则带电零件与接地零件之间的电气间隙可按电气设备的相电压计算。

爬电距离的规定见表 2－5。

表2-4 电气间隙的规定标准

额定电压/V	最小电气间隙/mm	额定电压/V	最小电气间隙/mm
36	4	660	10
60	6	1140	18
127	6	3000	36
220	6	6000	60
380	8	10000	100

表2-5 爬电距离的规定标准

额定电压/V	最小爬电距离/mm				额定电压/V	最小爬电距离/mm			
	a	b	c	d		a	b	c	d
36	4	4	4	4	660	12	16	20	26
60	6	6	6	6	1140	24	28	35	45
127	6	7	8	10	3000	45	60	75	90
220	6	8	10	12	6000	85	110	135	160
380	8	10	12	15	10000	125	150	180	240

注：1. a级绝缘材料为上釉的陶瓷、云母、玻璃。

2. b级绝缘材料为三聚氰胺石棉耐弧塑料、硅有机石棉耐弧塑料。

3. c级绝缘材料为聚四氟乙烯塑料、三聚氰胺玻璃纤维塑料，表面用耐弧漆处理的环氧玻璃布板。

4. d级绝缘材料为酚醛塑料，层压制品。

五、防爆电气设备的通用要求

各种类型的防爆电气设备，因防爆方式不同而有不同的规定，但也有共同的要求，即通用要求。防爆电气设备只有在符合通用要求和专门规定的条件下，才能保证其防爆性能。本节着重讲述煤矿用防爆电气设备的通用要求。

1. 表面温度和耐湿热性能

1）表面温度

矿用电气设备表面可能堆积粉尘，其允许最高表面温度（包括增安型及本质安全型内部元件温度）为150 ℃，采取措施防止粉尘堆积时，则为450 ℃。限制电气设备的表面温度是为了保证设备运行中不致出现能够点燃周围可燃性混合物的危险温度。防爆电气设备的表面温度允许值取决于周围环境中的爆炸性混合物的自燃温度。井下的爆炸性气体主要是甲烷，它的温度组别为T_1，允许电气设备表面最高温度应为450 ℃，但井下电气设备的表面易堆积煤粉、岩粒等物。当煤粉堆积到一定厚度，设备表面温度超过200 ℃时就会发生焖燃。所以，对表面可能堆积粉尘的电气设备，在留有约20%的裕量之后，规定其最高表面温度为150 ℃。

2）耐湿热性能

绝大多数矿井井下环境的温度在 20～30 ℃之间，最高温度可达 32.8 ℃，相对湿度在 92%～98%之间，最高相对湿度可达凝露点。按定义，在一天内有 12 h 以上气温等于或高于 20 ℃，相对湿度等于或高于 80% 的天数，全年累计在两个月以上的地区就称湿热带。可见矿用电气设备使用的场所大体上等于或劣于湿热环境。为了保证防爆电气设备在井下环境中长期使用，它们必须具有耐湿热性能。

2. 紧固件

紧固件是用来连接和紧固防爆电气设备部件的，它是保证防爆电气设备性能的重要零件，各类防爆电气设备都必不可少。

螺栓和螺母是最常见的紧固件，它们必须附有防松装置。通常用弹簧垫圈作为防松件，有的部位采用重叠双螺母来防松。

结构上有特殊要求时（如有关防爆电气设备专门标准中有明确规定者、用户根据使用条件有特殊要求者），须采用特殊紧固件。例如，将螺栓或螺母放在护圈或沉孔中，以防无关人员随意打开这些外壳造成失爆。

对护圈式或沉孔式紧固件有以下要求：

（1）螺栓头或螺母放在护圈或沉孔内，使用专用工具才能打开。

（2）紧固后，螺栓头或螺母的上平面不得超出护圈或沉孔。

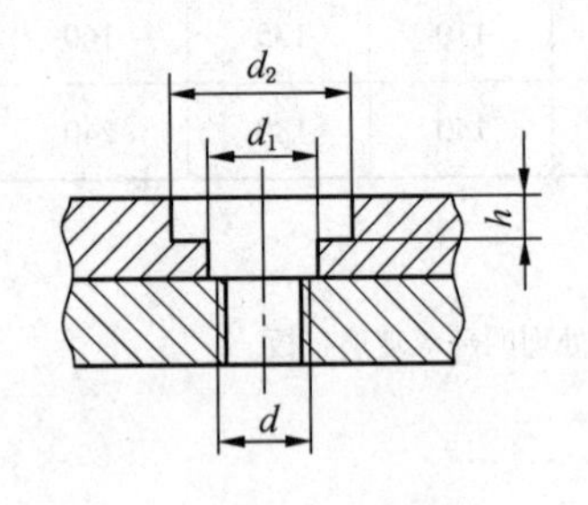

图 2－58　沉孔结构示意图

（3）护圈直径 d_2、高度 h、螺栓通孔直径 d_1（图 2－58）应符合规定要求。

（4）防护圈可设有开口，开口的圆心张角须不大于 120°。

（5）防护圈应与主体牢固地连在一起。紧固件应采用不锈材料制造或经电镀等防锈处理。

3. 联锁装置

联锁装置可以防止因误操作而产生的明火引爆瓦斯，防止人身触电事故。各种电气设备的联锁装置，尽管结构有区别，但目的都是为了保证操作顺序，防止误操作。对联锁装置的要求是：设备带电时，可拆卸部分不能拆卸；可拆卸部分打开时，该设备无法送电。

联锁装置应具有使用一般工具不能解除其功能的结构。在有些设备上，安装联锁装置存在一定困难，在征得国家防爆检验机关同意后，可设警告牌，代替联锁机构。一般警告语为“开盖停电”。这种办法多用在螺钉紧固结构上。在使用带警告牌的设备时，操作维修人员更应按章办事，禁止带电开盖。

4. 接线盒与连接件

1）接线盒

接线盒是专供电缆或导线与电气设备连接的部件。正常运行产生火花、电弧或危险温度的电气设备，功率大于 250 W 或电流大于 5 A 的Ⅰ类电气设备，均须采用接线盒与设备主体进行电气连接（也可用插销实现连接）。

接线盒可做成隔爆型、增安型、本质安全型、正压型、油浸型、充砂型等。目前，煤矿用Ⅰ类电气设备通常为隔爆型和增安型接线盒。

接线盒的尺寸应考虑到以下因素：

（1）接线操作方便。

（2）内部留有适合导线弯曲半径的空间。

（3）能保证正确接线，并且接线后裸露带电体间的电气间隙、沿绝缘表面的爬电距离均应符合相应防爆类型的专门标准的规定。

为了防止飞弧、闪络现象，接线盒内壁应涂耐弧漆。

2）连接件

接线盒只提供了一个接线的空间，实现接线还需连接件。连接件又叫接线端子，供防爆电气设备引入电缆、电线接线之用。

对连接件的基本要求是：

（1）具有足够的机械强度和结构尺寸。

（2）保证连接可靠，在振动、温度变化的影响下不得松动、产生火花、过热或接触不良等现象。

煤矿用携带式电气设备，如矿用测量仪器、矿用感应式通信工具、矿用手持监视装置等可不设专门的连接件。

5. 引入装置

引入装置又称进线装置，是外电路的电线或电缆进入防爆电气设备的过渡环节。它是防爆电气设备最薄弱的部分。引入装置通常有三种结构：密封圈式引入装置、浇注固化填料密封式引入装置和金属密封环式引入装置。

1）密封圈式引入装置

密封圈式引入装置在煤矿中应用广泛。该密封装置又分为压盘式和压紧螺母式两种。压盘式引入装置如图 2－59 所示，压紧螺母式引入装置如图 2－60 所示。

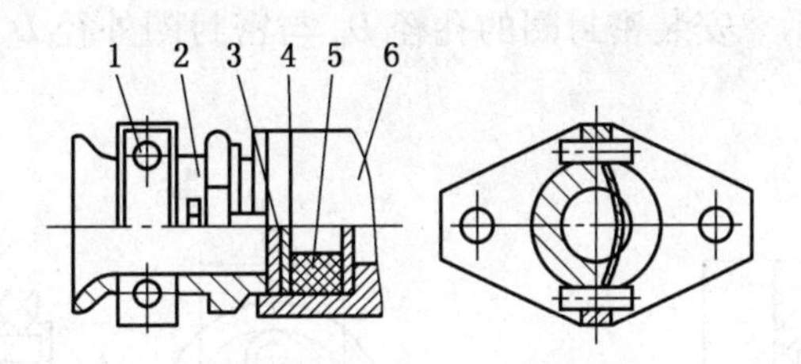

1—防止电缆拔脱装置；2—压盘；3—金属垫圈；4—金属垫片；5—密封圈；6—联通节

图 2－59 压盘式引入装置

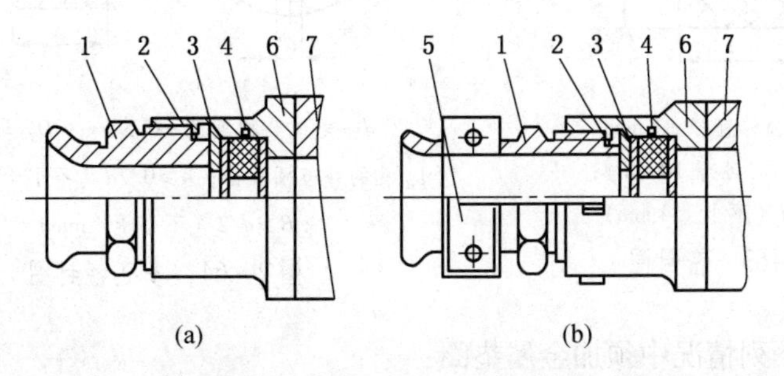

1—压紧螺母；2—金属挡圈；3—金属垫片；4—密封圈；5—防止电缆拔脱装置；6—联通节；7—接线盒

图 2－60 压紧螺母式引入装置

不论是压盘式引入装置还是压紧螺母式引入装置，在其电缆的入口处均须制成喇叭口状，内缘应平滑，以免在引入橡套电缆时损伤电缆。引入高压电缆（额定电压不低于3 kV的电缆）时，引入装置（或接线盒）须留放置电缆头的空间，如图2－61所示。

钢管布线引入装置的压盘或压紧螺母与布线钢管或防爆挠性连接软管的连接须制成螺纹连接方式（图2－62），连接螺纹须不少于6扣。

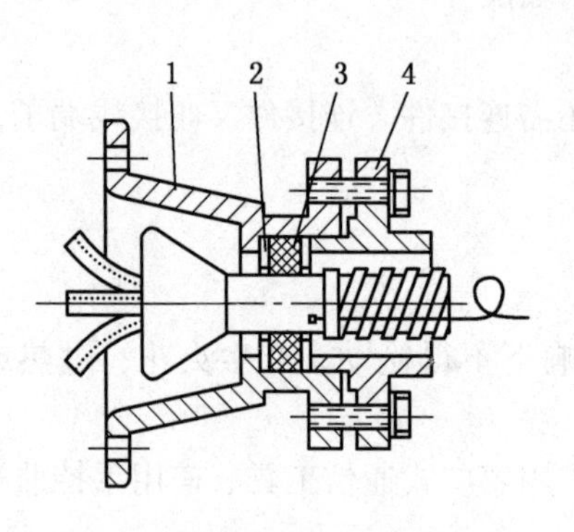

1—联通节；2—金属垫圈；
3—密封圈；4—压盘

图2－61　高压电缆引入装置

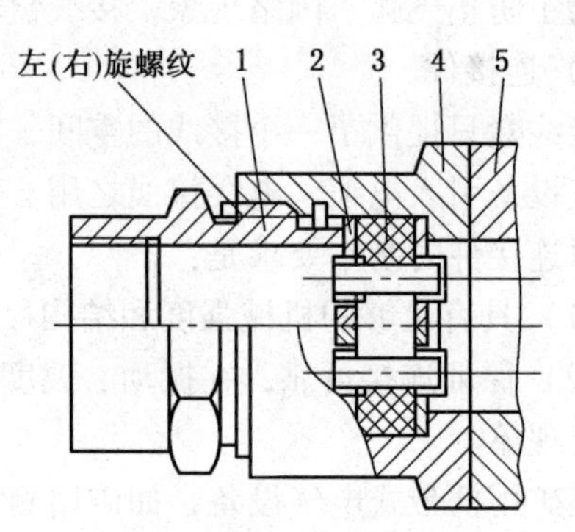

1—压紧螺母；2—金属垫圈；
3—密封圈；4—联通节；5—接线盒

图2－62　钢管布线引入装置

引入装置上须有防松或防止拔脱的装置。引入装置中的密封圈应采用邵氏硬度为45～55度的橡胶制成。一些厂家和用户选用密封圈时不检查，有时硬度过高，起不到密封和防松作用，从而使设备失去防爆性能，应引起注意。为使密封圈有一定的通用性，以适合不同外径的电缆，允许在密封圈上切割同心槽。对于隔爆型电气设备，密封圈尺寸如图2－63、图2－64所示。安装密封圈的孔径 D_0 与密封圈外径 D 的配合，其直径差应不大于表2－6的值。

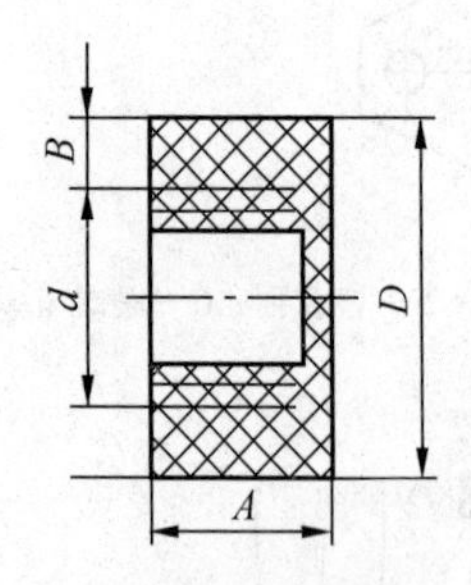

d—电缆公称直径 ±1 mm；
$A \geqslant 0.7d$（不小于10 mm）；
$B \geqslant 0.3d$（不小于4 mm）

图2－63　密封圈

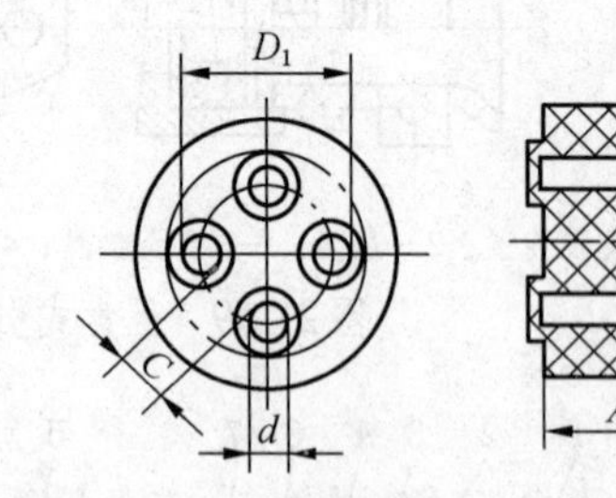

d—电缆公称直径 ±0.5 mm；$D_1 = n$ 个 ϕ_d 孔的外节圆直径；$A \geqslant 0.7d$（不小于10 mm）；
$B \geqslant d/2$（不小于4 mm）

图2－64　多孔密封圈

引入装置在下列情况中须加金属垫圈：

（1）压紧螺母引入装置应在螺母和密封圈之间加设金属垫圈。

（2）采用钢管布线的引入装置须在密封圈侧加金属垫圈。

(3) 采用高压电缆引入装置应加设金属垫圈。

引入装置超过 1 个时，对没有电缆引入的引入装置，应用公称厚度不小于 2 mm 的金属挡板将其封堵，以防止不引入电缆时形成对外的通孔，使电气设备失去防爆性能。

表 2－6　安装密封圈的孔径 D_0 与密封圈外径 D 的配合尺寸　mm

D	D_0-D
$D\leqslant 20$	1.0
$20<D\leqslant 60$	1.5
$D>60$	2.0

2）浇注固化填料密封式电缆引入装置

这种引入装置适用于橡胶护套电缆和塑料护套电缆。电缆引入口处须加防止电缆拔脱的装置，并须敷设电缆保护管，如图 2－65 所示。固化密封填料应具有以下性能：

(1) 不燃或难燃。

(2) 不必加热即可浇注。

(3) 浇注后，在常温下短时间内即可固化。

(4) 固化后不产生有害裂纹，其软化温度不低于 95 ℃。

(5) 不对电缆护套产生不良影响。

浇注固化密封填料的深度，应大于电缆引入口孔径的 1.5 倍（最小为 40 mm），并且应标示所需浇注量的记号。

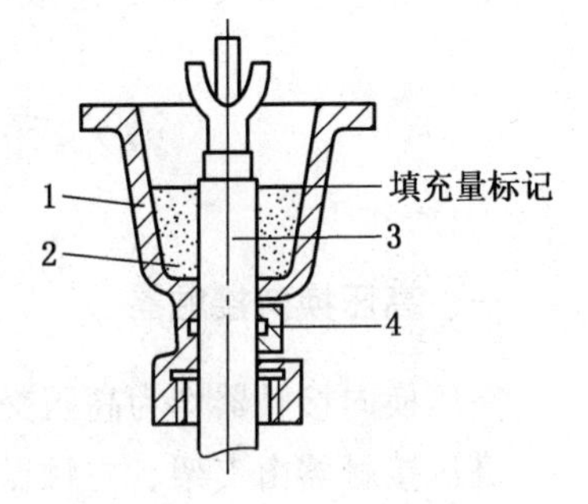

1—联通节；2—固化密封填料；3—电缆；4—防止电缆拔脱装置

图 2－65　浇注固化填料密封式电缆引入装置

3）金属密封环式引入装置

这种引入装置适用于金属护套电缆，且只有ⅡA、ⅡB 类电气设备才采用这种引入装置。

6. 接线

接线可靠才能保证电气设备正常、安全地运行。因此，对接线有以下严格规定：

(1) 电气设备的内部接线、外部接地和动力芯线的连接应保证连接可靠，受到温度变化、振动等影响也不应发生接触不良的现象。

(2) 电气设备内部连接件应具有足够的机械强度。

(3) 与铝芯电缆连接的连接件须采用过渡接头以防止电腐蚀现象发生。

7. 接地

接地的目的是防止电气设备外壳带电而危及人身安全。当电气设备绝缘破坏时，正常情况下不带电的金属外壳等将会带电，它会造成人身触电或对地放电而引起瓦斯爆炸。良好的接地，可使设备外壳总是保持与“地”同电位，避免上述事故的发生。

电气设备的金属外壳应设外接地端子，接线盒内应设内接地端子。接地端子处应标出接地符号“⏚”。接地零件应做防锈处理或用不锈材料制成。

铠装电缆接线盒也应设外接地装置。携带式电气设备和运行中须移动的电气设备，可不设外接地装置，但必须采用有接地芯线的电缆，使其外壳与井下总接地网可靠连接。

电气设备接线盒内部必须设有专用的内接地端子。当采用直接引入方式时，必须在主空腔内设内接地端子。

电机车上的电气设备以及电压低于 36 V 的电气设备可不设内接地端子。

1）外接地螺栓的规格

(1) 功率大于 10 kW 的电气设备，不小于 M12。

（2）功率在 5 ~ 10 kW 的电气设备，不小于 M10。

（3）功率在 250 W ~ 5 kW 的电气设备，不小于 M8。

（4）功率不大于 250 W 且电流不大于 5 A 的电气设备，不小于 M6。

（5）本质安全型电气设备和仪器，接紧地芯线即可。

2）内接地螺栓的直径

（1）导电芯线截面不大于 35 mm^2 时，内接地螺栓应与连接导电芯线的接线螺栓直径相同。

（2）导电芯线截面大于 35 mm^2 时，内接地螺栓直径应不小于接线螺栓直径的一半，但至少应等于连接 35 mm^2 芯线所用接线螺栓的直径。

第八节　矿井提升机控制电器

一、高压换向接触器

高压换向接触器作为高压交流提升电动机的接通、切断和换向之用。

高压接触器由支架、主触点、磁吹灭弧装置、电磁操作机构及桥式辅助触头等几部分组成。其中磁吹灭弧装置由一对熄弧角、熄弧线圈和灭弧罩组成。熄弧角的用途是将电弧引离主触头以减少它的熔化和延长使用寿命，促进电弧的延长和熄灭，对在灭弧罩内的电弧移动起导向作用。灭弧罩是用石棉板做成的匣状物，两侧装有用薄钢板做成的极板，用螺钉将极板固定在熄弧线圈的铁芯上。其用途是将熄弧线圈形成的磁场分布在灭弧罩内。主触点断开时产生的电弧，由于磁场的作用被压到灭弧罩的上部，此时电弧被隔弧壁分开并冷却熄灭。

3 kV 可逆接触器由 2 个三极接触器组成，用以控制电动机正反转。6 kV 可逆接触器由 3 个三极接触器组成，其中 2 个用以控制电动机正反转，第 3 个则作为辅助切断较高电压之线路。可逆接触器中的正反转两个接触器间还装有机械联锁，使两接触器不会同时闭合而造成短路。

选用时，高压接触器的电压和电流应大于电动机的额定值。

二、提升机电控消弧继电器

提升机主电动机换向以及切除高压电源投入动力延时时，均须在电弧熄灭后进行。为了防止高压电弧短路或高压交流电进入动力制动装置造成事故，通常设有消弧继电器 XHJ 来延时。ZCFC 断电后，它的常开触点断开 XHJ 线圈回路，其衔铁经延时 0.5 s 后释放，常闭触点 XHJ 闭合，接通延时继电器回路，使其在换向回路和动力制动接触器回路中的常开触点闭合，该回路才有接通的可能。经 XHJ 延时后，电弧已可靠熄灭。

三、提升机电控低速继电器

低速继电器 SDJ 的作用是：当其释放时，通过减速信号继电器 J_1 和脚踏动力制动接触器 KDC 切除动力制动，准备二次给电。

四、提升机电控减速开关

提升机等速运行至减速点，减速开关动作，断开减速信号继电器 J_1 回路和信号接触器 XC 回路。XC 的常开触点断开高压换向回路，ZC、XLC 断电，电动机切除高压电源，常闭触点闭合，为电动机接通低频电源做准备。

五、提升机主电动机转子电阻的作用

提升机用绕线型异步电动机拖动时，为了启动平稳又能减少启动电流而不降低启动转矩，须采用在转子回路里串接电阻的方法启动，这是由异步电动机 $M=f(n)$ 的特性决定的。用金属电阻时则将全部启动电阻分为五段、八段或十段，在启动过程中逐级切除。过去也有用液体电阻启动的，但由于温度变化大，电液容易蒸发，浓度变化快，阻值不稳定，所以现在已较少使用。

六、真空接触器的操作过电压

真空接触器在分断电感性负载时，交流真空接触器过强的灭弧能力也带来了操作过电压的危险。操作过电压一般可分为载流过电压和重复性高频熄弧过电压两种。载流过电压主要取决于触头材料，一般选用钼基镶低熔金属环触头材料，其截流值低于 1 A，截流过电压很小，不会造成对电动机绝缘的危害；高频熄弧过电压出现的概率较小，只有在以下几种情况同时发生时才有可能出现：

（1）触头在工频电流过零前刚刚分离。

（2）工频电流过零前未发生截流现象。

（3）工频电流过零后因触头开距太小，被恢复电压击穿使电弧复燃，复燃后高频电流第一次过零分断。

（4）高频电流第二次复燃又熄弧，并多次复燃又熄弧的过程。

现在，国内外已有很多限制过电压的措施，如并联 R－C 保护、加装压敏电阻或专门的过电压限幅器等，使真空接触器操作过电压的问题已经得到较好的解决。

七、提升机交流电控低频电源的作用

提升机低频拖动不增加机械设备，利用低频 3～5 Hz 交流电源直接送入主电动机，使它低速运行。因为交流感应电动机的转速是与频率成正比的。所以，只要有低频电源装置便可实现低频拖动。

低频电源有以下 3 种：

（1）低频发电机组，由一台交流电动机带动一台低频发电机。

（2）晶闸管交—直—交变频装置，是一种用硅整流器将工频交流电变为直流电，再由晶闸管逆变器将直流电变成需要的低频交流电源的装置。

（3）晶闸管交—交变频装置，是用晶闸管元件构成的，将交流工频电直接变成低频电供提升主电动机使用的变频装置。

在低频电源实现低速爬行过程中，当电动机转速高于由低频电源产生的同步转速时，还可以获得低频发电制动的效果。提升机从等速阶段开始减速时，使定子从工频电网切断，再接入低频电源，电动机转子串入全部电阻。此时电动机转速由于远高于低频电源所产生的同步转速，电动机便运行在发电制动状态，电动机输出负力矩产生制动作用。为了增大制动力矩，再逐级切除电阻，速度逐渐下降，直至全部切除电阻，电动机运行到低频电源所形成的自然特性曲线上。此时提升机负载不管是正力还是负力，都将处于稳定爬行速度。

采用低频拖动，不但可以取代小功率电动机、减速器和气囊离合器等复杂的拖动装置，而且还可以实现减速阶段的低频制动。

第九节　矿　用　电　缆

一、常用电工材料

1. 常用导电材料

常用的导电材料主要指各种电线，分为裸线、裸排、绝缘导线、电缆及电磁线等多个品种。

（1）裸线。裸线有单股裸铝（LY 型和 LR 型）、单股裸铜（TY 型和 TR 型）、单股镀锌铁线（GY 型）等类型。单股裸线一般作为电线、电缆的线芯用，2.5 mm^2 以上的有时用作户外架空线；裸绞线多做户外架空线使用。型号中“L”表示铝线，“T”表示铜线，“G”表示钢线，“Y”表示硬，“R”表示软，“J”表示绞制。

（2）裸排。常用的裸排有裸铜排 TMY、裸铝排 LMY 和扁钢 3 种材质，应用于变、配电所汇流排和车间架空母线，扁钢多做接地母线用。

（3）绝缘导线。常用的绝缘导线有橡皮绝缘导线和聚氯乙烯绝缘导线（塑料绝缘导线）。芯线材料有铜芯和铝芯，目前国家推荐使用的导线是聚氯乙烯绝缘导线和交联聚乙烯绝缘导线。

（4）电缆。电缆一般分为电力电缆、通信电缆和控制电缆，工厂中常用的是电力电缆，煤炭企业井下必须选用矿用阻燃电缆。

（5）电磁线。它是一种具有绝缘层的导电金属线，用来绕制电工产品的线圈或绕组，如电机、变压器的绕组和电气设备的电磁线圈等。

2. 绝缘材料

导电能力非常低，施加电压以后电流几乎不能通过（电阻系数大于 10^3 Ω/cm）的物体称为绝缘体或绝缘材料，是电工中用来将带电部件与其他部件相互隔离的必备材料。

绝缘材料种类很多，按其物态可分为气体、液体和固体绝缘材料。气体绝缘材料中有空气、氢、氮、二氧化碳、六氟化硫等；液体绝缘材料有变压器油、开关油、电容器油、硅油等；固体绝缘材料的种类很多，其中无机绝缘材料有云母、石棉、大理石、玻璃、硫黄等，有机绝缘材料有树脂、橡胶、棉织物、纸、麻、丝绸等，还有由无机和有机两种材料加工后制成的各种型号的绝缘材料。

二、矿用电缆

根据供电网络的结构特征，煤矿电网可分为架空线网和电缆电网。煤矿井下供电网络中除架线式电机车和蓄电池电机车以外，全部使用电缆供电。因此，矿用电缆的使用直接关系到煤矿生产和安全，使用时应特别注意。

1. 固定敷设电缆

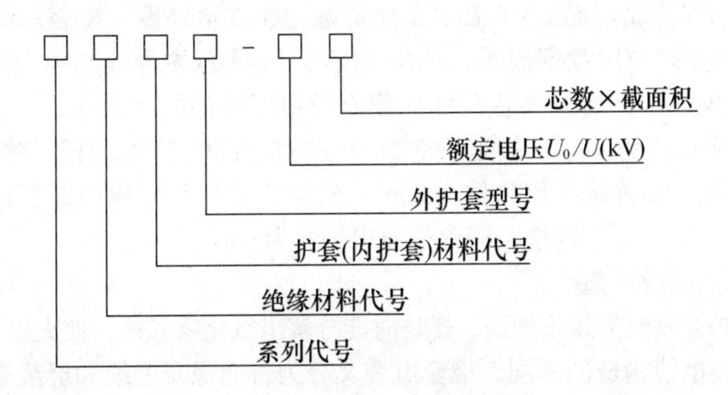

系列代号用大写字母 M 表示煤矿用电缆。绝缘材料代号用大写字母 V 表示聚氯乙烯绝缘，YJ 表示交联聚乙烯绝缘护套（内衬层）材料代号用大写字母 V 表示；当电缆有外护套时，本部分表示内衬层的材料特征。电缆外护层型号按铠装层和外护层的结构顺序用阿拉伯数字表示；每一数字表示所采用的主要材料，一般情况下型号由 2 位数字组成。铠装层和外护层所用材料的数字及含义见表 2-7。额定电压等级用 U_0/U 表示，单位为 kV。电缆芯数及标称截面积用阿拉伯数字分别表示，二者之间以“×”连接，标称截面积单位为 mm^2。

表 2-7 固定敷设电缆型号中数字的含义

数 字	铠装层	外护层或外护套
2	双钢带	聚氯乙烯外护套
3	细圆钢丝	
4	粗圆钢丝	

2. 矿用移动软电缆

1）型号及含义

矿用移动软电缆的型号一般由七部分组成。

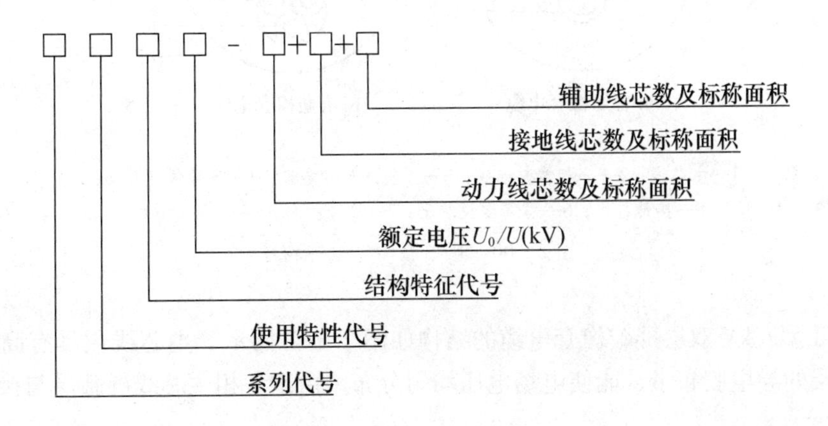

系列代号用大写字母 M 表示煤矿用阻燃电缆。使用特性代号表示电缆的使用场合，用大写字母表示：C 表示采煤机用，D 表示低温环境用，M 表示帽灯用，Y 表示采煤设备（移动）用，Z 表示电钻用。结构特征代号用大写字母表示：B 表示编织加强，J 表示带监视线芯，P 表示非金属屏蔽，PT 表示金属屏蔽，Q 表示轻型，R 表示绕包加强型。额定电压等级 U_0/U 用阿拉伯数字表示，单位为 kV；U_0 表示主导线与地之间的电压，U 表示主导线之间的线电压。动力线芯及标称截面积用阿拉伯数字表示，二者之间以“×”连接，标称截面积单位为 mm^2。接地线芯数及标称截面积用阿拉伯数字分别表示，二者之间以“×”连接，标称截面积单位为 mm^2。辅助线芯数及标称截面积用阿拉伯数字分别表示，二者之间以“×”连接，标称截面积单位为 mm^2。

2）矿用移动电缆的构造

移动电缆的护套材料为氯丁橡胶，燃烧时能分解出氯化氢气体，使火焰和空气隔绝，达到阻燃的目的。按电缆构造的不同，橡套电缆又分为普通橡套电缆和屏蔽橡套电缆两类。

（1）普通橡套电缆。普通橡套电缆的构造如图 2－66a 所示，芯线采用多股细铜丝绞成，具有足够的柔度。其内部除了主芯线外，还有一条接地芯线。每个芯线都包有橡皮绝缘层。为了便于识别各个线芯，在绝缘层上标有不同的颜色或其他标志。为了保持芯线形状和防止损伤，在芯线之间的空隙处充填有防振芯子，以增加其绝缘性能和机械强度。

（2）屏蔽橡套电缆。由于橡胶护套机械强度较低，在受到机械损伤发生短路故障时，将造成电火花外露，容易导致瓦斯、煤尘爆炸事故。为了防止事故的发生，派生出了带有屏蔽层的橡套电缆，其结构如图 2－66b 所示。屏蔽橡套电缆与普通橡套电缆不同之处，是在主芯线绝缘层外增加了一层半导体屏蔽层，接地芯线直接包屏蔽层，防振芯子也是用屏蔽材料制成，使三者连成一个整体。屏蔽层是用半导体材料制成的，具有一定的导电性能。当屏蔽电缆受到机械损伤时，在未发生相间短路之前，就已使主芯线与接地芯线之间的绝缘水平降到漏电保护装置动作的水平，使电源开关跳闸，切除了故障，因而防止了因电缆故障而引发的矿井重大灾害事故。

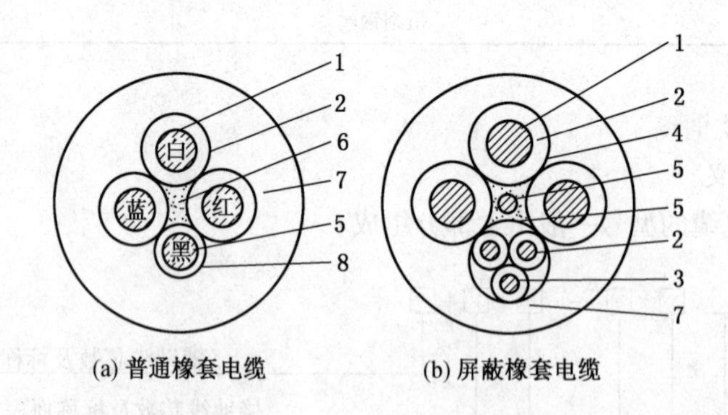

1—主芯线；2—分相橡皮绝缘；3—控制或信号芯线；4—半导体屏蔽层；
5—接地芯线；6—防震橡胶芯子；7—橡胶护套；8—半导体垫芯

图 2－66　矿用移动电缆的构造

MYPTJ 型 6 kV 双层屏蔽橡套电缆的结构如图 2－67 所示。主芯线包具有高导电石墨粉橡套涂层的导电胶布带，能使电场电压均匀分布。由于各相主芯线屏蔽层与接地芯线相连，只要主芯线有一相绝缘损坏，其主芯线穿过具有导电能力的绝缘层直接接地，使漏电保护装置动作。

3）矿用橡套电缆主要用途

矿用橡套电缆的柔软性好，容易弯曲，便于移动和敷设，因此，适用于向移动电气设备供电，而且敷设时的垂直落差不受限制。

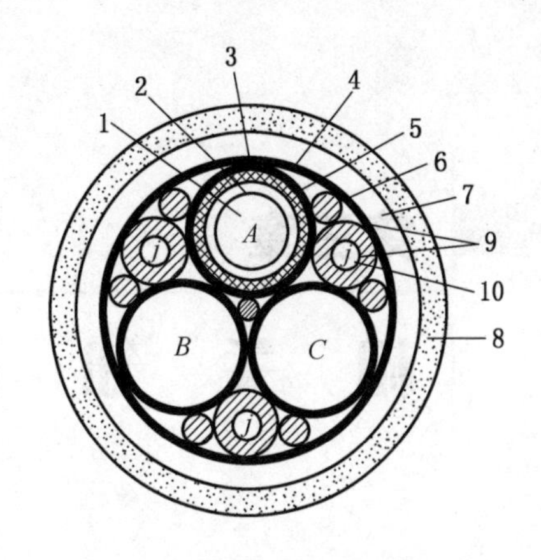

A、B、C—主芯线；j—监视芯线；
1、10—铜绞线；2、6—导电胶布带；
3—内绝缘；4、5—铜丝尼龙网的分相绝缘；
7—统包绝缘；8—氯丁胶护套；9—导电橡胶

图2-67 6 kV MYPTJ 型屏蔽橡套电缆结构

三、井下选择电缆敷设路线的原则

（1）长度最短。应尽可能选择电缆长度最短的路线，既能节省电缆，减少敷设与维护工作量，还可降低线路的电压损失和电能损耗。在条件许可的情况下，可采取由地面直接用钻孔向井下敷设电缆。

（2）便于敷设。敷设条件的好坏，直接影响施工的效率和质量。如果敷设条件不好，如运输困难、障碍多等，既不便于敷设，还容易造成电缆的机械损伤。

（3）便于维修。在立井井筒中敷设电缆时，如条件允许，要尽量使电缆靠近罐笼，以便运行中的检查和维修。

井下巷道中敷设电缆，应尽可能选择可行人的巷道，并把电缆悬挂在人行道的另一侧，以免行人抓扶造成触电危险。在运输巷道中敷设电缆时，应尽可能使电缆与道轨相距较远且电缆的悬挂高度必须超过电机车正常装载货物的高度。

四、电缆连接的要求

（1）井下电缆线芯的连接，常用压接、焊接、螺栓连接等方法。

（2）导电线芯连接处的接触电阻，不应超过相同长度线芯电阻的1.2倍。

（3）连接处要有足够的抗拉强度，其值不低于电缆线芯强度的70%。

（4）电缆连接处的绝缘强度不应低于电缆原有值，并能在长期运行中保持绝缘密封良好。

（5）两根电缆的铠装层、屏蔽层和接地线芯都应有良好的连接。

第三章　相关知识

第一节　机械基础

一、钳工基础

钳工是机械制造、检修过程中，以手工劳动为主来完成切削加工、装配、修理等工作的工种，以常在虎钳上进行操作而得名。

1. 钳台

钳台也叫钳工案子，用于安装虎钳，放置工具和工件。钳台的高度为 800 ~ 1000 mm。台面用 16Mn 钢板，一般在台面下部附有存放工具等物品的小抽屉或小柜。

由于钳工要在钳台上完成许多基本操作，因此，钳台一定要平整、光洁、水平。钳台上虎钳的前方设有安全网。在台上放置的任何物体不允许伸出台边以外。左手用的工具放在虎钳的左边，右手用的工具放在右边，并且放置的位置要固定，尽量做到伸手即可取得。

2. 虎钳

虎钳装在钳台上用来夹持工件，有固定式（图 3 - 1a）和回转式（图 3 - 1b）两种。虎钳的规格用钳口的长度表示，有 100 mm、130 mm、180 mm 等几种。回转式虎钳主要由固定钳身、活动钳身、钳口、平台、导轨、螺杆、转动手柄、转盘、底座、紧定螺钉、手柄等组成。

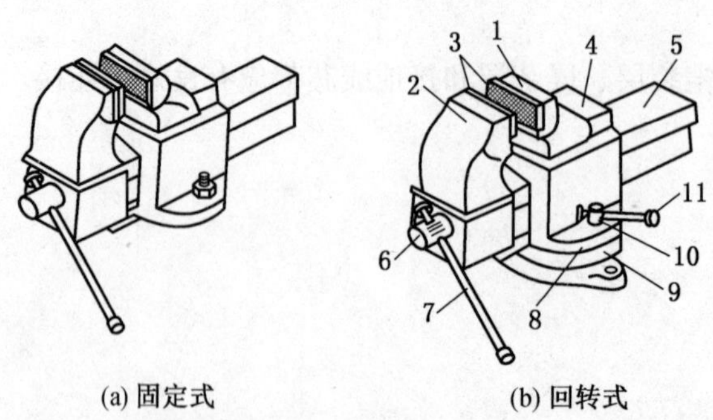

1—固定钳身；2—活动钳身；3—钳口；4—平台；5—导轨；6—螺杆；
7—转动手柄；8—转盘；9—底座；10—紧定螺钉；11—手柄

图 3 - 1　虎钳

3. 砂轮机

砂轮机的用途是转动砂轮来磨削工具或工件。

砂轮机有多种形式，图 3－2 所示为固定式砂轮机。固定式砂轮机主要由机座、控制按钮、支持工件的托架、装在同一根传动轴两端的 2 个砂轮、保护罩、外罩及电动机等组成。打开机座盖板可以调节三角带的紧松程度。两个砂轮通常一个粒度较粗，安装在左侧，另一个粒度较细，安装在右侧。

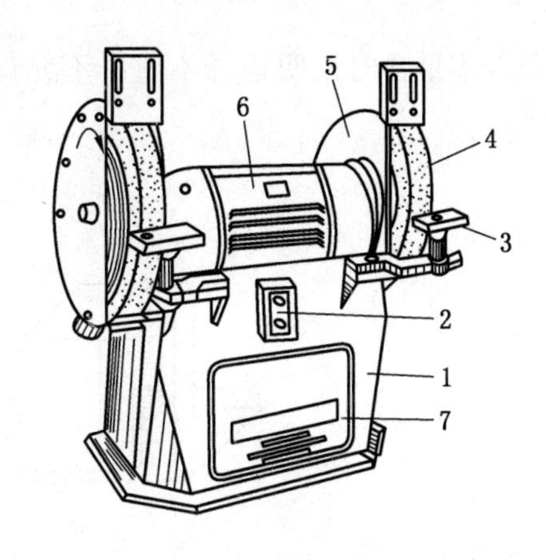

1—机座；2—控制按钮；3—支持工件的托架；4—砂轮；5—保护罩；6—外罩；7—电动机

图 3－2 固定式砂轮机

4. 錾切

錾切泛指用锤子打击錾切工具来使工件分离的所有操作。按工作原理和效果不同，錾切可以细分为錾削、剁断、剋断 3 种具体操作。錾子的握法有正握、反握和立握 3 种。

5. 锉削

用带齿的锉刀对工件表面进行切削加工称为锉削。锉刀由高碳素工具钢制成，开齿后切削部分淬火硬化，硬度 HRC 在 62～67 之间。锉刀面是开有锉齿的主要工作表面，锉刀面全长称为锉刀的长度，以 mm 表示的数值就是锉刀的规格，如图 3－3 所示。锉刀的粗细指齿距的大小，同一种尺寸的锉刀，按齿距从大到小依次称为粗锉、中锉、细锉、油光锉。齿距越大时，每个齿的切削厚度越大，生产率越高，但加工出的表面越粗糙。齿距的大小用锉纹表示，各种尺寸的锉刀在锉纹号不同时，每 10 mm 长度内的齿数和齿距不同。每 10 mm 长度内的齿数越多，齿距越小越细。

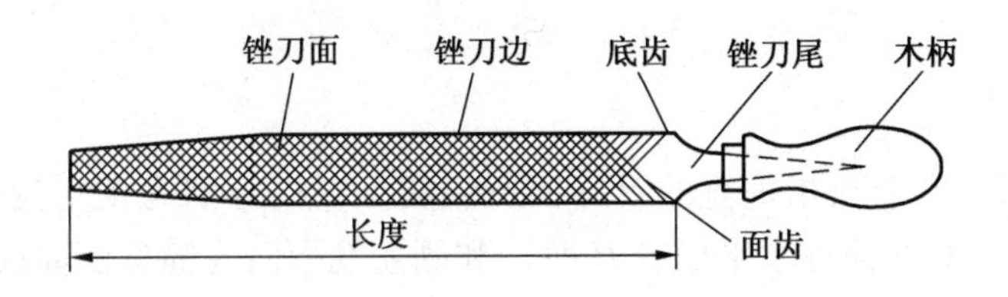

图 3－3 锉刀

6. 常用量具

在零件加工、机械装配、机械安装和检修过程中，对零件的几何参数进行测量，零、部件之间相对位置的测量，保证工件质量，需使用钢尺、卡钳、90°角尺、游标卡尺、千分尺、百分表、塞尺等常用量具。

钢尺是应用最广的量具，一般用不锈钢制成。钢尺的正面有分度值为 1 mm 的刻度。有些钢尺长度在 50 mm 以内的分度值为 0.5 mm。钢尺的测量范围有 0～150 mm、0～300 mm、0～500 mm、0～1000 mm、0～1500 mm、0～2000 mm 等几种，常用 0～300 mm、0～150 mm 和 0～1000 mm 的钢尺。钢尺边缘是划直线的基准，对从事有关划线工作的人来说是关键部位。检查边缘直线性的方法是：用钢尺的同一边从正反两面各画一条线，这两条线不重合时说明边缘不直，不允许用来划直线。用钢尺测量工件的方法如图 3－4 所示。

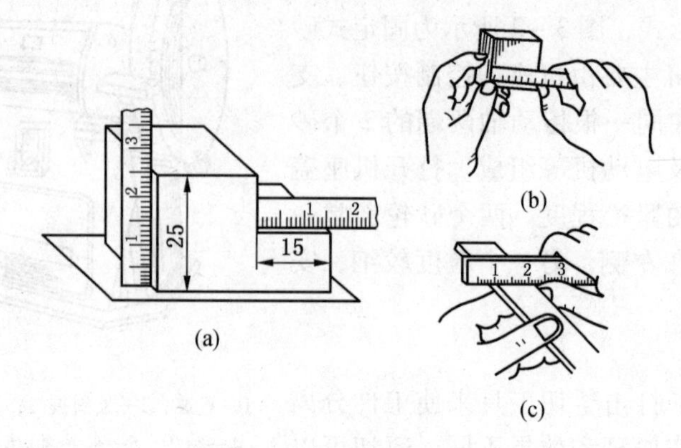

图 3－4　用钢尺测量工件

卡钳分外卡钳和内卡钳两种。外卡钳用于控制和测量外尺寸，内卡钳用于控制和测量内尺寸。卡钳测量的精确度取决于操作者的熟练程度和感觉的敏锐程度。

带有游标、用于测量长度的测量器具称为游标卡尺，它利用两个平行直尺上刻度间距的微小差别来读出测量数据。这类量具结构简单，使用方便。但因凭手感控制测力，测量面较长，且容易变形和磨损不均，所以，测量误差较大，只适用于较低精度的测量。

游标卡尺的读数方法如下：

（1）从游标零线前最近的主尺刻度读出以 mm 为单位的整数尺寸。

（2）找出游标上与主尺刻线对准的线，读出小数尺寸。

（3）将以上两值相加得出测量的总尺寸。

二、机械制图

1. 三视图

三投影面体系由 3 个互相垂直的投影面所组成。它们分别为正立投影面（简称正面或 V 面）、水平投影面（简称水平面或 H 面）和侧立投影面（简称侧面或 W 面）。

3 个投影面之间的交线，称为投影轴。X 轴代表物体的长度方向，Y 轴代表物体的宽度方向，Z 轴代表物体的高度方向，如图 3－5 所示。

为了画图方便，需将互相垂直的 3 个投影面展开在同一个平面上，如图 3－6 所示。物体在 V 面上的投影，也就是由前向后投射所得的视图，称为主视图；物体在 H 面上的投影，也就是由上向下投射所得的视图，称为俯视图；物体在 W 面上的投影，也就是由左向右投射所得的视图，称为左视图。

2. 三视图的投影规律

根据三视图之间的对应关系，可归纳以下 3 条投影规律：

（1）主视图与俯视图都反映物体的长度——长对正。

（2）主视图与左视图都反映物体的高度——高平齐。

（3）俯视图与左视图都反映物体的宽度——宽相等。

“长对正、高平齐、宽相等”是三视图之间的重要对应关系，也是画图和读图的依据。

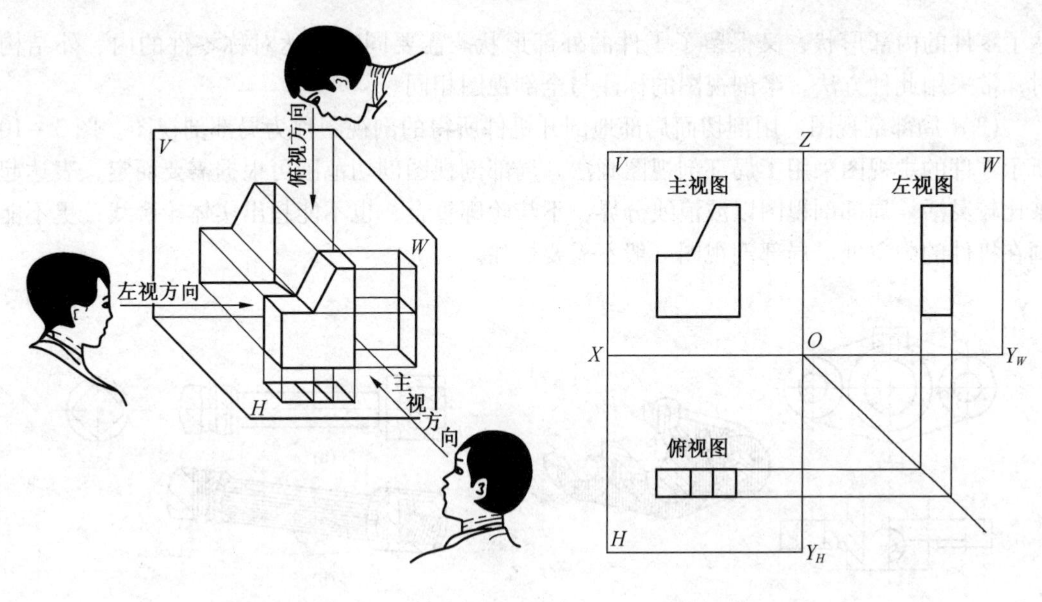

图3-5 三视图　　　　图3-6 三视图的展开平面图

3. 剖视图

假想用剖切面剖开机件，将处在观察者和剖切面之间的部分移去，而将其余部分向投影面投射所得的图形称为剖视图。

（1）全剖视图。用剖切面完全地剖开机件所得的剖视图称为全剖视图。全剖视图的标注一般应在剖视图的上方，用字母标出剖视图的名称“$X-X$”；在相应的视图上用剖切符号表示剖切面起讫、转折位置和投射方向，并标注相同的字母“X”，如图3-7所示。当剖视图按投影关系配置、中间又没有其他图形隔开时，可省略箭头，如图3-8所示。当单一剖切平面通过机件的对称平面，且中间又没有其他图形隔开时，可省略标注。

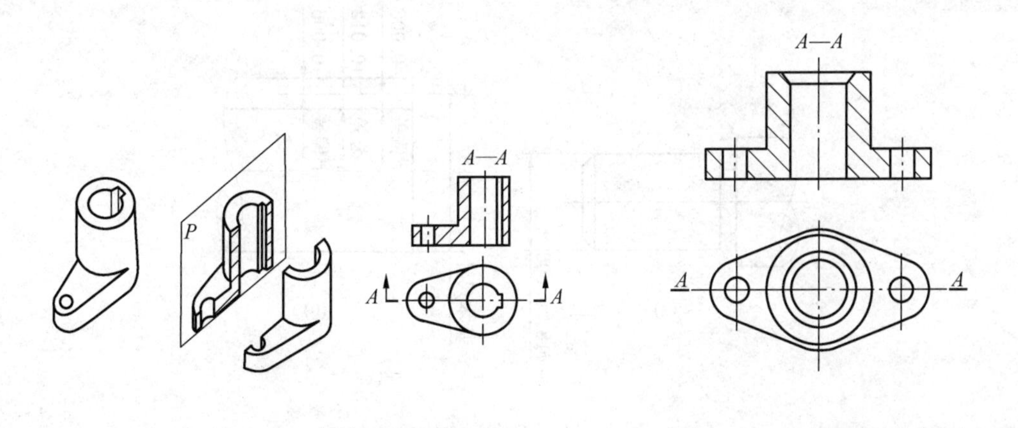

图3-7 全剖视图　　　　图3-8 省略箭头时的标注

（2）半剖视图。当机件具有对称平面时，向垂直于对称平面上投影所得的图形，可以对称中心线为界，一半画成剖视图，另一半画成视图。这种剖视图称为半剖视图。图3-9中的俯视图为半剖视图，其剖切方法如图3-7中立体图所示。半剖视图既充分地表达了零件的内部形状，又保留了零件的外部形状。需要同时表达对称零件的内、外结构时，常采用此种方法。半剖视图的标注与全剖视图相同。

（3）局部剖视图。用剖切面局部地剖开机件所得的剖视图称为局部剖视图。图 3－10 所示零件的主视图采用了局部剖视图画法。局部剖视图剖切范围可根据需要而定，表达起来比较灵活。局部剖视图以波浪线分界，不与轮廓重合，也不能超出实体轮廓线，更不能画在机件的中空处。局部剖视图一般不需要标注。

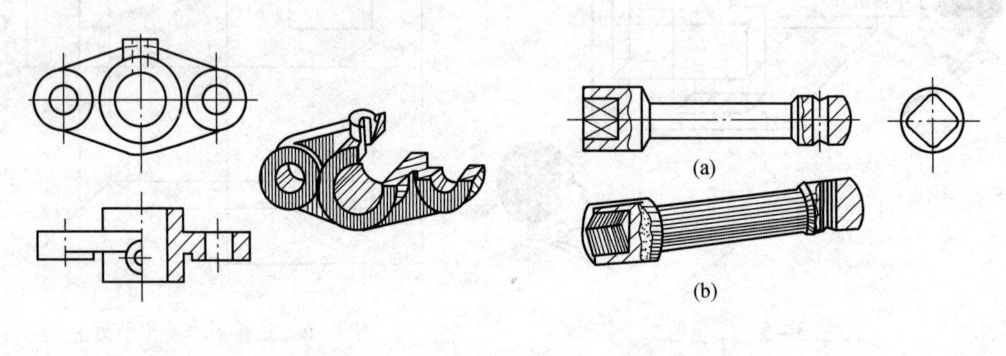

图 3－9　半剖视图　　　　图 3－10　局部剖视图

三、公差与配合

1. 线性尺寸的公差与偏差

在设计时，为保证顺利地装配和正常运转，给零件的尺寸确定一个允许的变动范围，这个范围称为公差。零件图上的某些尺寸必须注出允许的偏差，如图 3－11 所示轴的尺寸，其尺寸包括以下内容：

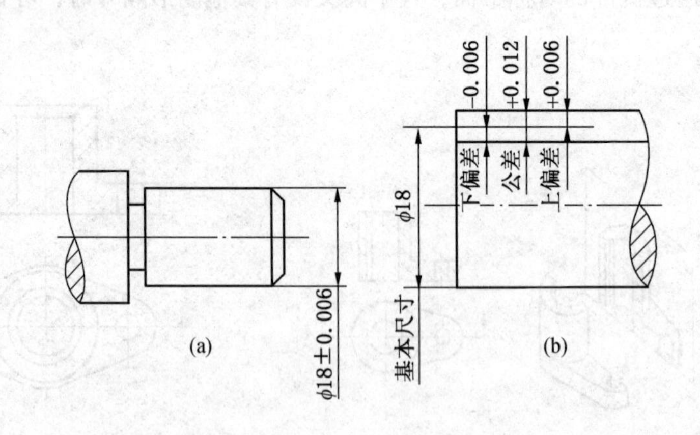

图 3－11　工件偏差的标注

（1）基本尺寸。基本尺寸指设计时给定的尺寸。

（2）极限尺寸。极限尺寸指允许尺寸变动的两个极端值，其中，最大极限尺寸为 18＋0.006＝18.006（mm），最小极限尺寸为 18－0.006＝17.994（mm）。

(3) 极限偏差。极限偏差指极限尺寸减基本尺寸所得的代数差，分为上偏差和下偏差两种。上偏差为 18.006 - 18 = +0.006(mm)，下偏差为 17.994 - 18 = -0.006(mm)。

(4) 尺寸公差。尺寸公差（简称公差）指允许尺寸的变动量，即最大极限尺寸减最小极限尺寸，也等于上偏差减下偏差，即 18.006 - 17.994 = 0.012(mm)，或 0.006 - (-0.006) = 0.012(mm)。

(5) 实际尺寸。实际尺寸指零件加工后通过测量获得的尺寸。如果实际尺寸位于最大和最小极限尺寸之间，则该加工零件合格。

在零件图上，对有公差要求的尺寸都是用基本尺寸加注上下偏差来表示，如 $\phi18 \pm 0.006$ mm。上下偏差并不总是一正一负，可能都是正值，也可能都是负值，还可以为零，但不能同时为零。根据公差的定义，公差恒大于零。

2. 形状和位置公差

加工完的零件表面形状和相对位置会产生误差，如加工轴时，可能会出现轴线弯曲或一头粗一头细的现象，这种现象属于零件表面的形状误差。形状和位置误差所允许的最大变动量，称为形状和位置公差，简称形位公差。

3. 极限与配合

从一批规格相同的零件中任选一件，不经修配就能顺利地装到机器或部件中去，并能满足使用要求，零件的这种性质称为互换性。零件具有互换性，就便于装配、维修，不仅能提高生产率，保证产品质量，还可降低生产成本。

1) 公差带

代表上下偏差的两条直线的区域，称为公差带。正偏差位于零线之上，副偏差位于零线之下。公差带由公差带大小及公差带位置两个要素组成。公差带大小由标准公差确定，公差带位置由基本偏差确定。

标准公差用来确定公差带的大小，即公差值的大小。《产品几何技术规范（GPS）线性尺寸公差 ISO 代号体系　第 1 部分：公差、偏差和配合的基础》(GB/T 1800.1—2020)中，把标准公差等级规定为 IT01、IT0、IT1 ~ IT18 共 20 级。IT01 级为最高级，其余依次降低。标准公差数值可根据基本尺寸和标准公差等级从有关专业书中查得。

基本偏差是用来确定公差带位置的，一般是指孔和轴的公差带中靠近零线的那个偏差。位于零线以上的公差带，它的下偏差就是基本偏差，位于零线以下的公差带，它的上偏差就是基本偏差。

2) 配合

配合是指基本尺寸相同的相互结合的孔、轴公差带之间的关系。在零件的某一个尺寸标注偏差的目的，是这部分要与其他零件相配合，所以尺寸偏差数值与零件的配合要求有密切的关系。在机器中，由于零件的作用和工作情况不同，因而对配合的松紧程度要求也不一样，国家标准将配合类别分为间隙配合、过盈配合和过渡配合 3 类。

4. 表面粗糙度

零件经过机械加工后，用肉眼看表面很光滑，但是如果放在显微镜下观察，就会发现许多高低不平的凹谷和凸峰。零件加工表面上因具有这种较小间距和峰谷而形成的微观几何形状误差，称为表面粗糙度。表面粗糙度的符号为▽，如煤矿电气设备隔爆接合面的粗糙度最低要求是$\overset{6.3}{\triangledown}$。

第二节　触　电　救　护

一、触电

触电是指电流流过人体时对人体产生的生理和病理伤害。这种伤害是多方面的，可分为电击和电伤两种类型。

1. 电击

电击是由于电流通过人体而造成的内部器官在生理上的反应和病变，如刺痛和灼热感、痉挛、昏迷、心室颤动或停跳、呼吸困难或停止等现象。电击是触电事故中最危险的一种，绝大部分触电死亡事故都是电击造成的。

2. 电伤

电伤是指由于电流的热效应、化学效应或机械效应对人体外表造成的局部伤害，常常与电击同时发生。

二、触电方式

人体触电的方式多种多样，主要可分为直接接触触电和间接接触触电两种。

1. 直接接触触电

人体直接触及或过分靠近电气设备及线路的带电导体而发生的触电现象称为直接接触触电。单相触电、两相触电、电弧伤害都属于直接接触触电。

1）单相触电

当人体直接接触带电的设备或线路的一相导体时，电流通过人体而发生的触电现象称为单相触电。根据电网中性点的接地方式，可分为两种情况：

（1）中性点直接接地的电网。假设人体与大地接触良好，土壤电阻忽略不计，由于人体电阻比中性点工作接地电阻大得多，加于人体的电压几乎等于电网相电压，触电导致的结果将是十分危险的。

（2）中性点不接地的电网。电流将从电源相线经人体、其他两相的对地阻抗（由线路的绝缘电阻和对地电容构成）回到电源的中性点，从而形成回路。此时，通过人体的电流与线路的绝缘电阻和对地电容的数值有关。在低压电网中，对地电容很小，通过人体的电流主要取决于线路绝缘电阻。正常情况下，设备的绝缘电阻相当大，通过人体的电流很小，一般不致造成对人体的伤害。但当线路绝缘下降时，单相触电对人体的伤害依然存在。而在高压中性点不接地电网中，通过人体的电容电流将危及触电者的安全。

2）两相触电

人的身体同时接触两相电源导线，电流从一根导线经过人体流到另一根导线。此时，加在人体上的电压是线电压，这种情况最危险。

2. 间接接触触电

电气设备在正常运行时，其金属外壳或结构不带电；但当电气设备绝缘损坏而发生接地短路故障时（俗称“碰壳”或“漏电”），其金属外壳或结构便带有电压，此时人体触及就会发生触电，这种触电称为间接接触触电。

三、决定触电伤害程度的因素

通过对触电事故的分析和实验资料表明，触电对人体的伤害程度与以下几个因素有关：

（1）通过人体的电流。触电时，通过人体的电流大小是决定对人体伤害程度的主要因素之一。通过人体的电流越大，人体的生理反应越强烈，对人体的伤害就越大。按照人体对电流的生理反应强弱和电流对人体的伤害程度，可将电流分为感知电流、摆脱电流和致命电流3种。

（2）电流通过人体的持续时间。在其他条件都相同的条件下，电流通过人体的持续时间越长，对人体的伤害程度就越高。

（3）电流通过人体的途径。电流通过人体的任一部位，都可能致人死亡。电流通过心脏、中枢神经（脑部和脊髓）、呼吸系统是最危险的。因此，从左手到前胸是最危险的电流路径，这时心脏、肺部、脊髓等重要器官都处于电路内，很容易引起心室颤动和中枢神经失调而死亡；从右手到脚的路径危险性小些，但会因痉挛而摔伤；从右手到左手的路径危险性又小些；危险性最小的电流路径是从一只脚到另一只脚，但触电者可能会因痉挛而摔倒，导致电流通过全身或二次触电事故。

（4）电流频率。电流的频率不同，触电的伤害程度也不一样。直流电对人体的伤害较轻；30～300 Hz 的交流电危害最大；超过 1000 Hz，其危险性会显著减小。频率在 20 kHz 以上的交流电对人体已无危害，所以在医疗临床上利用高频电流做理疗，但电压过高的高频电流仍会使人触电致死。

（5）人体状况。试验研究表明，触电危害性与人体状况有关。触电者的性别、年龄、健康状况、精神状态和人体电阻都会对触电后果产生影响。

（6）电压的高低。电压等级越高，危险性越大。

总之，在上述这些因素中，电流的大小和持续时间的长短是主要因素。为了确保人身安全，我国煤矿井下取 30 mA 为人身触电时的极限安全电流，允许安秒值（即电流与时间的乘积）为 30 mA·s。

四、安全电压

所谓安全电压，是指为了防止触电事故而由特定电源供电时所采用的电压系列。这个电压系列的上限值，在任何情况下都不超过交流（50～500 Hz）有效值50 V，具体采用何值视环境条件确定。

由于电击的伤害程度是以电流的大小来衡量的，而人体电阻又各不相同，所以安全电压就不完全相同。对于一般环境的安全电压不应超过 40 V，而存在高度触电危险的环境以及特别潮湿的场所，安全电压为 12 V。我国煤矿井下的安全电压为 40 V。

五、触电的预防

由于矿井的特殊条件，触电可能性很大，因此，必须采用有效措施预防触电事故的发生。

（1）加强井下电气设备的管理和维护，定期对电气设备进行检查和实验，性能指标达不到要求的，应立即更换。

（2）使人体不能接触或接近带电体。将电气设备裸露导线安装在一定高度，避免触电。如井下巷道中敷设的电机车线高度不低于2 m，在井底车场不低于2.2 m。井下电气设备及线路接头要封闭在坚固的外壳内，外壳还要设置安全闭锁装置。

（3）在供电系统中要消灭“鸡爪子”“羊尾巴”、明接头，保持电网对地的良好绝缘水平。

（4）井下电气系统必须采取保护接地措施。

（5）井下配电变压器及向井下供电的变压器和发电机的中性点禁止直接接地。

（6）矿井变电所的高压馈电线及井下低压馈电线应装设漏电保护装置。

（7）井下电缆的敷设要符合规定，并加强管理。

六、触电急救

1. 触电急救的要点

触电急救的要点是抢救迅速与救护得法，即用最快的速度在现场采取积极措施，保护伤员生命，并根据伤情要求，迅速联系医疗部门救治；即便触电者失去知觉、心跳停止，也不能轻率地认定触电者死亡，而应看作是假死，实行急救。

发现有人触电后，首先要尽快使其脱离电源，然后根据具体情况，迅速对症救护。

2. 解救触电者脱离电源的方法

触电急救的第一步是使触电者迅速脱离电源，因为电流对人体的作用时间越长，对生命的威胁越大。

1）脱离低压电源的方法

在低压供电系统中，脱离低压电源可用拉、切、挑、拽、垫5个字来概括。

（1）拉。就近拉开电源开关、拔出插头或瓷插熔断器。

（2）切。当电源开关、插座或瓷插熔断器距离触电现场较远时，可用带有绝缘柄的利器切断电源线。切断时应防止带电导线断落触及周围的人体。

（3）挑。如果导线搭落在触电者身上或压在身下，这时可用干燥的木棒、竹竿等挑开导线，或用干燥的绝缘绳套拉导线或触电者，使触电者脱离电源。

（4）拽。救护人员可戴上绝缘手套或在手上包缠干燥的衣服等绝缘品拖拽触电者，使之脱离电源。如果触电者的衣裤是干燥的，又没有紧缠在身上，救护人可用一只手直接抓住触电者不贴身的衣裤，拉拖使触电者脱离电源，但应注意拖拽时切勿触及触电者的皮肤。

（5）垫。如果触电者由于痉挛，手指紧握导线，或导线缠绕在身上，可先用干燥的木板垫在触电者身下，使其与地绝缘，然后再采取其他办法把电源切断。

2）脱离高压电源的方法

由于电压等级高，一般绝缘物品不能保证救护人员的安全，而且通常情况下高压电源开关距离现场较远，不便拉闸。因此，使触电者脱离高压电源的方法与脱离低压电源的方法有所不同。通常的做法是：

（1）立即电话通知有关供电部门拉闸停电。

（2）如果电源开关离触电现场不太远，则可戴上绝缘手套，穿上绝缘靴，拉开高压断路器，或用绝缘棒拉开高压跌落熔断器来切断电源。

（3）往架空线路抛挂裸金属导线，人为造成线路短路，迫使继电保护装置动作，从而使电源开关跳闸。抛挂前，将短路线的一端先固定在铁塔或接地引下线上，另一端系重物。抛掷短路线时，应注意防止电弧伤人或断线危及人员安全，也要防止重物砸伤人。

（4）如果触电者触及断落在地上的带电高压导线，且尚未确认线路无电之前，救护人员不可进入断线落地点 8 ~ 10 m 的范围内，防止跨步电压触电。进入该范围的救护人员应穿上绝缘靴或临时双脚并拢跳跃地靠近触电者。触电者脱离带电导线后应迅速将其带至 8 ~ 10 m 以外，立即开始触电急救。只有在确认线路已经无电时，才可在触电者离开导线后就地急救。

3. 现场救护

根据触电者受伤害的轻重程度，现场救护有以下几种措施：

（1）触电者未失去知觉的救护措施。对于伤害不太严重，神志尚清醒的触电者，可先让触电者在通风暖和的地方静卧休息，并派人严密观察，同时请医生前来或送往医院救治。

（2）触电者已失去知觉的急救措施。如果触电者已经失去知觉，但是呼吸和心跳尚正常，则应使其舒适地平躺着，解开衣服以利呼吸，保持空气流通，天冷时应注意保暖。同时立即请医生前来或送往医院救治。若发现呼吸困难或心跳失常，应立即施行人工呼吸和胸外心脏按压。

（3）对假死者的急救措施。假死现象，指如下三种临床症状：一是心跳停止，但尚能呼吸；二是呼吸停止，但心跳尚存（脉搏很弱）；三是呼吸和心跳均已停止。假死症状的判定方法是看、听、试。看是观察触电者的胸部、腹部有无起伏动作；听是用耳贴近触电者的口鼻处，听有无呼吸声音；试是用手或小纸条测试口鼻有无呼吸的气流，再用两手指轻压颈动脉有无搏动感觉。若既无呼吸又无颈动脉搏动感觉，则可判定触电者呼吸停止或心跳停止，或呼吸、心跳均停止。

4. 人工呼吸法

对于有呼吸而心跳停止的触电者，用人工呼吸法抢救。最常用且有效的方法是口对口人工呼吸法，如图 3 – 12 所示。具体的操作方法如下：

（1）使触电者仰卧，用手扳开触电者的嘴巴，清除口腔内的血块、假牙和呕吐物等异物，使呼吸道畅通；同时解开其衣领，松开紧身衣服，使胸部自然扩张。

（2）抢救人员在触电者的一侧，一手捏紧触电者的鼻孔，避免漏气，用手掌的外缘顺势压住额部。抢救人员深吸一口气，紧贴触电者的嘴向内吹气，时间约 2 s。

（3）吹完后，立即离开触电者的嘴，并放松捏紧鼻孔的手，这时触电者胸部自然回缩，时间约 2 s。

人工呼吸应坚持至触电者恢复呼吸，或抢救无效出现尸僵、尸斑时为止。如果触电者张嘴有困难，抢救人员可紧闭其嘴唇，紧贴其鼻孔吹气。

5. 胸外心脏挤压法

如果触电者心跳停止，就必须进行心脏按压，如图 3 – 13 所示。具体操作步骤如下：

（1）抢救人员跪跨在触电者臀部位置，两手相叠，手掌根部放在心窝稍高一点的地方。

（2）抢救人员用两手向触电者胸下挤压 3 ~ 4 cm，压出心脏里面的血液。

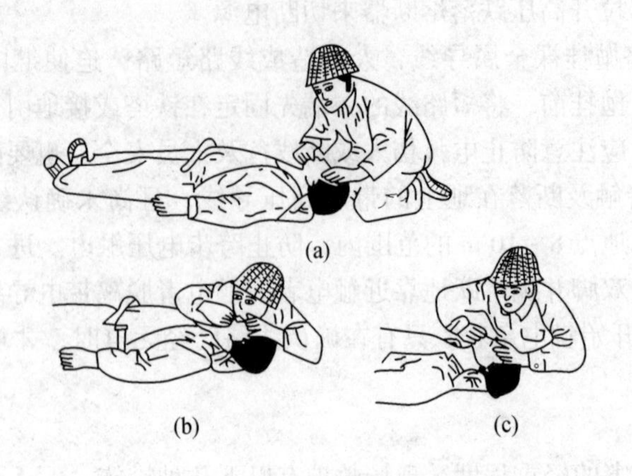

图 3－12　口对口人工呼吸法

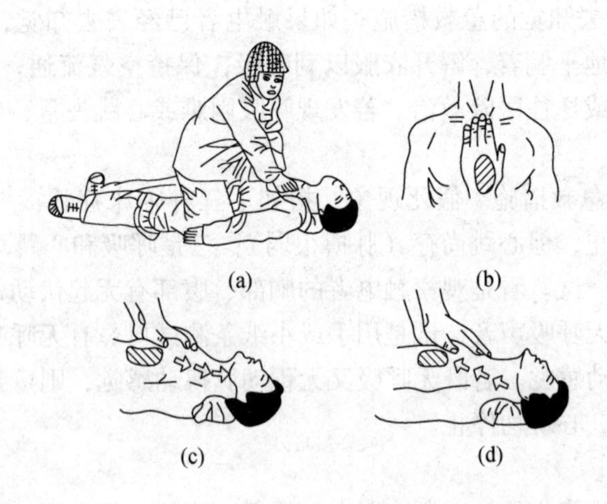

图 3－13　胸外心脏挤压法

（3）挤压后的掌根迅速全部放松，让触电者胸廓自动复原，使血液充满心脏。挤压与放松动作要有节奏，每分钟 60 次为宜。

按照上述步骤连续进行操作。挤压时用力要适当，以免造成内伤。

第二部分
初级矿井维修电工技能要求

第四章
常用电工工具、电工仪表的使用

第一节　常用电工工具的使用

常用电工工具是指一般专业电工都要运用的工具，包括验电器、旋具、电工刀、电工用钳、电烙铁、压接钳、手电钻等。

一、验电器

验电器是检验导线、电器和电气设备是否带电的一种电工常用工具，分低压验电器和高压验电器两类。

1. 低压验电器

低压验电器又称测电笔（简称电笔），使用时应注意：

（1）使用前，验电笔是否完整无损，并在已知电源上试一下，检验其是否损坏。

（2）使用时用手指触及笔身上的金属部位，小窗口背光朝向自己，以便观察，将笔尖触及带电体。

（3）使用时应防止笔尖金属体触及人手或别的导体，以防触电和短路。

2. 高压验电器

高压验电器又称高压测电器，使用时应注意：

（1）雨天不可在室外使用。

（2）使用时戴上符合耐压要求的绝缘手套。

（3）验电时身边要有人负责监护，测试时要防止发生相间或对地短路事故。

（4）使用前应在确有电源处测试，证明验电器确实良好。

（5）人体与高压带电体之间应保持足够的安全距离，10 kV 高压的安全距离为 0.7 m 以上。

（6）每半年做一次预防性试验。

二、旋具

电工常用的旋具有螺钉旋具和螺母旋具两类。

螺钉旋具是一种紧固和拆卸螺钉的工具，按其头部形状又可分成“一”字形和“十”字形两种。

螺母旋具是一种紧固和拆卸螺母的工具，电工常用的螺母旋具是活络扳手，其扳口大小可以调整。

三、电工刀

电工刀是用来剖削电线线头，切割木台缺口，削制木榫的专用工具。使用时，应将刀口朝外剖削，剖削导线绝缘层时，应使刀面与导线成较小的锐角，以免割伤导线。使用电工刀时应注意：

（1）应注意避免伤手。

（2）电工刀用毕，随即将刀身折进刀柄。

（3）电工刀刀柄是无绝缘保护的，不能在带电导线或器材上剥削，以免触电。

四、电工用钳

电工用钳包括钢丝钳、剥线钳、尖嘴钳等。

钢丝钳是一种钳夹和剪切工具，由钳头和钳柄组成。钳头上的钳口用来弯绞或钳夹导线线头，齿口用来旋动螺母，刀口用来剪切导线或剖切软导线绝缘层，侧口用来铡切较硬的线材。

剥线钳是用来剥除小直径导线绝缘层的专用工具。

尖嘴钳的头部尖细，适用于在狭小的空间夹接较小的螺钉、垫圈、导线及将导线弯成一定的形状供安装时使用。

第二节　常用电工仪器仪表的使用

电工仪器仪表可以分为指示仪表、比较仪表和数字仪表三大类。常用的电工指示仪表按用途分为电流表、电压表、钳形电流表、兆欧表等。

一、电流表的使用方法

1. 直流电流表

直流电流表为磁电式测量机构，用来测量直流电流。机构与负载串联，被测的负载电流通过动圈，使之受电磁力而偏转。其转角与电流的大小成正比。因动圈导线很细，且负载电流通过游丝，因此，只允许通过几十微安到几十毫安的小电流。

测量较大电流时，须将测量机构并联分流器来扩大电流表量限。分流器有内附和外附两种，当被测电流较大（一般50 A以上）时采用外附分流器。

由于直流电流表的永久磁铁极性是固定不变的，当通入动圈的电流方向改变时，指针偏转方向也随着改变，在测量时为阻止指针倒转造成打弯或打断指针，在仪表串入线路时，应注意仪表接线柱旁的“+”和“-”标记，“+”端接线路正极，“-”端接线路负极，不可接错，接线方法如图4-1所示。

2. 交流电流表

常用的交流电流表，多数是电磁式测量机构，被测负载电流通过固定线圈。因通电部分是固定的，所以线圈可根据被测电流的大小来绕制，不必加分流器。能直接测量的电流可达200 A。量限越大，线圈匝数越少，线圈导线越粗。多量限的电流表是采用线圈分段

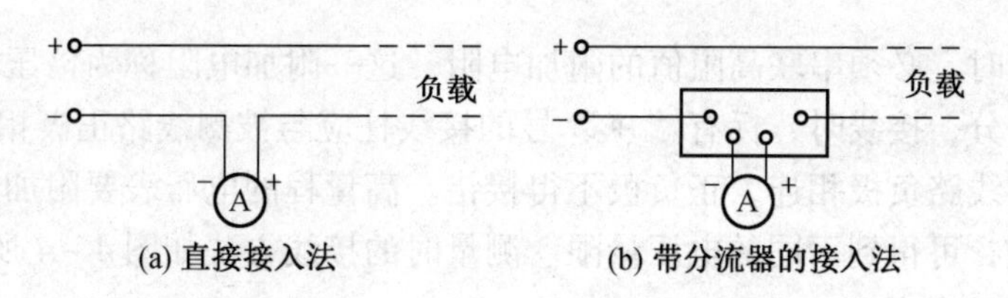

图 4-1 直流电流表的接线方法

的方法，在仪表外面将两段或多段线圈接成串联或并联来实现的。

在大电流或高电压系统里，用电流互感器来扩大仪表量限和隔离高压。测量时的接线方法如图 4-2 所示。

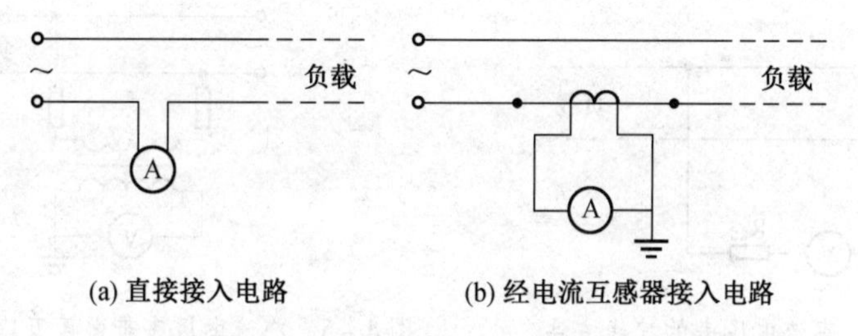

图 4-2 交流电流表的接线方法

测量三相电流的接线方法如图 4-3a 所示。有时也可用一只电流表与电流转换开关连接测量三相电流，如图 4-3b 所示。

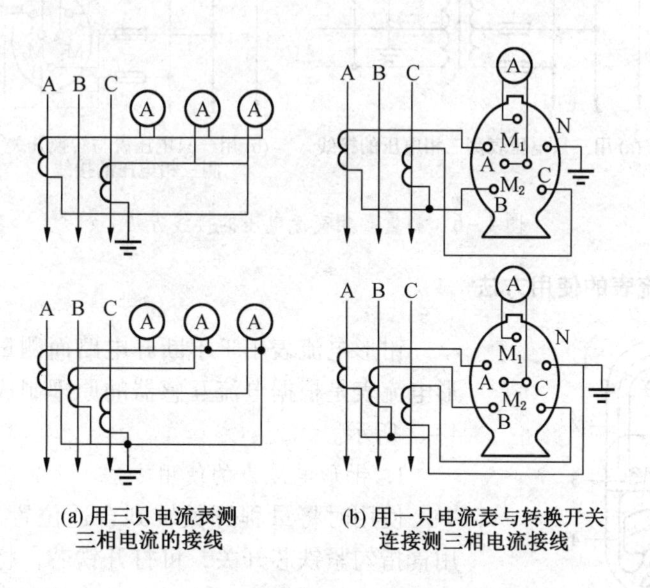

图 4-3 测量三相电流的接线方法

二、电压表的使用方法

1. 直流电压表和倍压器

直流电压表是用直流电流表串联电阻所组成。因电流表内阻很小，只能承受小电压，用它测直流电压时，必须串联高阻值的附加电阻，这一附加电阻称为倍压器。直流电压表接线柱有正负之分，接线时，标有“+”号的接线柱应与被测线路正极相连，标有“-”号的接线柱应与线路负极相连，正负极不得接错。高量程的电压表要附加电阻，串联不同阻值的附加电阻，可得到不同的电压量限。测量时的接线方法如图4-4所示。

2. 交流电压表的接线方法

交流电压表也是由交流电流表串联一附加电阻组成的。测量高压电路的电压时，电压表与电压互感器配套使用。选用表盘上标有“用电压互感器6000/100 V”字样的电压表，并联在与其配套的电压互感器二次侧，就可读出被测高压的电压值。交流电压表的接线方法如图4-5所示。测量三相交流电压的接线方法如图4-6所示。

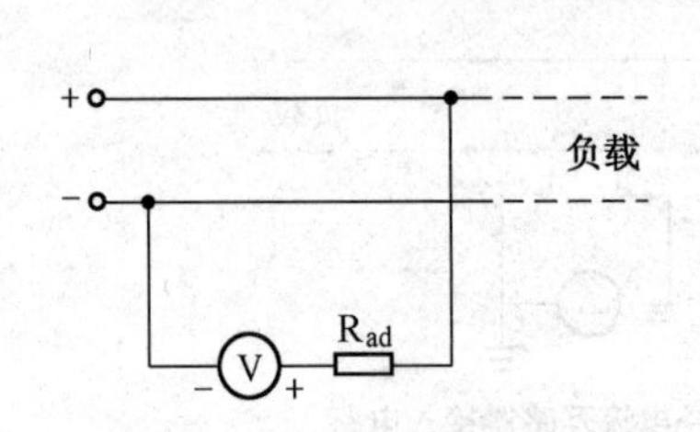

图4-4　直流电压表的接线方法

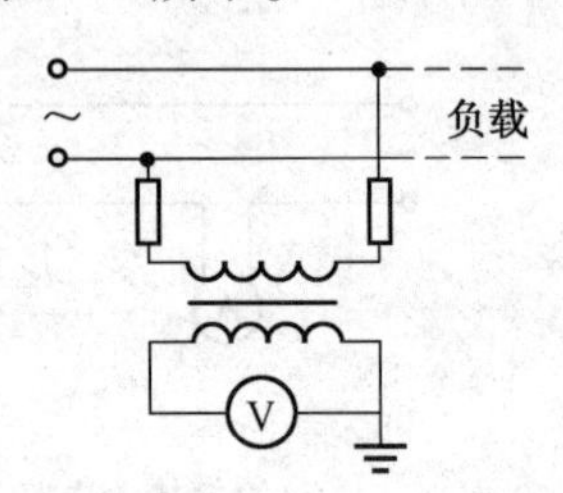

图4-5　交流电压表带电压互感器的接线方法

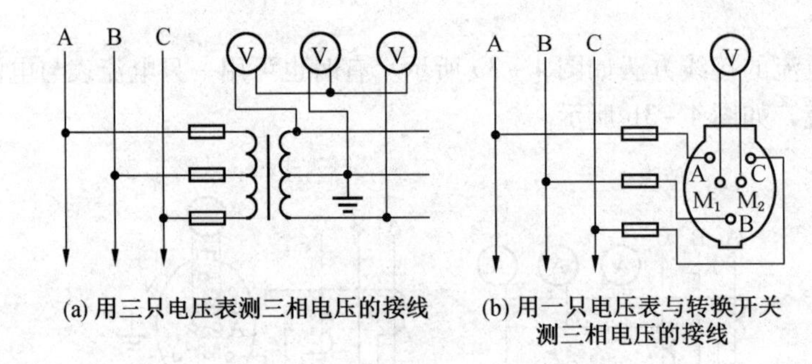

(a) 用三只电压表测三相电压的接线　(b) 用一只电压表与转换开关测三相电压的接线

图4-6　测量三相交流电压的接线方法

三、钳形电流表的使用方法

钳形电流表用于不断开电路而测量电流的场合，钳形电流表是根据电流互感器的原理制成的，其结构如图4-7所示。

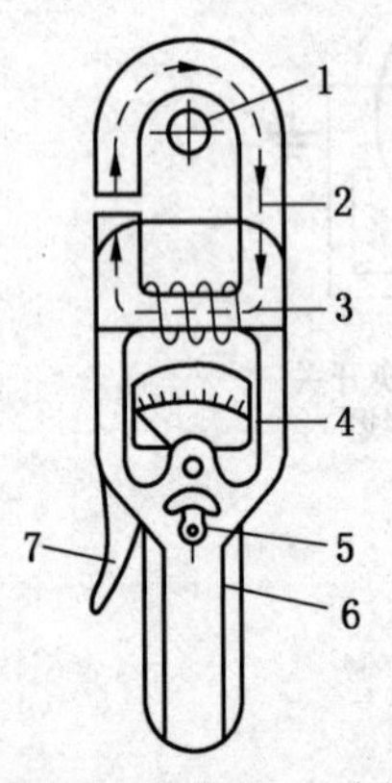

1—被测导线；2—铁芯；3—二次绕组；4—表头；5—调节开关；6—手柄；7—铁芯开头

图4-7　钳形电流表结构示意图

1. 钳形电流表的使用方法

使用时将量程开关转到合适位置，手持胶木手柄，用食指勾紧铁芯开关，可打开铁芯，将被测导线从铁芯缺口引入铁芯中央，然后，食指放松铁芯开关，铁芯自动闭合，被测导线的电流在铁芯中产生交变磁力线，表上就感应出电流，可直接读数。

2. 钳形电流表使用时的注意事项

（1）钳形电流表不得测量高压线路的电流，被测线路的电压不能超过钳形电流表规定的使用电压，以防绝缘被击穿，造成人身触电。

（2）测量前应先估计被测电流的大小，以选择合适的量限。或先用较大的量限测一次，然后根据被测电流大小调整合适的量限。

（3）每次测量只能钳入一根导线，测量时应将被测导线置于钳口中央部位，以提高测量准确度，测量结束应将量程调节开关扳到最大量程挡位置，以便下次安全使用。

（4）钳口接触处应保持清洁，如有污垢应用汽油洗净，使之平整、接触紧密、磁阻小，以保证测量准确。

四、兆欧表的使用方法

兆欧表又称摇表、迈格表、高阻表等，是用来测量大电阻和绝缘电阻的，它的计量单位是兆欧，用符号“MΩ”表示。

1. 兆欧表的选用

测量额定电压在500 V以下的设备或线路的绝缘电阻时，可选用500 V或1000 V兆欧表；测量额定电压在500 V以上的设备或线路的绝缘电阻时，应选用1000 V或2500 V兆欧表。

2. 兆欧表的接线和使用方法

兆欧表有3个接线柱，上面标有线路（L）、接地（E）和屏蔽保护环（G）。

（1）测量照明或电力线路对地的绝缘电阻。如图4－8a所示，将兆欧表接线柱（E）可靠接地，接线柱（L）与被测线路连接。按顺时针方向由慢到快摇动兆欧表的发电机手柄，大约1 min，待兆欧表指针稳定后读数。这时表针指示的数值就是被测线路对地的绝缘电阻值，单位是MΩ。

（2）测量电机的绝缘电阻。将兆欧表接线柱（E）接机壳，接线柱（L）接电机绕组，如图4－8b所示。

（3）测量电缆的绝缘电阻。接线方法如图4－8c所示。将兆欧表接线柱（E）接电缆外壳，接线柱（G）接电缆线芯与外壳之间的绝缘层，接线柱（L）接电缆线芯。

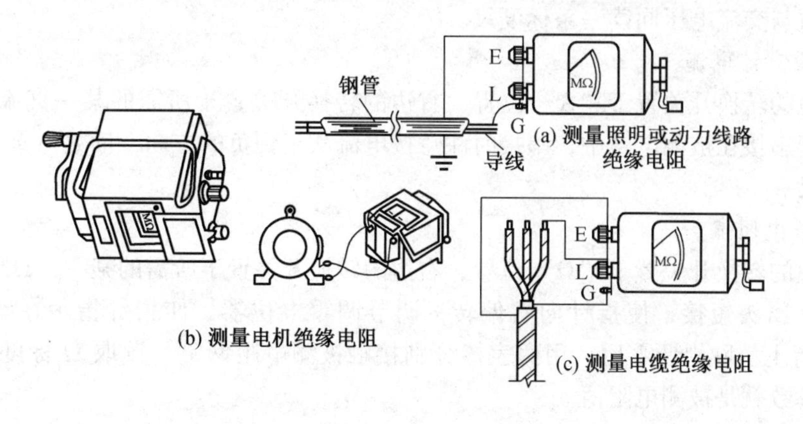

图4－8 兆欧表的接线方法

3. 使用注意事项

（1）测量设备的绝缘电阻时，必须先切断设备的电源。对含有较大电容的设备（如电容器、变压器、电机及电缆线路)，必须先进行放电。

(2) 兆欧表应水平放置，未接线之前，应先摇动兆欧表，观察指针是否在“∞”处，再将(L)和(E)两接线柱短路，慢慢摇动兆欧表，指针应指在零处。经开、短路试验，证实兆欧表完好方可进行测量。

(3) 兆欧表的引线应用多股软线，两根引线切忌绞在一起，以免造成测量数据不准确。

(4) 摇动发电机手柄要由慢到快，不可忽慢忽快，转速以120 r/min为宜，持续1 min后读数较准确。

(5) 摇测完后应立即对被测物放电，在摇测过程中和被测物未放电前，不可用手触及被测物的测量部分或拆除导线，以防触电。

五、万用表的使用方法

万用表是一种可以测量多种电量的多量程便携式仪表。可用来测量交流电压、交流电流，直流电压、直流电流和电阻值等。现以500型万用表为例，介绍其使用方法及使用时的注意事项。

1. 万用表表棒的插接

测量时将红表棒短杆插入“+”插孔，黑表棒短杆插入“-”插孔。测量高压时，应将红表棒短杆插入2500 V插孔，黑表棒短杆仍旧插入“-”插孔。

2. 交流电压的测量

测量交流电压时，将万用表右边的转换开关置于“≃”电压位置，左边的转换开关选择到交流电压所需的某一量限位置上。读数时，量限选择在50 V及50 V以上各挡时，读“≃”标度尺；量限选择在10 V时，应读交流10 V专用标度尺。

3. 测量直流电压

将万用表右边的转换开关置于“≌”电压位置，左边的转换开关选择到直流电所需的某一量限位置上。用红表棒金属头接触被测电压的正极，黑表棒金属头接触被测电压的负极。读数与交流电压同读一条标度尺。

4. 测量直流电流

将左边的转换开关置于“A”位置，右边的转换开关置于所需的某一直流电流量限。再将两表棒串接在被测电路中，串接时注意按电流从正到负的方向，读数与交流电压同读一条标度尺。

5. 测量电阻值

将左边的转换开关置于“Ω”位置，右边的转换开关置于所需的某一“Ω”挡位。再将两表棒金属头短接，使指针向右偏转，调节调零电位器，使指针指示在欧姆标度尺“0 Ω”位置上。欧姆调零后，用两表棒分别接触被测电阻两端，读取Ω标度尺指示值，再乘以倍率数就是被测电阻值。

6. 使用万用表时应注意的事项

(1) 使用万用表时，应检查转换开关位置选择是否正常，若误用电流挡或电阻挡测量电压，会造成万用表的损坏。

(2) 万用表在测试时，不能旋转转换开关。

（3）测量电阻必须在断电状态下进行。

（4）为提高测试精度，倍率选择应使指针指示值尽可能在标度尺中间段。

（5）为确保安全，选择交直流250 V及以上量限时，应将一个测试表棒一端固定在电路的地线上，另一测试表棒去接触被测电压电源。测试过程中应严格执行高压操作规程。

（6）仪表在携带时或每次用毕后，应将两转换开关旋至“0”位置上，使表内部电路呈开路状态。

第五章 基本技能操作

第一节　中小型三相异步电动机的拆装、检修及一般试验

一、三相异步电动机的拆卸和装配

三相笼型异步电动机的结构如图 5 – 1 所示，其拆卸及装配步骤如下：

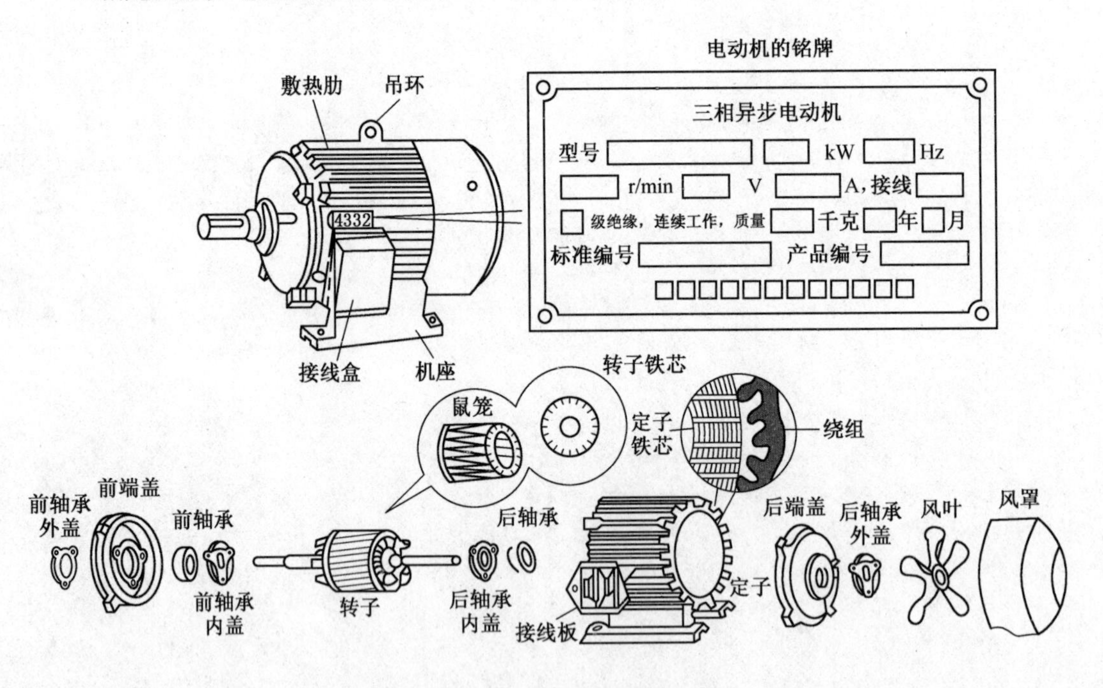

图 5 – 1　三相笼型异步电动机的结构

1. 拆卸步骤

安装在设备上的电动机，首先应切断电源，然后拆除电动机与电源的连线，拆除电动机与设备的机械连接，使电动机与设备分离，再进行电动机的拆卸。

（1）皮带轮（或联轴器）的拆卸。拆卸时应在皮带轮（或联轴器）的轴伸端上做好尺寸标记，然后松脱销子的压紧螺栓，慢慢拉下皮带轮（或联轴器）。

（2）风罩、风扇叶的拆卸。松脱风罩固定螺栓，取下风罩，然后松脱风扇的固定螺栓，用木槌在风扇四周均匀轻敲，取下风扇。

（3）端盖、转子的拆卸。拆卸前应先在端盖和机座的接缝处做好标记，以便装配时复位。一般小型电动机应先拆前轴承外盖、端盖以及后端盖螺栓，然后将转子带着后端盖一起慢慢抽出。注意抽出转子时，不要碰坏绕组。

（4）轴承的拆卸、清洗与一般检查。拆卸器的大小选用要合适，拆卸器的脚应尽量紧扣轴承的内圈将轴承拉出。也可用铜棒敲打的方法拆卸轴承。清洗轴承时，应先刮去轴承和轴承盖上的废油，用煤油洗净残存油污，然后用清洁布擦拭干净。用手旋转轴承外圈，观察其转动是否灵活；若遇卡或过松，需再仔细观察滚道间、保持器及滚珠（或滚柱）表面有无锈迹、斑痕等，根据检查情况决定轴承是否需要更换。

2. 装配步骤

电动机的装配步骤与拆卸步骤相反，应注意以下几方面问题：

（1）更换轴承时，应将其置于70～80 ℃的变压器油中加热5 min左右，再洗净用布擦干，然后进行装配。

（2）装润滑脂。润滑脂保持清洁和适量，但不宜过量。润滑脂用量不宜超过轴承及轴承盖容积的2/3；对于转速在2000 r/min以上的电动机，用量减少为容积的1/2。

（3）紧固端盖螺栓时，要按对角线上下左右逐步拧紧。

（4）皮带轮（或联轴器）安装时，要注意对准键槽或定位螺孔。

二、电动机的安装

1. 电动机机座的安装

为了使电动机能平稳地运转，必须把电动机平正而牢固地安装在底座上。安装时，应掌握以下方法：

（1）电动机与底座的安装方法。4个紧固螺栓上均要套弹簧垫圈，拧紧螺母时要按对角线交错依次逐步拧紧；每个螺母尽量拧得一样紧。

（2）机械设备上有固定底座的，电动机一定要安装在固定底座上；无固定底座的，一定要安装在混凝土座墩上。

（3）座墩的地脚螺栓埋设方法。地脚螺栓的尺寸、位置必须与电动机机座（或槽轨）安装孔的尺寸一致。地脚螺栓埋设要牢固，埋入混凝土的螺栓的一端做成“人”字形开口，埋入长度一般是螺栓直径的10倍左右，“人”字形开口长度约是埋入长度的一半。

（4）电动机的水平校正一般用水平仪放在转轴上进行，并用0.5～5 mm厚的钢片垫在机座下，来调整电动机的水平。

2. 电动机的接线

（1）电动机接线盒的接线。电动机接线盒中都有一块接线板，三相绕组的6个线头排成上下两排，上排3个接线柱自左至右的编号为1、2、3，下排3个接线柱自左至右的编号为6、4、5，接线柱排列如图5－2所示。

在电网额定电压既定的条件下，根据电动机铭牌标明的额定电压与接法的关系，决定电动机接线柱的连接方法。如铭牌标出380 Vd连接时，应按图5－2b所示的方法连接；如铭牌标出660 Vy连接时，应按图5－2c所示的方法连接。

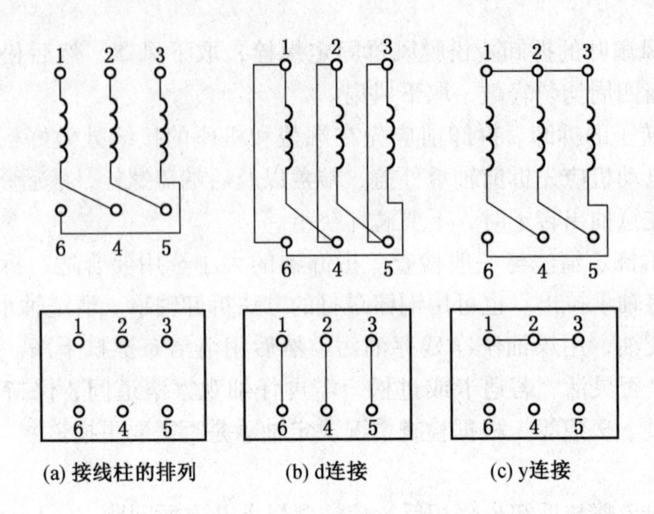

图5－2　电动机的接线板

（2）控制开关的连接。与自动空气开关、负荷刀开关或瓷底胶盖刀开关连接时，来自电动机的3个连接线头，必须依相序与开关的动触头接线柱连接。

3. 熔断器和熔体的选配及安装

（1）熔断器的选择。熔断器的规格必须大于电动机额定电流的2.5倍。

（2）熔丝的选配。熔丝是用来保护电动机的，不可盲目选配，地面小型三相异步电动机一般适用的熔丝规格见表5－1。

表5－1　小型三相异步电动机的熔丝选配规格

电动机容量/kW	熔丝材料	熔丝规格 φ/mm	熔丝额定电流/A
0.6	铅、锡丝	0.81	3.75
0.8、1.0、1.1	铅、锡丝	0.98	5.0
1.5、1.7	铅、锡丝	1.51	10.0
2.2、2.8	铅、锡丝	1.75	12.0
3.0	铅、锡丝	1.98	15.0
4.0、4.5	铜丝	0.60	20.0
5.5	铜丝	0.70	25.0
7.0	铜丝	0.80	29.0
7.5	铜丝	0.90	37.0
10.0	铜丝	1.00	44.0

4. 中小型三相异步电动机试运转注意事项

（1）新的或长期停用的电动机，通电前用500 V兆欧表测量三相绕组相间及对地的绝缘电阻值不应低于5 MΩ。

（2）检查电动机的接地或接零是否良好。

（3）检查电源电压是否正常。

（4）检查安装、接线是否正常。

（5）电动机通电后，听声音是否正常，三相电流大小及不平衡度是否正常，振动是否超过允许范围。

三、电动机常见故障判断及检修方法

三相异步电动机常见故障判断及检修方法见表5－2。

表5－2 三相异步电动机常见故障判断及检修方法

故障现象	原因分析	处理方法
电动机通电后不启动或转速低	1. 电源电压过低 2. 熔断器熔断，电源缺相 3. 定子绕组或外部电路有一相断路，绕线式转子内部或外部断路，接触不良 4. 电动机连接方式错，d形误接成y形 5. 电动机负载过大或机械卡住 6. 笼式转子断条或脱焊	1. 检查电源 2. 检查原因，排除故障，更换熔断器 3. 用摇表或万用表检查有无断路或接触不良，查出后连接断路处，处理接触不良处 4. 改正接线方式 5. 调整负载，处理机械部件 6. 更换或补焊铜条，或更换铸铝转子
电动机过热或内部冒烟、起火	1. 电动机过载 2. 电源电压过高 3. 环境湿度过高，通风散热障碍 4. 定子绕组短路或接地 5. 缺相运行 6. 电动机受潮或修后烘干不彻底 7. 定转子相摩擦 8. 电动机接法错误 9. 启动过于频繁	1. 降低负载或更换大容量电动机 2. 检查电源，调整电源电压 3. 更换B级或F级绝缘电动机，降低环境湿度，改善通风条件 4. 检查绕组直流电阻、绝缘电阻，处理短路点 5. 分别检查电源和电动机绕组，查出故障点，加以修复 6. 若过热不严重、绝缘尚好，应彻底烘干 7. 测量气隙、检查轴承磨损情况，查出原因修复 8. 改为正确接法 9. 按规定频率启动
电刷火花过大、滑环过热	1. 电刷火花太大 2. 内部过热 3. 滑环表面有污垢、杂物 4. 滑环不平、电刷与滑环接触不严 5. 电刷牌号不符、尺寸不对 6. 电刷压力过大或过小	1. 调整、修理电刷、滑环 2. 消除过热原因 3. 清除污垢、杂物，使其表面与电刷接触良好 4. 修理滑环、研磨电刷 5. 更换合适的电刷 6. 调整电刷压力到规定值
三相电流过大或不平衡电流超过允许值	1. 定子绕组某一相首尾端错 2. 三相电源电压不平衡 3. 定子绕组有部分短路 4. 单相运行 5. 定子绕组有断路现象	1. 重新判别首尾端后再接线运行 2. 检查电源 3. 查出短路绕组，检修或更换 4. 检查熔断器，控制装置各接触点，排除故障 5. 查出断路绕阻，检修或更换

表5-2（续）

故障现象	原　因　分　析	处　理　方　法
振动过大	1. 电动机机座不平 2. 轴承缺油、弯曲或损坏 3. 定子或转子绕组局部短路 4. 转动部分不平衡，连接处松动 5. 定子、转子相摩擦	1. 重新安装、调平机座 2. 清洗加油、校直或更换轴承 3. 查出短路点，修复 4. 校正平衡、查出松动处拧紧螺栓 5. 检查，校正动、静部分间隙

四、异步电动机三相绕组首尾端的辨别

1. 低压交流电源和电压表检查

首先用万用表查明每相绕组的两个出线端，然后将其中任意两相绕组串联，如图5-3所示。串联后再与电压表（或万用表的交流电压挡）连接，第三相绕组与低压交流电源接通。若电压表无读数，则说明连接在一起的两个线端同为首端或尾端；若电压表有读数，则说明连接在一起的两个线端中一个是首端，另一个是尾端。以任一端确定为已知首端，用同样方法即可把第三相绕组的首尾端查出来。

2. 220 V交流电源和灯泡检查

把接线图5-3中的电源改用220 V，电压表改用60 W或100 W的灯泡，如图5-4所示。接通电源时，若灯泡不亮，说明连接在一起的两端同为首端或同为尾端；如灯泡亮，则说明接在一起的线端中，一个是首端，一个是尾端。用同样方法，可以把另一相的首尾端检查出来。

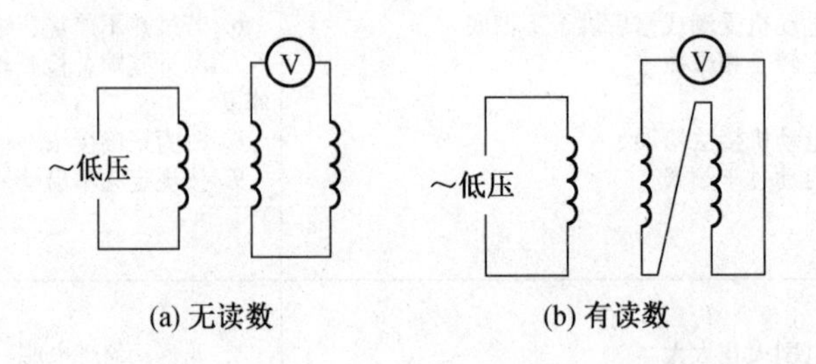

图5-3　低压交流和电压表判断三相绕组首尾端

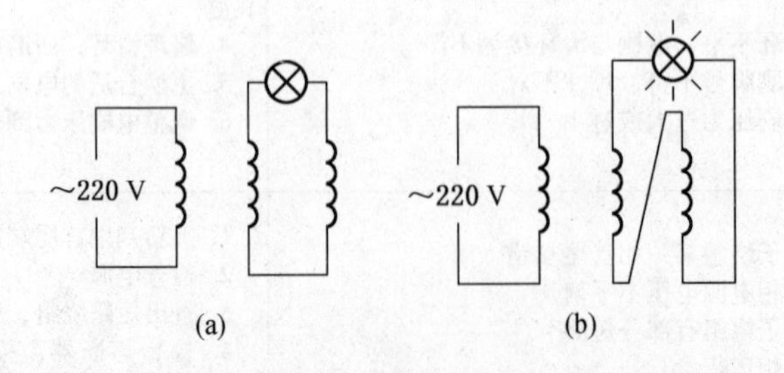

图5-4　220 V交流和白炽灯泡判断三相绕组首尾端

用此法时，通电时间尽量缩短，以免绕组过热。

3. 低压直流电源和万用表检查方法一

把万用表调到毫安挡，量程可以小一些，如图 5－5 所示将万用表与任两相绕组连接好，不必考虑正、负极。把第三相绕组任一线头与电池负极连接，再把另一线头与电池正极做短暂接通与断开。在接通与断开的瞬间，若万用表的指针不摆动，表明绕组连接在一起的两线头同为首端或尾端；若万用表的指针摆动，则表明接在一起的两线头中，一个是首端另一个是尾端。用同样方法，可以把第三相的首、尾端检查出来。

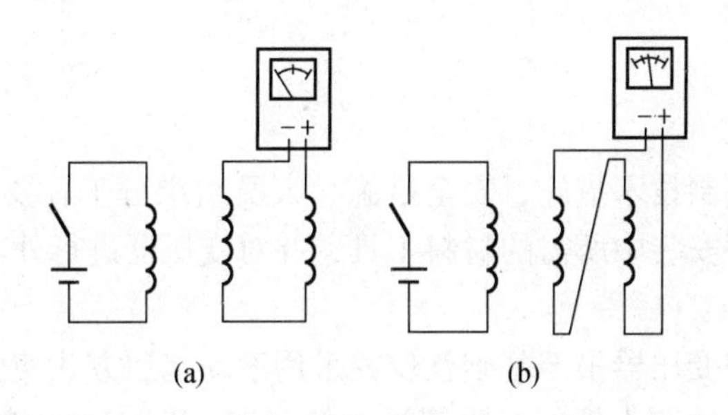

图 5－5 低压直流电源和万用表判断三相绕组首尾端（方法一）

4. 低压直流电源和万用表检查方法二

把万用表较小量程的毫安挡与任一相的两线头连接，如图 5－6 所示，指定接万用表中“+”端的线头为首端，另一端为尾端。再把另一相的一个线头接电池负极，另一个线头接电池正极做瞬时接通，如果万用表指针右摆，则与电池正极连接的是尾端，与电池负极连接的是首端；如果万用表的指针左摆，则与电池正极连接的是首端，与电池负极连接的是尾端。

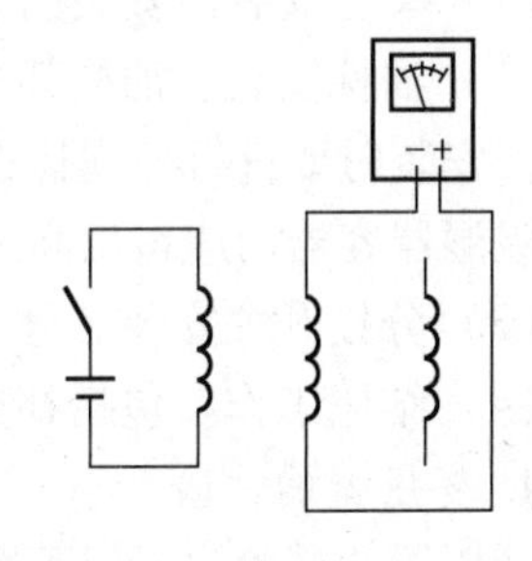

图 5－6 低压直流电源和万用表判断三相绕组首尾端（方法二）

如果接通电源时，万用表指针不动，则把电池改接到另外一相绕组上，指针就会摆动。要注意的是必须看准指针偏转的方向，因为接通电源不久后，指针是又要返回原位的。

五、电刷的更换及调整

电刷是电机固定部分与转动部分导电的过渡部件，要求应具有足够的载流能力和耐磨性能。为了保持电刷良好的电气性能和力学性能，在检查、更换调整电刷时，应注意以下几点：

（1）注意检查电刷磨损情况，并随着电刷的磨损，调整压力弹簧予以补偿。当电刷磨损超过新电刷长度的 60% 时，要及时更换。

（2）更换电刷时，应将电刷与滑环表面用 0 号砂布研磨光滑，使接触面积达到电刷截面积的 75% 以上。刷握与滑环的距离应为 2 ~4 mm。

（3）电刷在刷握内应能上下自由移动，但不能因太松而摇晃。6 ~12 mm 的电刷在旋转方向上游隙为 0. 1 ~0. 2 mm，12 mm 以上的电刷游隙为 0. 15 ~0. 4 mm。

（4）测量电刷压力，一般为 15～25 kPa。目测检查时，把压力调整到不冒火花，电刷不在刷握内跳动，摩擦声很小即可。

（5）电刷的软铜线应牢固完整，若软铜线折断股数超过总数的 1/3 时，应更换新电刷线。

第二节　中小型变压器的安装、检修

一、变压器的安装

1. 安装前的准备工作

变压器安装前要编制技术措施、安全措施、人员组织分工，要对安装现场进行布置，基础达到要求，准备好安装中所需的材料工具，并对变压器进行外部检查。

2. 变压器就位

可采用起重机等将变压器吊至基础就位或采用滚动拖运方式使变压器就位。变压器就位以后，就可以安装垫铁和止轮器，要使油枕侧具有 1%～1.5% 的升高坡度，以保证瓦斯继电器动作可靠（井下变压器无油枕）。

3. 附件安装

（1）套管安装。安装前先进行外观检查、绝缘测量和严密性试验。

（2）油枕安装。油枕部分安装包括油枕、吸湿器、瓦斯继电器和防爆管安装。瓦斯继电器安装时要进行外观检查和绝缘试验，连管向着油枕的方向保持 2%～4% 的升高坡度；吸湿器容器内应留出高 15～25 mm 的空间。

（3）分接开关安装。分无激磁分接开关和有载分接开关。

（4）结尾工作。包括补充注油、整体严密性检查、敷设电缆、安装引线和接地等。

4. 变压器的试验

变压器的试验包括以下内容：

（1）绝缘电阻和吸收比测定。

（2）直流电阻测量。直流电阻可用电桥法或电压降法进行测量。

（3）组别试验。单相变压器测量极性、三相变压器测量组别的目的是进行正确的连接，判断变压器能否并联运行。

（4）变压比试验。变压比试验可采用双电压表法或交流电桥法。

（5）空载试验。空载试验目的是测量变压器的空载电流和空载损耗，发现磁路中的局部或整体缺陷，检查线圈匝间或层间绝缘是否良好，检查铁芯硅钢片间绝缘状况和装配质量等。

（6）绝缘油试验。绝缘油试验包括电气强度试验（耐压试验）、简化试验和气相色谱分析。

（7）泄漏试验。

（8）交流耐压试验。交流耐压试验是对变压器线圈连同套管一起，施加高于额定电压一定倍数的交流电压，持续时间为 1 min。交流耐压试验可以发现变压器的集中性绝缘弱点，属于破坏性试验。

（9）冲击合闸试验。主要是考核变压器线圈匝间的绝缘强度以及主绝缘能否承受冲击电压，同时验证变压器的继电保护装置能否躲过空载励磁涌流。

二、变压器的检修

1. 吊芯检查

运行中出现故障或使用后长期闲置的变压器均要进行吊芯检查。

（1）吊芯前的检查。检查所有零部件是否齐全、完整，有无锈蚀及渗油、漏油现象；瓷套管有无裂纹与放电痕迹；分接开关是否转动灵活及接点接触情况；用兆欧表测量相间、相线与套管间绝缘电阻（要求20 ℃时，6 kV不低于300 MΩ，660 V不低于35 MΩ）。

（2）吊芯准备工作。准备好工具和材料，如扳手、白布、绝缘带、绝缘板、油箱的密封衬垫、干净道木和存放变压器油的专用油桶等；准备好起吊机具；准备好滤油机、滤纸、电焊机等。

（3）吊芯。先放油，再将线圈引出线分别从两侧的高低压瓷套管上拆开，然后拆除铁芯与外壳的连接螺栓，再用钢丝绳系在铁芯的起吊螺栓上，操作起吊机具缓慢起吊。

（4）器身检查。用干净白布擦净线圈、铁芯、支架及绝缘隔板上的油迹；用兆欧表测量线圈绝缘情况；检查所有螺栓是否松动、器身有无移位、穿芯是否对地绝缘（不低于4 Ω）；检查线圈引出线的绝缘包扎情况；旋转分接开关旋钮，检查转动及接触，动、静触头闭合后，用0.05 mm厚的塞尺塞不进去为合适；检查套管是否清洁，有无裂纹或放电痕迹。

2. 器身的修理

当检查中发现线圈绝缘老化、损坏或经干燥后绝缘电阻仍较低，铁芯过热变色等现象时，应对器身进行解体检修。

（1）铁芯的修理。先拆下铁轭螺杆、绝缘管、夹铁及绝缘；一片一片地取下铁轭的硅钢片，仔细检查，判明是否需要更换或修理；用布带把铁芯上端束紧即可取下线圈；表面露铁、绝缘层炭化或变色的叠片挑出修理；清除损坏硅钢片间绝缘漆，浸入含有10%苛性钠溶液中，待漆膜脱落时再用热水冲洗然后烘干；硅钢片重新涂漆，可喷、刷或浸漆；然后铁芯硅钢片叠装、紧固。

（2）线圈的修理。拆除旧线圈前，首先要绘制线圈布置图，测量并记录线圈间、线圈与铁轭间的一些主要尺寸，查明三相线圈的连接方法，然后拆除上铁轭，取下高低压线圈及绝缘筒。可先分解一组线圈，量取并记录高低压线圈的主要尺寸（外径、内径或厚度、高度和匝数等），作为线圈修理或新制时的依据。绕制新线圈时，高低压线圈的导线应分别选用与原线圈同型号规格的新线。

（3）器身组装。应按解体前的结构及记录的各装配尺寸进行组装。垫好下铁轭绝缘，装配好铁芯柱上绝缘筒，按低压线圈出线端位置装好低压线圈，放置带有撑条油道的绝缘筒，再按高压线圈出线端位置套装高压线圈，把撑条和木楔打入以固紧铁芯柱，叠装上铁轭，垫入各部绝缘，穿上夹紧螺杆，装好铁芯接地端子，测量线圈绝缘。

3. 变压器的装配

（1）箱内油污清理干净，用合格的变压器油冲洗两次。

（2）吊起器身慢慢落到底部，穿好固定螺栓并紧固，然后分别接好电源、负荷引出线。

（3）用滤油机打入合格的变压器油。油位以恰到油面线时为准。

（4）放好箱盖处橡胶封垫，盖上箱盖，紧固好压紧螺栓。

（5）加油后静放 24 h，检查各部密封处无渗油现象即为合格。

4. 矿用干式变压器的检修

矿用干式变压器的检修工艺可参照油浸电力变压器的检修工艺，但其检修质量必须符合下述标准：

（1）变压器的防爆性能必须符合《爆炸性环境》(GB/T 3836）的规定。

（2）铁芯表面应涂 H 级硅有机绝缘漆。

（3）线圈采用 H 级绝缘，线圈组装时，应使低压线圈距铁芯距离为 10 mm，高低压线圈之间间隙为 23 mm，高低压线圈距铁轭距离为 50 mm，高低压线圈相间距离为 12 mm。

（4）温度继电器整定值：315 kV · A 时为 120 ~ 125 ℃，500 kV · A 及 630 kV · A 时为 130 ~ 135 ℃。

三、变压器运行故障的排除

（1）响声异常。变压器送电后发出连续均匀的“嗡嗡”声，俗称交流声，这是正常的。若声音较大但均匀，可能是外加电压过高，检查证实后可设法降低电压；若声音大而嘈杂，可能是内部振动加剧或结构松动，必须密切注意，先减少负载，必要时停电检修；当声音很大，且有爆裂声、噼啪声时，表明有击穿现象，应立即停电升井修理。

（2）油温过高。若因负荷过大，应降低负荷；若负荷及冷却系统均正常但油温过高，甚至仍在上升，则要考虑可能是内部故障引起，如绕组短路、铁芯故障、油路堵塞等，应停电升井吊芯检查。

（3）油位不正常。油面上升，主要是温度上升引起的，油面高出规定线时，应放油至适当高度，以免溢出。油面下降，多数是因油箱渗油或漏油所致，若漏油发生在焊缝处，需放净后，吊芯焊补。若漏油发生在密封处，可在工作现场调整或更换密封垫。

（4）套管故障。由于套管粘胶物不良使密封不好，造成绝缘受潮、劣化或套管发生炸裂、脱落，应停电修理。

（5）防爆管薄膜破裂（户外变压器附件)。变压器内部发生故障，产生大量气体，压力增加，致使防爆薄膜破裂，甚至将油喷出，这时应立即停电修理。

第三节　电缆敷设与连接

煤矿电缆敷设分为地面和井下两种情况。地面电缆可采用直接埋地、电缆沟、隧道、沿墙、架空、穿管与排管等敷设方式，井下电缆敷设方式则应根据巷道的具体条件确定。

一、地面电缆的敷设

1. 地面电缆敷设条件对电缆选择的影响

地面电缆敷设条件对电缆的选择有一定影响，因此不同条件下应选择不同的电缆：

（1）电力电缆一般应采用铝芯电缆，有剧烈振动的场所应采用铜芯电缆。

（2）直接埋设在地下的电缆，一般采用铠装电缆。

（3）在电缆沟或电缆隧道内敷设的电缆，可以采用铠装电缆或塑料护套电缆。

（4）在生产厂房内明敷或建筑物外面敷设的电缆，一般采用裸铠装电缆。

（5）敷设在穿管或排管内的电缆，宜采用聚氯乙烯电缆、交联聚乙烯电缆。

2. 电缆直接埋地敷设

电缆直接埋地敷设应注意：

（1）电缆直接埋地敷设施工简单、投资少，电缆热条件好。

（2）电缆直接埋地深度，一般不得小于 700 mm。

（3）电缆从地下引出地面时，应有 2 m 长的金属管或保护罩加以保护。

（4）电缆直埋平行敷设最小间距为：10 kV 及以下电力电缆之间或与控制电缆之间间距为 100 mm，35 kV 电力电缆之间或 10 kV 以上电缆之间间距为 250 mm。

3. 电缆在电缆沟内敷设

电缆在电缆沟内敷设时应注意：

（1）同一路径电缆根数较多时，可采用电缆沟敷设，但一般不应超过 12 根。

（2）室内电缆沟的盖板与地面相平。电缆沟内电缆间水平净距不小于 35 mm。

（3）厂区电缆沟的盖板顶部一般低于地面 300 mm，盖板上铺以细土和砂子。

（4）电缆沟与铁路、公路的交叉地段，应采取措施，一般应改为穿管敷设。

（5）室外电力电缆沟进入变电所或厂房内，入口处应有耐火隔墙。

4. 电缆架空敷设

电缆架空敷设常采用帆布带、塑料带、铁钩、专用卡子或多圈镀锌铁丝环，将电缆吊在镀锌钢绞线上。吊具的间距一般为 0.5 ~ 1 m。

5. 电缆穿管与排管敷设

当电缆与铁路、公路交叉或过墙、过地平面、过基础、过沟，可采用穿管敷设。如果是多根电缆（但不超过 12 根），且路径拥挤，可采用排管敷设。保护管的内径不应小于电缆外径的 1.5 倍。保护管的弯曲半径不能小于电缆允许弯曲半径。电缆最小弯曲半径见表 5 - 3 的规定。

表 5 - 3 电缆最小弯曲半径

电缆型式			多芯	单芯
控制电缆			10*D*	
橡皮绝缘电力电缆	无铅包、钢铠护套		10*D*	
	裸铅包护套		15*D*	
	钢铠护套		20*D*	
聚氯乙烯绝缘电力电缆			10*D*	
交联聚乙烯绝缘电力电缆			15*D*	20*D*
油浸纸绝缘电力电缆	铅包		30*D*	
	铅包	有铠装	15*D*	20*D*
		无铠装	20*D*	
自容式充油（铅包）电缆				20*D*

注：表中 *D* 为电缆外径。

二、井下电缆敷设

1. 电缆敷设前的检查

1）路线检查

进行路线检查时应检查以下内容：

（1）巷道的支护是否完好，有无妨碍运输电缆及敷设电缆之处。

（2）穿墙管是否安装好。电缆不得直接通过硐室门或者风门，须经穿墙管通过。

（3）电缆接线盒安放的地点是否有淋水。

（4）在横过运输巷道时，应事先采取安全措施，并尽量将电缆的接头做到该处，以免敷设时影响运输。

2）电缆检查

进行电缆检查时应检查以下内容：

（1）检查电缆的型号、截面、电压等级和长度。

（2）校核电缆的长度。

（3）检查电缆的绝缘情况。首先检查电缆的外表和两端头是否正常，有无破损、压痕，是否有受潮情况等，然后用兆欧表测量绝缘电阻。检查绝缘电阻后，应做直流泄漏和直流耐压试验。经验证明，只做绝缘电阻测定，往往不能发现电缆的缺陷，而直流耐压试验才是检查 3 kV 及以上电缆质量性能的有效方法，它能比较容易地发现电缆绝缘的机械损伤、裂缝、气泡等内在缺陷。1 kV 以上电力电缆可用 2500 V 兆欧表测量绝缘电阻值，以代替直流耐压试验。电缆的绝缘电阻、泄漏电流标准和直流耐压试验标准见《煤矿电气试验规程》。当发现电缆的绝缘水平过低时，如果其他部分没有缺陷，则一般是由于电缆的封头处或接线盒受潮。

2. 井下 45°以下巷道内电缆的敷设

井下 45°以下巷道内电缆的敷设应注意以下内容：

（1）在木支架及金属支架的巷道中，应采用木钩子或帆布带（可用废旧皮带）悬挂电缆。

（2）在砌碹巷道中，采用铁钩悬挂电缆。在敷设电缆之前，最好在巷道砌碹的同时，将安装电缆钩子的基础孔也留出，以便安装电缆钩子时，不必再打基础孔。如果在已砌碹的巷道中悬挂电缆，则应先在碹壁上钻孔，然后安装电缆钩子，并用混凝土填实。如果是临时或者短期使用的电缆，可以在基础孔内用混凝土固定好燕尾螺栓，再将有孔的电缆钩子固定到螺栓上，然后悬挂电缆，不用时可将电缆钩子拆除。巷道中有多根电缆同侧悬挂时，可用 40 mm × 5 mm 或 50 mm × 5 mm 扁钢制成多层电缆钩。

（3）电缆两个相邻悬挂点之间的距离不得大于 3 m，两根电缆上下间距不得小于 50 mm。当高低压电力电缆敷设在巷道内同一侧时，之间的距离要大于 0.1 m。

（4）电缆不得悬挂在水管和风管上，也不允许在电缆上悬挂任何物品。电缆与水管、风管平行敷设时，必须设在管子的上方，并保持 0.3 m 以上的距离。最好将风管、水管与电缆分别敷设在巷道两侧，以防管路出故障而损坏电缆。

（5）巷道内的通信信号和控制电缆，应设在电力电缆的另一侧；如条件有限，必须设在同一侧时，则应敷设在电力电缆上方。

（6）敷设电缆时，每隔一定距离和有分路的地点，均应悬挂注有电缆编号、型号、规格、电压、用途等的标志牌，以便识别。

3. 井下硐室中电缆敷设

在井下硐室中进行电缆敷设时应注意以下要求：

（1）在硐室内通过底板引向电气设备的电缆，不应裸露在地面上，应有电缆沟或者用穿管敷设以保护电缆；保护管应有一定的强度，内径要较电缆外径大1.5倍左右，弯曲半径不得小于电缆允许弯曲半径。

（2）铠装或橡套电缆出入硐室时，不得由门框或墙上直接出入，必须通过穿墙铁管，以防电缆被挤压。为了防止发生火灾时影响硐室密闭，在穿管内口与电缆的空隙之间应塞满黄泥。

4. 立井井筒中电缆的敷设

立井井筒中进行电缆敷设时应注意以下内容：

（1）敷设电缆所用的卡子、支架，要能承担电缆重量，并且不得损坏电缆铠装层。

（2）电缆相邻两悬挂点间的距离，不得超过6 m。

（3）在井筒中的电话和信号电缆，应设在电力电缆的对面；若条件所限，要在距电力电缆0.3 m以外的地方敷设。

（4）立井井筒中所用的电缆，中间不得有接线盒。如因井筒太深必须做中间接线盒时，要将接线盒设在中间水平巷道内，并将电缆留出10 m左右余量，以便于施工和处理故障。

三、电缆的连接

1. 电缆芯线的连接

电缆芯线的连接方法包括：

（1）压接法。压接法是用油压钳将接线端子或连接管与电缆导电芯线压接在一起，其压模所适用的连接芯线截面为16～240 mm²。

（2）焊接法。焊接法主要有锡焊法和铜铝焊接法。

（3）螺栓连接法。

2. 电缆与防爆电气设备的连接

电缆与防爆电气设备的连接应注意以下要求：

（1）密封圈内径与电缆的外径差应小于1 mm，密封圈外径D与装密封圈的孔径D配合应符合规定：当$D \leqslant 20$ mm时，$(D_0 - D) \leqslant 1$ mm；当$D \leqslant 60$ mm时，$(D_0 - D) \leqslant 1.5$ mm；当$D > 60$ mm时，$(D_0 - D) \leqslant 2$ mm。密封圈的宽度应大于或等于电缆外径的0.7倍，但最小必须大于10 mm。

（2）密封圈的单孔内只允许穿一根电缆。

（3）电缆护套要伸入盒壁5～15 mm，并用防脱装置压紧电缆。

（4）电缆线芯与接线端子连接应使用规定的连接件，接线螺栓上的弹簧垫圈和弓形垫片（卡爪）齐全。

（5）接线应整齐、无毛刺，上紧螺母时既不能压住绝缘外皮，也不能压住或接触屏蔽层，又不能使裸露芯线距接线垫圈的距离大于10 mm。

（6）接地芯线应略长于导线芯线，防止电缆拉脱时地线拉断失去保护作用。

（7）使用屏蔽电缆时，屏蔽层必须随同绝缘层一起剥除，连接件不得压住或接触屏蔽层，但屏蔽层自身必须保证良好接地。

（8）接线完毕应仔细清扫接线盒，使其内保持清洁，无杂物和导线头。

第四节　矿用低压防爆设备的故障处理及保护整定计算

一、KBZ－400/1140A 型矿用隔爆型真空馈电开关故障原因、判断及处理方法

KBZ－400/1140A 型矿用隔爆型真空馈电开关故障原因、判断及处理方法见表 5－4。

表 5－4　KBZ－400/1140A 型矿用隔爆型真空馈电开关故障原因、判断及处理方法

故障状态	故障原因	判断方法	处理
合闸不动作	控制电路无电压，控制电路接线不正确，插头接线不正确	用万用表测量电源的电压是否符合说明书的有关规定	按说明书的规定，准确接线，使每个线圈施加所规定的额定控制电源的电压
	线圈烧坏或断线	用万用表测量检查	更换线圈或把断线接好
	二极管击穿		更换二极管
	两线圈串联的线头、线尾接反		改为正确接线
合闸动作但机械保持扣不住（连击动作）	控制电源电压过低	用万用表测量电源电压是否在额定控制电源电压的 85% 以上	减少压降或提高控制电源电压
	施加在全压线圈上的电压时间太短	按电气原理图增加延时试验	
	合闸部分机构卡死	检查电磁铁、衔铁合闸是否能到底，到底为正确	重新调整
	真空开关管损坏	检查开关管有无裂纹、破损，有无负压，触头间耐压是否击穿，判别开关管是否已漏气	更换开关管
	保持钩不到位（保持钩拉簧力小，分闸转轴转动角度过小，转轴上恢复拉簧力大）		重新调整
	保持钩扣不住（分闸转轴转动角度太小，转轴上恢复拉簧力太小）		重新调整

表5-4（续）

<table>
<tr><th>故障状态</th><th>故障原因</th><th colspan="2">判断方法</th><th>处理</th></tr>
<tr><td rowspan="5">不分闸</td><td>欠电压脱扣器不脱扣</td><td>欠电压脱扣器弹簧力小，压板压得太多</td><td rowspan="2">保持钩拉簧力太大，使得保持钩扣住的力大</td><td>重新调整</td></tr>
<tr><td>分励脱扣器不脱扣</td><td>分闸转轴转角太大，使分励电磁铁开距增大，而吸合电压太高，线圈被烧坏</td><td>更换线圈
重新调整</td></tr>
<tr><td>合闸线圈没断电</td><td colspan="2">中间继电器触点没断开，辅助开关触点没断开</td><td>换新继电器，或重新调整辅助开关，清理触头</td></tr>
<tr><td>机构卡死</td><td colspan="2">用大起子人工手动合分几次</td><td>重新调整</td></tr>
<tr><td>开关管触头熔焊</td><td colspan="2">万用表测量</td><td>接触电阻大于200 μΩ时更换开关管</td></tr>
<tr><td rowspan="2">线圈烧坏</td><td>合闸线圈或分励线圈被烧坏</td><td colspan="2">额定控制电源电压不符
辅助开关或其他开关断不开，使线圈长期带电</td><td>用正确的额定控制电源电压调整或更换辅助开关，更换线圈</td></tr>
<tr><td>欠电压线圈被烧坏</td><td colspan="2">绝缘不好而短路</td><td>更换线圈</td></tr>
<tr><td>开关管跳火</td><td>开关管失去真空度</td><td colspan="2">试验触头间耐压10 kV 1 min跳火击穿，即使反复加电压也上不去</td><td>更换开关管</td></tr>
<tr><td rowspan="3">主电路温升过高</td><td>紧固螺钉松</td><td colspan="2">检查主电路各紧固螺钉</td><td>拧紧螺钉</td></tr>
<tr><td>无超行程</td><td colspan="2">合分几次检查有无超行程</td><td>重新调整</td></tr>
<tr><td>触头磨损过多</td><td colspan="2">导电杆外露短（对比检查）</td><td>换开关管</td></tr>
</table>

二、热继电器、电磁式过流继电器与电子式保护装置的整定计算

热继电器和电子反时限延时保护装置可作为过负荷保护，保护的整定值应保证：被保护设备的工作电流小于或等于额定电流时，保护不动作；当实际工作电流大于额定电流时，保护按动作特性延时动作，其动作特性应略低于设备允许的过载特性。对过负荷保护还要求6倍电流整定值的可返回时间大于或等于电动机的实际启动时间，以保证正常启动状态下保护可靠返回。可返回时间是指保护因过负荷动作，在规定的动作时间内，电流降至整定值的90%时，保护能返回到正常工作状态，而不使开关跳闸。从过负荷动作开始计时，到能够返回正常工作状态的最长动作时间称为可返回时间。

电磁式过流继电器和瞬时动作的电子式保护装置可作为短路保护，保护的整定值应保证：被保护线路正常工作时不动作，发生短路时迅速动作。

部分保护装置短路保护的整定值与其过负荷保护的整定值有关，在确定整定值时应予以注意。

1. 保护一台或同时启动的多台电动机支线

（1）过负荷保护。过负荷保护的整定值应按电动机的额定电流确定，即

$$I_z = I_N$$

式中　I_z——过负荷保护的整定电流（也称动作电流），A；

I_N——一台或同时启动的多台电动机的额定电流，A。

（2）短路保护。短路保护的整定值按躲过电动机的启动电流计算：

$$I_z \geqslant I_{sr \cdot N}$$

式中　I_z——短路保护的整定电流，A；

$I_{sr \cdot N}$——一台或同时启动的多台电动机的额定启动电流（其他的有关计算与此含义相同，不再重述），A。

对短路保护装置还应按下式检验其动作的灵敏度：

$$K_m = \frac{I_{d \cdot min}^{(2)}}{I_z} \geqslant 1.5$$

式中　$I_{d \cdot min}^{(2)}$——被保护线路最小两相短路电流值，A；

I_z——短路保护的实际整定电流值，A；

1.5——最小灵敏度系数，整定有困难时对铠装电缆和屏蔽电缆可放宽到1.25。

2. 保护多台电动机干线

（1）过负荷保护。如果控制和保护供电干线的自动馈电开关中，装有长延时反时限的电子式保护时，则可作为供电干线的过负荷保护，其整定值应按下式计算：

$$I_z \geqslant 1.1 I_{ca}$$

式中　I_{ca}——干线电缆的最大长时工作电流，A；

1.1——考虑负荷计算误差的可靠系数。

（2）短路保护。短路保护的整定电流应按下式计算：

$$I_z \geqslant I_{st \cdot N \cdot m} + \sum I_N$$

式中　$I_{st \cdot N \cdot m}$——所带负荷中容量最大的鼠笼电动机的额定启动电流，A；

$\sum I_N$——除最大鼠笼电动机外，其余负荷的额定电流之和，A。

为了保证可靠地切除短路故障，对于干线保护，它除作为干线的主要保护外，还应作为下一级线路的后备保护，它的保护范围应当延伸到下一级线路的最末端。因此，应当用下一级线路中，短路电流最小支路的末端两相短路电流来校验灵敏度，即

$$K_m = \frac{I_{d \cdot min}^{(2)}}{I_z} \geqslant 1.5$$

式中　$I_{d \cdot min}^{(2)}$——后备保护区内（下一级线路）最小两相短路电流，A；

I_z——短路保护的实际整定电流值，A；

1.5——最小灵敏度系数，作为后备保护时灵敏度可放宽到1.25，但此时应检验主保护区的灵敏度不低于规定值。

第五节　提升机电气设备的停送电操作及日常维护

一、提升机电气设备停送电操作

进行提升机设备停送电操作时应注意以下要求：

（1）非专职电气人员，严禁擅自操作电气设备。

（2）操作高压电气设备回路时，操作人员必须戴绝缘手套，穿电工绝缘靴或站在绝缘台上。

（3）停电。停电时必须把各方面的电源完全切断；必须拉开刀闸，使电源至少有一个明显的断开点。与停电设备有关的变压器和电压互感器必须从高低压两侧切断，防止向停电设备返送电，刀闸或隔离开关操作把手必须锁住。高压开关柜停电时，先断开断路器，后分断隔离开关。

（4）验电。验电时必须用电压等级合适而且合格的验电器，在检修设备进出线两侧各相分别验电。验电前，应先在有电设备上进行试验，确认验电器良好。高压验电必须戴绝缘手套。

（5）放电。只有在巷道风流中瓦斯浓度在1%以下时，方可将导体对地完全放电。

（6）挂警告牌。所有停电的开关把手，都要悬挂“有人工作、不准送电”的警告牌，只有执行这项工作的人员，才有权取下此牌并送电。

二、电气设备的日常维护

1. 主电动机的日常维护

主电动机的日常维护包括以下内容：

（1）电动机的清洁。积存在电动机内部的灰尘和杂物要用“皮老虎”吹净，电动机的机座、端盖、轴承等用棉纱擦净，滑环要用清洁的、浸有少许煤油的白布带擦干净。

（2）温升检查。周围空气温度小于35 ℃时，铁芯与绕组的温升对于A级绝缘不应超过65 ℃，对于B级绝缘不应超过75 ℃，滑环温升不应超过70 ℃。

（3）轴承的维护。必须经常检查轴承的温度、油位及油环的工作情况。对于油环润滑的轴承温度不应超过80 ℃，对于循环润滑的轴承温度不应超过65 ℃，对于滚动轴承不应超过95 ℃。

（4）滑环检查。滑环表面应清洁光亮，运转时应基本上无火花产生。

2. 高压开关柜的日常维护

高压开关柜的日常维护包括以下内容：

（1）检查开关外表是否完好，螺栓是否齐全紧固，电缆头是否漏油。

（2）检查各瓷瓶、瓷套管有无裂纹、损坏及表面放电的痕迹。

（3）检查油开关是否漏油，油位是否正常。

（4）操作机构应动作灵活，无变形。

（5）检查母线、隔离开关与油开关（或真空开关）间连接线的接头是否有松动、发热、变色现象。

（6）开关上的仪表指示是否正常。

（7）柜内各电气元件表面应清洁、无灰尘及油污，运行应无异常声音。

（8）检查接地是否良好。

3. 时间继电器的日常维护

时间继电器的日常维护包括以下内容：

（1）清扫继电器各部分的灰尘，试验继电器动作是否灵活。

（2）打磨或更换触点，检查触点压力间隙和压缩行程是否正常（不小于 1.5 mm）。

（3）测量线圈绝缘电阻，不低于 1 MΩ。

4. 转子电阻箱的日常维护

转子电阻箱的日常维护包括以下内容：

（1）初次使用的电阻箱，头两个月必须每天拧紧两端螺丝帽，以后每隔 3 ~4 周拧紧一次。

（2）检查电阻发热情况，特别是在炎热的夏天。

（3）定期清扫灰尘，检查并拧紧所有连接螺栓，检查瓷绝缘子有无裂纹或破损，测量绝缘电阻，其值不应小于 1 MΩ。

第三部分

中级矿井维修电工知识要求

第六章 电 工 基 础

第一节 磁场对载流导体的作用力及电磁感应

一、磁场对通电矩形线圈的作用

在图6-1a中，设 $ab = cd = L_1$，$ad = bc = L_2$，ab 和 cd 边所受的作用力分别为 F_1 和 F_2，因而此时的转矩为

$$M = F_1 L_2 = BIL_1 L_2 = BIS \tag{6-1}$$

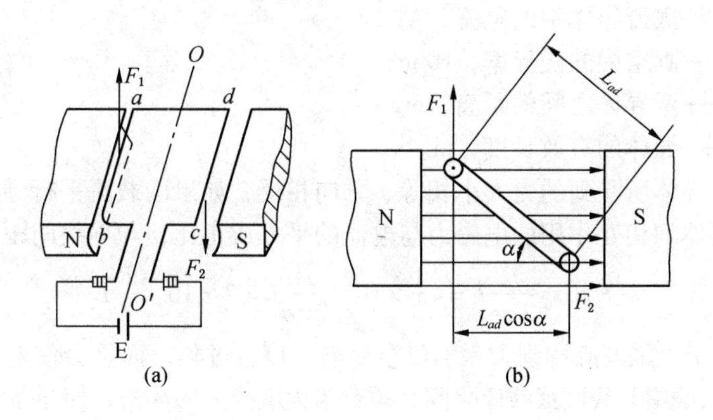

图6-1 磁场对通电线圈的作用

式中 B——均匀磁场的磁感应强度，T；

I——线圈中的电流，A；

S——线圈的面积（$S = L_1 L_2$），m^2。

如图6-1b所示，若线圈在转矩 M 的作用下顺时针方向旋转，当线圈平面与磁力线的夹角为 α 时，则线圈转矩为

$$M = BIS\cos\alpha \tag{6-2}$$

如果矩形线圈由 N 匝绕制，则转矩为

$$M = NBIS\cos\alpha$$

二、载流平行导体间的相互作用力

根据左手定则可知，当两根平行导体中的电流方向相同时，两导体相互吸引，如图6－2a所示；当两根平行导体中的电流方向相反时，两根导体相互排斥，如图6－2b所示。两根导体相互作用力的大小为

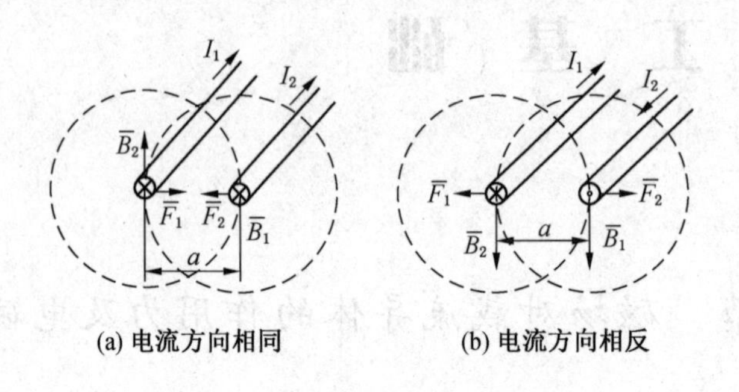

图6－2　两根平行导体间的电磁力

$$F_1 = F_2 = \mu_0 \frac{I_1 I_2}{2\pi a} L \tag{6-3}$$

式中　F_1、F_2——载流导体中的电磁力，N；

I_1、I_2——载流导体中的电流，A；

μ_0——真空中的磁导率，H/m；

a——两导体之间的距离，m；

L——导体的有效长度，m。

两载流平行导体所受到的力大小相等、方向相反，如果两载流平行导体通入的电流相等，载流平行导体间相互作用的电磁力与电流的平方成正比，与导线间距率成反比，即

$$F = \mu_0 \frac{I^2}{2\pi a} L = 4\pi \times 10^{-7} \frac{I^2}{2\pi a} L = 2 \times 10^{-7} \frac{I^2}{a} L$$

短路时，由于短路电流特别大，不仅会使电气设备过热，而且会使电气设备中的导体（例如母线之间、线圈与线圈或线匝之间）受到极大电磁力的冲击，使导体或固定件损坏。

三、电磁感应

电流能够产生磁场，在一定的条件下，变化的磁场也可以产生电动势，变化的磁场在导体中产生电动势的现象称为电磁感应，由电磁感应所产生的电动势叫感应电动势，由感应电动势产生的电流称为感应电流。在电力系统中，发电机、变压器等都是根据电磁感应原理制造出来的。

1. 电磁感应定律

1）法拉第电磁感应定律

线圈中感应电动势的大小与通过同一线圈的磁通变化率（即变化快慢）成正比，这一规律就称为法拉第电磁感应定律。

设 Δt 时间内通过线圈的磁通量为 $\Delta \Phi$，则单匝线圈中产生的感应电动势的平均值为

$$|e| = \left|\frac{\Delta\Phi}{\Delta t}\right| \quad (6-4)$$

对于 N 匝线圈，其感应电动势为

$$|e| = \left|N\frac{\Delta\Phi}{\Delta t}\right|$$

式中 e——在 Δt 时间内产生的感应电动势，V；

N——线圈的匝数；

$\Delta\Phi$——线圈中磁通变化量，Wb；

Δt——磁通变化 $\Delta\Phi$ 所需要的时间，s。

2）楞次定律

当穿过线圈的磁通（原有的磁通）变化时，感应电动势的方向总是企图使它的感应电流产生的磁通阻止原有磁通的变化。也就是说，当线圈原磁通增加时，感应电流就要产生与它方向相反的磁通去阻碍它的增加；当线圈中的磁通减少时，感应电流就要产生与它方向相同的磁通去阻碍它的减少。简而言之，当线圈中的磁通发生变化时，线圈中感应电流产生的新磁场总是阻碍原磁场的变化，此规律就是楞次定律。可用楞次定律判定线圈中感应电动势或感应电流的方向。

根据新磁场的方向和线圈的绕向，可用右手螺旋定则判断出感应电流或感应电动势的方向，如图 6－3 所示。

2. 直导体中的感应电动势

如图 6－4 所示，当导体对磁场做相对运动而切割磁力线时，导体中产生感应电动势。如果接通用电器，电路中就会出现电流。

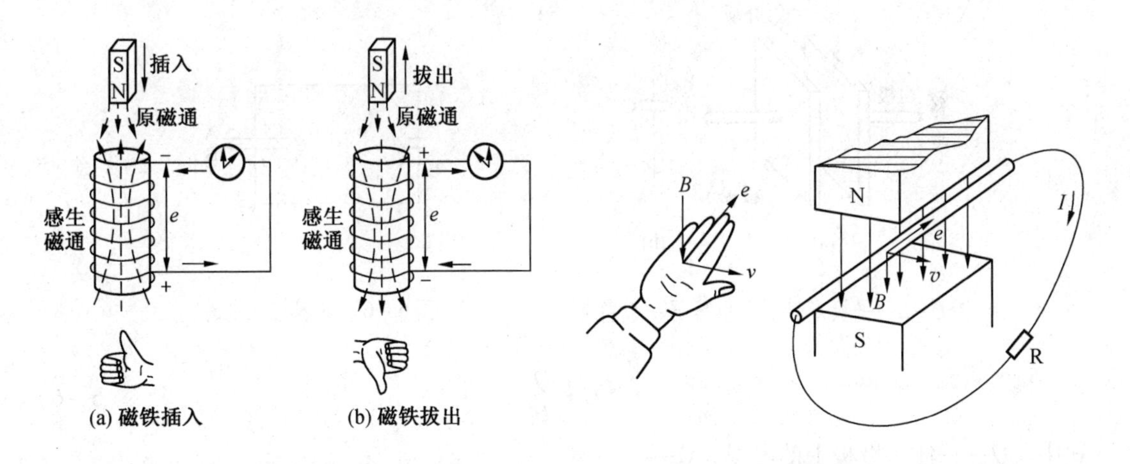

图 6－3　应用楞次定律判断感应电流方向

图 6－4　直导体中的感应电动势

导体切割磁力线产生感应电动势的大小与磁感应强度、导体有效长度、导体移动速度和导体切割方向与磁力线方向的夹角有关，即

$$e = BLv\sin\alpha \quad (6-5)$$

式中 e——感应电动势，V；

B——磁感应强度，T；

v——导体移动速度，m/s；

L——导体有效长度，m；

α——导体切割方向与磁力线方向的夹角，(°)。

感应电动势的方向可用右手定则来确定，如图 6－4 所示。伸开右手，拇指与其余四指垂直，让磁力线穿过手心，拇指指向导体运动方向，那么四指所指方向就是感应电动势（或感应电流）的方向。

第二节　电　容　器

一、电容器及电容量

1. 电容器

两金属导体中间以绝缘介质相隔，并引出两个电极，就形成了一个电容器。其结构如图 6－5a 所示。极板间的介质常用空气、云母、纸、塑料薄膜和陶瓷等物质。电容器可以储存电荷，成为储存电能的容器，所以称作电容器。图 6－5b 所示是电容器的一般表示符号。

2. 电容量

如果将电容器的两个极板分别连接到直流电源正负极上，如图 6－6 所示，与电源正极相连的 A 极板带正电荷，与电源负极相连的 B 极板带等量的负电荷。可以证明，电容器任一极板上的带电量与两极板间的电压比值是一个常数，这一比值称为电容量，简称电容，用 C 表示。即

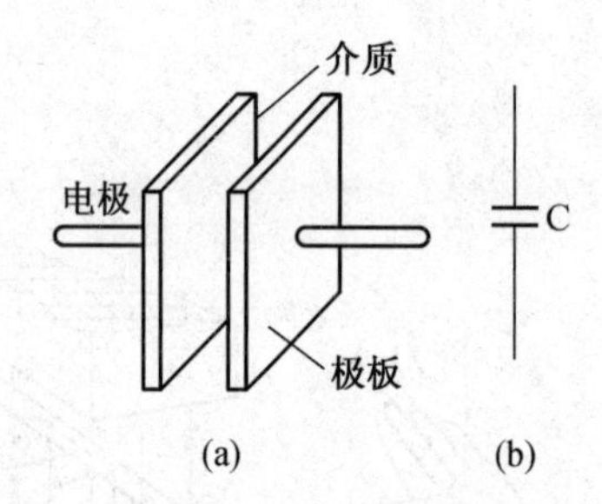

图 6－5　平板电容器及电容器一般符号

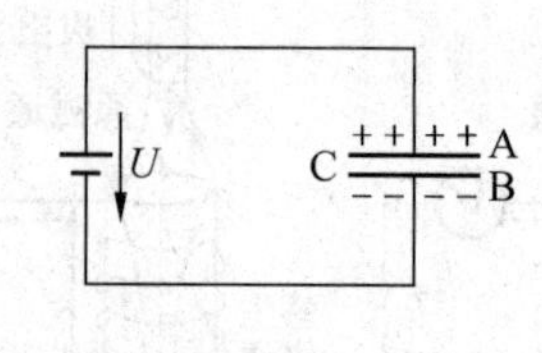

图 6－6　电容接入电源

$$C = \frac{Q}{U} \tag{6-6}$$

式中　Q——任一极板上的电量，C；

U——两极板间的电压，V；

C——电容量，F。

电容量是衡量电容器储存电荷能力的物理量。在实际使用中，一般电容器的电容量都比较小，因而常用比较小的单位，如 μF 和 pF。它们之间的换算关系是 $1\mu F = 10^{-6}F$，$1pF = 10^{-12}F$。

3. 电容器的主要性能指标

电容器的性能指标有电容量、允许误差、额定电压、介质损耗和稳定性等。其中主要

指标是电容量、允许误差和额定电压，一般都标在成品电容器的外壳上，常称为电容器的标称值。它是人们合理使用电容器的依据。

（1）标称容量和允许误差。成品电容器上所标明的电容量称为标称容量。标称容量并不是一个准确值，它同该电容器的实际电容量有一定的差额，但这一差额是在国家标准规定的允许范围之内，因而称为允许误差。

（2）额定工作电压。习惯上称电容器的额定工作电压为耐压，是指电容器长时间安全工作所能承受的最高直流电压。它一般都直接标注在电容器外壳上，如 160 V DC、450 V DC。如果电容器两端加上交流电压，那么，所加交流电压的最大值（峰值）不得超过额定工作电压。

二、电容器的连接

在实际使用时，往往会遇到电容器的电容量不合适，或者耐压不符合要求的情况，这时，可将若干个电容器作适当连接，以满足实际电路的需要。

1. 电容器的并联

将几只电容器接在同一对节点的连接方式称为电容器的并联，如图 6－7 所示。电容器并联具有如下特点：

（1）并联后的等效电容量（总容量）C 等于各个电容器的电容量之和，即

$$C = C_1 + C_2 + \cdots + C_n \tag{6-7}$$

（2）每个电容器两端承受的电压相等，并等于电源电压 U，即

$$U = U_1 = U_2 = \cdots = U_n$$

可见，电容器并联时总容量增大了，并联电容器的数目越多，其等效电容越大。应当注意，并联时每个电容器直接承受外加电压，因此工程上每只电容器的耐压都必须大于外加电压。

2. 电容器的串联

将几只电容器依次相连，构成中间无分支的连接方式，称为电容器的串联，如图 6－8 所示。电容器串联具有如下特点：

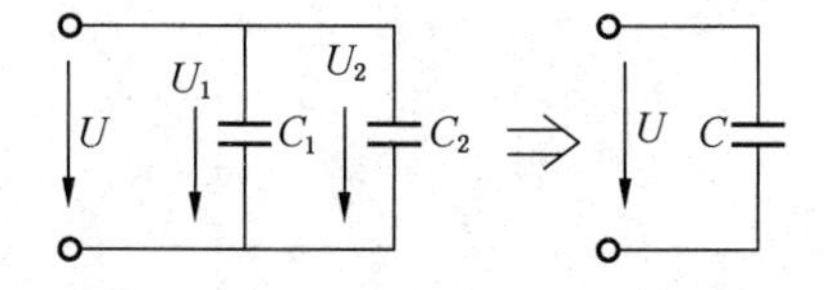

图 6－7 电容器的并联

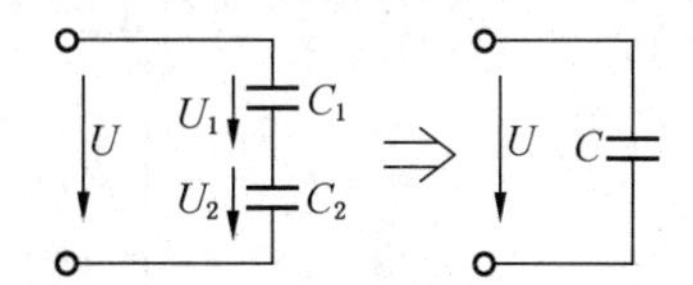

图 6－8 电容器的串联

（1）串联后的等效电容量（总容量）C 的倒数等于各个电容量倒数之和，即

$$\frac{1}{C} = \frac{1}{C_1} + \frac{1}{C_2} + \cdots + \frac{1}{C_n} \tag{6-8}$$

当两个电容器串联时，其等效电容量为

$$C = \frac{C_1 C_2}{C_1 + C_2}$$

当 n 个电容量均为 C_0 的电容器串联时，其等效电容量为

$$C=\frac{C_0}{n}$$

（2）总电压 U 等于每个电容器上的电压之和，即

$$U=U_1+U_2+\cdots+U_n$$

每个串联电容器上实际分配的电压与其电容量成反比，即电容量大的分配的电压小，电容量小的分配的电压大。若每个串联电容器的电容量都相等，则每个电容器上分配的电压也相等。若有两只电容器 C_1 与 C_2 串联，可用以下公式计算，每只电容器上分配的电压：

$$U_1=\frac{C_2}{C_1+C_2}U \qquad U_2=\frac{C_1}{C_1+C_2}U$$

式中　U——总电压，V；

U_1——电容器 C_1 上分配的电压，V；

U_2——电容器 C_2 上分配的电压，V。

第三节　单相交流电路

一、正弦交流电的三种表示法

正弦交流电的各种表示法是分析、计算正弦交流电路的工具。解析法、图示法和旋转矢量法是正弦交流电三种最基本的表示方法。

（1）解析法，即是用三角函数式表示正弦量与时间变化关系的方法。如 i、u、e 各正弦量的解析式为

$$i=I_m\sin(\omega t+\varphi_1)$$

$$u=U_m\sin(\omega t+\varphi_2)$$

$$e=E_m\sin(\omega t+\varphi_3)$$

（2）图示法，即是在平面直角坐标系中，以正弦曲线表示交流电与时间变化关系的方法。图 6－9 所示为初相位为 $\frac{\pi}{4}$ 的正弦电流波形图。

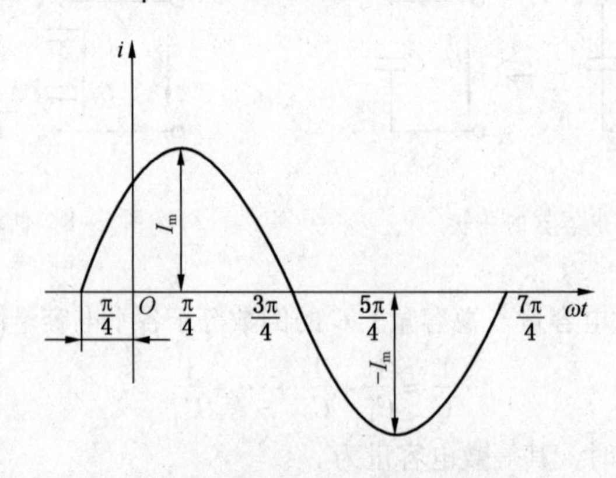

图 6－9　初相位为 $\frac{\pi}{4}$ 的正弦电流波形图

（3）旋转矢量法，即是用正弦量的最大值作矢量，并进行旋转，采取投影描点而绘出其波形图的方法，如图 6－10 所示。

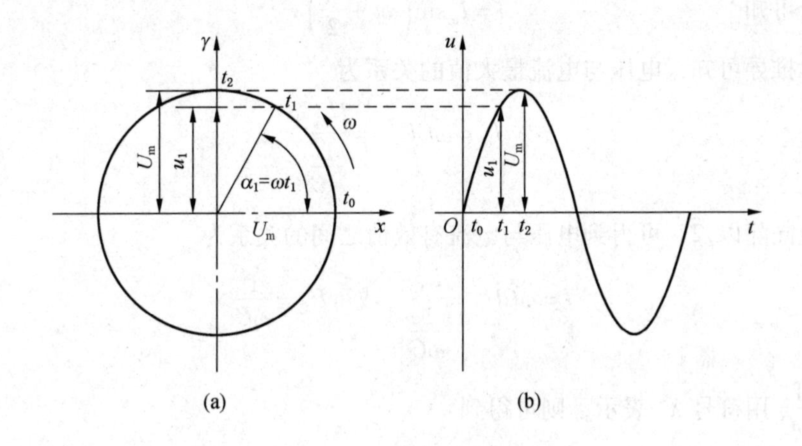

图 6－10　正弦量旋转矢量法

二、纯电容电路

纯电容电路，即是仅把电容器（电容元件）与交流电源连接的电路，如图 6－11a 所示。

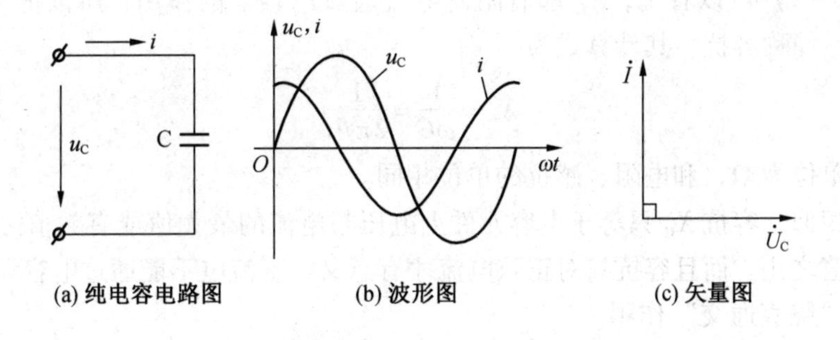

图 6－11　纯电容电路和电压、电流的波形图、矢量图

1. 电流与电压的关系

电容器具有阻隔直流和通过交流的性质（俗称“隔直通交”）。当把电容器接到交流电源上时，随着交流电压的不断变化，电容器不断地进行周期性的充电和放电，在电路中就始终保持有电流通过。当电压发生变化时，电容器极板上的电荷量也随之变化，在电路中就形成了电流。

设在 Δt 时间内电容器极板上的电荷变化量是 ΔQ，则有

$$i=\frac{\Delta Q}{\Delta t}=C\,\frac{\Delta u_C}{\Delta t}$$

设加在电容器两端的交流电压的初相为零，即

$$u_{\mathrm{C}} = U_{\mathrm{Cm}}\sin\omega t$$

经分析可知

$$i = I_{\mathrm{m}}\sin\left(\omega t + \frac{\pi}{2}\right)$$

由数学推导可知，电压与电流最大值的关系为

$$I_{\mathrm{m}} = \omega C U_{\mathrm{Cm}} = \frac{U_{\mathrm{Cm}}}{\dfrac{1}{\omega C}}$$

若两边同除以$\sqrt{2}$，可得到电压与电流有效值之间的关系为

$$I = \omega C U_{\mathrm{C}} = \frac{U_{\mathrm{C}}}{\dfrac{1}{\omega C}} \quad 或 \quad U_{\mathrm{C}} = \frac{1}{\omega C}$$

若将 $\dfrac{1}{\omega C}$ 用符号 X_{C} 表示，则可得到

$$I = \frac{U_{\mathrm{C}}}{X_{\mathrm{C}}} \tag{6-9}$$

这说明与纯电感电路相似，在纯电容正弦交流电路中，电流与电压的最大值及有效值之间符合欧姆定律。

电压、电流的矢量图如图 6－11c 所示，电流在相位上超前于电压 90°，或电压滞后于电流 90°。

2. 容抗

由式（6－9）可以看出，X_{C} 起着阻碍电流通过电容器的作用，所以把 X_{C} 称为电容器的电容抗，简称容抗。其计算式为

$$X_{\mathrm{C}} = \frac{1}{\omega C} = \frac{1}{2\pi f C}$$

容抗的单位为 Ω，和电阻、感抗的单位相同。

与感抗相似，容抗 X_{C} 只等于电容元件上电压与电流的最大值或有效值之比，不等于它们的瞬时值之比。而且容抗只对正弦电流才有意义，直流电不能通过电容元件，这就是电容元件的“隔直通交”作用。

3. 电路的功率

1）瞬时功率

纯电容电路的瞬时功率同样可由 $p = ui$ 求出。当

$$u_{\mathrm{C}} = U_{\mathrm{m}}\sin\omega t$$

$$i = I_{\mathrm{m}}\sin\left(\omega t + \frac{\pi}{2}\right)$$

则

$$P = u_{\mathrm{C}} i = U_{\mathrm{m}}\sin\omega t I_{\mathrm{m}}\sin\left(\omega t + \frac{\pi}{2}\right) = U_{\mathrm{m}} I_{\mathrm{m}}\sin\omega t\cos\omega t = U_{\mathrm{C}} I\sin 2\omega t$$

由此可知，电容元件的瞬时功率 P，也是一个按 2 倍于电流频率变化的正弦函数，其波形如图 6－12 所示，所以电容元件和电感元件一样也是一个储能元件。

2）无功功率

为了衡量电容元件与电源之间进行能量交换的规模，和分析电感元件的无功功率相类似，把电容元件的瞬时功率的最大值叫作电容元件的无功功率，用 Q_C 表示，即

$$Q_C = U_C I = I^2 X_C = \frac{U_C^2}{X_C} \qquad (6-10)$$

无功功率 Q_C 的单位是 var 和 kvar。

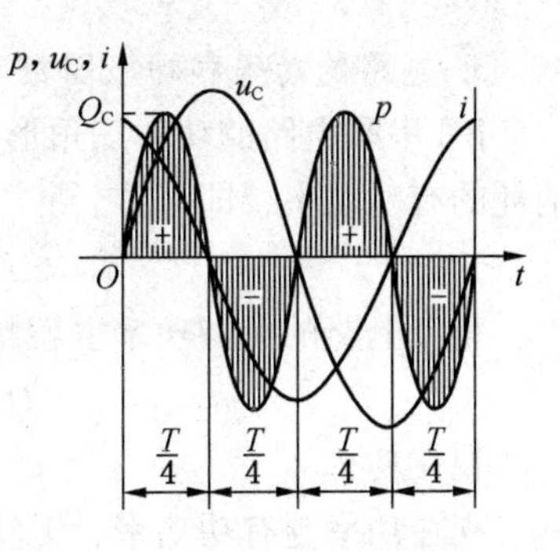

图 6-12 纯电容参数波形

三、RC 串联正弦交流电路

在电子技术中，经常遇到电阻和电容元件串联电路，如阻容耦合放大器、可控硅电路中的 RC 移相器、RC 振荡器等。

1. 电压与电流的关系

RC 串联电路如图 6-13 所示。当电路两端加上交流电压时，电路中便产生交流电流。设电流为参考量：

$$i = \sqrt{2} I \sin\omega t$$

则有

$$u_R = \sqrt{2} U_R \sin\omega t$$

$$u_C = \sqrt{2} U_C \sin\left(\omega t - \frac{\pi}{2}\right)$$

电路总电压瞬时值为各元件上电压瞬时值之和，即

$$u = u_R + u_C$$

总电压相量

$$\dot{U} = \dot{U}_R + \dot{U}_C$$

$\dot{U}$、$\dot{U}_R$、$\dot{U}_C$ 构成一个电压三角形，如图 6-14a 所示。由此可求得总电压的有效值为

$$U = \sqrt{U_R^2 + U_C^2} = \sqrt{(IR)^2 + (IX_C)^2} = I\sqrt{R^2 + X_C^2}$$

2. 阻抗

通常把电阻和电抗通称为阻抗。电路的阻抗为

$$Z = \sqrt{R^2 + X_C^2} = \sqrt{R^2 + \left(\frac{1}{\omega C}\right)^2} \qquad (6-11)$$

阻抗 Z 和电阻 R、容抗 X_C 三者数值上的关系，也可以用一个直角三角形表示，如图 6-14b 所示。

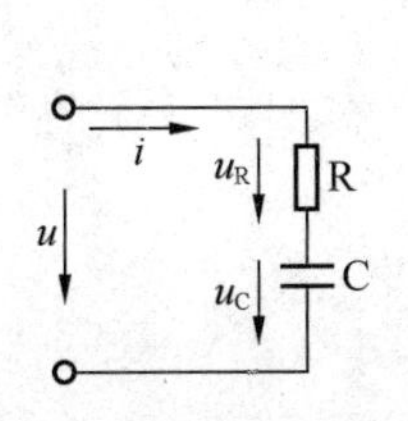

图 6-13 RC 串联电路

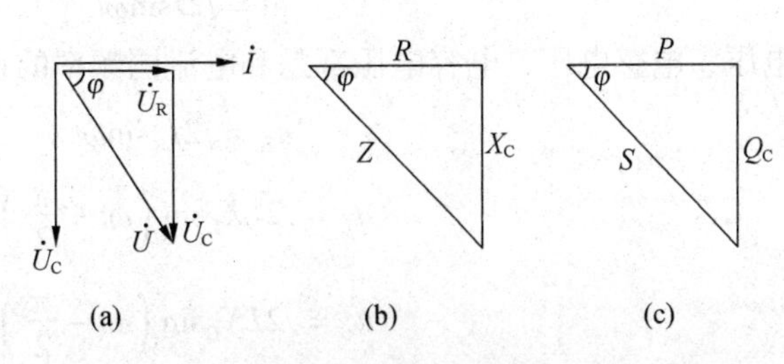

图 6-14 RC 串联相量图，阻抗和功率三角形

3. 电路的功率和功率因数

RC 串联电路的功率三角形关系如图 6－14c 所示。整个电路消耗的有功功率等于电阻消耗的有功功率，即

$$P = I^2R = U_RI = UI\cos\varphi = S\cos\varphi$$

整个电路的无功功率也就是电容元件的无功功率，即

$$Q_C = I^2X_C = U_CI = UI\sin\varphi = S\sin\varphi$$

视在功率

$$S = UI \tag{6-12}$$

视在功率与有功功率、无功功率的关系为

$$S = \sqrt{P^2 + Q_C^2} \tag{6-13}$$

功率因数

$$\cos\varphi = \frac{P}{S} = \frac{P}{\sqrt{P^2 + Q_C^2}}$$

也可以由阻抗求得，即

$$\cos\varphi = \frac{R}{Z} = \frac{R}{\sqrt{R^2 + X_C^2}}$$

四、RLC 串联正弦交流电路

电阻、电感和电容的串联，简称为 RLC 串联电路，如图 6－15a 所示。设在此电路中通过的正弦交流电流为

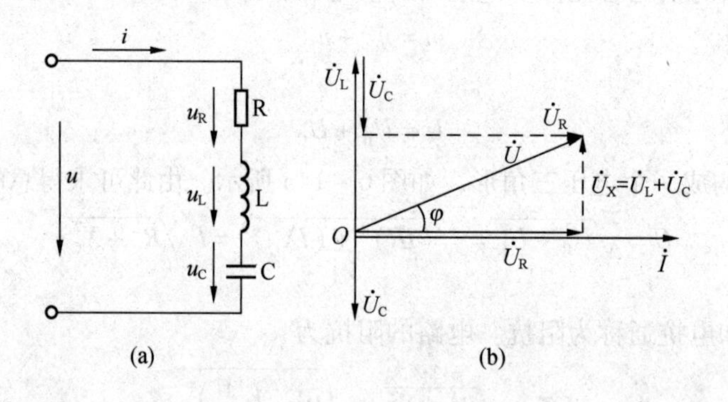

图 6－15　RLC 串联电路和相量图

$$i = \sqrt{2}I\sin\omega t$$

则电阻电压、电感电压、电容电压都是和电流同频率的正弦量，即

$$u_R = \sqrt{2}I_R\sin\omega t$$

$$u_L = \sqrt{2}LX_L\sin\left(\omega t + \frac{\pi}{2}\right)$$

$$u_C = \sqrt{2}LX_C\sin\left(\omega t - \frac{\pi}{2}\right)$$

电路总电压的瞬时值为

$$u = u_R + u_L + u_C$$

总电压 u 也是和电流 i 同频率的正弦量，对应的相量关系为

$$\dot{U} = \dot{U}_R + \dot{U}_L + \dot{U}_C$$

1. 电压与电流

为了求出电压 u，作出电路中电流和各电压的相量图，如图 6－15b 所示。此时假设 $U_L > U_C$，即 $X_L > X_C$，由相量图可以看出，电感电压和电容电压相位相反，我们把这两个电压之和称为电抗电压，用 u_X 表示：

$$u_X = u_L + u_C$$

相量形式为

$$\dot{U}_X = \dot{U}_L + \dot{U}_C$$

根据相量图，我们可以求出

$$\dot{U} = \dot{U}_R + \dot{U}_L + \dot{U}_C = \dot{U}_R + \dot{U}_X$$

如图 6－15b 所示，$\dot{U}_R$、$\dot{U}_X$ 和 $\dot{U}$ 组成电压三角形，由它们可以求出总电压的有效值

$$U = \sqrt{U_R^2 + (U_L - U_C)^2} = \sqrt{(IR)^2 + (IX_L - IX_C)^2} = I\sqrt{R^2 + (X_L - X_C)^2}$$

电压与电流有效值的比值为

$$\frac{U}{I} = \sqrt{R^2 + (X_L - X_C)^2}$$

由图 6－16 可看出，当 $X_L > X_C$ 时，$U_L > U_C$，总电压超前于电流，我们称电路为感性电路。当 $X_L < X_C$ 时，$U_L < U_C$，总电压滞后于电流，我们称电路为容性电路。当 $X_L = X_C$ 时，$U_L = U_C$，$\varphi = 0$，总电压和电流同相位，这时电路发生谐振。

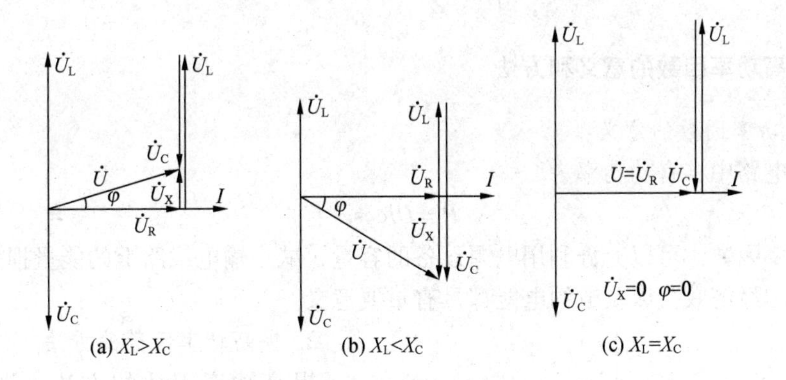

图 6－16 RLC 串联电路谐振条件

2. 阻抗

$X = X_L - X_C$ 称为电路的电抗，单位为 Ω；电路中电压与电流有效值的比值 $\frac{U}{I} = \sqrt{R^2 + X^2} = Z$ 称为电路的阻抗，单位也为 Ω。阻抗 Z、电阻 R、电抗 X 组成阻抗三角形。

3. 功率

RLC 串联电路中的瞬时功率是 3 个元件瞬时功率之和，即

$$P = P_R + P_L + P_C$$

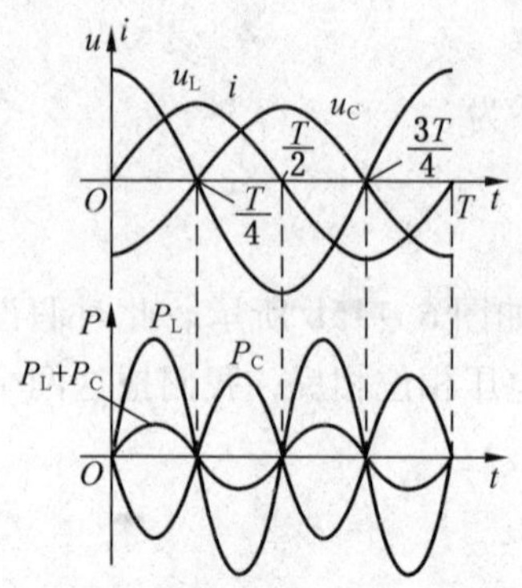

图 6－17　RLC 串联参数波形图

图 6－17 所示是 P_L 和 P_C 的变化曲线。从功率曲线可以看出，P_L 与 P_C 反相，P_L 为正值时，P_C 为负值；P_L 为负值时，P_C 为正值。所以，在电阻、电感、电容串联电路中，电阻消耗的功率为总电路有功功率，即平均功率。总电路的无功功率为电感和电容上的无功功率之差。

（1）有功功率：

$$P = I^2R = U_RI$$

（2）无功功率：

$$Q = Q_L - Q_C = I^2X_L - I^2X_C = U_LI - U_CI = (U_L - U_C)I = U_XI$$

当 $X_L > X_C$ 时，Q 为正，表示电路中为感性无功功率；当 $X_L < X_C$ 时，Q 为负，表示电路中为容性无功功率；当 $X_L = X_C$ 即 $X = 0$ 时，无功功率 $Q = 0$，电路处于谐振状态，只有电感与电容之间进行能量交换。

（3）视在功率：

$$S = UI$$

视在功率、有功功率、无功功率组成功率三角形，如图 6－18 所示。

$$S = \sqrt{P^2 + Q^2}$$

$$P = S\cos\varphi$$

$$Q = S\sin\varphi$$

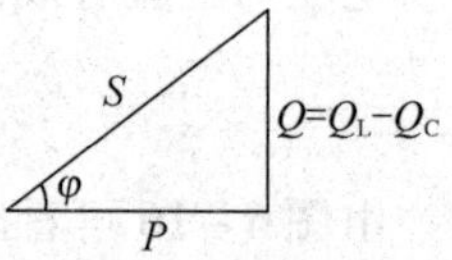

（4）功率因数：

$$\cos\varphi = \frac{P}{S} = \frac{U_R}{U} = \frac{R}{Z}$$

S　φ　$Q = Q_L - Q_C$　P

图 6－18　功率三角形

五、提高功率因数的意义和方法

1. 提高功率因数的意义

在交流电路中，有功功率为

$$P = UI\cos\varphi$$

提高功率因数，可以充分利用电源设备的容量，减小输电线路上的能量损失，对于提高电网运行的经济效益以及节约电能都具有重要意义。

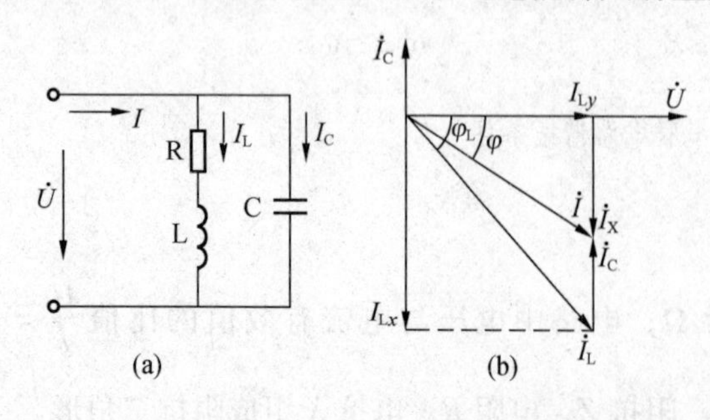

图 6－19　感性负载上并联电容器

2. 提高功率因数的方法

提高功率因数的方法主要包括以下两种：

（1）提高用电设备本身的功率因数（自然功率因数），合理选择和使用电气设备，避免“大马拉小车”的现象。

（2）常采用在感性负载两端并联电容器的方法来提高功率因数，如图 6－19 所示。感性负载和电容并联后，线路上的总电流比未补偿时要小，总电流和电源电压之间的相位角 φ 也减小了，这就提高了线路的功率因数。

实际生产中，并不要求把功率因数提高到1，即补偿后仍使整个电路呈感性，习惯上称感性电路功率因数为滞后功率因数。

第四节 三相交流电路

一、对称三相电路的分析与计算

分析三相电路和分析单相电路一样，首先也应画出电路图，并标出电压和电流的正方向（参考方向），而后应用电路的基本定律——欧姆定律和基尔霍夫定律找出电压和电流之间的关系，确定了电压和电流后，再确定三相功率。

1. 对称负载星形连接的分析与计算

在三相四线制电路中，因为有中线的存在，对于其中每一相来说就是一单相电路，工作情况与单相交流电路相同。

在对称的三相电路中，各相负载的数值和性质是相同的，它们在对称三相电压作用下，产生的三相电流也一定是对称的，即每相负载的电流大小相等，相位互差120°，其相量图如图6－20所示。各相电流与电压间的数量关系及相位关系与单相电路相同，即

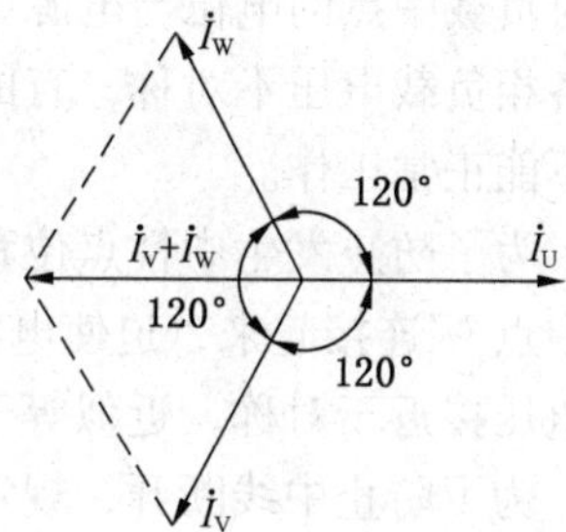

图6－20 星形对称负载的电流向量图

$$I_{Y相}=\frac{U_{Y相}}{Z_{Y相}}$$

$$\varphi=\arctan\frac{X}{R}$$

式中 Z——各相负载的阻抗值；

R——负载的电阻；

X——负载的电抗；

φ——各相负载电压与电流之间的相位差，即为负载的阻抗角。

φ为正时，表示相电流滞后相电压，即为感性负载；φ为负时，表示相电流超前相电压，即为容性负载。φ值的大小只取决于负载阻抗本身。

根据基尔霍夫定律可知，负载星形连接时，中线电流为各相电流的相量之和。由分析可得，对称负载做星形连接时的三相电流之和为零，即

$$\dot{I}_N=\dot{I}_U+\dot{I}_V+\dot{I}_W=0$$

由于在此种情况下，中线电流为零，因而取消中线也不影响三相电路的工作，三相四线制就变成了三相三线制。通常在高压输电线路中，由于三相负载都是对称的三相变压器，所以都采用的是三相三线制输电。另外在工厂中广泛使用的三相电动机也属于对称负载，对其供电采用的也是三相三线制。

2. 对称负载三角形连接的分析与计算

负载三角形连接时，若三相负载对称，则各相的电流也是对称的，各相电流的数值均相同。根据欧姆定律可知，它们的大小都等于各相的电压除以各相的阻抗，即

$$I_{D相} = \frac{U_{D相}}{Z_{D相}}$$

各相负载电压与该相电流之间的相位差为

$$\varphi = \arctan \frac{X}{R}$$

二、中线的作用

三相负载不对称时，如果没有中线或中线阻抗较大，就产生中性点电压（$\dot{U}_{NN'} \neq 0$），这时负载中点的电位与电源中点的电位不相等，这种现象称为中性点位移。中性点位移会使各相负载电压不对称，有的高于额定电压，使设备可能损坏；有的低于额定电压，使设备不能正常工作。

为了防止发生中性点位移现象，必须装设一根阻抗很小的中线，将电源中点 N 和负载中点 N' 连接起来，迫使电源中点与负载中点等电位，即使 $U_{NN'} \approx 0$，从而保证三相负载相电压接近于对称，近似等于电源相电压，这就是中线的作用。

为了防止中线断开，规定在中线上不允许装设开关和熔丝，而且中线连接要可靠，并具有一定的机械强度。

第七章
电子基础知识

第一节　常用半导体器件

一、二极管

1. 二极管的结构、符号和类型

1）结构和符号

二极管实质上就是一个PN结，从P区和N区各引出一条引线，然后再封装在一个管壳内，就制成了一个二极管。P区的引出端称为正极（或阳极），N区引出端称为负极（或阴极），如图7－1a所示。图形符号如图7－1b所示，箭头指向为PN结正向电流的方向。

由于功能和用途的不同，二极管的大小、外形、封装各异。小电流的二极管常用玻璃壳或塑料壳封装。电流较大的二极管，工作时温度较高，因此常用金属外壳封装，且外壳就是一个极，并制成螺栓形，以便与散热器连成一体。二极管外壳上一般印有符号表示极性，正、负极的符号和引线一致。有的在外壳一端印有色圈表示负极，还有一些其他的表示方法，在使用时要注意。图7－2所示是几种常见二极管的外形。

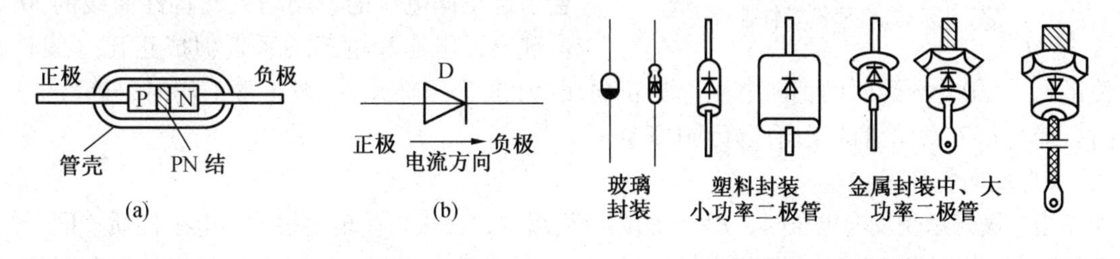

图7－1　二极管结构与符号　　图7－2　常见二极管的外形

2）类型

二极管根据外形、结构、材料、功率和用途可分成各种类型，国产二极管的型号命名方法见表7－1。

2. 二极管伏安特性

加到二极管两端的电压和流过二极管的电流两者之间存在一定的关系，这种关系常用二极管的伏安特性曲线来描述。绘制二极管伏安特性曲线的方法是以电流为纵坐标，电压为横坐标，改变电源电压，测出相应的电流，将测得的各点连接起来，便可得到较直观的二极管伏安特性曲线，如图7－3所示。

表7－1　二极管的型号

第一部分		第二部分		第三部分				第四部分	第五部分
用数字表示器件的电极数目		用汉语拼音字母表示器件的材料和极性		用汉语拼音字母表示器件的类型				用数字表示器件的序号	用汉语拼音字母表示规格号
符号	意义	符号	意义	符号	意义	符号	意义		
2	二极管	A	N型锗材料	P	普通管	C	参量管		
		B	P型锗材料	Z	整流管	U	光电器件		
		C	N型硅材料	W	稳压管	N	阻尼管		
		D	P型硅材料	K	开关管	BT	半导体特殊器件		
		E	化合物	L	整流硅				

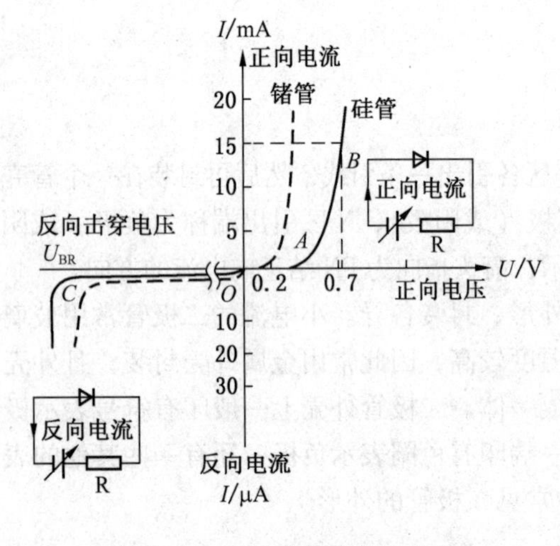

图7－3　二极管伏安特性曲线

1）正向特性

图7－3中第一象限的图形是二极管正偏时的伏安特性曲线，简称正向特性。由图可见，当正向电压较小时，外电场还不足以克服PN结内电场对多数载流子的阻力，这一范围称为死区，相应的电压称为死区电压。硅管的死区电压为0.5 V（特性曲线的*OA*段），锗管的死区电压为0.2 V。当正向电压上升到大于死区电压时，PN结内电场被削弱，因而电流增加很快（特性曲线的*AB*段），二极管正向导通。导通后，正向电压的微小增加都会引起正向电流的急剧增大，特性曲线的*AB*段陡直，电压和电流关系近似成正比（线性关系）。二极管导通时的正向电压称为正向压降（或管压降）。一般正常工作时，硅管的正向压降约0.7 V，锗管的正向压降约0.3 V。

2）反向特性

当二极管承受反向电压时，PN结的内电场增强，二极管呈现出很大的电阻性质；同时，少数载流子在反向电压作用下很容易通过PN结形成反向电流。由于少数载流子是有限的，因此在反向电压超过某一范围时，反向电流的大小基本恒定，故通常称它为反向饱和电流（特性曲线的*OC*段）。通常硅管的反向饱和电流是几到几十微安，锗管则可达到几百微安。反向饱和电流是衡量二极管质量优劣的重要参数，其值越小，二极管的质量越好。

当反向电压增大到超过某一值时（特性曲线中的*C*点），反向电流会突然增大，这种现象称为反向击穿，与*C*点对应的电压叫反向击穿电压U_{BR}。此时，若有适当的限流措施，把电流限制在二极管能承受的范围内，二极管便不会损坏；如果没有适当的限流措施，流过二极管的电流过大而导致过热——热击穿，则二极管将永久损坏。

由图7－3可知，不同材料、不同结构的二极管伏安特性曲线虽然有些区别，但形状基本相似，都不是一条直线，故二极管是非线性元件。

3. 二极管的主要参数

二极管的参数反映二极管的性能和质量。由于各种二极管具体的功能不同，应用场合不同，因此通常用一些代表性的数据来反映二极管的具体性能和使用中受到的限制，这些数据就是参数。二极管的参数在出厂时都必须在规定的条件下测试，在使用时可以根据实际需要在晶体管手册中来选取。二极管的主要参数如下：

（1）最大整流电流 I_{FM}。指二极管长期工作时，允许通过的最大正向平均电流，常称为额定工作电流，它由PN结面积和散热条件决定。最大整流电流与二极管两端的正向压降的乘积就是二极管发热的耗散功率。应用时，二极管的实际工作电流要低于规定的最大整流电流。

（2）最大反向工作电压 U_{RM}。最大反向工作电压是为保证二极管不被击穿而规定的最高反向电压，常称为额定工作电压。一般手册上给出的最大反向工作电压约为击穿电压的一半，以确保二极管安全工作。

（3）最大反向电流 I_{RM}。最大反向电流是最大反向工作电压下的反向电流。此值越小，二极管的单向导电性越好。

二、三极管

1. 三极管的结构、符号和类型

1）结构和符号

在一块极薄的硅或锗基片上通过一定的工艺制作出两个PN结就构成了3层半导体，从3层半导体上各引出一根引线就是三个电极，再封装在管壳里就制成了三极管。

三个电极分别叫作发射极e、基极b、集电极c，对应的每层半导体分别称为发射区、基区和集电区。发射区和基区交界的PN结称为发射结，集电区和基区交界的PN结称为集电结。按基片是N型半导体还是P型半导体划分，三极管有NPN型和PNP型两种组合形式，它们的基本结构如图7－4a所示。

图形符号如图7－4b所示。两种符号的区别在于发射极箭头的方向不同，箭头的方向就是发射结正向偏置时电流的方向。

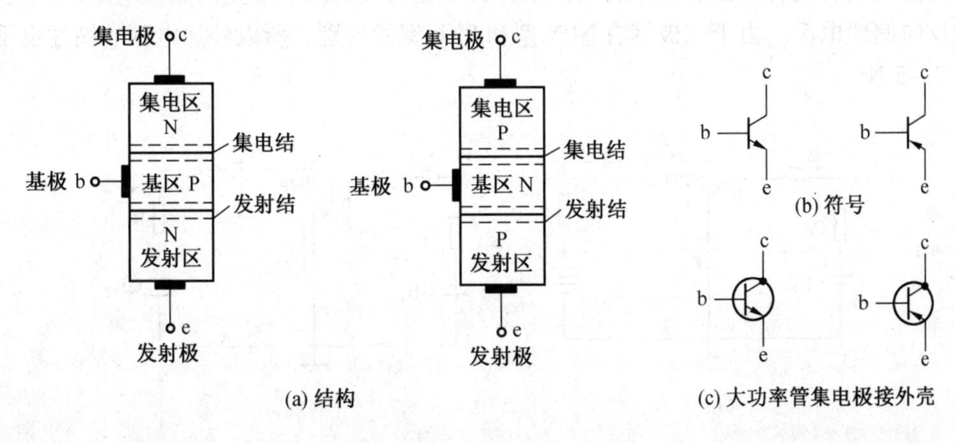

图7－4 三极管的结构和符号

2）类型

国产三极管的型号由 5 部分组成，每部分的意义见表 7－2。

表 7－2　三极管的型号

第一部分		第二部分		第三部分		第四部分	第五部分
用数字表示器件的电极数目		用汉语拼音字母表示器件的材料和极性		用汉语拼音字母表示器件的类型		用数字表示器件的序号	用汉语拼音字母表示规格号
符号	意义	符号	意义	符号	意义		
3	三极管	A B C D	PNP 型锗材料 NPN 型锗材料 PNP 型硅材料 NPN 型硅材料	X G D A U K CS	低频小功率管 高频小功率管 低频大功率管 高频大功率管 光电器件 开关管 场效应管	例：130	例：B

三极管通常按以下几个方面进行分类：

（1）依据制造材料的不同，分为锗管和硅管。硅管受温度影响小，性能稳定，使用较为广泛。

（2）依据三极管内部结构的不同，分为 NPN 型和 PNP 型两类。硅管多数是 NPN 型，且采用平面工艺制造；锗管多数是 PNP 型，且采用合金工艺制造。

（3）依据三极管的工作频率不同，分为高频管（工作频率≥3 MHz）和低频管（工作频率<3 MHz）。

（4）依据功率的不同，分为小功率管（耗散功率<1 W）和大功率管（耗散功率≥1 W）。

（5）依据用途的不同，分为普通管和开关管。

2. 三极管的电流放大作用

1）三极管的工作电压

要使三极管具有正常的电流放大作用，必须在其发射结上加正向偏置电压，在集电结上加反向偏置电压。由于三极管有 NPN 型和 PNP 型的区别，所以外加电压的极性也不同，如图 7－5 所示。

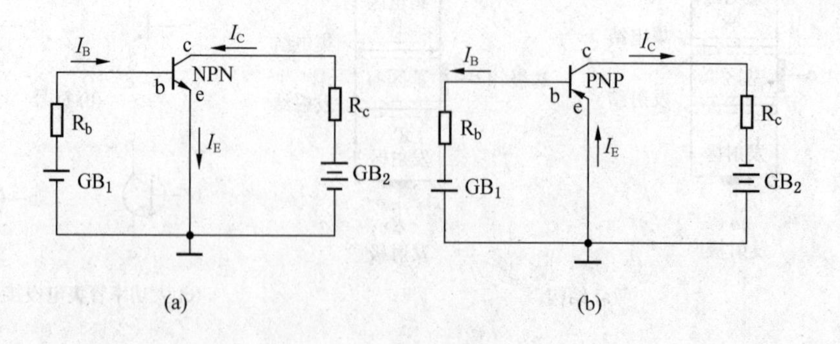

图 7－5　三极管的工作电压

由图可见，对于 NPN 型三极管，c、b、e 三个电极的电位必须符合 $U_C > U_B > U_E$；对于 PNP 型三极管，电源的极性与 NPN 型三极管相反，应符合 $U_C < U_B < U_E$。

2）三极管内电流分配关系

根据基尔霍夫定律，将三极管用一假想的封闭曲面包围起来，则流进封闭曲面的电流应等于流出封闭曲面的电流。在 NPN 型三极管中 I_B 和 I_C 是流进，在 PNP 型三极管中 I_B 和 I_C 是流出。所以不管是 NPN 型或 PNP 型三极管，都是

$$I_E = I_B + I_C$$

有时考虑到 I_B 比 I_C 小得多，为了计算方便，也可以认为

$$I_E \approx I_C$$

3）三极管的电流放大作用

三极管的电流放大作用可以通过图 7-6 所示的实验电路来分析。适当改变三极管发射结的正向偏置电压，使基极电流发生一微小变化 $\Delta I_B = I_{B2} - I_{B1}$，同时测得相应的集电极电流的变化 $\Delta I_C = I_{C2} - I_{C1}$，则三极管的电流放大倍数 β 为

$$\beta = \frac{\Delta I_C}{\Delta I_B}$$

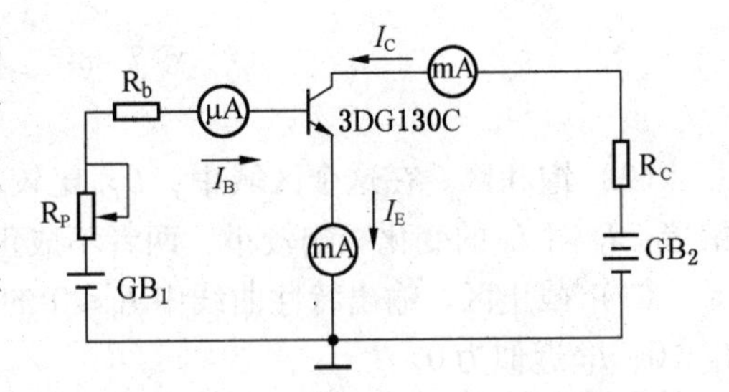

图 7-6　三极管电流放大实验电路

电流放大作用是三极管的主要特征，β 值的大小反映了三极管电流放大能力的强弱，通常在 30～100 之间较为合适。β 值太小，放大作用差；β 值太大，三极管的性能不稳定。

3. 三极管的特性曲线

三极管的性能可以通过各极间的电压与电流的关系曲线来描述。该曲线称为三极管的特性曲线，可通过实验测出。三极管共发射极接法时，各极电压和电流的方向如图 7-7 所示。

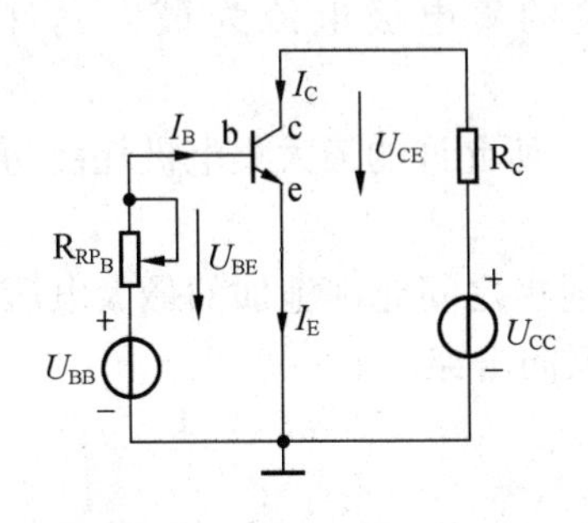

图 7-7　共发射极接法时各极电压和电流的方向

1）输入特性曲线

三极管的输入特性是指当 U_{CE} 为常数时，I_B 和 U_{BE} 之间的关系，$I_B = f(U_{BE})$，如图 7-8a 所示。输入特性曲线说明，当三极管的发射结电压大于死区电压后，随着 U_{BE} 的增加，基极电流 I_B 上升。导通后结压降的数值 U_{BE} 近似为常数。

2）输出特性曲线

三极管的输出特性是指当 I_B 为常数时，三极管的管压降 U_{CE} 和集电极电流 I_C 之间的关系，即 $I_C = f(U_{CE})$。三极管的输出特性曲线是一组曲线，一个确定的 I_B 就对应一条输出特性曲线，如图 7-8b 所示。对应于三极管的 3 个工作状态，在输出特性曲线中可分为放大、饱和及截止 3 个区域。

（1）放大区。输出特性曲线中比较平坦的部分。在这个区域中，发射结正向偏置；$U_{CE} > U_{BE}$，集电结反向偏置；$I_B > 0$；$I_C = \beta I_B$。

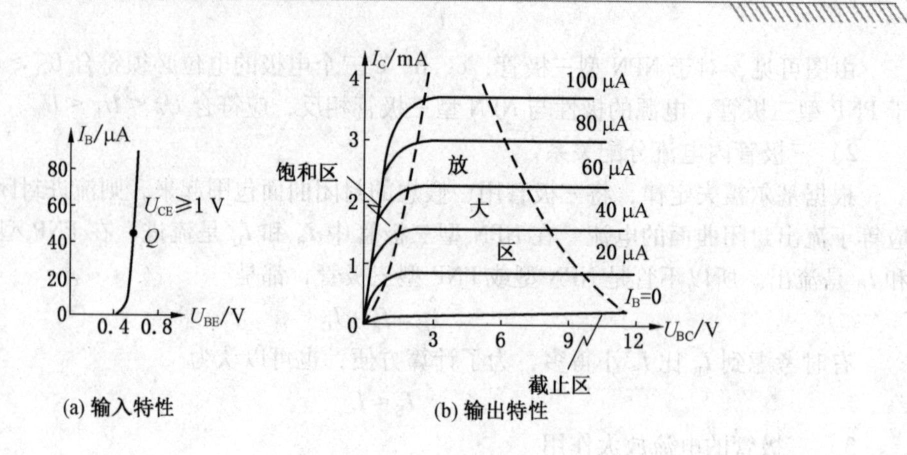

图7-8　三极管的特性曲线

（2）饱和区。在这个区域中，U_{CE} 比较小（$U_{CE}<U_{BE}$），发射结和集电结都处于正向偏置，I_B 对 I_C 的变化影响较小，两者不成正比。

（3）截止区。输出特性曲线中 $I_B\leqslant 0$ 的部分。在这个区域中，发射结处于反向偏置，$I_B=0$，I_C 近似为0。

4. 三极管的主要参数

（1）电流放大系数 $\bar{\beta}$、β。静态放大系数 $\bar{\beta}=\frac{I_C}{I_B}$；动态放大系数 $\beta=\frac{\Delta I_C}{\Delta I_B}$。实际应用中，因两者数值较为接近，常采用 $\beta\approx\bar{\beta}$ 这个近似关系。常用小功率三极管的 β 值为 20～150，离散性较大。即使是同一型号的管子，其电流放大系数也有很大的差别。温度升高时 β 会增大，使三极管的工作状态不稳定。

（2）穿透电流 I_{CEO}。穿透电流 I_{CEO} 是基极开路（$I_B=0$）时的集电极电流。I_{CEO} 随温度的升高而增大。硅管的 I_{CEO} 比锗管的小 2～3 个数量级。I_{CEO} 越小，其温度稳定性越好。

（3）集电极最大允许电流 I_{CM}。当三极管的集电极电流过大时，三极管的电流放大系数 β 将明显下降，当 β 下降到正常值的 2/3 时，对应的集电极电流为最大允许电流 I_{CM}。

（4）集电极最大允许耗散功率 P_{CM}。三极管正常工作时，所允许的最大集电极耗散功率。使用时应满足 $P_{CM}>I_C U_{CE}$，以确保三极管安全工作。

（5）反向击穿电压 $U_{(BR)CEO}$。基极开路时，集电极和发射极之间允许施加的最大电压即为反向击穿电压 $U_{(BR)CEO}$。若 $U_{CE}>U_{(BR)CEO}$，集电结将被反向击穿。

三、其他半导体器件

1. 稳压二极管

稳压二极管是一种特殊的面接触型半导体硅二极管，又叫齐纳二极管，其外形和内部结构同整流二极管相似，二者的伏安特性也相似。不同之处是稳压二极管是工作于反向击穿区，由于制造工艺不同，其反向击穿电压一般比普通二极管低很多，且它的反向特性曲线比普通二极管要陡。图 7-9a 所示是硅稳压二极管的外形图和表示符号，图 7-9b 所示是其伏安特性曲线。

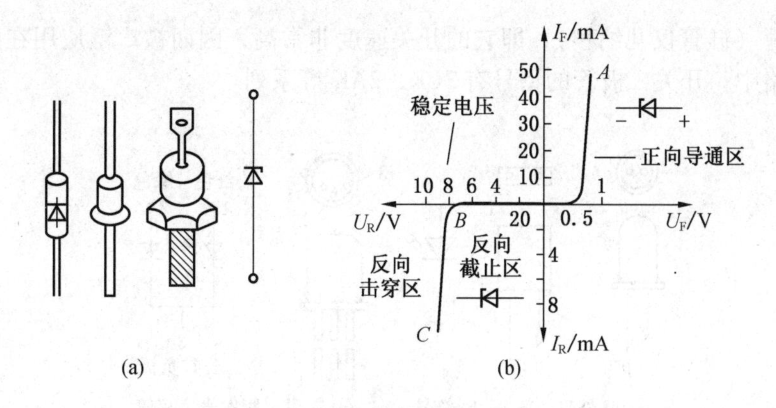

图 7-9 硅稳压管

整流二极管的散热条件是按正向导通时的功耗考虑的，当反向击穿时，反向电流会急剧上升，导致管子 PN 结发热烧毁，因此反向击穿区是不允许的。而稳压二极管，却是利用反向击穿情况下管子电流变化很大而电压基本不变的这一特性，即稳压二极管是工作在它的反向击穿区，在制造工艺上采取适当措施使稳压二极管的反向击穿是可逆的，保证稳压二极管既“击穿”而又不损坏。

稳压二极管有一定的正常工作范围，一般小功率稳压二极管电流范围为几毫安至几十毫安，如使用中超出此范围，稳压二极管会因发生热击穿而损坏，使用时一般须串联适当的限流电阻，以保证电流不超过允许值。由于硅管的热稳定性比锗管好，因此一般用硅管做稳压二极管。稳压二极管的主要参数是稳定电压 U_Z、稳定电流 I_Z、最大稳定电流 I_{Zmax} 和耗散功率 P_{ZM}。下面对各主要参数作简单说明：

（1）稳定电压 U_Z。等于稳压二极管的反向击穿电压，也就是反向击穿状态下管子两端的稳定工作电压。同一型号的稳压二极管，由于半导体器件产生的离散性，其稳定电压分布在某一数值范围内；但就某一个稳压二极管来说，在温度一定时，其稳定电压是一个定值。

（2）稳定电流 I_Z。保证稳压二极管具有正常稳压性能的最小工作电流，当工作电流低于 I_Z 时，稳压效果变差。I_Z 一般作为设计电路和选用稳压二极管时的参考数值。

（3）最大稳定电流 I_{Zmax}。稳压范围内稳压二极管允许通过的最大电流值，实际使用时电流不得超过此值。

（4）耗散功率 P_{ZM}。反向电流通过稳压二极管的 PN 结时，会产生一定的功率损耗，使 PN 结的温度升高。P_{ZM} 是稳压二极管不至于发生热击穿的最大功率损耗。它是由允许的 PN 结工作温度决定的，等于稳压二极管的最大工作电流与相应的工作电压的乘积，即 $P_{ZM}=U_Z I_{Zmax}$。如果实际功率超过这个数值，管子就要损坏。当环境温度超过 +50 ℃时，温度每升高 10 ℃，耗散功率应降低 1/100。

2. 开关二极管

开关二极管和前述普通二极管的导电特性相同，即加正向偏置电压导通，正向电阻很小；加反向偏置电压截止，反向电阻很大。开关二极管的这一特性在电路中可起到接通或关断的作用。开关二极管和普通二极管的不同之处在于通过特殊的工艺使开关二极管的开关时间非常短（硅管仅几纳秒），即它的开关速度非常高，因而被广泛应用在脉冲电路和自动控制电路中。开关二极管的型号有 2CK、2AK 等系列。

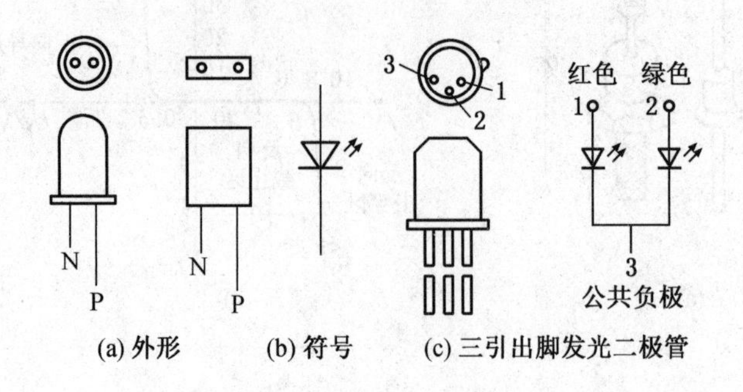

图 7－10　发光二极管的符号和外形

3. 发光二极管

发光二极管通常用砷化镓、磷化镓等半导体材料制成，它在通过正向电流时会发光，发光的颜色取决于所用的材料，可发出红、黄、绿及红外光等。发光二极管被广泛应用于数码显示、电气设备的指示灯，红外发光二极管主要用于光电传感技术。

发光二极管的型号有 2EF201 系列，有的用 LED、BT 等后面加尾数的方法表示。发光二极管通常用透明的塑料封装，管脚长的为正极，管脚短的为负极。有的发光二极管有 3 个引脚，根据管脚电压情况能发出两种颜色的光。发光二极管的符号和外形如图 7－10 所示。

第二节　共发射极放大电路的分析

在分析放大电路时，常常遇到多种交、直流电量，它们的名称较多，符号各异，为了便于说明问题，本书将电路中出现的有关电量的符号列举出来，见表 7－3。

表 7－3　放大电路中的电压和电流的名称及符号

名　称	静态值	交流分量		总电压或总电流（全量）
		瞬时值	有效值	瞬　时　值
基极电流	I_B	i_b	I_b	i_B
集电极电流	I_C	i_c	I_c	i_C
发射极电流	I_E	i_e	I_e	i_E
集－射极电压	U_{CE}	u_{ce}	U_{ce}	u_{CE}
基－射极电压	U_{BE}	u_{be}	U_{be}	u_{BE}

一、直流通路和交流通路

1. 直流通路

直流通路就是放大电路的直流等效电路，是在静态时放大电路的输入回路和输出回路的直流电流流通的路径。由于电容器对直流相当于断开，因此画直流通路时，把有电容器的支路断开，其他不变，如图 7－11b 所示。

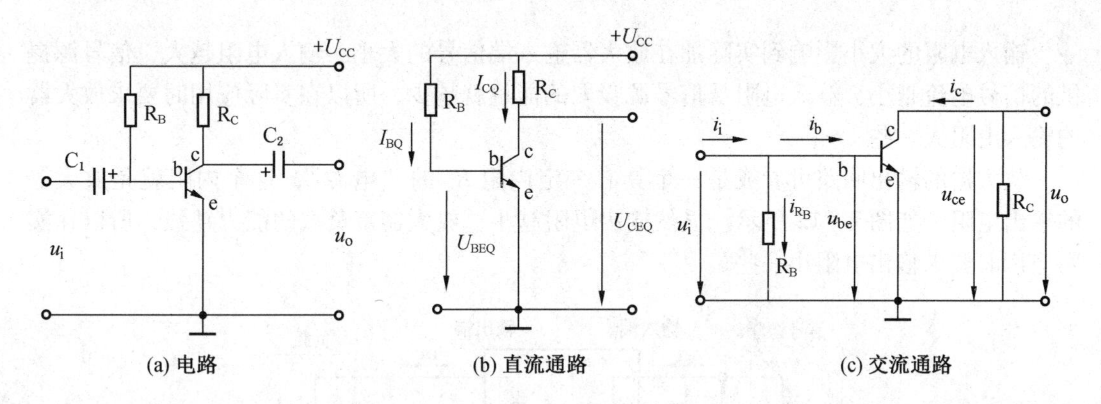

(a) 电路　　(b) 直流通路　　(c) 交流通路

图 7－11　共发射极放大电路的直流通路和交流通路

2. 交流通路

交流通路就是放大电路的交流等效电路，是在静态时放大电路的输入回路和输出回路的交流电流流通的路径。由于电容器对交流近似短路，因此画交流通路时，将电容器简化成一直线。另外电源的内阻也很小，也可以视为对交流短路，因此画交流通路时，将电源也简化成为一直线，如图 7－11c 所示。

二、近似估算法

1. 近似估算静态工作点

近似估算静态工作点时用直流通路，由图 7－11b 的直流通路可知

$$U_{CC}=I_{BQ}R_B+U_{BEQ}$$

经整理得到

$$I_{BQ}=\frac{U_{CC}-U_{BEO}}{R_B}$$

由于三极管的 U_{BEQ} 很小，硅管约 0.7 V，锗管约 0.3 V，与电源电压相比，U_{BEQ} 可忽略，因此，上式也可写为

$$I_{BQ}\approx\frac{U_{CC}}{R_B}$$

根据三极管的电流关系 $I_C=\beta I_B+I_{CEO}$，忽略穿透电流 I_{CEO} 时有

$$I_{CQ}\approx\beta I_{BQ}$$

从集电极回路来看

$$U_{CC}=U_{CEQ}+I_{CQ}R_C$$

经整理后得到

$$U_{CEQ}=U_{CC}-I_{CQ}R_C$$

2. 近似估算放大电路的输入电阻和输出电阻

当输入信号加到放大器的输入端时，放大器就相当于信号源的负载电阻，这个负载电

阻也就是放大器本身的输入电阻，如图 7－12 所示。输入电阻大小为

$$R_i = \frac{u_i}{i_i}$$

输入电阻的大小影响到实际加在放大器输入端信号的大小。输入电阻越大，信号源提供的信号电流越小，输入电阻从信号源吸取的能量就越少，所以在实际应用时要求放大器的输入电阻大一些。

放大器的输出回路可看成是一个具有一定内阻 R_o 的“电源”，这个内阻就是放大器的输出电阻，如图 7－12 所示。显然输出电阻越小，放大器带负载的能力越强，所以在实际应用时要求输出电阻小一些。

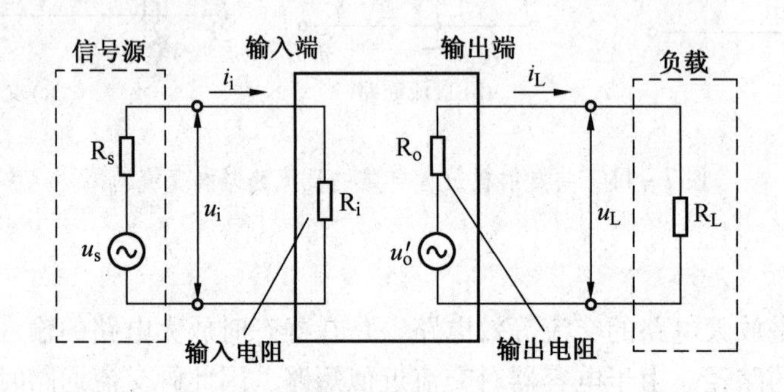

图 7－12　放大器的输入电阻和输出电阻

放大器的输入电阻、输出电阻和电压放大倍数均是与交流分量有关的参数，所以可以用交流通路来估算。

（1）输入电阻 R_i。在图 7－13a 中，交流信号电压 u_i 加在三极管的输入端基极和发射极之间时，基极将产生相应的变化电流 i_b，这反映了三极管本身具有一定的输入电阻 r_{be}。而从放大器的输入端看进去时，放大器的输入电阻就是 R_B 和 r_{be} 的并联值，如图 7－13b 所示，对于共发射极低频电压放大电路，r_{be} 可用经验公式求出

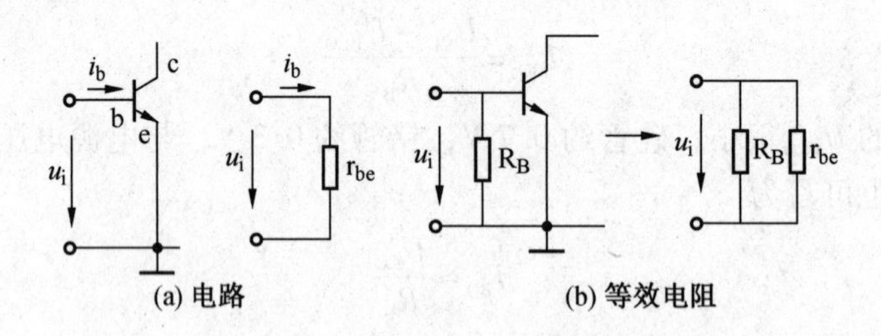

图 7－13　放大器的输入电阻

$$r_{be} = 300 + (1+\beta)\frac{26}{I_{EQ}}$$

式中　I_{EQ}——静态发射极电流（也可用 I_{CQ} 代替），mA；

β——三极管电流放大系数。

一般 I_{EQ} 为几毫安时，r_{be} 只有 1 kΩ 左右，而 R_B 常为几十到几百千欧，即 $R_B \gg r_{be}$。所以放大器的输入电阻可近似为 $R_i \approx r_{be}$。

（2）输出电阻 R_o。图 7－14b 所示为放大器输出回路的交流通路。从输出端看出，放大器可以看作为一个具有内阻 R_o 和电动势 u_o 的等效电路，如图 7－14a 所示。这个 R_o 就是放大器的输出电阻。R_o 等于三极管的集—射极等效电阻 r_{ce} 和集电极电阻 R_C 的并联值，即 $R_o \approx r_{ce} // R_C$。

在放大器中，三极管工作在放大区，集—射极等效电阻 r_{ce} 很大，一般为几十千欧至几百千欧，而 r_C 一般是几千欧，即 $r_{ce} \gg R_C$。所以放大器的输出电阻可近似为 $R_o \approx R_C$。

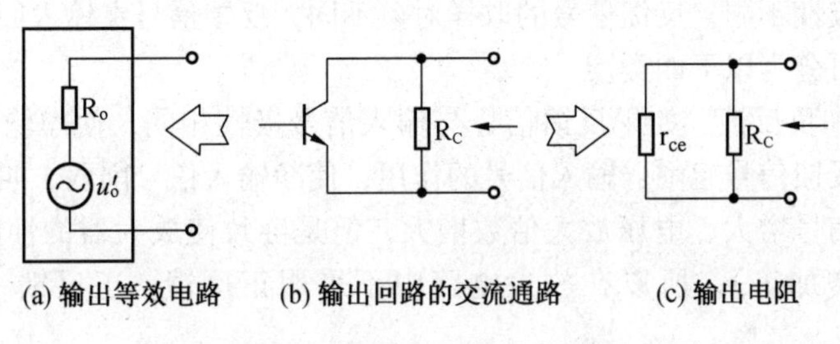

图 7－14 放大器的输出电阻

第三节 放大电路中的负反馈

一、反馈的基本概念

所谓反馈，就是将放大器的输出信号（电压或电流）的一部分或全部送回到放大器的输入端，并与输入信号（电压或电流）相合成的过程。

1. 反馈放大器的组成

图 7－15a 所示是基本放大电路框图。为了把放大器的输出信号送回到输入端，通常采用外接电阻或电容器等元件组成引导反馈信号的电路，这个电路叫反馈电路，如图 7－15b 所示。图中取样环节是表示反馈信号从放大器的输出端取出，取出的方式不同，反映反馈的类型不同。合成环节是表示反馈信号送回到放大器的输入端和原来的输入信号进行合成，合成的方式不同，反映反馈的类型不同。一般反馈放大器的框图如图 7－15c 所示。

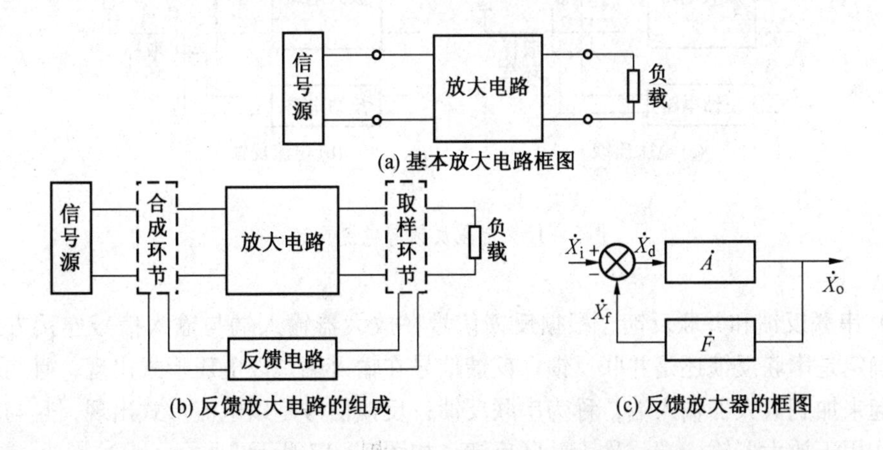

图 7－15 反馈放大器的一般框图

图 7-15c 中，$\dot{X}$ 表示一般信号量，可以是电压也可以是电流，因为它既有大小，又有相位，故用相量表示。$\dot{X}_o$ 表示输出信号，$\dot{X}_i$ 表示输入信号，$\dot{X}_f$ 表示反馈信号，$\dot{X}_d$ 表示净输入信号。比较环节输入端的“+”、“-”符号对应电路信号的假定方向，它表示 $\dot{X}_i$ 和 $\dot{X}_f$ 的极性相反，带箭头的线条表示各部分的连线，信号沿箭头方向传输。由此可见，反馈放大器是由基本放大电路和反馈电路组成的。

2. 反馈的类型

由于反馈的极性不同，反馈信号的取样对象不同，反馈信号在输入回路中连接方式也不同。反馈大致可分为以下四类。

（1）正反馈和负反馈。如果反馈信号与输入信号极性相同，使净输入信号增强，叫做正反馈；如果反馈信号起削弱输入信号的作用，使净输入信号削弱，叫做负反馈。正反馈虽然能使输入信号增大、电压放大倍数增大，但是会致使放大器的性能显著变差（工作不稳定、失真增加等），所以在放大电路中不采用正反馈。正反馈一般用于振荡电路中。

（2）直流反馈和交流反馈。对直流量起反馈作用的反馈叫直流反馈，对交流量起反馈作用的反馈叫交流反馈。典型的分压式偏置电路稳定静态工作点的作用过程就是直流反馈。如图 7-22 所示，反馈电阻为 R_E，当 I_{CQ} 上升时，$I_{EQ}(I_{CQ})$ 在 R_E 上产生的电压 U_{EQ} 也上升，这时电压又被送回到输入回路中，使 U_{BEQ} 发生变化（减小），通过 U_{BEQ}（减小）去调整 I_{BQ} 和 I_{CQ}，最终使 I_{CQ} 稳定。即使 R_E 两端不并联 C_E，R_E 两端也会产生交流电压，此时 R_E 不仅对直流量有反馈作用，对交流量也有反馈作用，可以使交流分量 I_C 得到稳定。本书只讨论交流反馈。

（3）电压反馈和电流反馈。根据反馈信号从放大器的输出端取出方式的不同，可确定是电压反馈还是电流反馈。反馈信号是直接取自输出端负载两端电压的称为电压反馈；如果取的是电流，则是电流反馈。电压反馈的取样环节与放大器输出端并联，电流反馈的取样环节与放大器的输出端串联，如图 7-16 所示。

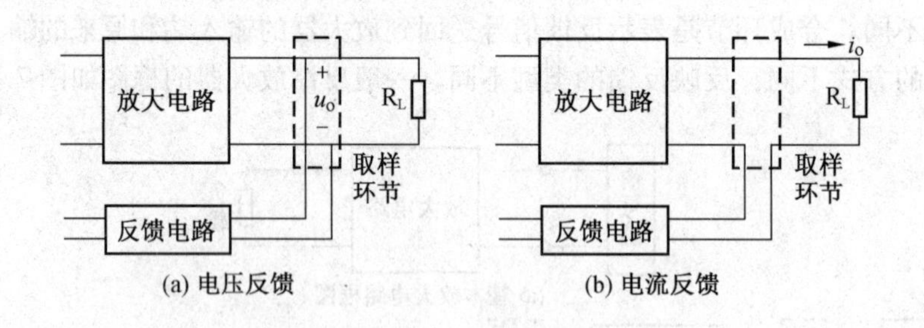

图 7-16　电压反馈与电流反馈

（4）串联反馈和并联反馈。根据反馈信号在放大器输入端与输入信号连接方式的不同，可确定是串联反馈还是并联反馈。反馈信号在输入端是以电压形式出现，且与输入电压串联起来加到放大器输入端，称为串联反馈；反馈信号是以电流形式出现，且与输入电流并联作用于放大器输入端，称为并联反馈，如图 7-17 所示。

对于常用的共发射极放大器，通常可以从反馈信号是否直接接到三极管基极来区分

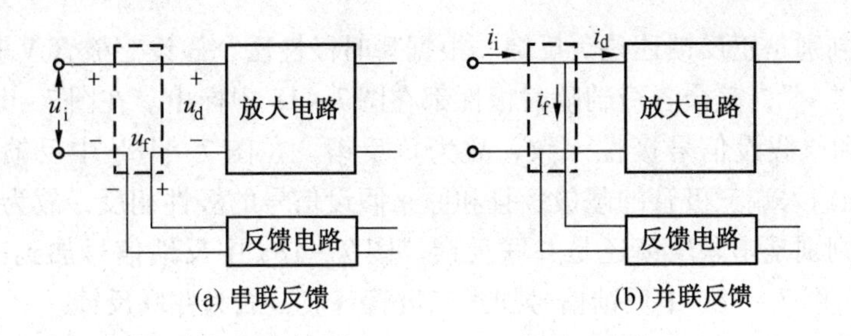

(a) 串联反馈　　(b) 并联反馈

图7－17　串联反馈与并联反馈

串、并联反馈。反馈信号直接接到三极管基极的是并联反馈，反馈信号直接接到三极管发射极的是串联反馈。必须指出，电压反馈不应该理解为反馈到输入端的信号一定以电压形式出现，虽然它在输出端取出的是电压，但在输入端以何种形式出现完全取决于它在输入端的连接方式。如果反馈信号在输入端是串联反馈时，它以电压形式出现的；如果反馈信号在输入端是并联反馈时，它则以电流形式出现。对电流反馈也应该做同样的理解。

3. 正反馈和负反馈的判别方法

通常采用极性法来判别是正反馈还是负反馈。首先介绍瞬时极性法的概念。假设在原输入信号作用下，三极管的基极电位在某一瞬时的极性为“＋”，即表示瞬时值呈增长（上升）的趋势；若瞬时极性为“－”则表示瞬时值呈减小（下降）的趋势。根据前面对共发射极放大电路的分析可知，基极的瞬时极性为“＋”（上升）时，集电极的瞬时极性为“－”（下降），发射极的瞬时极性为“＋”（上升），而且电容、电阻等反馈元件不改变瞬时极性。根据这些关系就能判别是正反馈还是负反馈。如果反馈到输入端基极的信号极性和原来假设的输入信号的极性相同，为正反馈；反之，则为负反馈。若反馈到输入端发射极的信号极性和原来假设的发射极极性相同，为负反馈；反之，为正反馈。

【例7－1】判别在图7－18a和图7－18b两个电路中，反馈元件R_f引进的是哪一种反馈类型。

解：(1) 首先判别是电压反馈还是电流反馈。图7－18a中反馈信号u_f取自放大电路输出端，故为电压反馈。图7－18b中反馈信号不是取自放大电路的输出端，故为电流反馈。

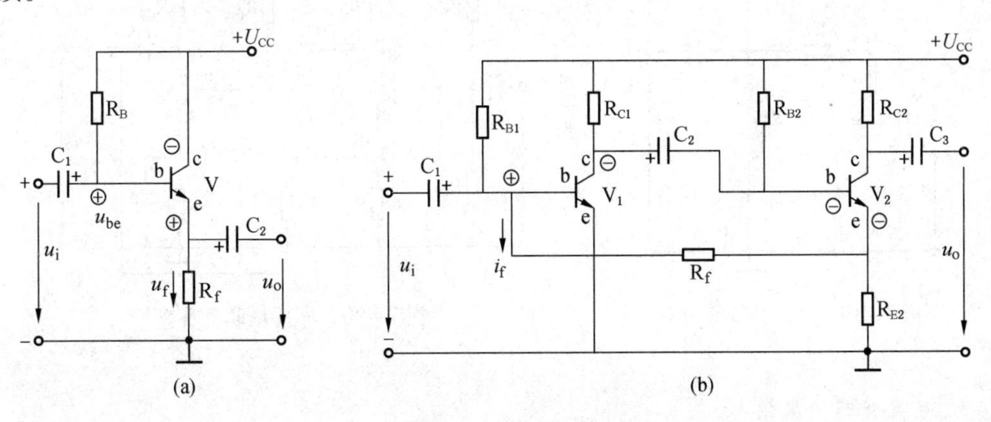

(a)　(b)

图7－18　例题电路图

（2）其次判别是正反馈还是负反馈。根据瞬时极性法，假设三极管 V 和 V_1 基极原来的信号极性为“+”，其余各极的瞬时极性都在图 7－18 中标出。在图 7－18a 中反馈信号加到发射极并和原假设信号极性一致，故为负反馈。在图 7－18b 中反馈信号的极性为“－”并且加到输入端三极管的基极，且和原来假设信号的极性相反，故为负反馈。

（3）最后判别是串联反馈还是并联反馈。图 7－18a 中反馈信号加到三极管发射极，故为串联反馈。图 7－18b 中反馈信号加到三极管基极，故为并联反馈。

所以，在图 7－18a 中 R_f 引进的是电压串联负反馈，在图 7－18b 中 R_f 引进的是电流并联负反馈。

二、负反馈的四种基本形式

1. 电压并联负反馈

图 7－19 所示是具有电压并联负反馈形式的放大电路。反馈元件为 R_f，它跨接在三极管的集电极和基极之间，将输出电压反馈到输入端，所以是电压反馈。根据瞬时极性法，假设输入电压 u_i 瞬时极性为“+”，则集电极的瞬时极性为“－”，反馈信号的极性为“－”，它反馈到输入端时和输入电压的极性相反，故为负反馈。因为反馈信号是加到基极的，故为并联反馈。所以，图 7－19 所示的电路是具有电压并联负反馈的放大器。

2. 电压串联负反馈

图 7－20 所示是具有电压串联负反馈形式的放大电路。反馈信号由放大器输出端经反馈元件 R_f 送到第一级放大器的发射极，所以是电压反馈。根据瞬时极性法，假设输入信号电压的瞬时极性为“+”，则其余各极的瞬时极性均可标出。由图可见，反馈信号极性为“+”，它反馈到 V_1 管的发射极，并且与发射极瞬时极性相同，故为负反馈，而且是串联反馈。所以，图 7－20 所示电路是具有电压串联负反馈的放大电路。顺便指出，图中 R_{E1} 和 R_f 共同起着电压串联负反馈的作用，而且 R_{E1} 还起着第一级放大器本身的电流串联负反馈的作用。

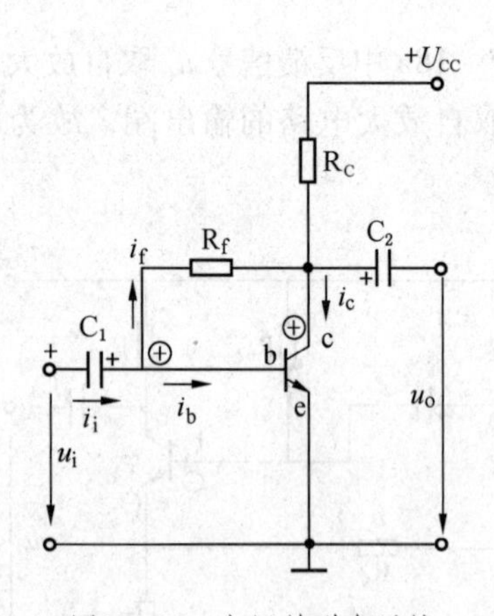

图 7－19　电压并联负反馈

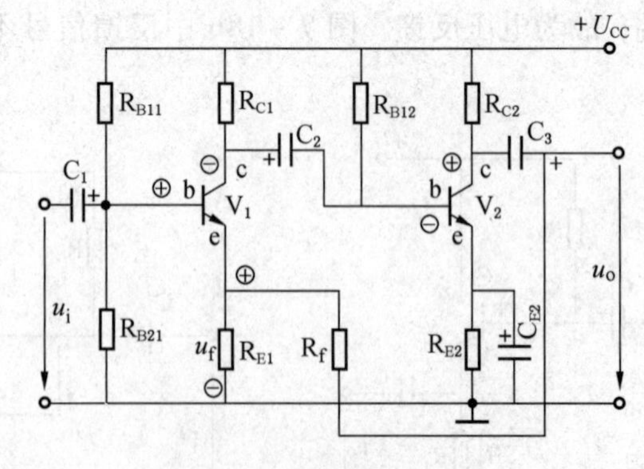

图 7－20　电压串联负反馈

3. 电流并联负反馈

图 7－21 所示是具有电流并联负反馈形式的放大电路。反馈信号不是取自放大器的输

出端，故是电流反馈。根据瞬时极性法，假设输入信号电压的瞬时极性为“+”，则其余各极的瞬时极性均可标出。由图可见，反馈信号极性为“-”，它反馈到 V_1 的基极，并且极性相反，故为负反馈，而且是并联反馈。所以，图7-21所示的电路是具有电流并联负反馈的放大器。

4. 电流串联负反馈

图7-22所示是具有电流串联负反馈的放大电路。此电路就是前述的分压式偏置电路，但去掉了与发射极并联的旁路电容 C_E。反馈信号不是取自放大器的输出端，故是电流反馈。根据瞬时极性法，反馈信号 U_f 的瞬时极性为“+”，它反馈到发射极，并和发射极的瞬时极性相同，故为负反馈，而且是串联反馈。

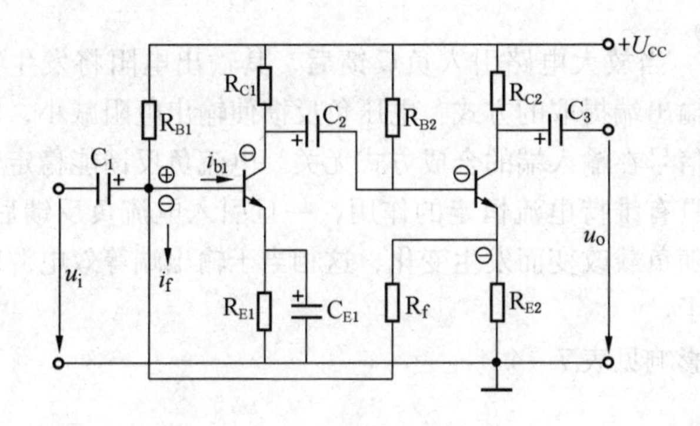

图7-21 电流并联负反馈

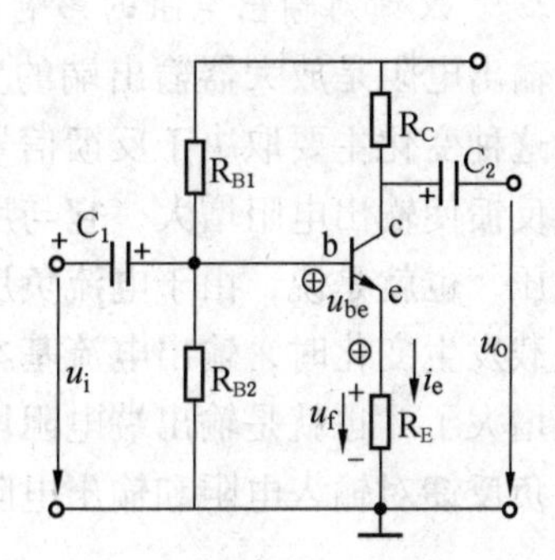

图7-22 电流串联负反馈

从上面的分析可知，对电压负反馈来说，无论反馈信号以何种方式送回到输入端，它都是利用输出电压本身的变化，通过反馈电路自动调整净输入信号大小，从而自动调整输出电压。因此，电压负反馈的特点是使放大电路的输出电压稳定。同样，对于电流负反馈来说，它也是利用输出电流本身的变化自动调整输出电流，使放大器的输出电流稳定。

三、负反馈对放大电路性能的影响

引入负反馈会对放大器的工作性能产生4个方面的影响：负反馈使放大倍数降低；负反馈提高了放大倍数的稳定性；负反馈使非线性失真减小；负反馈影响输入电阻和输出电阻的大小。

1. 负反馈对输入电阻的影响

输入电阻是放大器输入端的参数，当放大电路引入负反馈后，其输入电阻将发生变化。这种变化主要取决于反馈信号在输入端的连接方式：串联负反馈使输入电阻增大，并联负反馈使输入电阻减小，它与输出端取出反馈信号的方式无关。假设输入信号 U_i 不变，从图7-23a中可以看出，引入串联负反馈后净输入电压 $U_d=U_i-U_f$ 减小了，当然输入电流也随之减小。输入电压 U_i 不变而输入电流减小了，这说明输入电阻增大了。

从图7-23b中可以看出，引入并联负反馈后输入电流 $I_i=I_d+I_f$，负反馈放大器的输入电阻 R_i 为输入电压 u_i 与 i_i 之比，u_i 不变，而信号源提供的总电流 i_i 增大了，说明输入电阻减小了。

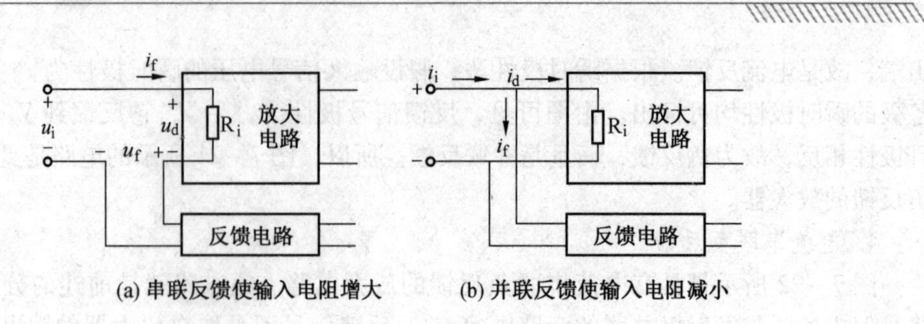

(a) 串联反馈使输入电阻增大　　(b) 并联反馈使输入电阻减小

图 7－23　负反馈对输入电阻的影响

2. 负反馈对输出电阻的影响

输出电阻是放大器输出端的参数，当放大电路引入负反馈后，其输出电阻将发生变化。这种变化主要取决于反馈信号在输出端提取的方式：电压负反馈使输出电阻减小，电流负反馈使输出电阻增大，它与反馈信号在输入端的合成方式无关。电流负反馈能稳定输出电压，也就是说，由于电流负反馈具有维持电流恒定的作用，一旦引入电流负反馈后，当负载发生变化时，输出电流基本不随负载改变而发生变化，这相当于输出端等效电源的内阻增大了，也就是输出端电阻增大了。

负反馈对输入电阻和输出电阻的影响见表 7－4。

表 7－4　负反馈对输入电阻和输出电阻的影响

反馈种类	输入电阻	输出电阻
电压并联负反馈	减小	减小
电压串联负反馈	增大	减小
电流并联负反馈	减小	增大
电流串联负反馈	增大	增大

此外，在放大电路中引入负反馈后，还能提高电路的抗干扰能力，降低噪声，改善电路的频率响应特性等。放大器多方面性能的改善都是以降低放大倍数为代价的，在实际应用中，几乎无一例外地都用到负反馈。

四、射极输出器

图 7－24 所示是一个常用的具有电压串联负反馈的放大电路，由于输出信号是从发射极取出，故称为射极输出器。

1. 射极输出器电路

在图 7－24 中，输入信号 u_i 经耦合电容 C_1 加到三极管的基极与地之间，输出信号 u_o 由发射极与地之间经耦合电容 C_2 输出。从交流通路可以看出，输入回路和输出回路的公共端为集电极 c，因此射极输出器也称为共集电极放大电路。R_E 是反馈元件，属于电压串联负反馈。

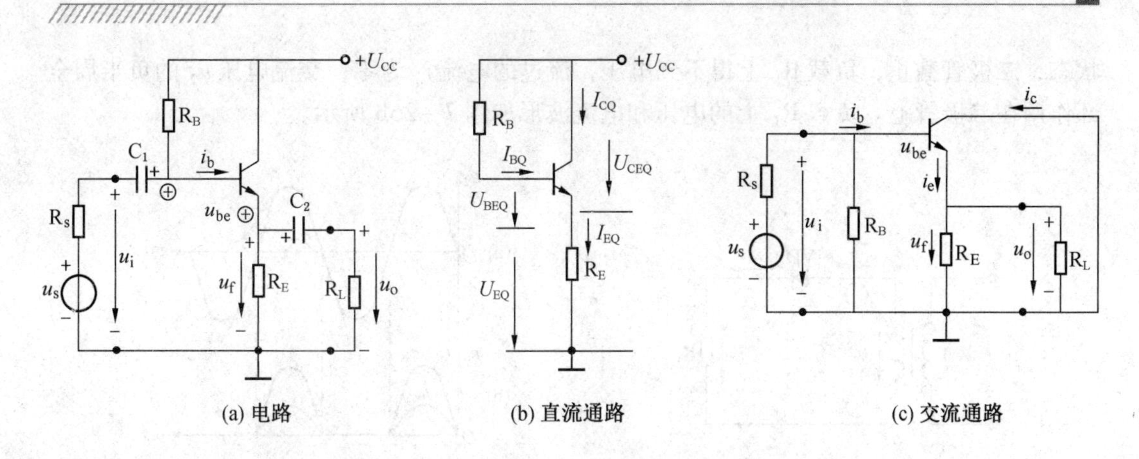

图 7-24 射极输出器电路

2. 射极输出器的特点

射极输出器具有以下特点：

（1）反馈系数为 1。

（2）电压放大倍数近似于 1。

（3）输入电压与输出电压同相。

（4）输入电阻大，输出电阻小。

3. 射极输出器的应用

射极输出器具有输入电阻高、输出电阻小及电压跟随的特点，有一定的电流和功率放大作用，应用十分广泛。主要应用于以下方面：

（1）用作多级放大器的输入级，可以提高输入电阻，减轻信号源负担。

（2）用作多级放大器的输出级，因其输出电阻小，可以提高带负载能力。

（3）用作阻抗变换器，它的输入电阻大对前级影响小，输出电阻小对后级的影响也较小，所以它可作为阻抗变换器，用它与输入电阻较小的共发射极放大器配合时正好达到阻抗匹配。由于具有上述特性，有时也用它作为隔离级，减小后级电路对前级的影响。

第四节 单相整流电路

常用的单相整流电路有单相半波整流电路、单相全波整流电路和单相桥式整流电路。

一、单相半波整流电路

单相半波整流电路如图 7-25 所示，它是最简单的整流电路。电路中只使用一个二极管，电路中变压器用来将电源电压变换到整流负载工作所需要的电压值。

单相半波整流电路的工作原理如下：设整流变压器副边的电压 $u_2=\sqrt{2}U_2\sin\omega t$，其波形如图 7-26a 所示。当 u_2 为正半周时，二极管 VD 受正向电压（或称正向偏置）而导通，如果忽略二极管正向压降，则负载 R_L 上的电压 u_o 与交流电压 u_2 的正半波相等，即正半周的电压全部作用在负载上；当交流电压 u_2 变成负半周时，二极管工作在反向偏置状态，二极管截止，负载 R_L 上得不到电压，流过的电流 i_o 为零，交流电压 u_2 的负半周全部作用在二极管上。负载 R_L 上的电压和电流波形如图 7－26b 所示。

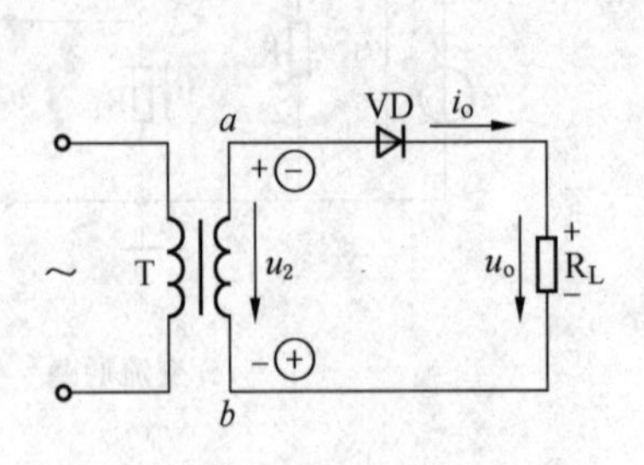

图 7－25　单相半波整流电路

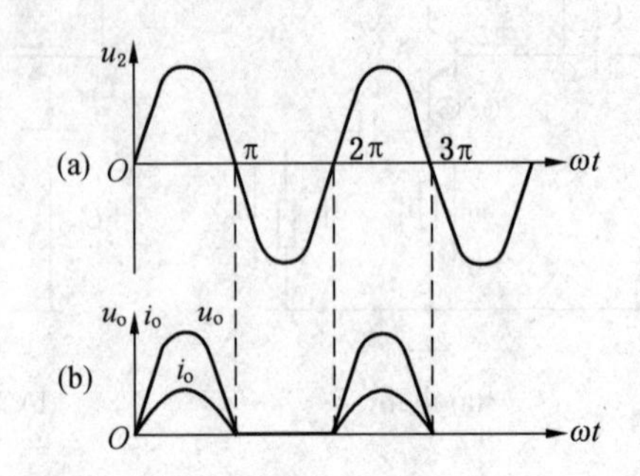

图 7－26　单相半波整流电路的电压和电流波形

整流后 u_o 虽然方向不变，但大小时刻变化，所以一般是由一个周期的平均值来表示其大小。单相半波整流电压的平均值为

$$U_o = 0.45U_2$$

由此得到整流电流的平均值为

$$I_o = \frac{U_o}{R_L} = 0.45\frac{U_2}{R_L}$$

由于二极管 VD 与负载 R_L 串联，所以流过 VD 的电流平均值为

$$I_D = I_o = 0.45\frac{U_2}{R_L}$$

二极管不导通时，承受的是反向电压，其承受最大反向电压 U_{DRM} 是被整流的交流电压 u_2 的最大值，即

$$U_{DRM} = \sqrt{2}U_2$$

在整流电路的实际应用中，应根据以上关系选择二极管及变压器，对二极管的最大整流电流及反向峰值电压要留有一定的余量，以保证二极管的安全使用。

单相半波整流电路简单，但输出电压低、脉动大、变压器利用率低，适用于小电流及要求不高的直流用电场合，如蓄电池充电、电镀等场合。

二、单相桥式整流电路

单相半波整流电路只利用了电流的半个周期，且整流电压的脉动较大，为了克服这个缺点，常采用全波整流电路。实际应用中最普遍采用的电路是单相桥式整流电路，它是由 4 个二极管接成电桥的形式构成的。图 7－27 所示是单相桥式整流电路的几种不同画法。

下面按照图 7－27 中第一种连接形式分析单相桥式整流电路的工作情况。

当变压器副边电压 u_2 在正半周时，其极性为上正下负，即 a 点电位高于 b 点。电路中 a 点电位最高，b 点电位最低，二极管 VD_1 和 VD_3 导通，VD_2 与 VD_4 反向偏置而截止。电流 i_1 由变压器副绕组 a 端经 VD_1 到 R_L 再经 VD_3 回到 b 端，这时负载电阻 R_L 上得到一个半波电压和电流。电压 u_2 在负半周时，a 点电位低于 b 点，二极管 VD_2 和 VD_4 导通，而 VD_1 和 VD_3 截止，电流由 b 端经 VD_2 到 R_L，再经 VD_4 回到 a 端，这时负载 R_L 又得到

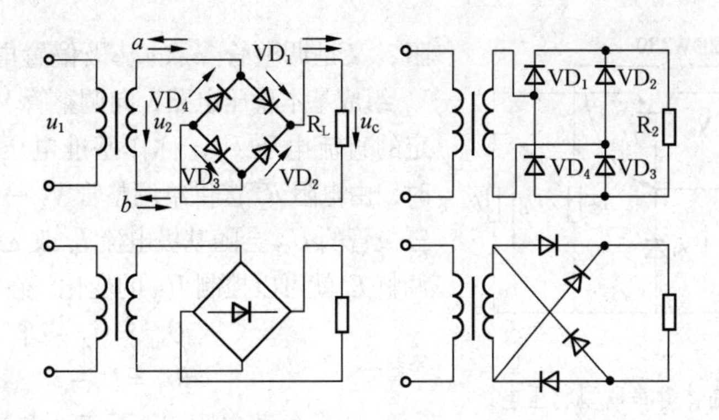

图 7-27　单相桥式整流电路

一个半波电压和电流，如图 7-28 上得到两个正半周电压和电流。显然，全波整流电路的整流电压平均值 U_o 比半波整流时增加了一倍，即

$$U_o = 2 \times 0.45U_2 = 0.9U_2$$

相应地，负载中流过的电流平均值也增加了一倍，即

$$I_o = \frac{U_o}{R_L} = 0.9\frac{U_2}{R_L}$$

由于单相桥式整流是 VD_1 和 VD_3，VD_2 和 VD_4 串联后轮流导通的，每两个二极管串联导电半周，因此流过每个二极管的平均电流只是负载电流的一半，即

$$I_D = \frac{1}{2}I_o = 0.45\frac{U_2}{R_L}$$

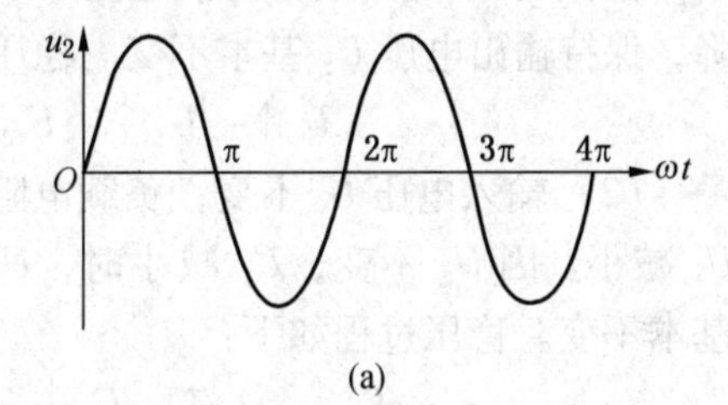

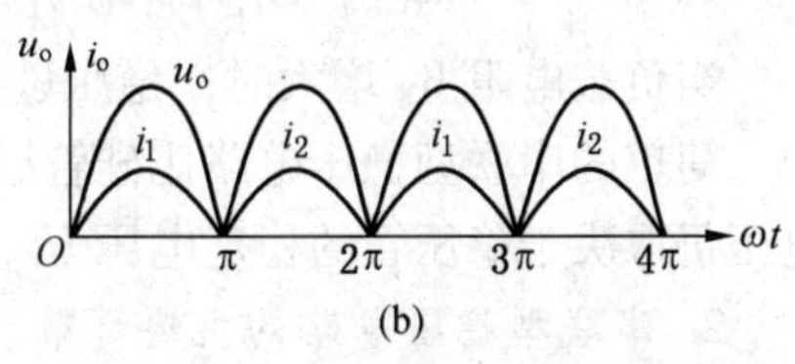

图 7-28　单相桥式整流电路的电压与电流波形

至于二极管截止时承受的最高反向电压，从图 7-27 中可以看出，当 VD_1 和 VD_3 导通时，如果忽略二极管的正向压降，截止管 VD_2 和 VD_4 的阴极电位就等于 a 点的电位，阳极电位就等于 b 点的电位。所以，截止管所承受的最高反向电压就是电流电压的最大值，即

$$U_{BDM} = \sqrt{2}U_2$$

这一点与单相半波整流电路相同。

单相桥式整流电路与单相半波整流电路相比，虽然需用的整流二极管在数量上增多些，但是变压器利用率提高了，输出的直流电压值增高了，且脉冲减小了，因而得到了广泛应用。

第五节　稳　压　电　路

一、串联型稳压电路

1. 简单串联型稳压电路

图 7-29 所示是一个简单的晶体管串联型稳压电路，图中 R_1 既是稳压管 V_1 的限流电

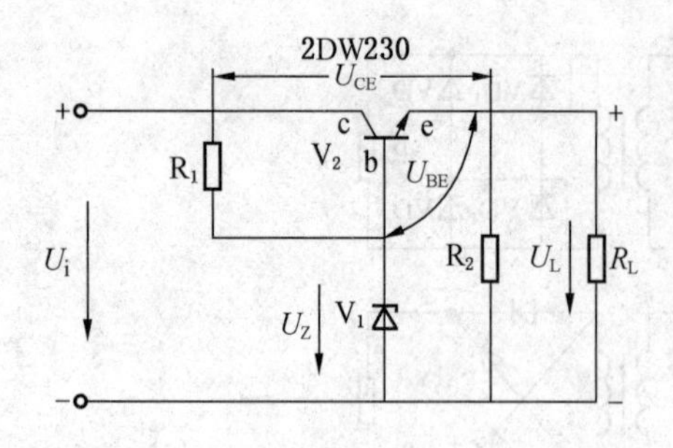

图 7-29　简单晶体管串联型稳压电路

阻，又是调整管 V_2 的基极偏置电阻，它和稳压管 V_1 组成基本稳压电路，向调整管 V_2 基极提供一个稳定的直流电压 U_Z，称作基准电压。当负载 R_L 开路时，由电阻 R_2 提供给调整管 V_2 一个直流通路。由于三极管的 U_{CE} 会随基极电流 I_B 改变而改变，所以只要调整 I_B 就可以控制 U_{CE} 的变化。在图 7-29 中：

$$U_{BE}=U_Z-U_L$$

$$U_L=U_i-U_{CE}$$

(1) 负载电阻 R_L 不变，电源电压升高引起输入电压 U_i 增大，导致稳压电路输出电压 U_L 增大。由于稳压管 V_1 的稳定电压 U_Z 不变，U_{BE} 要减小。于是三极管基极电流减小，集电极电流也减小，使 U_{CE} 增大，最终可使 U_L 下降，保持输出电压 U_L 基本不变。稳压过程如下：

$$U_i\uparrow\rightarrow U_L\uparrow\rightarrow U_{BE}\downarrow\rightarrow I_B\downarrow\rightarrow U_C\downarrow\rightarrow U_{CE}\uparrow\rightarrow U_L\downarrow$$

(2) 输入电压 U_i 不变，负载电阻 R_L 减小引起负载电流 I_L 增大，稳压电路输出电压 U_L 减小。因 U_Z 不变，U_L 减小时，U_{BE} 增大，使 I_B 增大，I_C 增大，U_{CE} 减小，从而使 U_L 基本不变。稳压过程如下：

$$R_L\downarrow\rightarrow I_L\uparrow\rightarrow U_L\downarrow\rightarrow U_{BE}\uparrow\rightarrow I_B\uparrow\rightarrow I_C\uparrow\rightarrow U_{CE}\downarrow\rightarrow U_L\uparrow$$

当负载电阻 R_L 增大时，稳压过程与上述过程相反。

简单的串联型稳压电路比硅管稳压电路输出电流大，输出电压变动小。但是，其输出电压仍取决于稳压管的稳定电压 U_Z，当需要改变输出电压时，必须更换稳压管。

2. 串联型稳压电路的主要环节

串联型稳压电路主要由电源变压器、整流滤波电路、基准电压电路、取样电路、比较放大电路、调整器件等组成，如图 7-30 所示。下面结合图来讨论电路各主要环节的作用。

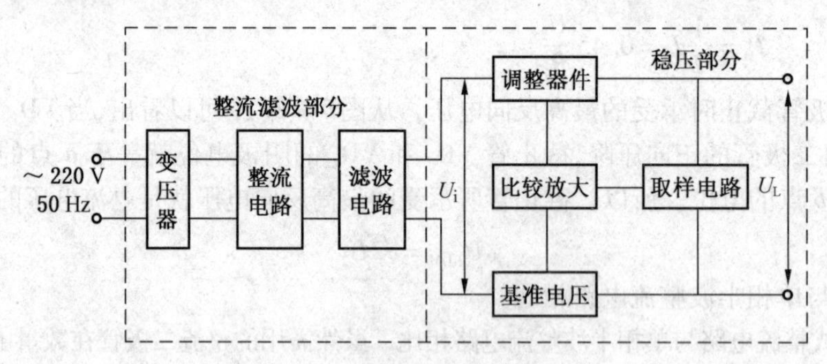

图 7-30　串联型稳压电路功能方框图

1) 整流滤波电路

整流滤波电路的作用是为稳压电路提供一个比较平滑的直流输入电压 U_i。显然，U_i 比稳压电路输出电压 U_L 高得越多，调整管可以调整的稳压范围就越大。但 U_i 如果高得太多，调整管管压降 U_{ce} 太大，就会导致功率损耗过大，管子发热；U_{ce} 太小，则容易进入饱和区，失去调整能力。一般 U_{ce} 取值为 3～8 V。调整管最不利的工作条件是输入电压最小值即 $U_{imin}=0.9U_i$，和输出电压 U_L 为最大值即 $U_{Lmax}=1.1U_L$。因此，为使稳压电路正常工作，输入电压 U_i 可按下式确定：

$$U_{imin} = U_{Lmax} + U_{ce}$$

2）基准电压电路

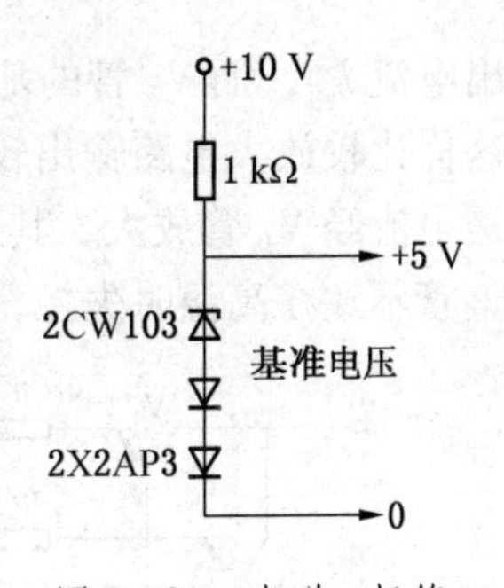

图 7－31　串联二极管调整基准电压

基准电压电路一般由稳压管串限流电阻构成。限流电阻应保证 U_i 在一定变化范围内，稳压管工作电流始终在最大稳压电流和最小稳压电流之间，基准电压应有较高的稳定性。精度较高的稳压电路常采用热稳定性高的 2DW230 等稳压管，或用温度系数相反的锗二极管与普通稳压管串联来补偿温度引起的精度变化，如图 7－31 所示。基准电压电路的稳压值还可以利用正向电压不同的硅、锗二极管与稳压管串联来调整。

3）取样电路

取样电路的作用是将输出电压变动量的一部分取出，加到比较放大器和基准电压进行比较、放大。通常流过取样电路的电流应远大于放大管基极电流，使取样电压不受放大管基极电流影响。

4）比较放大器

比较放大器的作用是将取样电路送来的电压和基准电压进行比较、放大，再去控制调整管以稳定输出电压。比较放大器应有较高的放大倍数以提高稳压精度。同时，作为直流放大器，还要求它对零点漂移能进行较好的抑制。在稳定度要求较高的电路中，常采用集成运放作为比较放大电路。

5）调整器件

调整器件是稳压电路的核心环节，一般采用工作在放大状态的功率三极管，其基极电流受比较放大电路输出信号的控制。稳压电路输出的最大电流也主要取决于调整器件。调整管的选择原则是工作可靠，要求在各种极限工作条件下调整管都不会损坏。其集电极与发射极之间的击穿电压应满足以下要求：

$$U_{(BR)CEO} > U_{imax} - U_{Lmin}$$

式中　U_{imax}——电网电压上升 10% 时整流电路输入电压的最大值，即 $U_{imax} = 1.1U_i$，V；

U_{Lmin}——稳压电路输出电压的最小值，V。

集电极最大允许电流应满足以下要求：

$$I_{CM} \geqslant 1.5I_{LM}$$

调整管在配有额定面积散热片时，其允许的最大耗散功率 P_{CM} 应满足以下要求：

$$P_{CM} \geqslant 1.5I_{LM}U_{(BR)CEO}$$

式中　I_{LM}——最大输出电流，A。

在实际的调整电路中，当一只三极管的电流不能满足要求时，可以将特性一致的三极管并联起来使用，如图 7－32a 所示。为使各管电流基本均衡，接入均流电阻 R。为避免增加功耗，其阻值不宜过大，一般取零点几欧。

调整管大多采用大功率三极管，而大功率三极管的 β 往往较小。由于三极管的基极电流 $I_B \approx I_L/\beta$，所以输出电流较大时，稳压电路用的调整管要求有较大的 I_B。如果比较放大电路输出的电流较小，不足以控制调整管的集电极电流，那么可以用复合管来担任调整管，如图 7－32b 所示。其中大功率管 V_1 的 I_{E1} 提供输出电流，V_1 管的 I_{B1} 就是 V_2 管的输

出电流 I_{E2}，而 V_2 管的基极电流 I_{B2} 取决于比较放大电路的输出电流，显然 $I_{E1}\approx\beta_1\beta_2 I_{B2}$，这样比较放大电路输出较小的电流，就足以保证它对调整管的有效控制。但是 V_2 管的穿透电流经 V_1 管放大，其影响增大，为了减少复合管的穿透电流，在电路中接入 R_B，使调整管不致在高温时失控，以提高温度稳定性，如图 7－32c 所示。

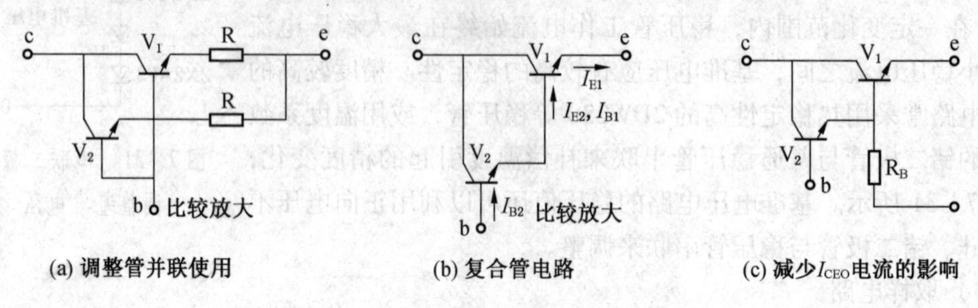

图 7－32　调整管的并联与复合使用

二、集成稳压器

利用分立元件组装的稳压电路，输出功率大，安装灵活，适应性广，但体积大，焊点多，调试麻烦，可靠性差。随着电子电路集成化的发展和功率集成技术的提高，出现了各种各样的集成稳压器。所谓集成稳压器是指将调整管、取样放大、基准电压、启动和保护电路等全部集成在一个半导体芯片上而形成的一种稳压器。它具有体积小、稳定性高、性能指标好等优点。图 7－33 所示为典型的 CW78××系列集成稳压器的内部功能框图。集成稳压器的种类很多，按原理可分为串联调整式、并联调整式和开关调整式 3 种；按引出端一般又可分为三端式和多端式；按外形封装方法不同可分为金属封装或塑料封装。集成稳压器外形与三极管相似，图 7－34 所示为几种三端集成稳压器外形及封装。下面主要介绍两种三端集成稳压器的型号。

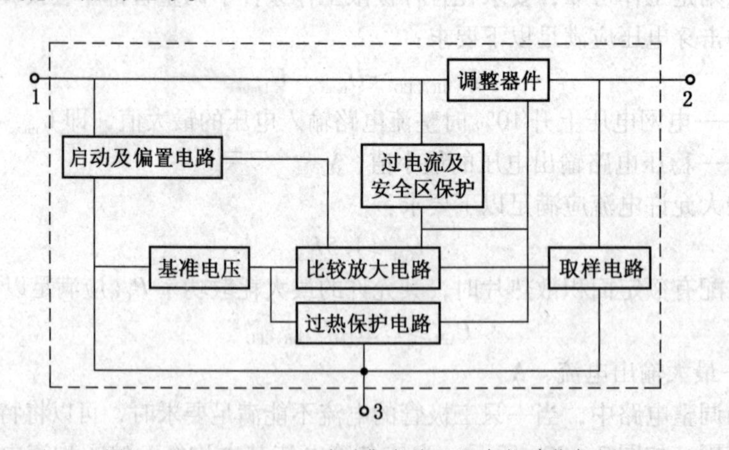

图 7－33　CW78××系列集成稳压器内部功能框图

1. 三端固定输出稳压器

所谓三端是指电压输入、电压输出和公共接地三端。此类稳压器输出电压有正、负之分。常用的 CW78××系列是输出固定正电压的稳压器，CW79××系列是输出固定负电压的稳压器，其型号意义如下：

它们的输出电压均分有9种系列，如CW7812表示稳压输出+12 V电压。每个系列均有两种封装形式，如图7-34所示。CW78××系列和CW79××系列管脚功能有较大差异，这一点需要注意。三端集成稳压器型号和外形对照见表7-5。

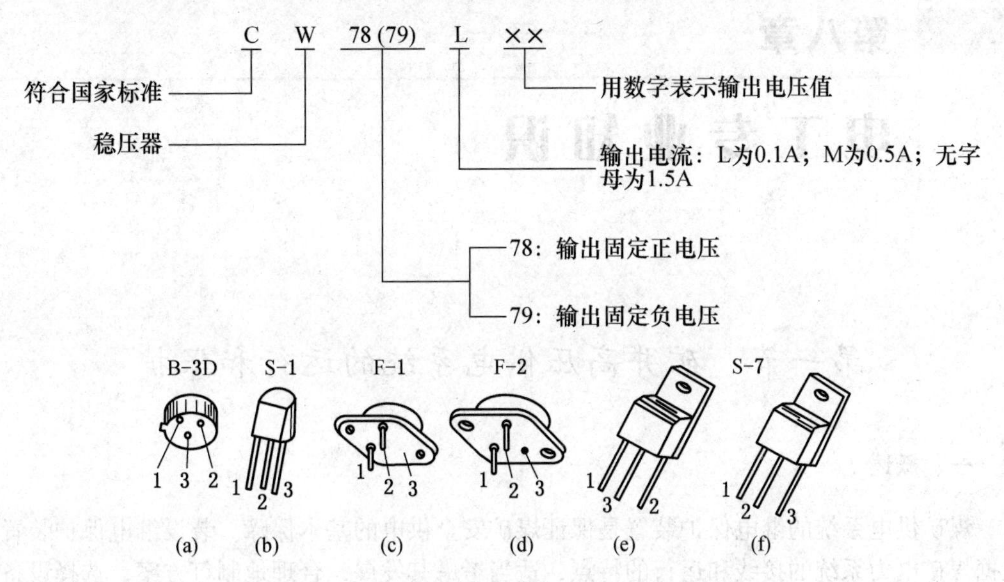

图7-34 几种三端集成稳压器外形及封装

表7-5 三端集成稳压器型号和外形对照表

型 号	适 用 图 形	管 脚 排 列
CW78L××，CW79L××	图7-34a，图7-34b	CW78系列： 1—输入端；2—输出端；3—公共端 CW79系列： 1—公共端；2—输出端；3—输入端
CW78M××，CW79M××	图7-34c，图7-34e	
CW78××，CW79××	图7-34d，图7-34e，图7-34f	

2. 三端可调输出稳压器

所谓三端是指电压输入、电压输出和电压调整三端。其可调输出电压也有正、负之分，如CW117、CW217、CW317为可调输出正电压稳压器；CW137、CW237、CW337为可调输出负电压稳压器。它们的输出电压分别为±1.2～±37 V，连续可调。输出电流及类别可从型号看出，如CW317L：

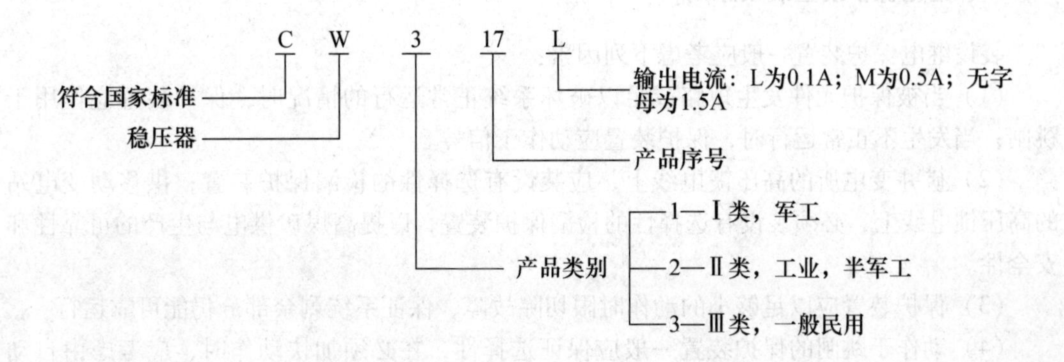

第八章

电工专业知识

第一节　矿井高压供电系统的运行和保护

一、概述

煤矿供电系统的继电保护装置是保证煤矿安全供电的基本保障。装设继电保护装置应根据煤矿电力系统的接线和运行的特点，适当考虑其发展，合理地制订方案，选择设备力求技术先进、经济合理。

电力系统中的电力设备和线路应有主保护和后备保护，必要时可增设辅助保护。

（1）主保护。满足系统稳定及设备安全要求，有选择地切除被保护设备和全线路故障的保护。

（2）后备保护。在主保护拒绝动作时切除故障的保护。后备保护可分为远后备和近后备两种形式。远后备，当主保护拒绝动作时，由相邻设备或线路的保护实现后备。近后备，当主保护拒绝动作时，由本设备或线路的另一套保护实现后备；当断路器拒绝动作时，由断路器失灵保护实现后备。

（3）辅助保护。为补充主保护和后备保护的不足而增设的保护。

主保护是在其整个被保护元件范围内考虑的。远后备由于是相邻两级之间的后备，因而是包含了断路器、操作电源的后备。而近后备则不能，它尚需考虑断路器和操作电源工作的可靠性而采取措施，这种后备在煤矿电力系统的继电保护中应用甚少。

二、继电保护装置装设原则

装设继电保护装置一般应考虑下列因素：

（1）当被保护元件发生短路或足以破坏系统正常运行的情况时，保护装置应作用于跳闸；当发生不正常运行时，保护装置应动作于信号。

（2）矿井变电所的高压馈电线上，应装设有选择性的检漏保护装置；供移动变电站的高压馈电线上，必须装设有选择性的检漏保护装置，以提高煤矿供电与生产的可靠性和安全性。

（3）保护装置应以足够小的动作时限切除故障，保证系统剩余部分仍能可靠运行。

（4）动作于跳闸的保护装置一般应保证选择性，在必须加快动作时，应考虑由自动重合闸来补救保护的无选择性动作。

(5) 选择保护方式时，不应考虑可能性很小的故障类型和运行方式。为提高其工作可靠性，应力求使用最少数量的继电器和触点，并使其接线尽量简单可靠。

(6) 保护装置除作为被保护元件的主保护外，如有可能还应作为相邻元件的后备保护。

(7) 为了起到对相邻元件的后备保护作用而使保护装置复杂化，或在技术上不能完全达到后备作用时，允许缩小后备保护的范围。

(8) 在可能出现的最不利方式或故障类型下，保护装置应对计算点有足够的灵敏度。

$$\text{反应电气量上升的保护装置灵敏系数}=\frac{\text{保护范围内发生金属性短路时故障参数计算值}}{\text{保护装置的动作参数整定值}}$$

$$\text{反应电气量下降的保护装置灵敏系数}=\frac{\text{保护装置的动作参数整定值}}{\text{保护范围内发生金属性短路时故障参数计算值}}$$

各种灵敏系数的概略值如下：

(1) 过电流或负序过流式保护为1.3～1.5。

(2) 电流方向保护的启动元件为1.3～1.5，对于接在全电流或全电压的方向元件没有规定。

(3) 阶梯式电流、电压保护在被保护元件末端短路为1.3～1.5，线路、电力变压器和发电机的纵联差动保护装置约为2。

(4) 后备保护的最小灵敏系数约为1.2。

(5) 作为线路辅助保护的无时限电流速断的最小保护范围，在正常运行方式下一般不小于被保护线路的15%～20%；若按保护安装处短路计算，灵敏系数应大于1.2。

三、继电保护装置的任务

矿山供电系统在运行中可能发生一些故障和不正常的运行状态。常见的主要故障是相间短路和接地故障，以及变压器、电动机和电力电容器的匝间或层间短路故障。不正常的运行状态主要是指过负荷、一相断线、一相接地及一相漏电等不正常工作情况。

短路故障往往造成严重后果，并伴随着强烈电弧、发热和电动力，使回路内的电气设备遭受损坏。长期过负荷将使设备绝缘老化。一相断线易引起电动机过负荷。对于中性点不接地系统，一相接地使其他两相对地电压升高$\sqrt{3}$倍，并可能形成电弧接地过电压，引起相间短路。因此，当故障或不正常状态发生时必须及时消除。为了保证安全可靠供电，供电系统的主要电气设备及线路都要装设继电保护装置，其任务包括：

(1) 当被保护系统发生故障时，保护装置迅速动作，有选择地将故障部分切断，以减轻故障危害，防止事故蔓延。

(2) 当设备出现不正常运行状态时，保护装置可作用于信号，也可以作用于动作。

四、继电保护装置的种类

在矿井供电系统中，应用了各种继电保护装置，尽管在结构上各不相同，但基本上由以下3种功能元件组成，如图8－1所示。其中测量元件用来反映和转换被保护对象的电气参数，经过它综合和变换后送给逻辑元件，与给定值进行比较做出逻辑判断。当区别出被保护对象有故障时，启动执行元件发出操作命令，使断路器跳闸。

图8-1　继电保护装置功能框图

继电器根据其反应物理量的不同分为电流、电压、功率、阻抗等继电器；按作用原理分为电磁型、感应型、整流型和晶体管型等几种；根据测量元件与主电路连接方式不同，又分为一次作用式（直接与主回路连接）和二次作用式（经互感器连接）；根据执行元件作用于跳闸的方式不同分为直接作用式与间接作用式。

五、继电保护装置基本要求

（1）选择性。是指当系统发生故障时，保护装置仅将故障部分切除，使停电范围尽量缩小，从而保证非故障部分继续运行。

（2）快速性。快速切除故障可以减轻故障的危害程度，加速系统电压的恢复。切除故障的时间包括继电保护的动作时间与断路器跳闸时间。

（3）灵敏性。是指保护装置对保护范围内故障的反应能力，一般用灵敏系数 K 衡量。

$$K=\frac{\text{保护区末端金属性短路时故障参数的最小计算值}}{\text{保护装置动作整定值}}$$

（4）可靠性。是指在保护范围内发生故障时，保护装置应正确动作，不应拒动；在不该动作的时候，不应误动。

六、电网相间短路的电流电压保护

输配电线路发生相间短路故障时的主要特点是线路上电流突然增大，同时故障相间的电压降低，利用这些特点可以构成电流电压保护。这种保护方式包括：有时限（定时限或反时限）的过流保护，无时限或有时限的电流速断保护，三段式电流保护等。

常用的电流电压保护继电器有电磁型继电器、感应型电流继电器和晶体管型电流继电器。

1. 电磁型继电器

电磁型继电器的结构形式有螺管式、拍合式、转动舌片式、极化式和干簧式，如图8-2所示。电磁型继电器由于结构简单、工作可靠，因此用途广泛如电流、电压、中间、信号和时间继电器等。

1）电磁型电流继电器

电磁型电流继电器通常采用图8-3所示的转动舌片式磁路结构。它由电流线圈1、铁芯2、Z型衔铁3、接点系统4和反作用弹簧5等组成。继电器动作的条件是电磁力矩 M 大于弹簧反作用力矩 M_t 和可动系统摩擦力矩 M_m 之和，即 $M \geqslant M_t + M_m$。过电流继电器动作的最小电流值称为动作电流，用 I_z 表示。继电器动作电流的调节方法可采用下述的一种或多种：

（1）改变继电器的线圈匝数。

（2）改变弹簧反作用力矩 M_t。

（3）改变磁阻即调节气隙 δ 的大小。

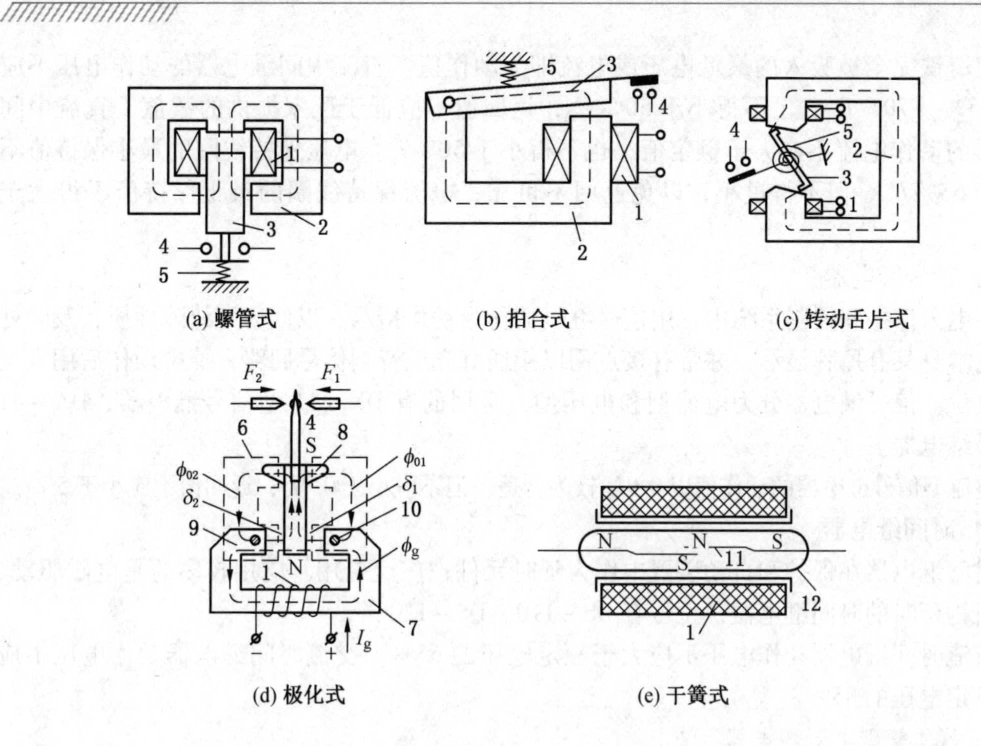

1—线圈；2—电磁铁；3—可动衔铁；4—接点；5—反作用弹簧；6—永久电磁铁；7—蹄形铁芯；8—衔铁；9—极靴；10—螺钉；11—簧片；12—密封玻璃管

图 8-2 电磁式继电器结构

继电器动作后，当电流减小时，在弹簧力的作用下衔铁将返回，这时摩擦力起阻碍衔铁返回的作用，电磁力成为制动力。因而，继电器的返回条件是 $M_t \geqslant M + M_m$。

能使继电器返回的最大电流值称为返回电流，用 I_f 表示。通常把返回电流与动作电流的比值称为继电器的返回系数，即 $K_f = I_f / I_z$。

返回系数是继电器的一项重要质量指标，通常希望返回系数越接近 1 越好。对于过电流继电器，K_f 总小于 1，而对于低压继电器，K_f 总大于 1。继电保护规程规定：过电流继电器的 K_f 应不低于 0.85；低压继电器的 K_f 应不大于 1.25。

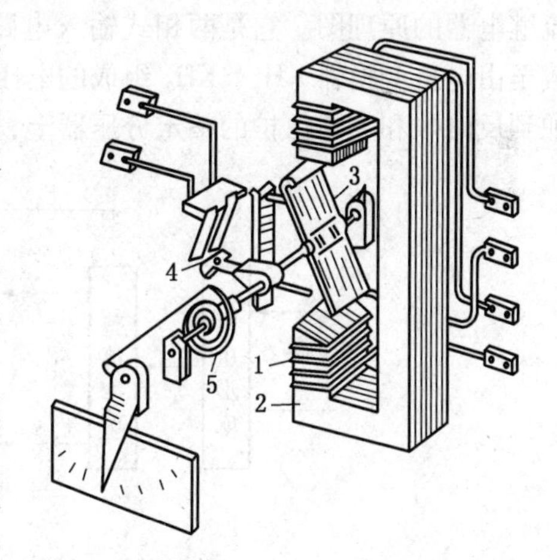

1—电流线圈；2—铁芯；3—Z 型衔铁；4—接点系统；5—反作用弹簧

图 8-3 DL-10 系列电磁型电流继电器

2）中间继电器

在保护和自动装置中，当主保护继电器的接点容量不够，或接点数量不足时，采用中间继电器作为中间转换继电器。其特点是接点数量多、容量大。中间继电器的种类很多，有单线圈和多线圈式，电压式和电流式。多线圈分为工作线圈和保持线圈，有的还带有延时特性，通常带有不同数量的常开和常闭触点以供选择。

使衔铁完全被吸入的最低电压或电流即为动作值。直流中间继电器的动作电压不应大于65% ~70% U_n，也不得小于50% U_n，返回值不应低于厂家提供的数值。直流中间继电器的动作电流不应大于额定值，也不得小于50% I_n。电压保持线圈的最小保持值不得大于65% U_n，但不得过小，以免返回不可靠；电流保持线圈的最小保持值不得大于80% I_n。

3）信号继电器

在电力保护和控制系统中，用信号继电器作为动作指示，以便区别故障性质，及时处理。它本身具有掉牌显示，并带有接点用以接通灯光或音响信号回路，掉牌动作后用人工于动复位。信号继电器分为电流型和电压型，常用的有 DX－11 型信号继电器、DA－41型信号继电器。

电流型信号继电器的动作值以0.9I_n 较为合适，但不应小于0.7I_n；返回值不应小于5% I_n。

4）时间继电器

时间继电器在保护和自动装置中作为延时元件被广泛应用。应用较多的是电磁驱动、钟表机构延时的时间继电器，型号有 DS－110、DS－120 等。

直流时间继电器动作电压不应大于额定电压的65%，交流时间继电器动作电压不应大于额定电压的85%。

2. 晶体管型电流继电器

晶体管型继电器灵敏度高，动作速度快，可靠性高，功耗少，体积小。图8－4所示为晶体管反时限过电流继电器的构成原理。一般说来它由电压形成回路、比较电路（反时限和速断两部分）、延时电路和执行元件等组成。图8－5所示是 BL－40 型反时限过电流继电器的原理图。它是两相式输入电路，来自 A、C 两相电流互感器二次线圈的电流，接至由电抗变换器 KH_1、KH_2 组成的电压形成回路，经过整流滤波后，其直流输出端并联加到反时限和速断保护的整定分压器上，并进行限幅。

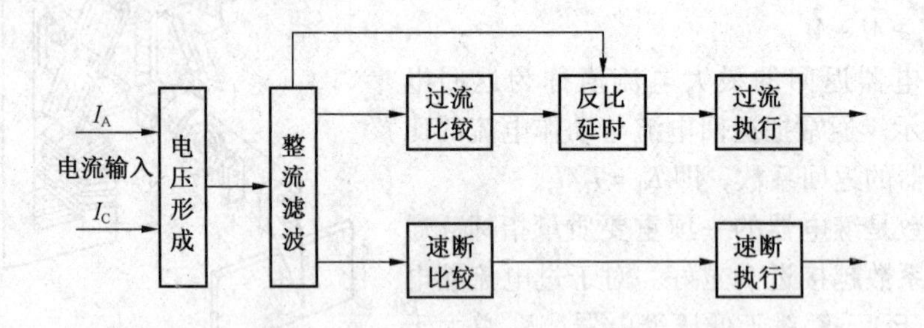

图8－4　晶体管反时限过电流继电器构成原理

由晶体管 T_1、T_2 组成的单稳触发器作为反时限过电流保护的比较元件。由 C_3 和 R_{21} 组成反比延时电路。T_5、T_6 及继电器 J_2 组成过电流保护的执行元件。由 T_3、T_4 组成的单稳触发器与继电器 J_1 组成速断保护的比较元件和执行元件。

1）触发器

在晶体管继电器中，常采用具有继电特性的触发器作为比较元件。所谓继电特性即是要求具有明确的动作值和返回值，在输入信号连续变化时，输出量具有跃变特性。

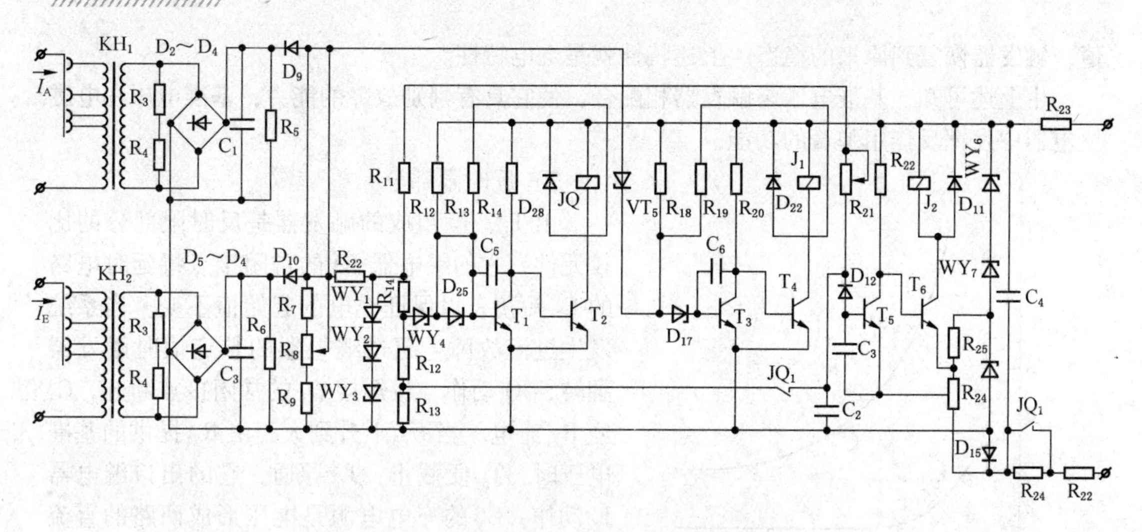

图 8-5　BL-40 型反时限过电流继电器

在晶体管继电器中常用的触发器有两种：集—基耦合单稳态触发器和发射极耦合触发器（即施密特触发器），两者都是无记忆触发器。本电路采用的是前者，电路如图 8-6 所示，其工作原理如下：

触发器由晶体管 T_1、T_2 和正反馈电阻 R_{16} 等组成。无信号输入时，T_1 饱和导通，T_2 截止，这是稳态，因 T_1 由 R_{15} 提供足够的偏流而保持导通。在触发器的输入回路设置有“基准电压”U_b（又叫门槛电压），主要由稳压管 WY_4 提供。电压形成回路的输出电压经 R_{11}、R_{12} 和 R_{13} 分压电路后加到触发器输入端的电压为 U_i，它的极性是负电压，当 $|U_i| > |U_b|$ 时，T_1 受到反向偏压作用变为截止，T_2 获得基极电流变为导通，由于正反馈的作用，上述翻转过程非常迅速，其动作特性如图 8-7 所示。在输入电压 $|U_i| < |U_b|$ 时，T_2 截止，输出电压 $U_o \approx E_c$，对应于图中 ab 段；当 $|U_i|$ 增大到大于 $|U_b|$ 时，触发器立即翻转，T_2 导通，继电器 JQ 动作，对应于图中 bc 段，此时的输入电压称作继电器的动作电压 U_d。$|U_i|$ 继续增大，T_2 仍处于饱和导通，$U_o \approx 0$，对应于图中 cd 段。

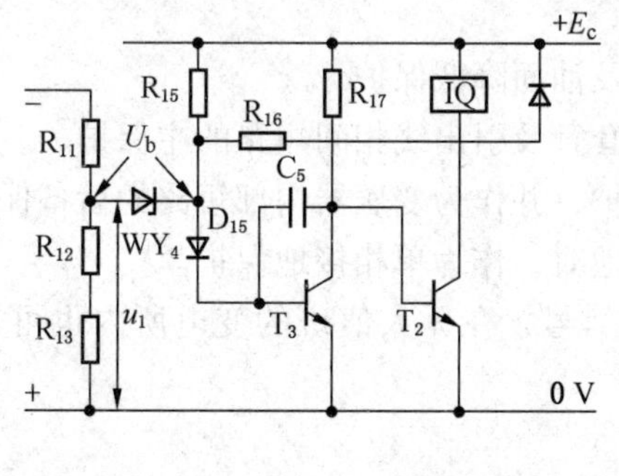

图 8-6　触发器工作原理图

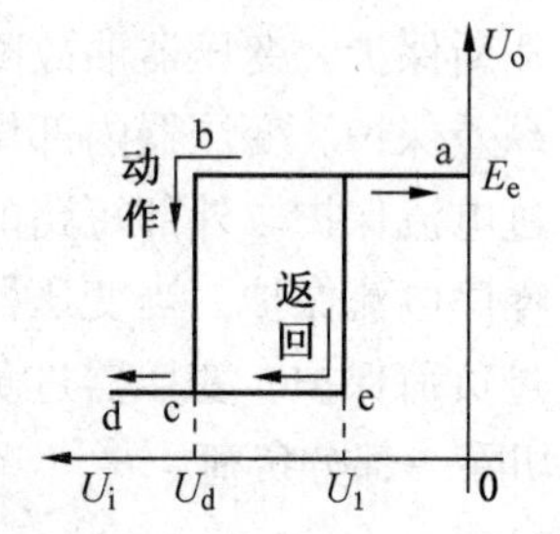

图 8-7　触发器动作特性

当 $|U_i|$ 减小到等于或略小于 U_d 时，触发器仍不返回，必须减小到使 T_1 由截止状态进入放大区，T_2 由饱和导通也进入放大区时，触发器才能返回，这时的输入电压称作返回电压 U_f。由于正反馈作用，返回过程是跃变的，对应于图中 ef 段，输出电压跃变至 E_c

值，触发器恢复到原来的稳态。上述特性就是继电特性。

由上述可知，基准电压与触发器相配合，使它具有判别故障的能力，基准电压在电磁继电器中发挥反作用弹簧的功能。

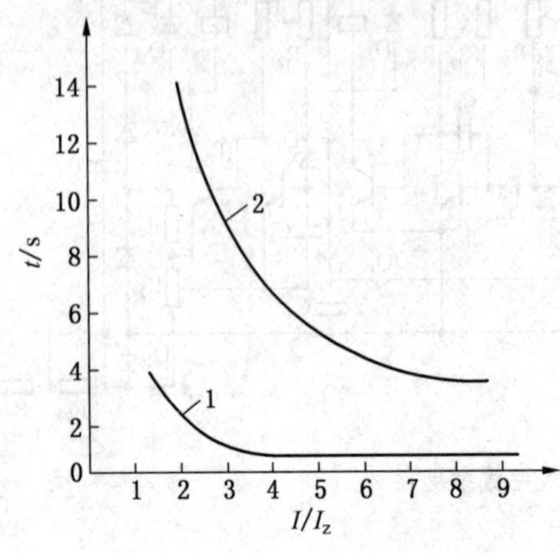

1、2—整定时间不同的时限特性曲线

图 8－8　BL－40 型继电器时限特性

2）反时限部分

由 T_1、T_2 组成的触发器是反时限部分的比较元件，它的继电器 JQ 的常闭接点将延时电路的 C_3 短接，以保证充电的起始值不变。当系统发生过流故障，超过继电器的整定值时触发器翻转，JQ 动作，将短接 C_3 的常闭接点断开，C_3 经 R_{21} 充电。当 U_{C3} 上升到大于由 R_{24} 提供的基准电压时，T_5 便截止，T_6 导通，它的出口继电器 J_2 动作。C_3 的充电电源是电压形成回路的直流输出电压，因此其延时的长短与过电流的大小成反比关系，构成反时限特性。

当过电流超过整定值的 5 倍以上时，稳压管 $W_1 \sim W_3$ 均被击穿，使输出电压稳定不变，形成定时限特性，延时特性曲线 $t = f(I/I_{dz})$ 如图 8－8 所示。

3）速断部分

速断保护的比较电路由 T_2、T_4 组成的单稳态触发器及 $R_7 \sim R_9$ 分压器构成。工作原理与上述相同，不同的是它没有延时元件，当故障电流达到速断保护的动作电流值时，分压器的输出电压会使触发器立即翻转，T_4 变为导通，出口继电器 J_1 动作。

速断保护的动作电流值可调节电位器 R_3 在 2～8 倍范围进行整定。

七、电力变压器的保护的种类

变压器是电力系统的重要设备之一，它的可靠性决定整个供电系统的可靠性，因此必须根据变压器容量装设专用的保护装置。

常用的保护装置包括以下几种：

（1）瓦斯保护。变压器油故障的主保护及油面降低保护。

（2）纵差保护。变压器内部绕组、绝缘套管及引出线相间短路的主保护。

（3）过电流保护。外部短路的过电流保护，并作为变压器内部短路的后备保护。

（4）零序电流保护。当变压器中性点接地时，作为单相接地保护。

（5）过负荷保护。变压器过负荷时发出信号，在无人值班的变电所内也可作用于跳闸或自动切除一部分负荷。

第二节　煤矿井下低压漏电保护

一、概述

煤矿井下电网采用多重技术措施，以达到防止人身触电，减少瓦斯煤尘爆炸的可能性。例如，电网采用中性点绝缘的供电系统，电缆采用矿用屏蔽阻燃橡套电缆和采取保护接地措施等。但以上措施，并不能根本杜绝漏电和人身触电事故以及因事故造成的危险后果。

中性点对地绝缘方式比中性点接地的方式提高了安全程度，但若电网对地绝缘电阻下降过大，或电网对地电容增大，人身触电时通过的电流仍可能超过 30 mA 的极限安全值；若保护接地不完善或损坏失去作用时，人体直接接触导体仍然存在危险。因此，在煤矿井下低压供电系统还必须采取一种安全技术措施，即装设漏电保护装置。

二、漏电保护装置

目前，我国生产和使用的检漏继电器有 JY82 型、BJJ 系列和 JJKB30 型以及可实现选择性跳闸的 KXL－I 等多种型号。本节针对使用较广泛的 JY82 型和 JJKB30 型检漏继电器两种典型装置进行介绍。

（一）JY82 型检漏继电器

JY82 型检漏继电器应用在煤矿 380 V、660 V 中性点对地绝缘系统中，其主要作用是：监视电网对地的绝缘水平；当电网对地绝缘水平下降至危险程度时，与自动馈电开关配合自动切断电源；对电网对地电容电流进行补偿。

1. 构造

JY82 型检漏继电器是由隔爆外壳及可拆除的芯子组成。外壳的前盖利用止口卡在外亮上，它与隔离开关的操作手柄间有机械闭锁，以保证只有电源切断才能开启前盖，开启前盖就不能接通电源。芯子上装有以下元件：零序电抗器 2L，三相电抗器 1L、欧姆表、直流继电器 KD、电阻 R_1、R_3，直流检测电源 VC、按钮 SB 及隔离开关 QS、电容和指示灯等。继电器外壳装在小橇上，便于移动。

三相电抗器 1L 是把直流辅助回路和三相交流电网联系起来的元件，并向直流检测电源和指示灯供给交流电压。

零序电抗器 2L 有两个作用：一是利用本身具有较大的电抗值，保证三相电抗器中性点对地的绝缘水平；二是利用它的电感电流补偿电网对地的电容电流。为了达到对电容电流的最佳补偿，零序电抗器具有可调抽头。

直流辅助回路的电源由三相电抗器的二次绕组经桥式整流获得。

直流继电器 KD 是检漏继电器的执行元件，它有两个常开接点 KD_1 和 KD_2。KD_1 为跳闸接点，闭合后接通自动馈电开关脱扣线圈的电源；KD_2 为自保持接点。KD_2 比 KD_1 先闭合，这样可以提高继电器的动作可靠性，防止当断续漏电时烧毁接点 KD_1。继电器两端并联电容 C_1，是使继电器动作时具有一定的延时，以防止检漏继电器投入工作时，检测电源向电网对地电容充电而引起继电器误动作。

试验电阻 R_3 用以检查检漏继电器的动作是否可靠，其数值对应 660 V 时为 11 kΩ；对应 380 V 时为 3. 5 kΩ。

指示灯供欧姆表照明用，并兼作检漏继电器的带电信号。

辅助接地极 2PE 供试验用，其安装地点距检漏继电器的局部接地极 1PE 应大于等于 5 m。

2. 工作原理

JY82 型检漏继电器的原理图如图 8－9 所示，该继电器是采用附加直流电源的方式进行漏电保护的。

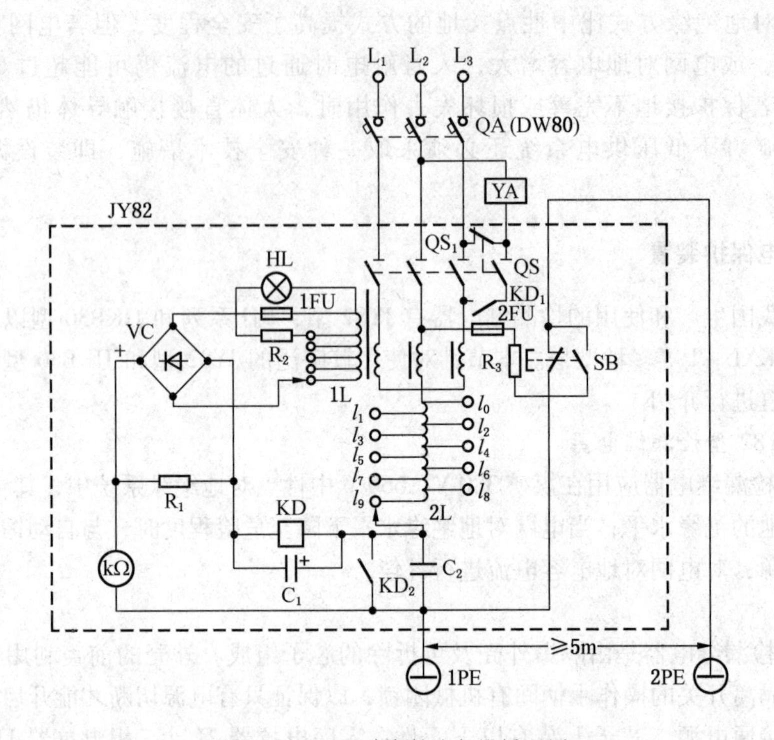

图 8－9　JY82 型检漏继电器原理图

（1）监视电网对地的绝缘水平。检漏继电器接入电网后，即有了直流电源，并经如下检测回路：VC（＋）→欧姆表→1PE→大地→电网对地绝缘电阻→三相电网→QS→1S→2L→KD→VC（－）。有直流电流通过欧姆表，其大小由下式确定：

$$I_{\mathrm{D}} = \frac{U_{\mathrm{VC}}}{r + \sum R}$$

式中　U_{VC}——整流器 VC 的直流输出电压；

r——三相电网对地等效绝缘电阻；

$\sum R$——检测回路中各元件电阻之和。

可见，检测回路直流电流的大小与三相电网对地绝缘电阻有关。因此，欧姆表的读数可表示电网对地绝缘电阻值。

（2）电网漏电保护。当人触及电网一相或电网对地绝缘电阻下降到危险值时，流过继电器的电流超过其动作值，使其动作，接点 KD_1 闭合、自动馈电开关 QA 的脱扣线圈 YA 有电，使开关跳闸，实现漏电保护作用。接点 KD_2 先于 KD_1 闭合，继电器 KD 自保，这样可以保证在间歇性接地故障时，继电器 KD 可靠动作。

（3）检漏继电器的试验。为使检漏继电器可靠工作，该继电器自身设置了检查回路。试验时，按下试验按钮 SB，接通如下回路：VC（＋）→1PE→地→2PE→SB→R_3→1L→

2L→KD→VC(－)。检漏继电器应可靠动作，自动馈电开关 QA 跳闸。

（4）电网对地电容电流的补偿。由于电网对地电容的存在，使得人身触电时的电流可能超过极限安全值，而造成较大危险。为了抵消电容电流，可以用附加电感支路来实现。JY82 型检漏继电器是利用零序电抗器 2L，串接在三相电抗器的中性点与地之间，人触及一相时，流过人体电流有电容电流 I_C，电感电流 I_L 和电阻电流 I_R，但电容电流 I_C 和电感电流 I_L 相位差为 180°，适当调整零序电抗器的电感量，可使 I_C 与 I_L 两者相互抵消，就可使得流过人身的电流大大减少。

JY82 型检漏继电器设置有零序电抗器，改变其线圈匝数可以实现。对电网电容电流的补偿作用。

（二）JJKB30 型检漏继电器

JJKB30 型检漏继电器，适用于煤矿井下 1140 V、660 V、380 V 电网作漏电保护用。它的工作原理与 JY82 型检漏继电器基本相同，也是采用附加直流电源的原理进行工作的，不同之处是采用桥式比较电路对电网的绝缘状态进行检测，而且具有漏电闭锁功能和较好的电容电流补偿作用。

1. 工作原理

图 8－10 所示是 JJKB30 型检漏继电器的电气原理图。它主要由电源电路、漏电保护电路、试验电路和电容电流补偿电路组成。

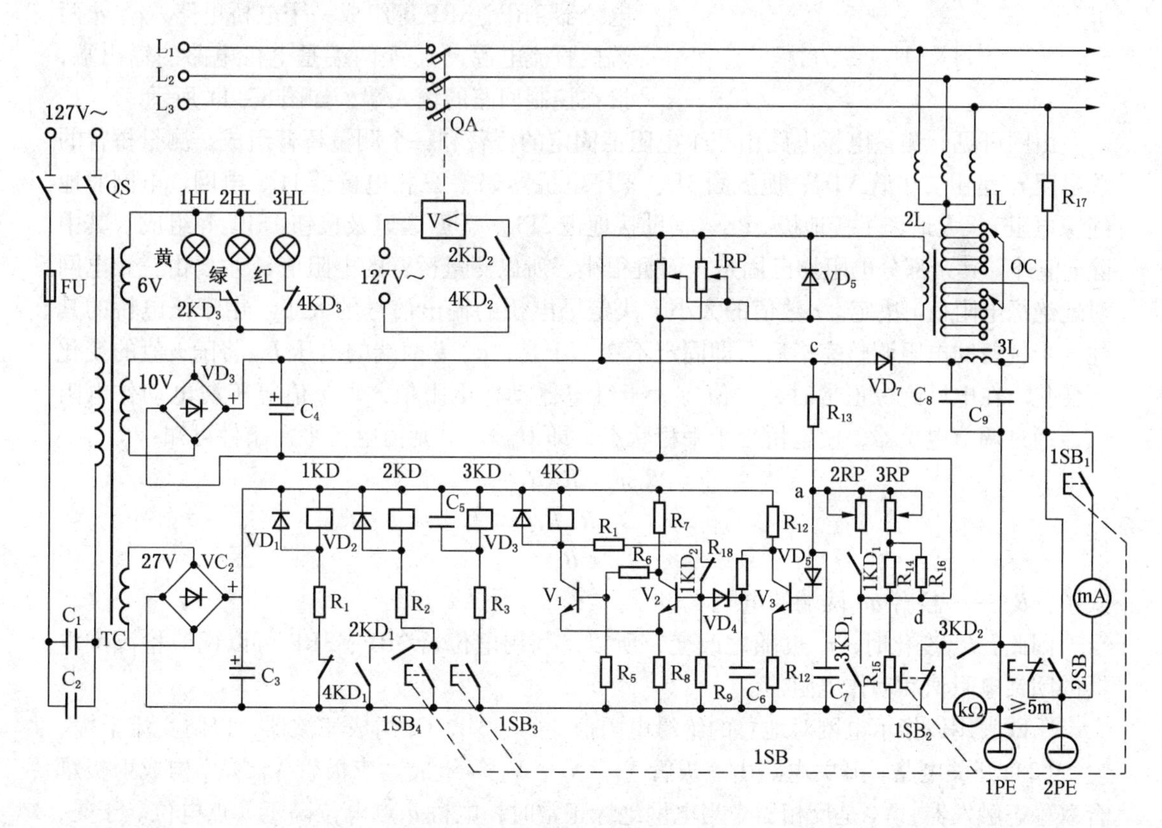

图 8－10　JJKB30 型检漏继电器电气原理图

1）电源电路

在自动馈电开关 QA 的电源侧，接有降压变压器，将电网的电压降为 127 V，然后经检漏继电器的电源开关 QS 和熔断器 FU 向电源变压器 TC 供电。TC 的一次绕组与电容 C_1、C_2 构成铁磁稳压装置，保证电源电压在额定值的 75% ~110% 内变动时，该检漏继电器仍然能可靠地工作。TC 的二次侧有 3 个绕组，其中 6 V 电压作为信号灯电源；40 V 电压经整流、滤波后作为绝缘监视回路及零序电抗器 2 L 的直流控制回路电源；27 V 电压经整流、滤波后作为开关电路和各继电器的电源。

2）漏电保护电路

漏电保护部分由测量电路、开关电路、执行电路等组成。

（1）测量电路。检漏继电器对电网对地绝缘电阻进行测量的直流回路是：整流桥 VC_1（+）→二极管 VD_7→扼流圈 3L→零序电抗器 2L→三相电抗器 1L→电网→电网对地绝缘电阻 r→大地→主接地极 1PE→千欧表 kΩ→按钮 $1SB_2$→电阻 R_{15}→整流桥 VC_1（−）。

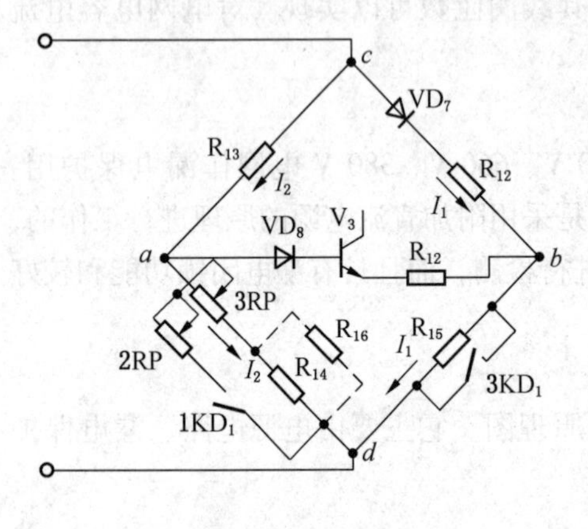

图 8-11 电桥电路

绝缘电阻 r_x 和电阻 R_{13}、R_{14}、R_{15}、R_{16} 以及电位器 2RP、3RP 等组成一个电桥电路，c、d 两端接直流电源，a、b 两端是电桥电路的输出端，接在控制回路的输入端，如图 8-11 所示。

由图可见，测量电桥电路由三个电阻值固定的桥臂和一个测量桥臂组成。测量桥臂的总电阻 r_x 是由二极管 VD_7、扼流圈 3L、零序电抗器 2L、三相电抗器 1L、电网、电网对地绝缘电阻 r、大地、主接地极 1PE、辅助接地极 2PE、千欧表以及按钮 $1SB_2$ 等组成。其中除 r 值外，其余部分电阻均已固定，而且很小，所以测量桥臂的电阻值 r_x 主要由三相电网对地绝缘电阻值 r 决定。r 数值的大小，决定了电桥的输出信号的大小。由于该电桥的其他 3 个桥臂的电阻调整完毕后，即固定不变。于是，a、b 两端的电压 U_{ab} 将随 r 值的变化而变化。在电网绝缘正常时，r_x 值应大于继电器动作电阻值。取 r 值等于漏电动作电阻值，通过调节电位器，使电桥处于平稳状态，即 $U_{ab}=0$，则由电桥平衡条件可知：

$$R_{ad}r_x = R_{13}R_{15}$$

或

$$r_x = \frac{R_{13}R_{15}}{R_{ad}}$$

式中 R_{ad}——桥臂 ad 两端的电阻。

因此，R_{ad} 变化时，r_x 也随之改变，所以，利用电位器 2RP、3RP 可以调节检漏继电器的闭锁电阻值和动作电阻值。

千欧表用以指示电网对地总的绝缘电阻值，C_8、3L、C_9 组成滤波器，以防交流干扰。

（2）开关电路。开关电路由三极管 V_1、V_2、V_3 等组成。三极管 V_1、V_2 构成射极耦合双稳态触发器，V_3 是反相器。当电网绝缘正常时，电桥 a 点电位高于 b 点电位。于是，三极管 V_3 饱和导通，V_2 截止，V_1 导通，继电器 4KD 有电吸合，闭合其接点 $4KD_2$。当电网绝缘水平下降到等于或小于检漏继电器的漏电动作电阻值或漏电闭锁动作电阻值时，电

桥 b 点电位逐渐升高，甚至高于 a 点电位。于是，三极管 V_3 截止、V_2 导通、V_1 截止，结果使继电器 4KD 断电释放，接点 $4KD_2$ 打开。

当电网的绝缘电阻处于检漏继电器的临界动作值时，测量电桥输出电压会稍有波动，造成继电器 4KD 的动作出现抖动现象。为此，利用继电器 1KD 的常闭接点 $1KD_2$，在三极管 V_1 集电极和 V_2 基极之间接入一个正反馈的耦合电阻 R_4，以保证触发器的可靠翻转，使自动馈电开关跳闸。

稳压管 V_4 起触发信号的门限作用，电容 C_6、C_7 起抗交流干扰作用。

(3) 漏电保护执行电路具有以下两方面作用：

① 漏电闭锁。自动馈电开关 QA 未合闸前，其常闭接点 QA_1 接通，继电器 1KD 有电动作、$1KD_1$ 闭合，将桥式比较电路中的 2RP 和 3RP 并联起来。结果，该桥臂的电阻值 R_{ad} 减小了，使被测电网的漏电闭锁动作电阻值（是漏电动作电阻值的两倍）提高。电网绝缘正常时，继电器 4KD 有电，其接点 $4KD_3$ 断开，红灯熄灭。此时，由于继电器 2KD 仍无电、黄灯亮，表示电网绝缘正常，可以投入运行。按手动复位按钮 1SB，继电器 2KD 有电并自保，$2KD_3$ 接点转换，绿灯亮。$2KD_2$ 接点闭合，无压释放线圈有电，自动馈电开关可以合闸送电。当电网对地绝缘电阻等于或小于漏电闭锁电阻时，继电器 4KD 断电释放，其接点 $4KD_3$ 接通红灯回路而发光。此时，还未按 1SB、$2KD_3$ 仍接在黄灯回路。因此，只要发现红灯和黄灯都亮，即表示电网的绝缘电阻值降低或发生漏电故障，因而不允许也不能送电，处于漏电闭锁状态。

② 漏电保护。自动馈电开关 QA 合闸后，其常闭接点 QA_1 打开，继电器 1KD 无电，接点 KD_1 打开，使电位器 2RP 回路断开。此时，继电器的动作电阻值为漏电跳闸电阻值。电网正常运行时，继电器 4KD 和 2KD 都处于维持吸合状态，绿灯亮。当电网对地绝缘电阻下降到漏电跳闸电阻值或发生人身触电事故时，触发器翻转，继电器 4KD 无电释放，接点 $4KD_2$ 断开，无压释放线圈断电，自动馈电开关跳闸，切断电源。与此同时，继电器 2KD 也无电释放，$2KD_2$ 断开将自动馈电开关闭锁起来，此时红灯和黄灯均亮。漏电故障排除后，4KD 又可自动恢复有电动作状态，红灯熄灭。此时，还需再按按钮 1SB，使 2KD 重新带电，自动馈电开关才能合闸。

3）试验电路

为了能够经常鉴别检漏继电器的动作是否可靠，设置了试验电路。当按下 2SB，电网一相经模拟人身电阻 R_{17}、试验按钮 2SB 接到辅助接地极 2PE，此时继电器应立即动作。

2. 电容电流补偿电路

JJKB30 型检漏继电器对地电容电流的补偿方法与 JY82 型检漏继电器相似，也是采用并联电感支路静态补偿法。所不同的是，零序电抗器 2L 为一饱和电抗器，可以通过调节直流绕组的电流，改变其电感电抗值，做到无级调感。同时，交流绕组上有若干抽头，用于对电感的粗调。

补偿方法是：按下补偿按钮 1SB，其接点 SB_1 闭合，电网经 R_{17}、$1SB_1$、毫安表接地，模拟人身触电故障（$R_{17}=1\ k\Omega$），流过毫安表的电流即表示流过人身的触电电流。当调整时，先转动开关 QC，改变饱和电抗器的抽头，进行粗调。然后调节电位器 1RP，改变直流控制绕组中的电流值，进行细调。调节过程中，观察毫安表的读数，其读数最小时，即为最佳补偿。

第三节　电　气　防　爆

隔爆型电气设备是指具有隔爆外壳的设备，该外壳必须具备耐爆和不传爆的性质。

一、隔爆型电气设备的隔爆结构参数

国家标准 GB 3836.2—2021 对煤矿电气设备常用的 3 种典型隔爆结构参数进行了规定，这 3 种隔爆结构是：平面、圆筒隔爆结构，螺纹隔爆结构和片式隔爆结构。

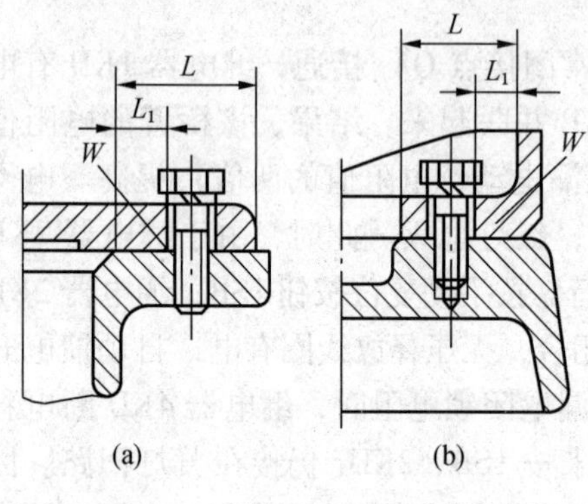

图 8－12　平面式隔爆接合面

1. 平面、圆筒隔爆结构

这种隔爆结构在隔爆型电气设备中使用最普遍。按隔爆接合面的形状又可分为平面隔爆接合面（图 8－12）、止口隔爆接合面（图 8－13）和圆筒隔爆接合面（图 8－14）。平面隔爆接合面的相对表面为平面，圆筒隔爆接合面的相对表面为圆筒形，止口隔爆接合面的相对表面包括平面和圆筒接合面。

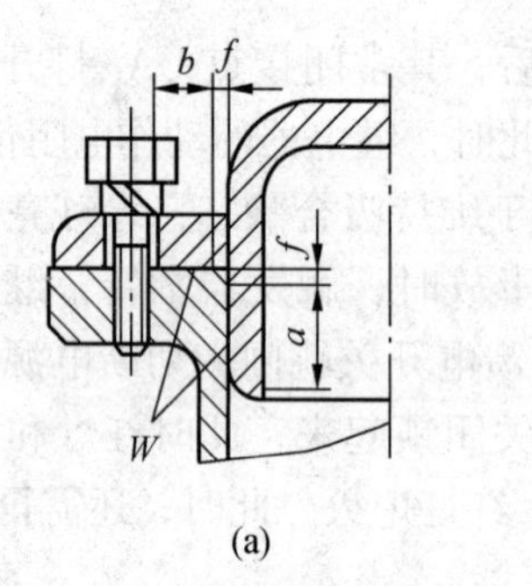

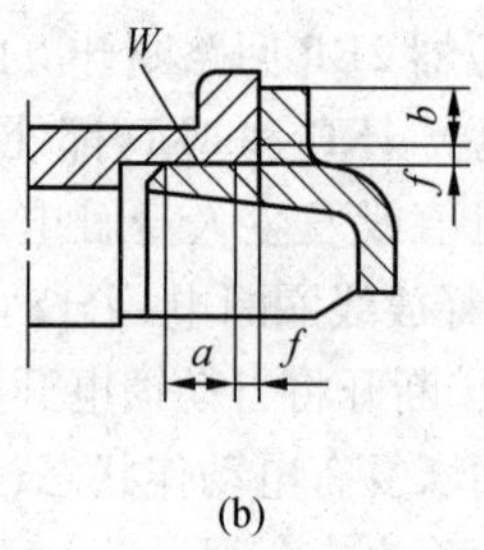

a—当 $W \leqslant 0.2$，$f \leqslant 1.0$ 时，$L = a + b$，否则 $L = a$；b—当 $f \leqslant 1.0$ 时，$L = a + b$

图 8－13　止口式隔爆接合面

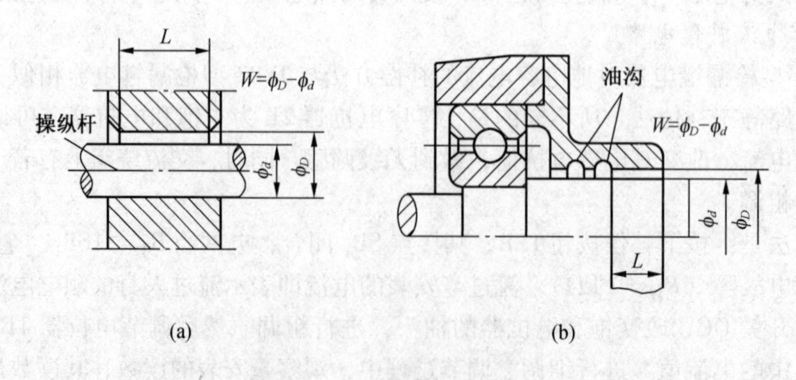

图 8－14　圆筒式隔爆接合面

平面、圆筒隔爆结构的参数包括接合面的长度、接合面的间隙和接合面的粗糙度。

1）接合面的宽度 L

从隔爆外壳内部通过接合面到隔爆外壳外部的最短通路，即为隔爆接合面的长度 L。接合面的长度由隔爆外壳的容积决定，一般有 6.0 mm、12.5 mm、25 mm、40 mm 等几种尺寸。

2）接合面的间隙 W

隔爆接合面相对应表面间的距离，即为接合面的间隙。对于圆筒隔爆接合面，则为径向间隙（直径差）。接合面的间隙 W 和接合面的宽度 L 有关。

平面式、止口式和圆筒式隔爆结构参数应符合表 8－1 的规定。

表 8－1　煤矿井下电气设备隔爆外壳的结构参数

接合面形式	L/mm	L_1/mm	W/mm	
			外壳净容积 V/L	
			≤0.1	>0.1
平面式、止口式或圆筒式	6.0	6.0	0.3	—
	12.5	8.0	0.4	0.4
	25.0	9.0	0.5	0.5
	40.0	15.0	—	0.6
带有滚动轴承的圆筒结构	6.0	—	0.4	0.4
	12.5	—	0.5	0.5
	25.0	—	0.6	0.6
	40.0	—	—	0.8

快开门式隔爆接合面的最小有效宽度须不小于 25.00 mm，操纵杆直径 d 和隔爆接合面宽度 L 要符合表 8－2 的规定。

表 8－2　操纵杆直径 d 和隔爆接合面宽度 L 的尺寸关系

操纵杆直径 d/mm	隔爆接合面宽度 L/mm
$d \leqslant 6.0$	$L \geqslant 6.0$
$6.0 < d \leqslant 25.0$	$L \geqslant d$
$d > 25.0$	$L \geqslant 25.0$

带有滚动轴承的圆筒结构，最大单边间隙须不大于表 8－1 规定的 W 的 2/3。

隔爆接合面的粗糙度应不高于 $\overset{6.3}{\triangledown}$，操纵杆的粗糙度须不高于 $\overset{3.2}{\triangledown}$。

2. 螺纹隔爆结构

在维修中不经常拆卸的部分可以使用螺纹隔爆结构，螺纹隔爆结构是最好的静止隔爆结构。例如在矿用隔爆型移动变电站的高、低压接线盒中，套管与接线座、接线座与出线盒法兰之间均为螺纹隔爆结构。采用螺纹隔爆结构时，必须保证同种零件间的互换性，并符合下列规定：

（1）螺纹精度须不低于 3 级，螺距须不小于 0.7 mm。

（2）螺纹的最少啮合扣数、最小拧入深度，须符合表 8－3 的规定。

（3）螺纹结构须有防止自行松脱的措施。

表 8－3　螺纹最少啮合扣数与拧入深度的关系

外壳净容积 V/L	最小拧入深度/mm	最少啮合扣数
$V<0.1$	5.0	6
$0.1<V\leq2.0$	9.0	
$V>2.0$	12.5	

二、隔爆型电气设备防爆性能的保证

隔爆型电气设备的防爆性能是由外壳的耐爆性和隔爆性共同保证的。

1. 耐爆性能的保证

在电气设备内部发生可燃性气体混合物爆炸的情况下，隔爆型电气设备的外壳和隔爆接合面会受到危险压力的冲击作用，当外壳的结构不合理时还会发生压力重叠，使外壳受到高于正常爆炸压力几倍到十几倍的异常高压。因此，隔爆型电气设备外壳应有足够的机械强度和合理的结构，使之能够承受内部爆炸的压力，并且能保持原有的隔爆性能。

1）外壳的材质

煤矿采掘工作面用电气设备外壳须采用钢板或铸钢制成，非采掘工作面用的电气设备外壳可用牌号不低于 HT25－47 灰铸铁制成。这是因为采掘工作面用电气设备工作环境条件较差，设备移动频繁，隔爆外壳容易在搬运或工作过程中受到碰撞或岩石的砸碰，故要求材料强度好，坚韧而不脆，一般灰铸铁是不合乎要求的。

手持式或支架式电钻、携带式仪器的外壳可用轻合金制成，容积不大于 2 L 的外壳可用塑料制成；净容积不大于 0.01 L 的外壳用陶瓷材料制成。但使用这些材料时应符合 GB/T 3836.1—2021 的规定。

2）隔爆接合面的强度

隔爆接合面的强度直接关系到外壳的隔爆性。因为外壳内部爆炸产生的高温、高压火焰要通过接合间隙喷向壳外，如果强度不符合要求，则在高温、高压下接合面将会产生严重变形从而改变了接合间隙，影响外壳的隔爆性。为了防止间隙可能增大的现象，必须保证隔爆接合面有一定的强度。另外，考虑到煤矿井下电气设备工作条件恶劣，隔爆接合面很容易发生锈蚀和损伤，有时需要采用机械加工才能修复，因此隔爆接合面的厚度应留有加工余量。对于平面式的隔爆接合面，其厚度应增加 15%，最小应为 1 mm。

3）压力重叠的预防

为了让外壳能够承受内部爆炸产生的压力，除了要选择合适的外壳材料之外，外壳的结构也应合理，尤其应注意防止压力重叠现象的出现。压力重叠是指在有两个及以上的设备空腔中，两个空腔之间形成了通孔。当一个空腔里的可燃性混合物爆炸时，会使另一个空腔的可燃性混合物受到压缩，而使压力增高，如果这个空腔再爆炸，就会出现过压现象。根据试验，压力重叠的大小与两空腔的净容积之比和连通孔的断面积大小有关，最大可达40个大气压（1个大气压 = 101.325 kPa）。为预防压力重叠现象，可采取以下措施：

（1）避免将外壳制成以小孔连通的多空腔。在无法避免时应尽量增大连通孔的横截面积。

（2）壳内电气元件的安装应避免将整个空腔分隔成几个小空腔。

（3）外壳的纵向尺寸和横向尺寸不宜相差太大。

（4）对于容积较大的外壳可使用泄压结构形成，使外壳内过高的压力得到消除。

2. 隔爆性能的保证

1）隔爆结构参数应符合要求

隔爆接合面的长度和间隙直接关系着隔爆外壳的隔爆性能，无论使用还是修理都应该严格遵守相应规定。在平面对平面的接合中，当接合面长度确定后，只要厚度设计适当，在爆炸压力作用下，接合面瞬间变形和残余变形都不致影响隔爆间隙 W。为了精确地保证 W 值，应严格控制隔爆接合面的不平度。这样既可避免单边间隙过大，又可防止单边间隙过小，避免发生互磨（圆筒形活动接合面中）。此外，隔爆接合面的粗糙度也应符合要求。

2）隔爆接合面须有防锈措施

隔爆接合面的锈蚀是影响隔爆性能的主要因素之一。因此，隔爆接合面须有防锈措施，如电镀、磷化、涂防锈油（204－1）等，但不准涂漆。因为漆膜在高温作用下易分解，使得接合面间隙变大，漆膜分解产生的物质是容易传爆的气体，这些都会影响隔爆外壳的隔爆性能。

3）隔爆接合面之间的紧固

为了保证隔爆接合面之间连接（紧固）良好，其连接零部件应符合下列要求：

（1）螺栓和螺母不允许用塑料和轻合金材料制造。

（2）螺栓和不透螺孔紧固后，还须留有大于2倍防松垫圈厚度的螺纹余量，以保证在防松垫圈丢失的情况下，螺栓仍能拧紧。但是，若防松垫圈丢失，必须尽快补上。

（3）隔爆外壳上的不透螺孔周围及底部的厚度须不小于螺栓直径的1/3，最少为3 mm。

（4）螺钉紧固中，若以弹簧垫圈防松，在拧紧螺钉时，只需将弹簧垫圈压平即可，不宜拧得太紧。否则，螺钉预应力太大，若受到爆炸压力作用就易发生断裂。

（5）外盖和壳体在接合处的外形尺寸应一样大，或壳体外边缘尺寸略大于盖子的外边缘尺寸，避免对紧固螺栓的剪切力。

（6）工艺透孔或结构上必须穿透外壳的螺孔，其配合应采用圆筒隔爆结构或螺纹隔爆结构。外露的端头须永久性固定，也可将其埋入护圈内。

（7）采用塑料外壳时，不允许直接在外壳上制成紧固用螺纹（出线口除外）。

4）联锁和警告标志的设置

把合格的外壳零件按要求连接起来之后才能构成一个完整的隔爆外壳，若紧固措施被解除（例如把磁力起动器的外盖打开），则外壳就起不到隔爆作用。因此，对于正常运行时产生火花或电弧的电气设备必须具备联锁装置，即当电源接通时壳盖不能打开，壳盖打开后电源不能接通。也可设置警告牌，警告牌上须标有“断电源后开盖”的字样。设备输出端断电后，如果壳内仍有带电部件须加设防护性绝缘盖板，并标注“带电”字样的警告标志。

三、其他常用防爆类型电气设备

（一）本质安全型电气设备

1. 本质安全型电气设备的类型

根据使用场所的需要，本质安全型电气设备分为单一式（全本质安全型）和复合式（部分本质安全型）两种形式。复合式又分一般兼本质安全型和隔爆兼本质安全型两种基本形式。

1）单一式

单一式是指从电源到负载全部电路都是本质安全电路的电气设备，其主要特点是体积小、质量轻、携带方便。井下携带式仪表多属单一式本质安全型，如瓦斯检定器、一氧化碳测定器、测尘器等。

2）复合式

（1）一般兼本质安全型。如果设备主机置于安全场所（如地面绞车房、调度室等）设计成矿用一般型，而进入井下的电路部分为本质安全型，这就构成了一般兼本质安全型。例如矿井调度电话系统，调度总机设在地面为矿用一般型，井下各电话分机为本质安全型。

（2）隔爆兼本质安全型。隔爆兼本质安全型电气设备在煤矿井下应用最为普遍，这种类型的设备把非本质安全的部分放在隔爆外壳内。如瓦斯断电仪、扩音电话、采区电气控制、信号、通信系统等。

2. 本质安全型电气设备的等级

本质安全型电气设备根据其安全程度不同又分 ia 和 ib 两个等级。

（1）ia 等级是指电路正常工作中出现一个故障和两个故障时均不能点燃爆炸性气体混合物的电气设备。正常工作时，安全系数为 2.0；一个故障时，安全系数为 1.5；两个故障时，安全系数为 1.0。设备中，正常工作产生火花的触点须加隔爆外壳、气密外壳或加倍提高安全系数。

（2）ib 等级是指在正常工作和一个故障时，不能点燃爆炸性气体混合物的电气设备。正常工作时，安全系数为 2.0；一个故障时，安全系数为 1.5；如设备正常工作时有产生火花的触点，已加隔爆外壳或气密外壳保护，并且有自显示措施，则一个故障时安全系数为 1.0。

从以上规定可以看出：ia 等级的本质安全型电气设备的安全程度高于 ib 等级。

3. 本质安全型电路采取的安全措施

设计本质安全电路就是要合理选择电路的参数，使电路在正常和故障状态下流过的电流不超过相应条件下的设计最大允许电流。由于设计最大允许电流正比于最小点燃电流，所以电路的电压越高、电感越大，其设计最大允许电流越小。为了提高本质安全电路的工作电流，增加电路工作的可靠性就需要采取措施来降低电路的工作电压和电感。为此，常采取以下措施：

（1）在合理选择电气元件的基础上，尽量降低供电电压，并采取措施防止危险电压的出现。

（2）增大电路中的电阻或利用导线的电阻来限制电路中的电流。

（3）并联电阻或二极管等保护性元件消耗掉断开电路时电感元件所释放的储存能量。

（4）对于能影响本质安全电路安全性能的非本质安全电路采取可靠的隔离措施。

（5）设置安全栅。安全栅又称安全保护器，也是一种保护性组件。它是设置在非本安电路与本安电路之间的限流、限压装置，其作用是防止非本安电路的危险能量窜入本安电路，起保护作用。

（二）增安型电气设备

电气设备引燃井下瓦斯的起因有两个：一个是电气设备产生的火花、电弧；另一个是电气设备表面发热。对于在正常运行时可能会产生电弧、火花和可能点燃爆炸性混合物高温的设备，可以在其结构上采取措施，尽力设法使电弧、火花和过热现象不发生。这种电气设备就是增安型电气设备，其标志是“e”，适用于安装在瓦斯不易积聚的场合中。

增安型电气设备采取的防爆措施有以下几点：

（1）具有一定的防水、防外物侵入能力。

（2）所有的导体均须可靠连接，即使在受振动等情况下也不应该发生接触不良现象。

（3）裸露带电体的电气间隙和爬电距离符合国家标准。

（4）限制电气设备各部分温度，并有完善的电气和温度保护装置。

（5）在正常运行时产生火花和电弧的部件，必须放置在隔爆外壳中。

增安型电气设备和隔爆型电气设备相比，它主体不留笨重的隔爆外壳，降低了成本，因此增安型电气设备比较经济。

《煤矿安全规程》规定，在煤（岩）与瓦斯突出矿井和瓦斯喷出的区域，在瓦斯矿井的总回风巷、主要回风巷、采区回风巷、采掘工作面和工作面进风回风巷，不允许使用增安型电气设备的。

第四节 矿 用 电 缆

一、电缆的重要地位与要求

根据供电网络的结构特征，煤矿电网可分为架空线电网和电缆电网。而煤矿井下供电网络，除架线式电机车和蓄电池电机车以外，全部用电缆供电，属于电缆电网。因此，矿井电缆的使用直接关系到煤矿生产和安全，在使用时应特别注意。

矿井所使用的电缆，一般分为铠装电缆、橡套电缆和塑料电缆。

二、电缆的选用原则

按照《煤矿安全规程》规定，井下电缆的选用应遵守下列规定：

（1）电缆主线芯的截面应满足供电线路负荷的要求。电缆应带有供保护接地用的足够截面的导体。

（2）对固定敷设的高压电缆：

在立井井筒或倾角为45°及其以上的井巷内，应当采用煤矿用粗钢丝铠装电力电缆。

在水平巷道或倾角在45°以下的井巷内，应当采用煤矿用钢带或细钢丝铠装电力电缆。

在进风斜井、井底车场及其附近、中央变电所至采区变电所之间，可采用铝芯电缆；其他地点必须采用铜芯电缆。

（3）固定敷设的低压电缆，应采用煤矿用铠装或非铠装电力电缆或对应电压等级的煤矿用橡套软电缆。

（4）非固定敷设的高低压电缆，必须采用煤矿用橡套软电缆。移动式和手持式电气设备应当使用专用橡套电缆。

三、电缆的绝缘电阻标准

1. 橡套电缆运行中的绝缘电阻标准

井下通电运行的千伏级以下（包括千伏级）的电缆线路，其绝缘电阻值不得小于 1000 Ω 乘以系统电压值（V），例如，660 V 系统的电缆，绝缘电阻不得低于 1000 × 660 = 0.66（MΩ）。

2. 铠装电缆运行中的绝缘电阻标准

铠装电缆的绝缘电阻标准，在将测得的绝缘电阻换算到长度为 1 km、温度为 +20 ℃时应符合：

（1）1 ~ 3 kV 的黏性浸渍电缆或不滴流电缆应不小于 50 MΩ，6 kV 及以上的电缆应不小于 100 MΩ。

（2）1 ~ 3 kV 的干绝缘电缆应不小于 100 MΩ，6 ~ 10 kV 干绝缘电缆应不小于 200 MΩ。

第五节　可编程控制器基础

一、可编程控制器的功能及特点

1. 可编程控制器的功能

可编程控制器（以下简称 PLC）是电子技术、计算机技术与逻辑自动控制系统相结合的产物。采用梯形图或状态流程图等编程方式，使 PLC 的使用始终保持大众化的特点。PLC 可以用于单台机电设备的控制，也可以用于生产流水线的控制。

PLC 的型号繁多，各种型号的 PLC 功能不尽相同，但目前的 PLC 一般都具备下列功能：

（1）条件控制。PLC 具有逻辑运算功能，它能根据输入继电器触点的与（AND）、或（OR）等逻辑关系决定输出继电器的状态（ON 或 OFF），故它可代替继电器进行开关控制。

（2）定时控制。为满足生产工艺对定时控制的需要，一般 PLC 都为用户提供足够的定时器。

（3）计数控制。为满足对计数控制的需要，PLC 向用户提供上百个功能较强的计数器。

（4）步进控制。步进顺序控制是 PLC 最基本的控制方式，许多 PLC 为方便用户编制较复杂的步进控制程序，设置了专门的步进控制指令。

（5）数据处理。PLC 具有较强的数据处理能力，除能进行加减乘除四则运算甚至开方运算外，还能进行字操作、移位操作、数制转换、译码等数据处理。

（6）通信和联网。由于 PLC 采用了通信技术，可进行远程的 I/O 控制。

(7) 对控制系统的监控。PLC具有较强的监控功能，它能记忆某些异常情况或在发生异常情况时自动终止运行。

2. 可编程控制器的特点

PLC主要有以下特点：

(1) 可靠性高。PLC的平均无故障时间可达几十万小时。

(2) 编程方便。对一般电气控制线路，可采用梯形图编程。

(3) 对环境要求低。PLC可在较大的温度、湿度变化范围内正常工作，抗震动、抗冲击的性能好，对电源电压的稳定性要求低，特别是抗电磁干扰能力强。

(4) 与其他装置配置连接方便。PLC与其他装置、配置的连接基本都是直接的。

二、可编程控制器的结构

可编程控制器的硬件组成与微型机相似，图8－15所示为可编程控制器的硬件结构示意图。

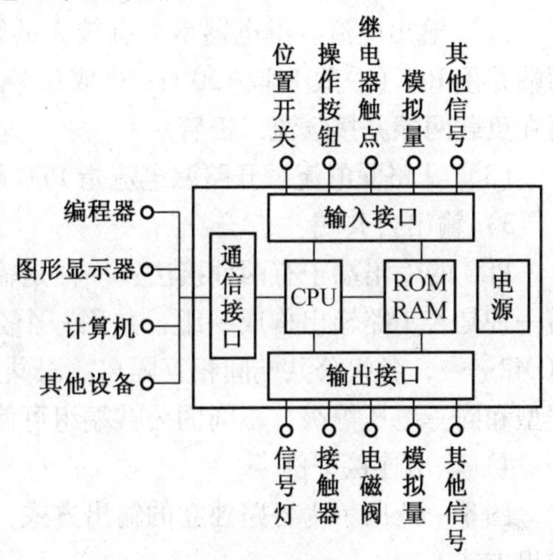

图8－15 可编程控制器的硬件结构示意图

1. 中央处理器

中央处理器简称为CPU。与一般计算机一样，CPU是PLC的核心。

2. 存储器

可编程控制器的存储器分为系统程序存储器和用户存储器两种。

(1) 系统程序存储器。系统程序存储器用来存放制造商为用户提供的监控程序、模块化应用功能子程序、命令解释程序、故障诊断程序及其他各种管理程序。系统程序直接影响着PLC的整机性能。系统程序需要永久保存在PLC中，不能因关机、停电或其他部分出现故障而改变其内容。

(2) 用户存储器。用户存储器是专门提供给用户存放程序和数据的，所以用户存储器通常又分为用户程序存储器和数据存储器两个部分。

3. 输入接口电路

输入输出信号有开关量、模拟量、数字量3种类型，用户涉及最多的是开关量。图8－16所示为采用光电耦合的开关量输入接口电路原理图。开关量输入接口电路的主要参数是输入电流。

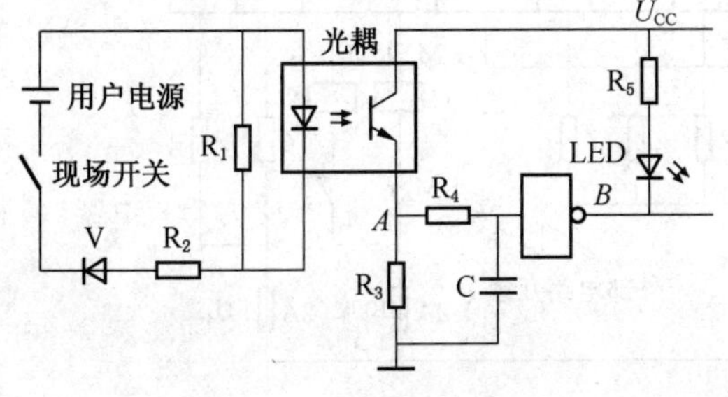

图8－16 输入接口电路

4. 输出接口电路

可编程控制器的输出有3种形式：分别是继电器输出、晶闸管输出、晶体管输出。

1) 输出接口电路的隔离方式

继电器输出型是利用继电器线圈与输出触点，将PLC内部电路与外部负载电路进行电气隔离；SSR输出型是采用光控晶闸管，将 PLC 的内部电路与外部负载电路进行电气隔离；晶体管输出型是采用光电耦合器将 PLC 内部电路与输出晶体管进行隔离。

2）输出接口电路的主要技术参数

（1）响应时间。响应时间是表示 PLC 输出器件从“ON”状态转变为“OFF”状态，或从“OFF”状态转变为“ON”状态所需要的时间。

（2）输出电流。继电器型具有较大的输出电流。对交流电路中的感性负载要在负载两端并接 RC（一般 R 取 120 Ω，C 取 0.1 μF）浪涌吸收电路，对直流电路中的感性负载要在负载两端并接续流二极管。

（3）开路漏电流。开路漏电流指 PLC 输出处于 OFF 状态时，输出回路中的电流。

3）输出公共端

PLC 的输出端子有两种接法：一种是输出端无公共端，每一路输出都是各自独立的；另一种是若干路输出构成一组，共用一个公共端，各组的公共端用编号区分，如 COM1、COM2……，各组公共端间相互隔离。对共用一个公共端的同一组输出，必须用同一电压类型和同一电压等级，不同的公共端组可使用不同的电压类型和电压等级。

4）输出连接举例

图 8－17 所示为各路独立的输出方式，图 8－18 所示为每 4 路输出共用 1 个公共端的输出方式。

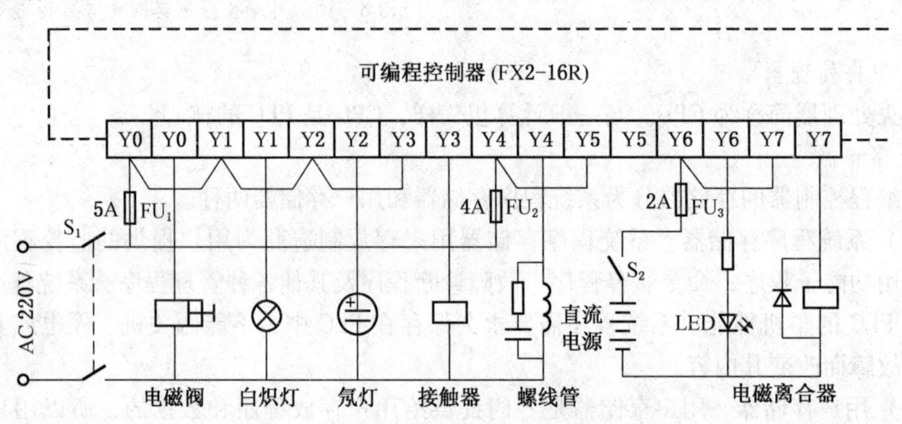

图 8－17　各路独立的输出方式

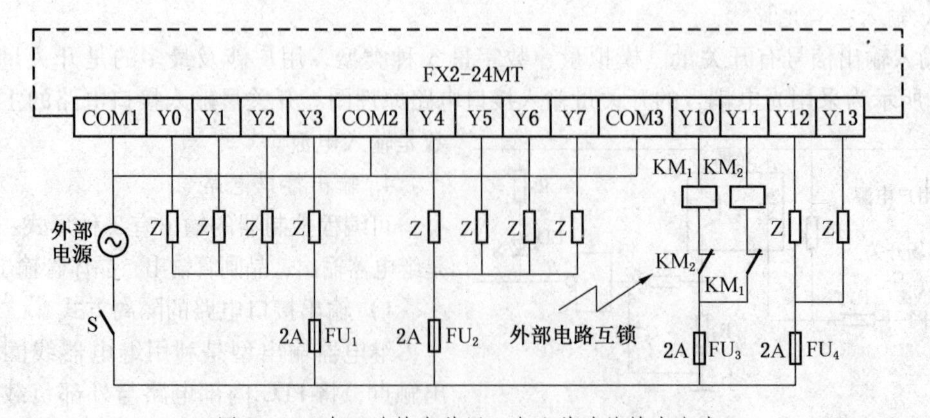

图 8－18　每 4 路输出共用 1 个公共端的输出方式

5. 电源

一般小型 PLC 的电源输出分为两部分：一部分供 PLC 内部电路工作，另一部分向外提供给现场传感器等工作。PLC 对电源的基本要求如下：

（1）能有效控制、消除电网电源带来的各种噪声。

（2）不会因电源发生故障而导致其他部分产生故障。

（3）能在较宽的电压波动范围内保持输出电压稳定。

（4）电源本身的功耗应尽可能低，以降低整机的温升。

（5）内部电源及 PLC 向外提供的电源与外部电源间应完全隔离。

（6）有较强的自动保护功能。

三、可编程控制器控制系统的组成

以可编程控制器为核心单元的控制系统称为可编程控制系统。可编程控制系统一般由控制器、编程器、信号输入部件、输出执行部件等组成，如图 8－19 所示。

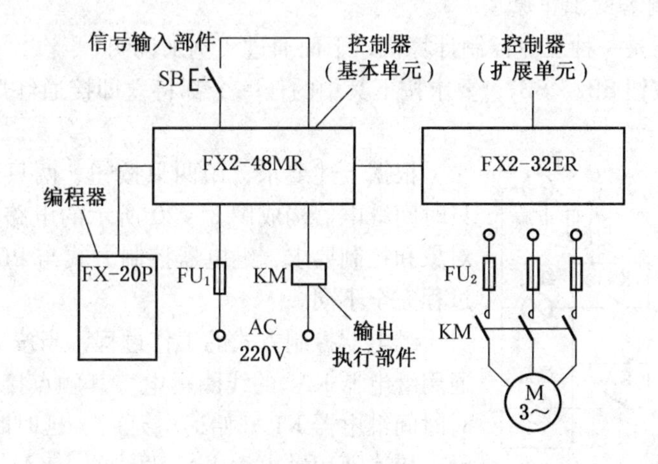

图 8－19　PLC 控制系统的组成

1. 控制器

控制器是控制系统的核心，它将逻辑运算、算术运算、顺序控制、定时、计数等控制功能以一系列指令形式存放在存储器中，然后根据检测到的输入条件按存储的程序通过输出部件对生产过程进行控制。例如，在图 8－19 所示的控制系统中，控制器用扫描方式检测输入部件 SB 是否闭合，而 SB 闭合只是一个外部条件，即输入条件，在这个条件的作用下电动机 M 将如何运转这又由预先编制的程序决定。因此，检测输入部件的状态如何、输出部件将以怎样的方式工作等都是控制器的职能。

2. 编程器

编程器是开发、维护可编程自动控制系统不可缺少的外部设备。编程器的工作方式有下列 3 种：

（1）编程方式。编程器在这种方式下可以把用户程序送入 PLC 主机的内存，也可以对原有的程序进行显示、修改、插入、删除等编辑操作。

（2）命令方式。此方式可对 PLC 发出各种命令，如向 PLC 发出运行、暂停、出错复位等命令。

（3）监视命令。此方式可对 PLC 进行检索，观察各个输入、输出点的通、断状态和内部线圈、计数器、定时器、寄存器的工作状况及当前值，也可跟踪程序的运行过程，对故障进行检测等。

3. 信号输入部件

信号输入部件是指安装在现场的按钮、行程开关、接近开关以及各种传感器等。信号输入部件的作用是接收系统的运行条件，并将这些条件传给 PLC。

4. 输出执行部件

输出执行部件是指接触器以及安装在现场的电磁阀等部件。其作用是在 PLC 输出驱动下控制设备的运行，输出执行部件是 PLC 的直接控制对象。

四、可编程控制器的工作原理与编程语言

1. 可编程控制器的工作原理

可编程控制器是一种工业控制计算机，下面通过实例来说明。

假设有两只按钮 SB_1、SB_2，要求按下其中的任一个都将立即接通红灯电源，5 s 后自动接通绿灯电源。

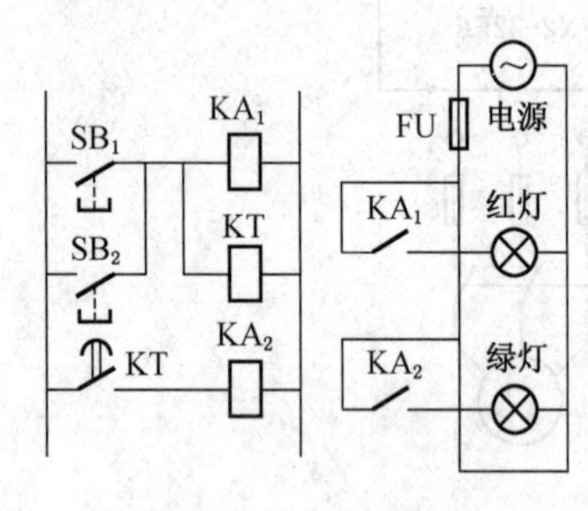

图 8－20　延时控制电路

根据上述要求，用两只按钮、两只通用继电器和一只时间继电器构成图 8－20 所示的电路。对相同的控制对象和控制要求，继电器控制方式与 PLC 控制方式工作过程完全不同。

继电器控制方式的工作过程：当按下 SB_1 或 SB_2 后，通用继电器 KA_1 的线圈得电，其触点接通红灯电源，同时时间继电器 KT 开始通电延时。延时时间一到，KT 的触点接通通用继电器 KA_2 的线圈，KA_2 得电，其触点接通绿灯电源，整个过程完成。

PLC 控制方式的工作过程：先检测与按钮 SB_1、SB_2 相对应的输入继电器的状态，然后对输入继电器的状态进行逻辑运算，若条件满足，线圈 KA_1 得电，KA_1 的触点将红灯电源接通。在延时时间未到时，KT 触点接通的条件不满足，因此 KA_2 线圈不通电，绿灯不亮；延时时间一到，KT 的触点将线圈 KA_2 接通，KA_2 的触点将绿灯电源接通。

根据 PLC 控制方式的工作过程可知，PLC 工作过程周期需要 3 个阶段：输入采样阶段、程序执行阶段、输出刷新阶段。这种工作方式称为扫描工作方式。PLC 一个扫描周期内的工作过程可用图 8－21 表示。3 个阶段的工作过程简要说明如下：

（1）输入处理。程序执行前，把 PLC 的全部输入端子的通断状态读入输入映像寄存器。在程序执行中，输入映像寄存器的内容也不会变，直到进行下一扫描周期的输入采样阶段，才读入这一变化。

（2）程序处理。根据用户程序存储器所存的指令，从输入映像寄存器和其他软件的映像寄存器中将有关软元件的通、断状态读出，从第 0 步开始顺序运算，每次运算结果都写入有关的映像寄存器，因此各软元件（X 除外）的映像寄存器的内容是随着程序的执

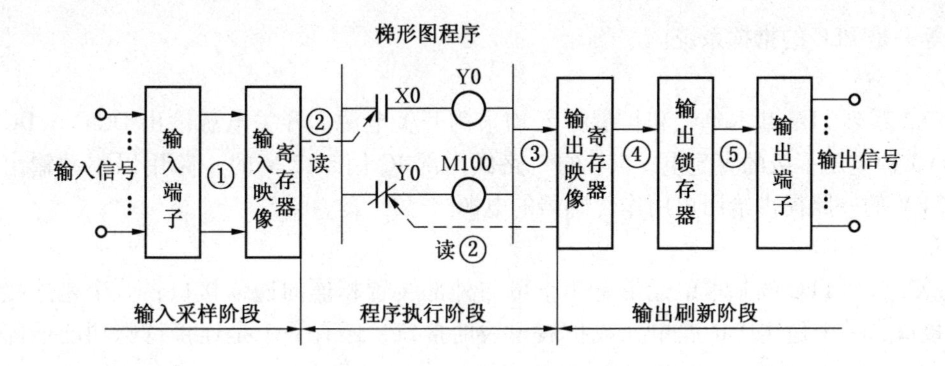

图 8-21 PLC 的扫描工作过程

行在不断变化的。

（3）输出处理。全部指令执行完毕，将输出映像寄存器的通、断状态向输出锁存寄存器传送，成为 PLC 的实际输出。

2. 可编程控制器常用的编程语言

可编程控制器具有丰富的编程语言，如梯形图、指令语句表、状态转移图以及与计算机兼容的 BASIC 语言、C 语言、汇编语言等高级语言。最常用到的编程语言是梯形图和指令语句表。

五、可编程控制器的性能指标与分类

1. 硬件指标

硬件指标主要指 PLC 对外部条件的要求指标及自身的一些物理指标，如温度、湿度、电源、耐压、耐振性、尺寸、重量等。

2. 软件指标

软件指标包括 PLC 的运行方式、运行速度、存储容量、元件种类和数量、指令类型等。这些指标没有统一的技术标准，不同型号的产品其软件指标差异悬殊。软件指标反映了 PLC 的运算规模和控制功能。

3. 分类

可编程控制器若按输入输出点数不同可分为小型、中型、大型 3 类。

一般将输入/输出总点数在 128 点以内的 PLC 称为小型 PLC；输入/输出总点数大于 128 点、小于 1024 点的 PLC 称为中型 PLC；输入/输出总点数超过 1024 点的 PLC 称为大型的 PLC。

除按输入/输出总点数分类外，通常还按 PLC 的结构分为单元式、模块式和叠装式 3 类。

六、FX 系列可编程控制器的基本构成

（一）硬件构成

1. 单片机

PLC 中的单片机包含了中央处理器、随机存储器、只读存储器、串行接口 SIO、时钟

CTC 等，是 PLC 的指挥系统。

2. 电源

FX2 系列 PLC 基本单元和扩展单元均采用开关电源。开关电源输出 DC5V、DC12V、DC24V3 种电压等级的直流电，5 V 的一路供内部 IC 用，12 V 的一路用以驱动输出继电器，24 V 的一路提供给用户用作传感器的电源。

3. 通信接口

FX2 系列 PLC 的基本单元带有 3 个可与外部装置相连的通信接口，一个是连接编程器的接口，一个是连接扩展单元或扩展模块的接口，还有一个是连接特殊功能适配器的接口。

特殊功能适配器是一种特殊功能模块，常用的特殊功能适配器有光纤通信适配器 FX2－40AP、双绞线通信适配器 FX2－40AM、变量设置单元 FX－8AV 等，这些特殊功能适配器可根据需要选用。

4. 编程器

编程器的主要功能是编写用户程序，并将用户程序送入 PLC 基本单元的用户存储器中，有些编程器还兼有监控和向主机发出各种命令的功能。

5. 输入输出接口电路

1）输入接口电路

FX2 型 PLC 输入接口电路如图 8－22 所示。电路中光耦的输出端设有 RC 滤波器，这是为防止由于输入点的抖动及信号输入线中混入的噪声引起误动作而设计的，所以输入信号从“ON→OFF”或“OFF→ON”变化时，PLC 输入接口电路内部约有 10 ms 的响应滞后。

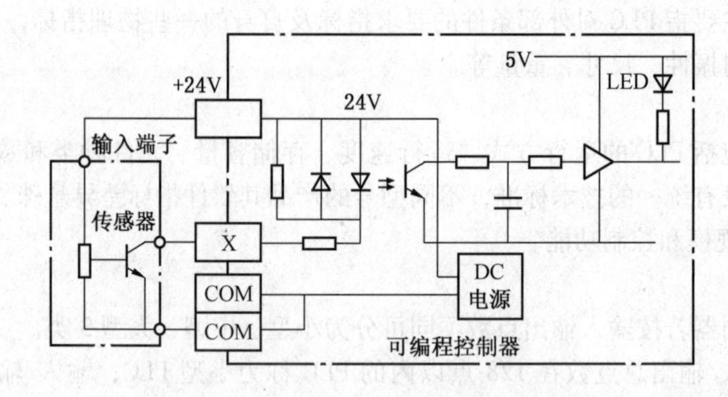

图 8－22　FX2 型 PLC 输入接口电路

输入接口电路中一个不容忽视的参数是输入灵敏度，也就是输入的动作电流。

应当注意，不要将输出的 COM 端与输入的 COM 端相连，以减小重载时的干扰。

2）输出接口电路

FX2 型 PLC 的输出接口电路共有 3 种形式，分别是继电器输出型、晶闸管输出型(SSR 输出型)、晶体管输出型。

6. 输入输出继电器

图 8－23 所示为输入输出继电器的动作示意图。

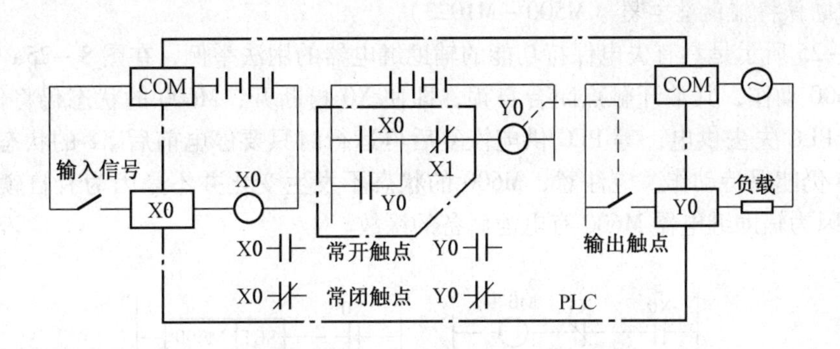

图 8－23 输入输出继电器的动作示意图

PLC 的输入端是其内部的输入继电器（X）从外部接收开关信号的端口，输入端与输入继电器之间是经过光电隔离的。由于输入端与输入继电器是一一对应的，所以有多少个输入继电器就有多少个输入端。

输入继电器是一种电子继电器，其常开触点和常闭触点可重复使用无数次，这于普通的电磁继电器不一样。

PLC 的输出端是输出继电器（Y）向外部负载输出信号的端口。输出继电器的触点分外部输出触点和内部触点两种。内部触点如同输入继电器一样，其常开和常闭触点可重复使用无数次。输出继电器与输出端子是一一对应的，输出继电器是 PLC 唯一能驱动外部负载的元件。

输入端和输出端的编号均采用八进制。当采用扩展单元或扩展模块时，其输入输出端的编号是从最靠近基本单元一侧开始采用八进制连续编号。

（二）软件构成

1. 系统程序

PLC 的系统程序是由制造商编制的用于控制 PLC 本身运行的程序，它又分管理程序、用户指令解释程序、标准程序模块和系统调用 3 部分。

2. 用户程序

用户程序是由用户根据控制的需要而编制的程序，编程语言可以是梯形图、指令语句表及流程图等。用户程序依次存放在监控程序指定的存储空间内。

七、辅助继电器与特殊继电器

（一）辅助继电器（M）

PLC 内有很多辅助继电器。辅助继电器的线圈与输出继电器一样，由 PLC 内部各软元件的触点驱动。辅助继电器触点不能直接驱动外部负载，外部负载只能由输出继电器驱动。

1. 通用辅助继电器（M0 ~ M499）

通用辅助继电器有 500 点，其地址按十进制编号。这些通用辅助继电器只能在 PLC 内部起辅助作用。如图 8－24 所示为含有辅助继电器的梯形图。

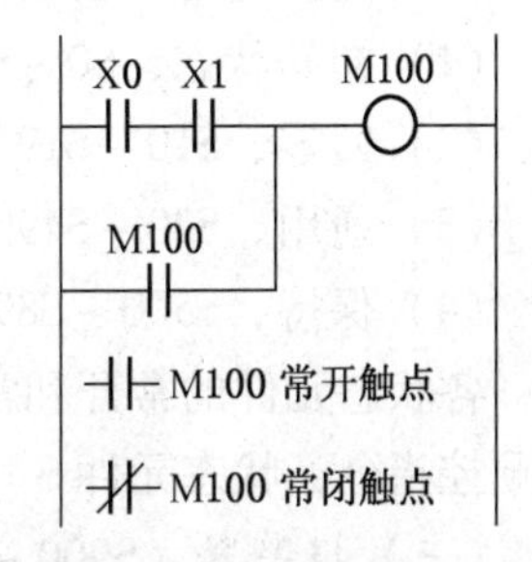

图 8－24 含有辅助继电器的梯形图

2. 失电保持辅助继电器（M500 ~ M1023）

图 8 - 25 所示是具有失电保持功能的辅助继电器的用法举例，在图 8 - 25a 中，X0 接通后，M600 动作，其常开触点闭合自锁，即使 X0 再断开，M600 的状态仍将保持不变，即使此时 PLC 失去供电，等 PLC 供电恢复后再运行时只要停电前后 X1 的状态不发生改变，M600 仍能保持动作。应注意，M600 的状态不发生变化并不是因为有自锁触点的作用，而是因为辅助继电器 M600 有电池后备的缘故。

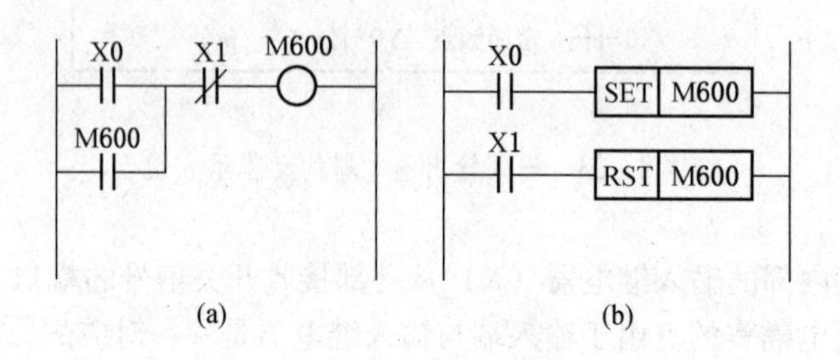

图 8 - 25　失电保持辅助继电器的用法举例

置位指令（SET）和复位指令（RST）可用瞬时动作使失电保持辅助继电器的状态发生改变，如图 8 - 25b 所示 X0 闭合后即使立即断开，辅助继电器 M600 也将被置位，但只要 X1 闭合，M600 又将复位。

3. 特殊辅助继电器（M8000 ~ M8255）

PLC 内有 256 个特殊辅助继电器，这些辅助继电器各自具有特定的功能，它们又可分为两大类：

（1）只能利用触点的特殊辅助继电器。这类辅助继电器的线圈由 PLC 自动驱动，用户只能利用其触点。

（2）可驱动线圈型特殊辅助继电器。这类辅助继电器的线圈可由用户驱动，而线圈被驱动后，PLC 将做特定动作。

应注意，没有定义的特殊辅助继电器不可在用户程序中使用。

（二）状态元件（S0 ~ S899）

状态元件 S 在步进顺控程序的编程中是一类非常重要的软元件，它与后述的步进顺控指令 STL 组合使用。状态元件有以下 4 种类型：

（1）初始状态，S0 ~ S9 共 10 点。

（2）回零，S10 ~ S19 共 10 点。

（3）通用，S20 ~ S499 共 480 点。

（4）保持，S500 ~ S899 共 400 点。

各状态元件的常开和常闭触点使用次数不限，在 PLC 内可以自由使用。如果不用步进顺控指令，状态元件 S 可作为辅助继电器在程序中使用。

（三）报警器（S900 ~ S999）

部分状态元件可用作外部故障诊断输出。作报警器用的状态元件为 S900 ~ S999，共 100 点，均为失电保持型。

第六节　机　械　基　础

一、摩擦轮传动

1. 工作原理及特点

摩擦轮传动是利用两轮直接接触所产生的摩擦力来传递运动和动力的一种机械传动。图 8－26 所示为最简单的摩擦轮传动，由两个互相压紧的圆柱形摩擦轮组成。在正常传动时，主动轮依靠摩擦力的作用带动从动轮转动，并保证两轮面的接触有足够大的摩擦力，使主动轮的摩擦力矩足以克服从动轮上的阻力矩。

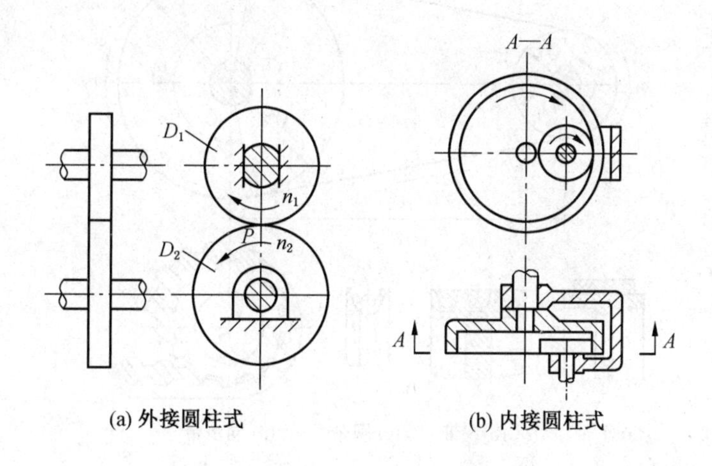

(a) 外接圆柱式　　(b) 内接圆柱式

图 8－26　摩擦轮传动示意图

与其他传动相比，摩擦轮传动具有以下特点：

（1）结构简单，使用维修方便，适用于两轴中心距较近的传动。

（2）传动时噪声小，并可在运行中变速、变向。

（3）过载时，两轮接触会打滑，因而可防止薄弱零件的损坏，起到安全保护作用。

（4）在两轮接触处有打滑的可能，所以不能保持准确的传动比。

（5）传动效率较低，不宜传递较大的转矩，主要适用于高速、小功率传动的场合。

2. 摩擦轮传动传动比计算

机构中瞬时输入速度与输出速度的比值称为机构的传动比。对于摩擦轮传动，其传动比就是主动轮转速与从动轮转速的比值。传动比用符号 i 表示，表达式为

$$i=\frac{n_1}{n_2} \tag{8-1}$$

式中　n_1——主动轮转速，r/min；

n_2——从动轮转速，r/min。

二、带传动

1. 带传动工作原理

带传动是利用带作为中间挠性件，依靠带与带轮之间的摩擦力或啮合来传递运动或动力的。如图 8-27 所示，把一根或几根闭合成环形的带张紧在主动轮 D_1 和从动轮 D_2 上，使带与两带轮之间的接触面产生正压力（或使同步带与同步带轮上的齿相啮合），当主动轴 O_1 带动主动轮 D_1 回转时，依靠带与两带轮接触面之间的摩擦力（或齿的啮合）使从动轮 D_2 带动从动轴 O_2 回转，从而实现两轴间运动或动力的传递。

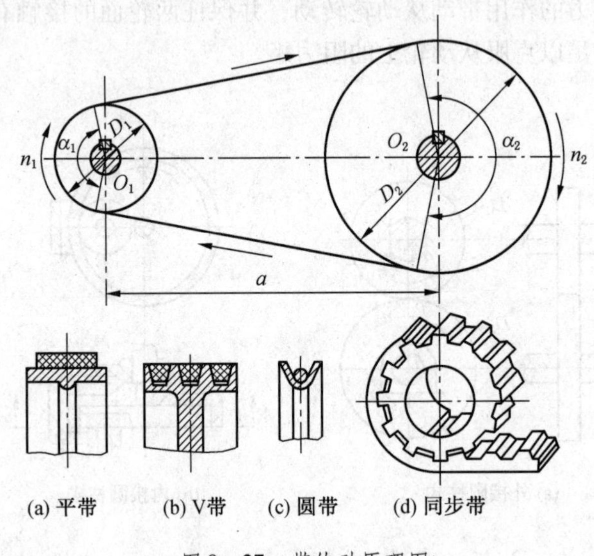

图 8-27 带传动原理图

2. 带传动传动比

带传动的传动比 i 就是带轮角速度之比或带轮的转速之比，即

$$i=\frac{\omega_1}{\omega_2}=\frac{n_1}{n_2} \qquad (8-2)$$

式中 ω_1——主动轮的角速度，rad/s；

ω_2——从动轮的角速度，rad/s；

n_1——主动轮的转速，r/min；

n_2——从动轮的转速，r/min。

3. 包角

包角 α 是指带与带轮接触弧所对的圆心角。包角的大小，反映带与带轮轮缘表面间接触弧的长短。包角越小，接触弧长越短，接触面间所产生的摩擦力也就越小。

4. V 形三角带传动

V 形三角带传动是一条或数条 V 带和 V 带轮组成的摩擦传动。V 带安装在相应的轮槽内，仅与轮的两侧接触，而不与槽底接触。

V 带是横截面为等腰梯形或近似为等腰梯形的传动带。其工作面为两侧，如图 8-28 所示。常用的 V 带主要有普通 V 带、窄 V 带、宽 V 带、半宽 V 带等，它们的楔角（V 带

两侧边的夹角 α）均为40°。此外，还有楔角为60°的大楔角V带。

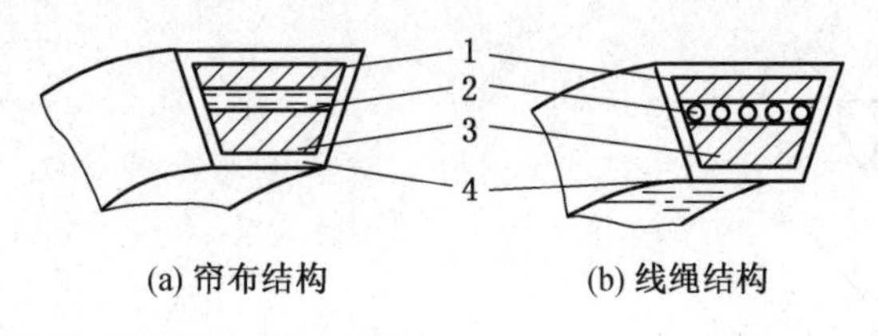

1—伸张层；2—强力层；3—压缩层；4—包布层

图8－28　V带结构

选用普通V带传动时，首先根据所需传递的功率和主动轮的转速确定普通V带的型号和V带的根数，其次确定带轮基准直径 d_d，并保证 $d_d \geqslant d_{dmin}$，最后确定带的基准长度 L_d，并进行各项验算。选用时应注意以下问题：

（1）两带轮直径要选用适当，如小带轮直径太小，则V带在带轮上弯曲严重，传动时弯曲应力大，影响V带的使用寿命。

（2）普通V带的线速度应验算并限制在 $5\ m/s \leqslant \mu \leqslant 25\ m/s$ 范围内。

（3）V带传动的中心距应适当，中心距越大，传动结构也越大，传动时还会引起V带颤动；中心距太小，小带轮上包角也越小，使摩擦力减小而影响传递有效拉力。此外，由于单位时间内V带在带轮上挠曲次数增多，使V带容易疲劳，影响V带的寿命。

选用普通V带时，要注意带的型号和基准长度不要搞错，以保证V带在轮槽中的正确位置。V带顶面和带轮轮槽顶面取齐。

张紧轮是为改变带轮的包角或控制带的张紧力而压在带上的随动轮。当两轮中心距不能调整时，可使用张紧轮张紧装置。

三、螺纹传动

螺纹传动是利用螺旋副来传递运动或动力的一种机械传动，可以方便地把主动件的回转运动转变为从动件的直线运动。用于传动的螺纹有梯形螺纹、锯齿形螺纹和矩形螺纹。

1. 普通螺纹传动及其应用形式

（1）螺母固定不动螺杆回转并做直线运动。图8－29所示为螺杆回转并做直线运动的台虎钳。螺母不动、螺杆回转并移动的形式，通常应用于螺旋压力机、千分尺等。

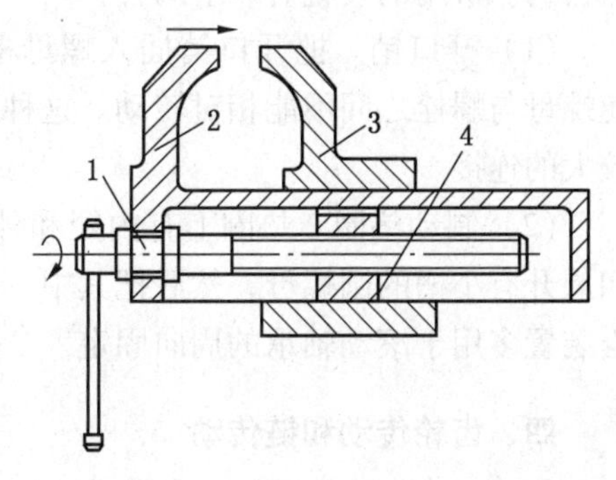

1—螺杆；2—活动钳口；3—固定钳口；4—螺母

图8－29　螺杆回转并做直线运动

（2）螺杆固定不动螺母回转并做直线运动。图8－30所示为螺旋千斤顶中的一种结构形式。螺杆不动、螺母回转并做直线运动，常用于插齿机刀架传动等。

（3）螺杆回转螺母做直线运动。图8－31所示为螺杆回转、螺母做直线运动的传动结构图。螺杆回转、螺母做直线运动的形式应用较广，如机床的滑板移动机构等。

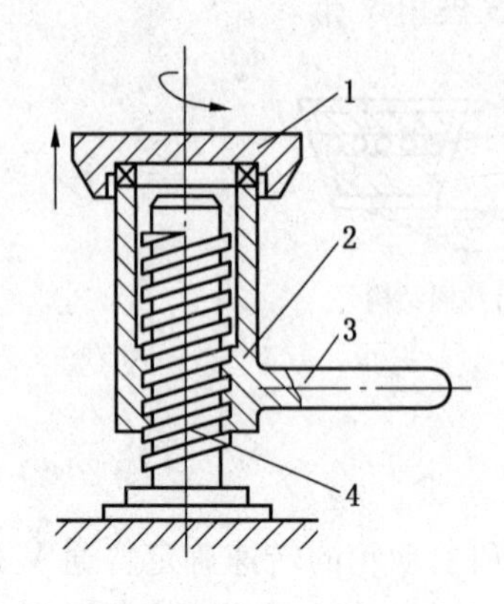

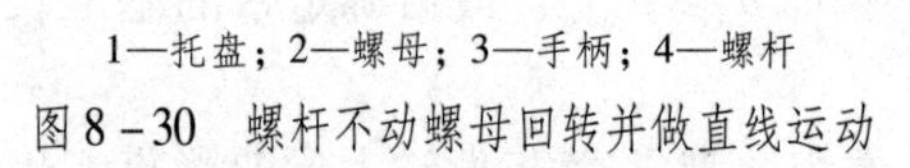
1—托盘；2—螺母；3—手柄；4—螺杆

图 8 - 30　螺杆不动螺母回转并做直线运动

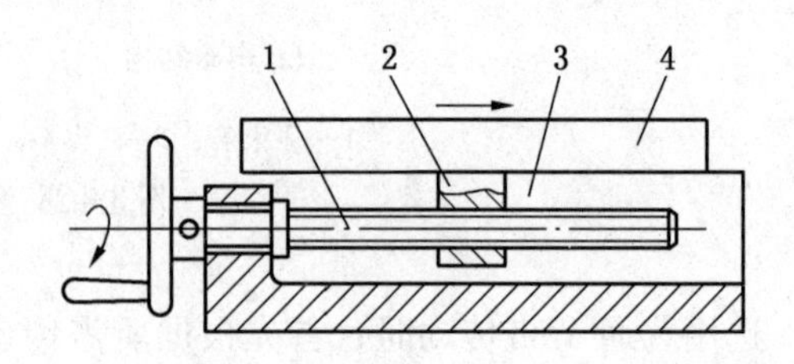

1—螺杆；2—螺母；3—机架；4—工作台

图 8 - 31　螺杆回转、螺母做直线运动传动结构图

2. 螺纹连接的防松

螺纹连接在静载荷和常温下的自锁作用是可靠的，但在冲击、振动或变载荷的作用下,螺纹间的摩擦力会在某瞬间消失，致使螺纹失去自锁能力，产生自动松脱的现象。这不仅影响机械的正常工作，甚至还会造成严重事故，因此应用中应考虑防松问题。防松装置的结构形式有很多，按防松原理不同分为利用摩擦防松和利用机械锁紧防松两类。

摩擦防松装置的工作原理是在螺纹副间产生尽可能不随外载荷大小变化的附加摩擦力，防止连接松脱。常用的装置有以下两种：

（1）弹簧垫圈。它是靠拧紧螺母后弹簧垫圈被压平产生弹性变形，从而使螺母与螺栓的螺纹间经常保持一定的摩擦力来防止螺母松脱。

（2）双螺母。在螺栓上拧紧两个螺母，利用两螺母的对顶作用，在两螺母之间的一段螺栓内产生附加拉力从而形成附加摩擦力，它们几乎不受外载荷的影响，防止了螺纹连接的松脱。但由于多用了一个螺母从而增加了外廓的尺寸和质量。

机械锁紧防松措施是采用专门的防松元件约束螺纹副的相对运动，从而达到防止松动的目的。常用的装置有以下两种：

（1）开口销。把开口销插入螺母槽与螺栓尾部的孔内，然后将开口销的尾部分开，使螺母与螺栓之间不能相对转动。这种装置装拆方便，工作可靠，可用于冲击、载荷变化较大的连接。

（2）制动垫圈。垫圈上有内翅和外翅，使用时把垫圈的内翅插入轴上的槽内，拧紧四周开有小槽的圆螺母，然后把其中一个外翅弯入螺母的一个槽内，将螺母锁住。这种防松装置多用于滚动轴承的周向固定。

四、齿轮传动和链传动

1. 直齿圆柱齿轮的基本参数

基本参数是齿轮各部几何尺寸计算的依据，常用的基本参数有齿数、模数和齿形角。

（1）齿数 z。一个齿轮的轮齿总数称为齿数，用符号 z 表示。齿数越多，齿轮的几何尺寸越大，轮齿渐开线的曲率半径也越大，齿廓曲线越趋平直。

（2）模数 m。齿距 p 除以圆周率 π 得到的商称为模数。模数的符号为 m，单位为 mm。模数是齿轮几何尺寸计算中一个最基本的参数。

（3）齿形角 α。齿形角是齿轮的又一个重要的基本参数。对于渐开线齿轮，通常所说的齿形角是指分度圆上的齿形角。国家标准规定 $\alpha = 20°$。

2. 斜齿圆柱齿轮传动及其特点

1）斜齿圆柱齿轮

齿线为螺旋线的圆柱齿轮称为斜齿圆柱齿轮，简称斜齿轮。

2）斜齿圆柱齿轮传动的特点

（1）传动平稳、承载能力高。

（2）传动时产生轴向力。

（3）不能用作变速滑移齿轮。

3. 蜗杆传动

1）蜗杆传动的组成

蜗杆传动是利用蜗杆副传递运动或动力的一种机械传动，由交错轴斜齿轮传动演变而成。蜗杆与蜗轮的轴线在空间互相垂直成90°，即轴交角为90°（图8－32）。通常情况下，蜗杆是主动件，蜗轮是从动件。

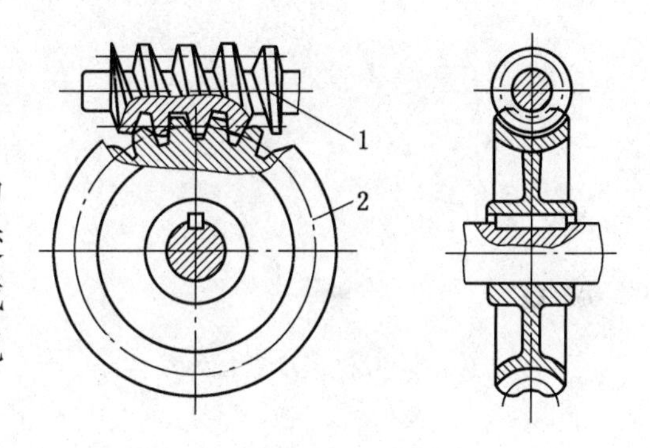

1—蜗杆；2—蜗轮

图8－32　蜗杆传动

2）蜗杆传动的传动比

蜗杆传动的传动比是主动的蜗杆角速度与从动的蜗轮角速度的比值，也等于蜗杆头数与蜗轮齿数的反比。即

$$i = \frac{\omega_1}{\omega_2} = \frac{n_1}{n_2} = \frac{z_2}{z_1} \tag{8-3}$$

式中　ω_1、n_1——主动蜗杆角速度，转速；

ω_2、n_2——从动蜗轮角速度，转速；

z_1——主动蜗杆头数；

z_2——从动蜗轮齿数。

4. 链传动

链传动是由链条和具有特殊齿形的链轮组成的传递运动和动力的传动。它是一种具有中间挠性件（链条）的啮合传动。如图8－33所示，当主动链轮3回转时，依靠链条2与两链轮之间的啮合力，使从动链轮1回转，进而实现运动或动力的传递。

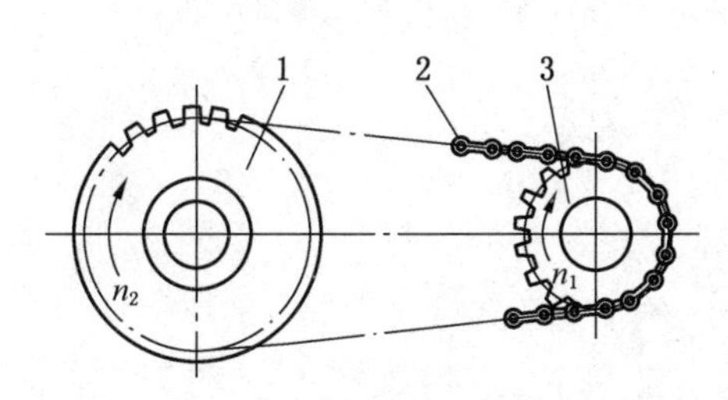

1—从动链轮；2—链条；3—主动链轮

图8－33　链传动结构图

设在某链传动中，主动链轮的齿数为 z_1，从动链轮的齿数为 z_2，主动链轮每转过一个齿，链条移动一个链节，从动链轮被链条带动转过一个齿。当主动链轮的转速为 n_1、从动链轮的转速为 n_2 时，单位时间内主动链轮转过的齿数

z_1n_1 与从动链轮转过的齿数 z_2n_2 相等，即 $z_1n_1 = z_2n_2$ 或 $\frac{n_1}{n_2} = \frac{z_2}{z_1}$，得链传动的传动比为

$$i = \frac{n_1}{n_2} = \frac{z_2}{z_1} \tag{8-4}$$

一般情况下，链传动的传动比 $i \leqslant 6$，低速传动时 i 可达 10；两轴中心距 $\alpha \leqslant 6$ m，最大中心距可达 15 m；传动功率 $P < 100$ kW；链条速度 $v \leqslant 15$ m/s，高速时可达 20 ~ 40 m/s。

第四部分
中级矿井维修电工技能要求

第九章

工具、仪器、仪表的使用

第一节　千分尺和游标卡尺的使用

一、千分尺

1. 千分尺的使用

千分尺如图9-1所示。测量前应将千分尺的测量面擦拭干净，检查固定套筒中心线与活动套筒的零线是否重合，活动套筒的轴向位置是否正确。测量时将被测件置于固定测砧与测微螺杆之间，先移动活动套筒，当千分尺的测量面刚接触到工件表面时，再用棘轮微调，待棘轮开始空转发出“嗒嗒”声响时，停止转动棘轮，即可读数。

2. 读数方法

读数时先看清楚固定套筒上露出的刻度线，此刻度线可读出毫米或半毫米的读数。然后再读出活动套筒刻度线与套筒固定中心线对齐的刻度值（活动套筒上的刻度每一小格为0.01 mm），将两读数相加就是被测件的测量值。读数举例如图9-2所示。

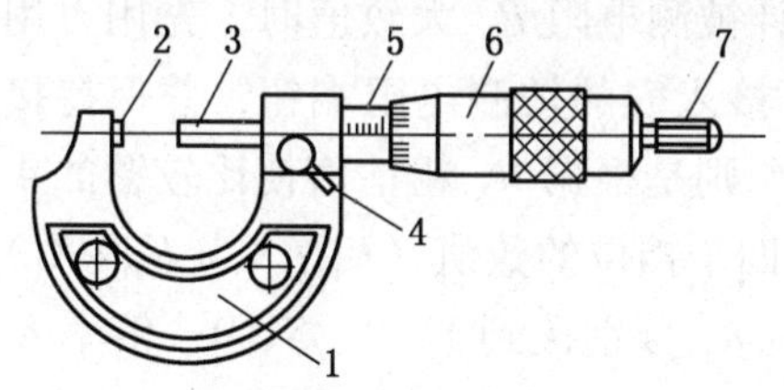

1—弓架；2—固定测砧；3—测微螺杆；4—制动器；5—固定套筒；6—活动套筒；7—棘轮

图9-1　千分尺

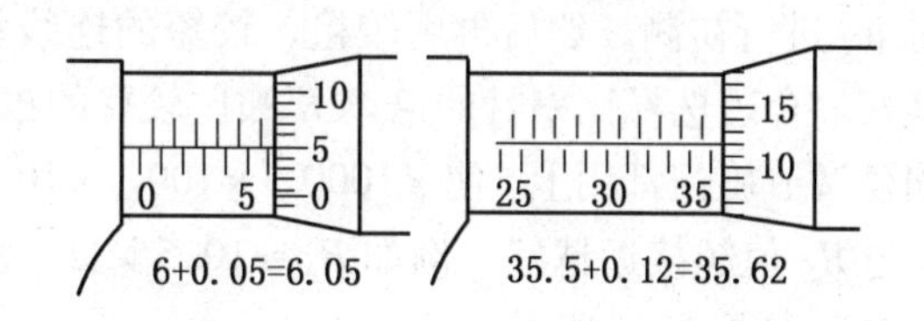

图9-2　千分尺的读数

3. 使用注意事项

使用千分尺时，不得强行转动活动套筒，不要把千分尺先固定好后再用力向工件上卡，以免损伤测量面或弄弯螺杆。为保证测量精度，应定期检查校验。

二、游标卡尺

1. 游标卡尺的使用

游标卡尺及量值读数如图9-3所示。使用前应检查游标卡尺是否完好，游标零位刻度线与尺身零位线是否重合。测量外尺寸时，应将两测量爪张开到稍大于被测件，并将外测量爪的测量面紧贴被测件，然后慢慢轻推游标使两测量爪的测量面紧贴被测件，拧紧固定螺钉。

2. 读数方法

首先从游标的零位线所对尺身刻度线上读出整数的毫米值，再从游标上的刻度线与尺身刻度对齐处读出小数部分的毫米值，将两数值相加即为被测件的测量值。

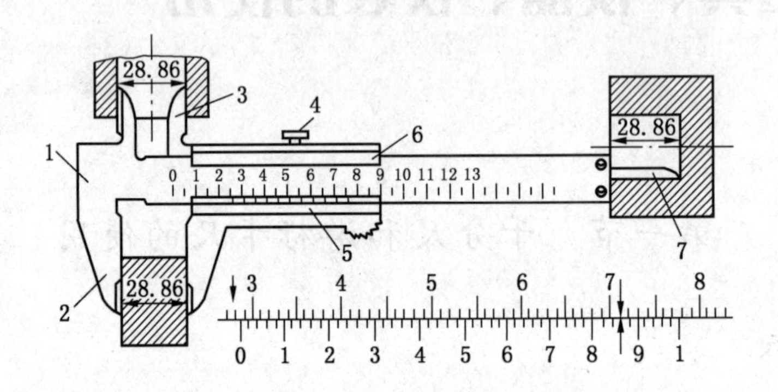

1—尺身；2—外测量爪；3—内测量爪；4—紧固螺钉；5—游标；6—尺框；7—深度尺

图 9 - 3　游标卡尺及量值读数

第二节　单臂电桥和通用示波器的使用

一、直流单臂电桥的使用

以 QJ23 型单臂电桥为例介绍直流单臂电桥的使用。将电桥放置平稳，打开检测计的锁扣，进行指针机械零位的检查、调节。在无法估计被测电阻 R_X 大致值时，先用万用表对 R_X 进行初测。然后再用较粗、较短的连线将 R_X 接入表的被测电阻端钮，并保持接触良好。合理选择比率臂的倍率 K 和比较臂的挡位，原则是根据 R_X 粗估值使比较臂的 4 个挡位调节旋钮都用上，使 ×1000、×100、×10、×1 四个挡位的数值（$K_4+K_3+K_2+K_1$）×K 与 R_X 值越接近越好。例如 $R_X\approx10.5\ \text{M}\Omega$，则 $K_4\sim K_1$ 分别拨到 1、0、5、0；倍率 K 取 0.01，如图 9 - 4 所示。

二、通用示波器的使用

下面以 ST16 型示波器为例介绍通用示波器的使用，其面板如图 9 - 5 所示。

1. 示波器各旋钮、开关的用途及操作方法

（1）Y 轴输入（插座）。通过专用测量电缆及探头，将被测信号引入示波器。

（2）输入耦合选择（开关）。用以改变被测信号与 Y 轴输入的耦合关系，“AC” 位为交流耦合，显示波形不受输入被测信号中直流分量的影响；“DC” 位为直流耦合，适合于观察变化缓慢的信号；“⊥” 位为输入端处于接地状态，便于确定输入端为零电位时光点或光迹在屏幕上的位置。

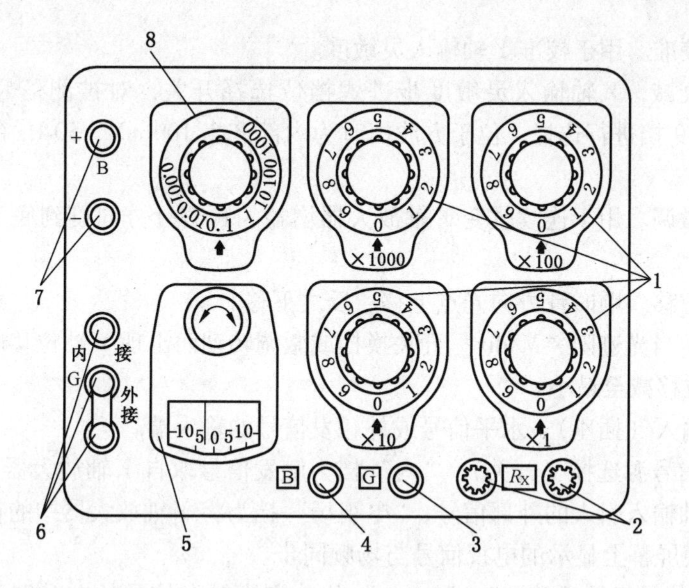

1—比较臂阻值调节旋钮；2—被测电阻端钮；3—检流计按钮；4—电源按钮；5—检流计；

6—内、外附检流计转换接线端；7—外附电源接线端；8—比率臂倍率调节旋钮

图 9－4　QJ23 型单臂电桥

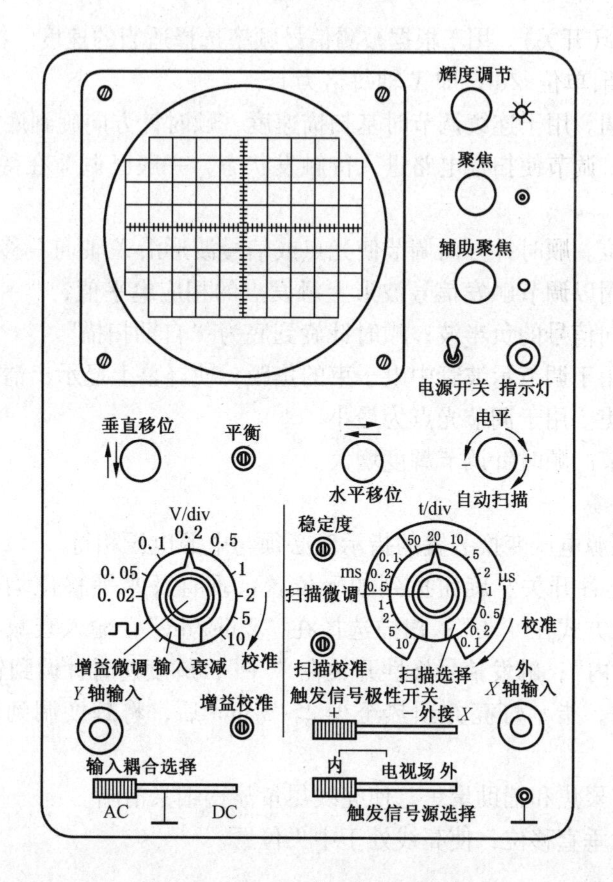

图 9－5　ST16 型示波器面板图

（3）增益校准。用于校准 Y 轴输入灵敏度。

（4）输入衰减。Y 轴输入灵敏度步进式挡位选择开关，对被测信号的大小可提供 0.02～10 V/div 9 挡进行选择；位于方波挡时为内部产生 100 mV、50 Hz 的方波，供示波器校准用。

（5）增益微调。用于连续改变 Y 轴放大器增益，顺时针方向旋到底为最大，同时也是标准位置。

（6）垂直位移。顺时针方向光点上移；反之下移。

（7）平衡。当光迹随“V/div”开关换挡或微调转动而出现 Y 轴位移时，进行平衡调节，以使这种位移减至最小。

（8）X 轴输入（插座）。水平信号或外触发信号的输入端。

（9）触发信号源选择（开关）。“内”挡为触发信号取自 Y 轴放大器；“外”挡为触发信号是由 X 轴输入引入的外部信号；“电视场”挡为将 Y 轴放大器中的被测电视信号通过积分电路，使屏幕上显示的电视信号与场频同步。

（10）触发信号极性开关。“+”“-”位分别为触发信号的上升和下降沿来触发扫描电路；“外接 X”位为外触发信号由“X 轴输入”端输入。

（11）扫描校准。对 X 轴放大增益校准，用以对时基扫描速度进行校准。正常使用时不调节。

（12）扫描选择(开关)。用于根据被测信号频率选择适当的速度。挡位由 0.1 μs/div～10 ms/div 分为 16 挡,单位 t/div,即 X 轴每格为 ts。

（13）扫描微调。用于连续调节时基扫描速度，顺时针方向旋到底为“校准”位。

（14）稳定度。调节使扫描电路进入待触发状态，一般已调节在待触发状态，可不予调节。

（15）水平移位。顺时针方向调节使光点或信号波形沿 X 轴向右移；反之则左移。

（16）电平。用以调节触发信号波形上触发点的相应电平值，“+”为趋向信号的正半波；“-”为趋向信号的负半波；顺时针旋到底为“自动扫描”。

（17）聚焦。用于调节示波管中电子束的焦距，使屏幕上显示出清晰的小圆点。

（18）辅助聚焦。用于调节光点为最小。

（19）辉度调节。顺时针调节辉度增大。

2. 使用前的准备

（1）示波器电源电压变换装置的指示值必须与电源电压相符。

（2）将面板上各开关、旋钮拨到如下位置：垂直及水平移位均在中间位；电平在“自动扫描”；输入方式在“⊥”；扫描选择在“2 ms/div”；输入衰减在“10 V/div”；触发信号源选择在“内”；触发信号极性开关在“+”；辉度逆时针调到较小位。

（3）接通电源，指示灯亮并预热至少 2～3 min 后，将辉度调到使上水平线的亮度适当。

（4）反复调节聚焦和辅助聚焦，使亮线尽量显得细又清晰。

（5）调水平及垂直移位，使亮线处于中央位置。

3. 示波器的校准

为了尽量准确地在屏幕上反映出被测信号幅值及周期的大小，对于 ST16 型示波器，是应用它内部的校准方波信号，对 Y 轴增益和 X 轴扫描速率进行校准。此时将有关开关及旋钮拨到如下位置：输入衰减及增益微调分别在方波挡及“校准”；扫描选择及扫描微调分别在“2 ms/div”及“校准”。然后调节电平旋钮至屏幕上显示出稳定的方波，并将方波移到中央。如果方波双幅值不等于5格，周期不为10格，则应调节增益及扫描校准。

4. 交流电压波形的观测

使用时应注意的几点：示波器的金属外壳是与电源保护接零线相连的，并与探头电缆中一根测量线相连，所以测试时应考虑安全问题。做电子线路测试时，被测线路及所配的其他电子仪器等的参考点均应与示波器的参考点（金属外壳）连成公共的参考点。测量时人不要触及探针。测量过程中，如短时不用示波器，只需将辉度调暗，不要关机，以延长仪器使用寿命。正常使用时辉度应适中，不宜过亮。光点不应长时间停留在某一点上。不要在强磁场中工作。

示波器校准后，将输入耦合选择在“AC”、输入衰减选择在10 V/div，接入 Y 轴输入信号后再调整输入衰减，扫描选择的挡位和电平，使屏幕上显示出2～3个完整的、双幅在8格以内6格以上稳定的交流波形。通过对输入、输出波形的比较，可发觉是否存在失真（例如，对放大器）。

5. 示波器的保养

和其他贵重仪器一样，示波器应由专人负责保管（包括资料及附件），保持仪器的干燥清洁并加防尘罩。仪器有通风扇时，每隔3个月对轴承加一次油，顺便清扫机内灰尘等。防止仪器受到振动、冲击。长期不用时，应定期通电，潮湿季节最好每天通电20 min。

第三节 接地电阻测量仪的使用

一、常用接地电阻测量仪

（1）ZC－8型接地电阻测量仪，级别为1.5和5级，测量范围有0～1～10～100 Ω和0～10～100～1000 Ω两种。

（2）ZC－18安全火花型接地电阻测量仪，级别5级，测量范围有0～10 Ω和10～100 Ω。

（3）ZC－29－1型和ZC－34－1型电阻测量仪。

二、测量方法及步骤

以ZC－18安全火花型接地电阻测量仪为例，介绍接地测量仪的使用方法，接线如图9－6所示。其测量步骤如下：

（1）沿被测接地极E′，装设电位探测针P′和电流探测针C′，E′、P′和C′彼此相距20 m以上，P′位于中间。

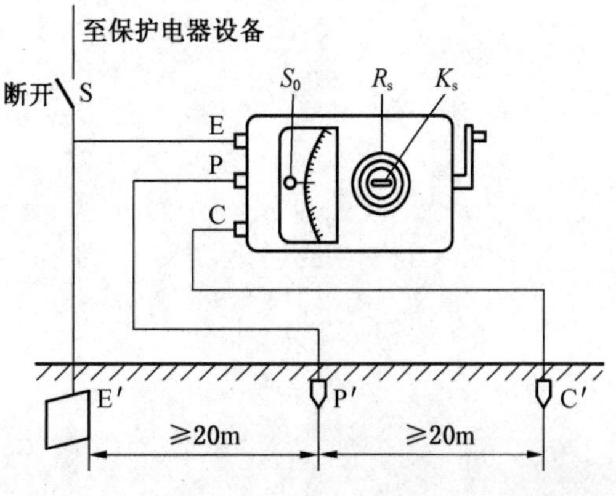

图9－6 ZC－18型接地电阻测量仪接线图

（2）用导线分别连接 E′、P′、C′与仪表的对应端钮。

（3）将仪表水平放置，检查检流计的指针是否在零位上，若不在零位上则调节零位调节器 S_0，使其指零。

（4）转动量限转换开关 K_s，将倍率标度盘拨到“×10”倍数挡（0～100 Ω 挡），慢慢转动发电机手把，同时转动电位器 R_s 的调节旋钮（其刻度也随之转动），使检流计指针逐渐返回零位。

（5）当检流计的指针接近零位时，加快发电机手把的转速，使其达到 120 r/min，同时调整测量标度盘调节旋钮，使指针稳定指在零位上。此时指针所指刻度盘上的数值即为测量所得的读数。因倍率标度盘是拨到“×10”挡的，所以应将读数乘 10 才是实际值。

（6）当测量标度盘上的读数小于 1 时，应将倍率标度盘转到“×1”挡，再重新调整测量刻度盘，使指针重又指零，才能得到准确的读数。

第十章 基本技能操作

第一节 识 图 绘 图

一、电气原理图的绘制

在绘制电气原理图时应遵循以下原则：

(1) 电气原理图一般分电源电路、主电路、控制电路、信号电路及照明电路。电源电路画成水平线，三相交流电源相序 L_1、L_2、L_3 由上而下依次排列画出，中线 N 和保护地线 PE 画在相线之下，直流电源则正端在上、负端在下画出，电源开关要水平画出。主电路是指受电的动力装置及保护电路，它通过的是电动机的工作电流，电流较大；主电路要垂直电源电路画在电气原理图的左侧。控制电路是指控制主电路工作状态的电路。信号电路是指显示主电路工作状态的电路。照明电路是指实现机床设备局部照明的电路，这些电路通过的电流都较小。画电气原理图时，控制电路、信号电路、照明电路要跨接两相电源之间，依次画在主电路的右侧，且电路中的耗能元件要画在电路的下方，而电器的触头要画在耗能元件的上方。

(2) 各电路的触头位置都按电路未通电或电器未受外力作用时的常态位置画出。分析原理时，应从触头的常态位置出发。

(3) 各电器元件不画实际的外形图，而采用统一国标符号。

(4) 同一电器的各元件不按它们的实际位置画在一起，而是按其在线路中所起的作用分画在不同电路中，但它们的动作却是相互关联的，必须标以相同的文字符号。图中相同的电器较多时，需要在电器文字符号后面加上数字以示区别。

(5) 对有直接接电联系的交叉导线连接点要用小黑圆点表示；无直接接电联系的交叉导线连接点不画小黑圆点。

二、电气控制线路原理图的看图方法

(1) 看线路图时，应先掌握国家统一标准的电工图形符号，并应熟记。

(2) 把控制线路图中的主电路和辅助电路分开，先看主电路，后看辅助电路。辅助电路是为主电路服务，并应满足主电路的要求。

(3)分析主电路。应先了解主电路有哪些装置,然后再分析主电路中各个装置的作用。

（4）分析辅助电路。一般来说辅助电路是比较复杂的，特别是自动控制线路，因此分析辅助电路图时，应先按其作用分成若干个局部的线路图，如继电器接触器控制部分，保护电路部分等。然后对照线路图的说明，对照图纸，按照电动机的动作程序一步一步阅读各个已分解的线路图，并注意分部分控制线路图之间的联系。

（5）看线路图应从电源出发。如控制线路应从控制电源的一端开始，经过继电器或接触器线路、触点等，最后到控制线路电源的另一端。这一条电路通了，该继电器或接触器便吸合，其常开触点闭合，常闭触点打开。这些触点的打开或闭合又引起其他电器的变化，这样一步一步地看下去。

（6）要了解各种电器的构造和动作原理。因为电气线路图中无法表示机械构造和动作情况，要了解线路图的动作，就必须知道线路图中的继电器、接触器等怎样才能动作，动作后为什么又能使其自身的常开触点闭合，常闭触点打开。

（7）一般线路图中所表示的都是继电器和接触器未通电、按钮未按压、控制器未转动时的情况。继电器或接触器的常闭触点就是指线圈未通电时，触点是闭合的，通电后常闭触点就打开。按钮的常开和常闭触点则是指未按压时为打开或闭合的触点。

（8）转换开关及控制器的触点闭合次序用其位置变换表（闭合表）表示。图表内打有“×”的表示在该位置时，触点是闭合的，空白的表示在该位置时，触点是打开的。

（9）因为基本线路是组成复杂自动控制线路的基本单元，应熟悉各种基本线路的原理，看懂它们的原理图。

第二节　电气设备的安装

一、大中型电动机的安装

1. 电动机底盘的安装和调整

可参考有关手册，在此不作介绍。

2. 轴承座的安装与调整

（1）清洗、检查轴承座和轴瓦。用汽油或溶剂清洗轴承座内腔，不应留有脏物，不应有砂眼和裂纹。

（2）根据电动机纵、横轴线所在位置，在轴瓦1/2高度处装一根拉紧钢丝，如图10－1a所示，作为调整轴承座基准。

（3）将轴承座吊放在底盘上，反复调整轴承座，用水平尺检查轴承座面的水平度，用经纬仪或水平仪检查两个轴承座面是否在同一水平面内，用基准钢丝来检查轴承座中心是否在同一轴心线上，使轴承座搪孔上 m、n、p 3点与钢丝的距离相等，如图10－1b所示，最后将轴承座固定在底盘上。

（4）为了防止轴承寄生电流的产生，一般在主电动机滑环一端轴承座下面垫绝缘板（在安装轴承座时预先垫下），同时也要将轴承底脚螺栓、销钉、油管法兰盘绝缘，来切断一切寄生电流通路。绝缘板可用布质层压板或玻璃丝层压板制成，绝缘垫板应比轴承座每边宽出5～10 mm，底脚螺栓、销钉、油管法兰盘绝缘可用玻璃丝布板、橡胶板、电工纸板等绝缘，如图10－2所示。

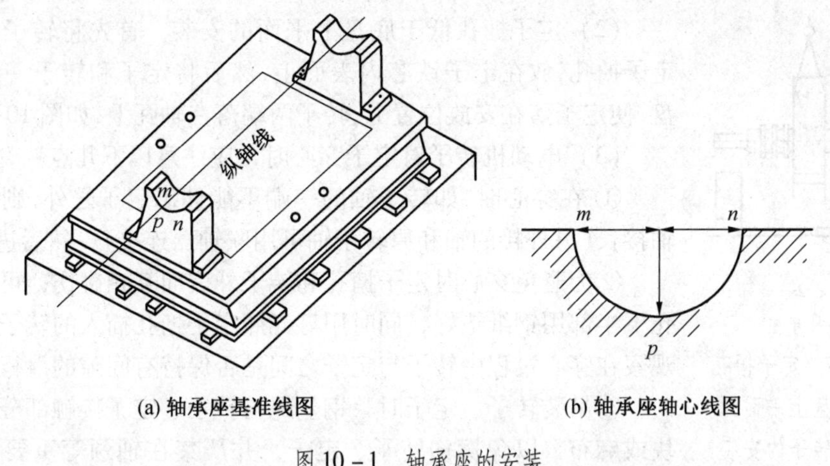

(a) 轴承座基准线图　　(b) 轴承座轴心线图

图 10－1　轴承座的安装

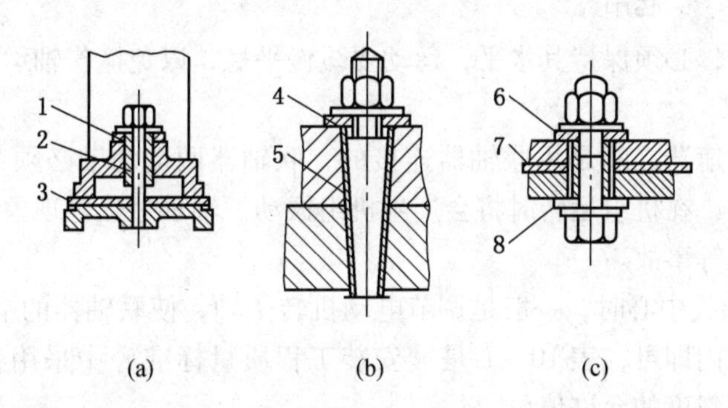

1—绝缘垫圈；2—胶木管；3—绝缘垫板；4—玻璃丝布板垫圈；5—电工纸管；
6—绝缘垫圈；7—环状橡胶板垫圈；8—电工纸绝缘管

图 10－2　轴承座底脚螺栓、销钉、油管法兰盘绝缘

3. 定子和转子的安装

(1) 定子搪孔高于底盘上平面的安装。首先将定子吊放在底盘上，拆去滑环一端轴承座，如图 10－3a 所示。然后吊起转子慢速套入定子搪孔，放落转子于木堆支座上，如图 10－3b 所示。在初步察看定子与转子之间有空隙的状况下，进一步将转子全部插入定子的空心，对齐后拆除木堆支座，放上临时拆去的轴承座，将转子两端同时落放在轴瓦上，如图 10－3c 所示。

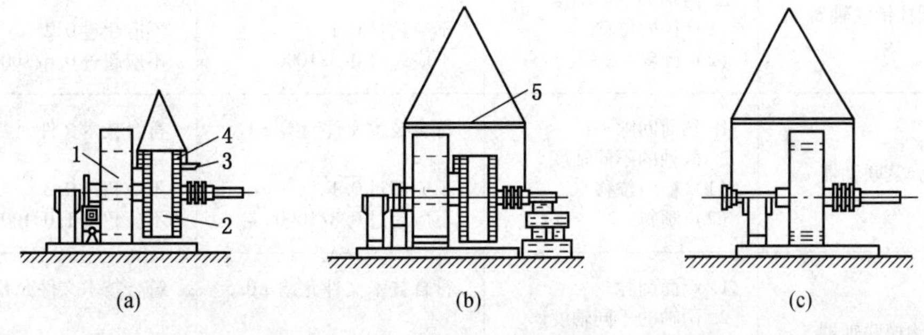

1—定子；2—转子；3—钢杆；4—木垫块；5—木撑条

图 10－3　定子搪孔高于底盘上平面时定子、转子的安装

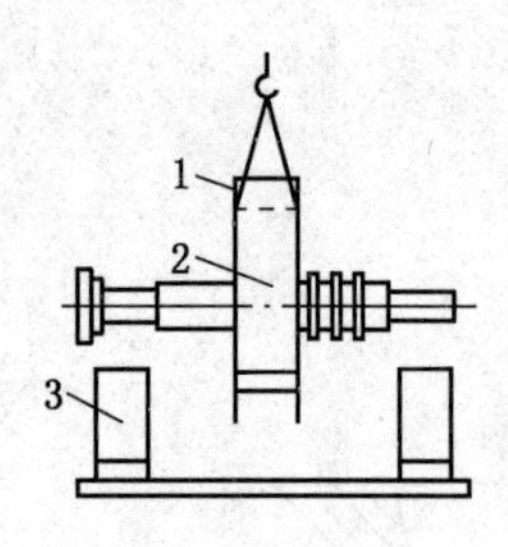

1—定子；2—转子；
3—轴承座

图10－4　定子搪孔低于底盘上平面时定子、转子的安装

（2）定子搪孔低于底盘上平面的安装。首先将转子吊起插入定子搪孔，放在定子铁芯内表面上，然后将定子和转子一起吊上底盘，使定子落在安放位置上，转子两端落在轴瓦上，如图10－4所示。

（3）电动机转子对定子穿心时，应注意以下几点：

① 在穿心时，如转子轴的一端不能伸出定子之外，则可临时将轴接长（另外接的轴和原转子轴可用联轴器连接），然后进行穿心。

②为避免穿心时定子搪孔和转子外表面互相碰伤，可在定子搪孔下半部用钢纸垫好，同时用灯光照定子搪孔插入的转子端，以便观察在穿心过程中转子与定子之间是否保持有间隙的滑行。

③吊装转子、定子时，钢丝绳与转子、定子接触部分，应垫木块或麻布，以免擦伤转子、定子，并严禁在轴颈等重要配合面上起吊。

④转子吊装时，必须保持其水平，运动要缓慢平稳，以免撞伤轴承瓦衬。

4. 电动机找正

主电动机与减速器之间是用联轴器连接的，联轴器两端的轴必须在同一自然轴心线上。如果偏差过大，在机组运转时将会产生机组振动、轴承过热等现象，严重时可能会造成烧毁轴瓦和断轴等事故。

（1）在转子轴找中心时，一般是调节电动机转子轴，使联轴器的端面间隙、同心度、倾斜度在允许范围内即可，表10－1是《安装工程质量标准》中采用各种联轴器时端面间隙、同心度、倾斜度的允许值。

表10－1　联轴器端面间隙、同心度、倾斜度

类　型	检查项目	质　量　标　准	
		第一类	第二类
齿轮联轴器	1. 端面间隙 2. 两轴的不同轴度 （1）径向位移 （2）倾斜	符合技术文件允差±1 不应超过0.15 不应超过0.6/1000	符合技术文件允差±1 不应超过0.30 不应超过1/1000
弹性圆柱销联轴器	1. 端面间隙 2. 两轴的不同轴度 （1）径向位移 （2）倾斜	设备最大窜动量加2～3 不应超过0.1 不应超过0.3/1000	设备最大窜动量加2～3 不应超过0.2 不应超过0.6/1000
蛇形弹簧联轴器	1. 端面间隙 2. 两轴的不同轴度 （1）径向位移 （2）倾斜	符合技术文件允差±1 不应超过0.1 不应超过0.8/1000	符合技术文件允差±1 不应超过0.2 不应超过1.0/1000
十字沟槽联轴器	1. 端面间隙 2. 两轴的不同轴度 （1）径向位移 （2）倾斜	符合技术文件允差±0.5 不应超过0.1 不应超过0.8/1000	符合技术文件允差±0.5 不应超过0.2 不应超过1.2/1000

表 10－1（续）

类　型	检查项目	质　量　标　准	
		第一类	第二类
刚性联轴器	1. 端面间隙 2. 两轴的不同轴度 （1）径向位移 （2）倾斜	0 不应超过 0.05 不应超过 0.04/1000	0 不应超过 0.1 不应超过 0.1/1000

（2）同心度、倾斜度的测量和计算。联轴器的同心度、倾斜度可用专用的卡具配以千分尺来进行测量，要求不太精确者可用钢板尺进行测量，测量方法如图 10－5 所示。首先将两半联轴器 A 和 B 暂时互相连接，装上专用卡具或在圆周上划出对准线；然后将半联轴器 A 和 B 一起转动，使专用卡具或对准线顺次转至 0°、90°、180°、270°四个位置（图 10－5a），在每个位置上测得两个半联轴器径向数值（或间隙）a_1、a_2、a_3、a_4，以及轴向数值（或间隙）b_1、b_2、b_3、b_4，并记录成图 10－5b 所示形式。反复测量几次，核对各位置测量的 a 值和 b 值有无变化，如有变化应找出原因重新测量。一般测量正确时，a_1+a_3 应等于 a_2+a_4，b_1+b_3 应等于 b_2+b_4。

（3）用塞尺测量定子与转子间的间隙。用塞尺测量电动机前后两端上、下、左、右各定子与转子间隙，其最大值与平均值之差不得大于平均值的 10%，否则应改变定子的位置或高度（增加或减少定子下面的垫片）来达到要求。

（4）测量转子轴向窜动量。测量调整转子轴向窜动量如图 10－6 所示。电动机容量在 125 kW 以上者，向一侧窜动量不应超过 2 mm，向两侧窜动量不应超过 4 mm；电动机转子轴径大于 200 mm 者，向一侧窜动量不应超过轴径的 2%，否则可移动轴承座位置来达到要求数值。

（5）测量轴与轴瓦间的间隙。测量调整轴径和轴瓦接触面积及间隙（通常采用压铅法），应符合《安装工程质量标准》的要求。

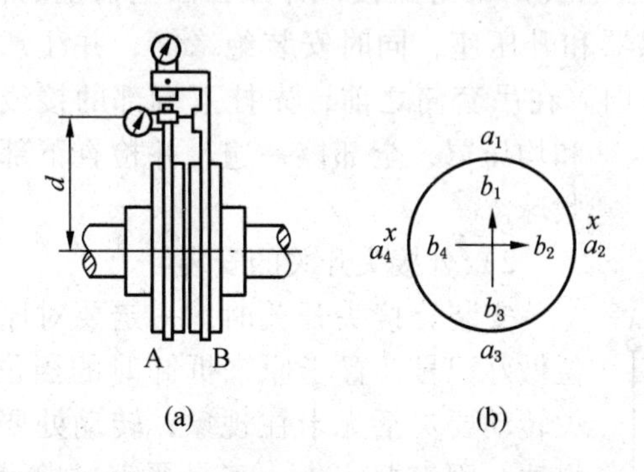

图 10－5　联轴器同心度、倾斜度的测量和记录

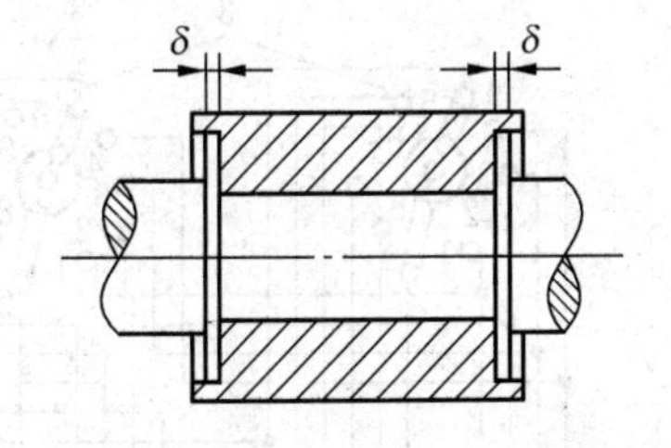

图 10－6　转子轴向窜动量

二、大中型变压器的安装

1. 变压器的主体安装

首先将变压器主体拖至基础上，如果能吊起变压器，可把轮子装上。当变压器起吊后，为防止自行下落，要用道木垫好。没有吊起条件的，可用千斤顶将变压器顶起，垫上

道木，装上轮子。

校对变压器的中心位置，符合设计要求时，可用止轮器将变压器固定。止轮器的形式很多，图 10－7 所示是其中的一种。

变压器的气体继电器应有 1% ～1.5% 的升高坡度。其目的是使油箱内产生的气体易于流入气体继电器。为此，在钢轨埋设时，可在一侧轮子下面加垫铁形成倾斜，如图 10－8所示。

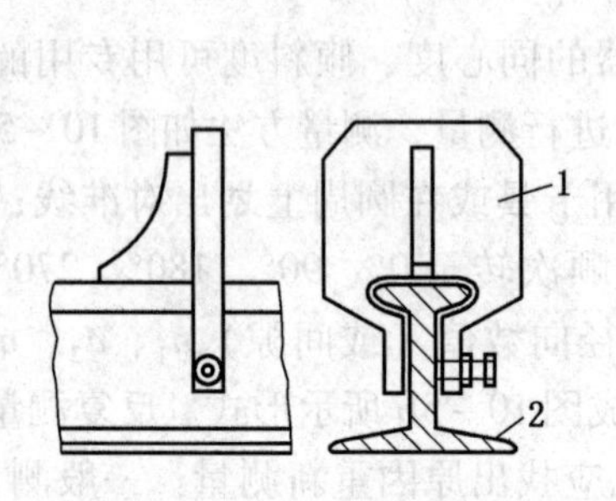

1—止轮器；2—铁轨

图 10－7　止轮器

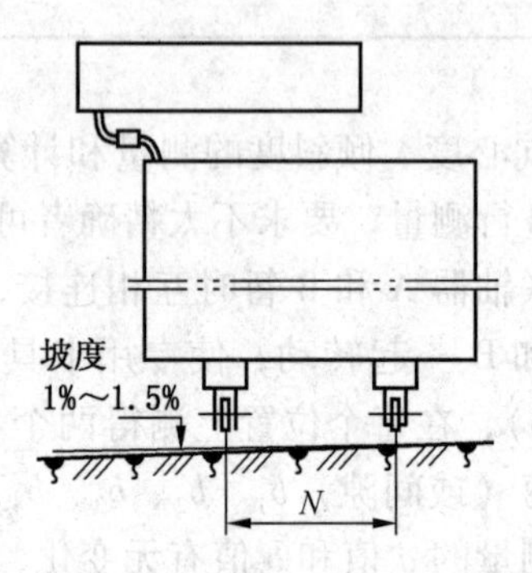

图 10－8　变压器倾斜坡度示意图

2. 附件安装

1）套管安装

（1）低压套管安装。卸开低压套管盖板及旁边的入孔盖，在套管孔上放好橡皮圈及压圈，一人将擦净的套管慢慢放入，另一人双手伸进变压器油箱内，把低压引线用螺栓连接在套管端头。调整引线位置使之尽量离箱壁远一点，再把套管压件装上，将套管紧固在盖板上。在安装工作中要防止其他物体落入油箱内。

（2）高压套管的安装。先拆去油箱上套管孔的临时盖板，并擦去法兰盘上的污垢。对于有升压座者，先安装套管式电流互感器和升压座，同时安装绝缘筒，并注意开口方向。安装倾斜升高座时，要注意倾斜方向。在吊套筒之前，先拧下端部的接线端头和均压罩，全部擦一遍，并检查下部的压紧球。

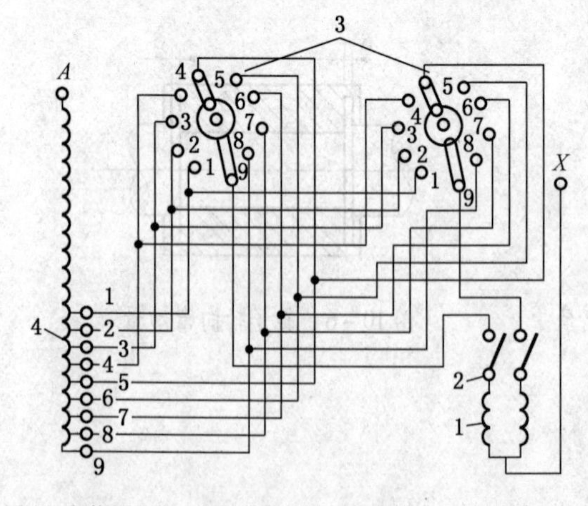

1—电抗器；2—调换开关；3—选择开关；4—调压线圈

图 10－9　电抗式有载分接头开关调压接线图

2）分接头开关的安装

安装分接头开关时，一定要对原装部位做好记号，置于原来拆卸时的挡位。开关转动要灵活无卡住现象，转动处要加润滑油。固定要牢靠，密封严密，指示位置应与实际一致。对于有载分接头开关的安装，按制造厂说明书进行。分接头开关的油箱应与变压器油箱可靠隔离，注入的油应符合规定，就地及远方指示都能正确动作。电抗式有载分接头开关调压接线如图 10－9 所示。

3）散热器的安装

管式散热器管数量较多,管间的距离很小,安装前应检查散热器有无机械损伤和散热管的密封情况。检查方法:在管里通入压缩空气,然后用吊车吊起放入水槽里,当压缩空气压力达到0.15~0.25 MPa时,观察各焊缝处有无气泡,从而判断散热器的密封情况。

风冷式变压器安装风扇时，先检查风扇电动机是否灵活、引线有无损伤，再检查叶片是否完整、叶片的倾角是否符合规定（30°），然后把叶片、保护罩和衬垫一起安装在电动机轴上，并用球形帽固定，最后把组装好的风扇安装到油箱壁的支持铁板上。

4）油枕、安全气道及瓦斯继电器的安装

（1）油枕安装。安装前，要对内部、外部进行清扫，并用合格的绝缘油冲洗，内部涂耐油清漆，外部刷瓷漆。油枕吊装时要注意大盖上其他各附件的情况，严防碰坏套管。吊起油枕放到支架上，调整好位置，用螺栓把油枕和支架连接起来。装好后，从下部放油孔放尽残油，检查油表油位与实际是否相符。

(2)安全气道安装。安全气道与油枕、油箱的连接处对齐,放入密封垫圈,用螺栓紧固。

（3）瓦斯继电器（气体继电器）的安装。解开外壳上的封印，拧松压紧螺栓，把浮子部分连同顶盖一起从容器中取出来，对浮子进行检查。当继电器容器未注油时，浮子下垂，电气触头闭合。注油以后，浮子浮起，电气接头断开。试验时应符合以下规定：①用500 V兆欧表测量时其电阻值不得小于50 MΩ，用2000 V交流电压进行耐压试验时，应无放电和击穿现象；②安装瓦斯继电器连接管时，应该向着油枕方向，最好保持有2%～4%的升高坡度；③安装继电器的容器时，要使容器上箭头方向由变压器油箱指向油枕，以保证变压器故障时继电器动作。

其他附件按说明书安装并按标准进行校验。

三、高压开关柜的安装与试验

1. 高压开关柜的安装

（1）将高压开关柜搬放在基础型钢上，找平找正以后，用底脚螺栓固定。如用焊接，开关柜的底座与型钢应以内部焊接，开关柜下有垫片时，垫片也应焊在型钢上。安装好的开关柜应稳固，垂直误差应不大于开关柜高的2‰。

（2）固定开关柜的引入线、引出线，并把它们接在高压开关柜的母线上。

（3）检查油断路器或真空断路器。

（4）按接线图将指示信号灯、仪表、断电保护等二次线接好，接线应正确、牢固。

（5）将接地线接到开关柜外壳上。

2. 高压开关柜的试验

高压开关柜的试验按《安装工程质量标准》进行，主要试验项目、试验标准见表10-2。

四、低压隔爆开关的安装

1. 安装前的检查

设备出厂或修复后，除按规定和质量标准的要求做好绝缘特性试验检查外，下井安装前还应进行以下检查：

表10－2　高压开关柜的试验项目标准

<table>
<tr><th>试验项目</th><th colspan="4">试　验　标　准</th><th>备　注</th></tr>
<tr><td>测量绝缘电阻</td><td colspan="4">可动部分绝缘电阻不低于1000 MΩ；
操作线圈的绝缘电阻不低于1 MΩ</td><td>使用2500 V兆欧表
使用500 V兆欧表</td></tr>
<tr><td rowspan="7">交流耐压试验</td><td colspan="4">有出厂试验电压</td><td rowspan="7">试验应在合闸状态下进行，三相在同一油箱内的开关，在试验一相时，其他两相应与油箱同时接地</td></tr>
<tr><td>额定电压/kV</td><td>3</td><td>6</td><td>10</td></tr>
<tr><td>出厂试验电压/kV</td><td>24</td><td>32</td><td>42</td></tr>
<tr><td>交接及大修试验电压/kV</td><td>22</td><td>28</td><td>38</td></tr>
<tr><td colspan="4">出厂试验电压不明</td></tr>
<tr><td>额定电压/kV</td><td>3</td><td>6</td><td>10</td></tr>
<tr><td>试验电压/kV</td><td>15</td><td>21</td><td>30</td></tr>
<tr><td rowspan="3">测量触头接触电阻</td><td>名称</td><td>额定电压/kV</td><td>额定电流/A</td><td>接触电阻/μΩ</td><td rowspan="3">测定时，可开合油开关和隔离开关3次，分别进行测定，3次测定的平均值应不小于厂家规定。如无厂家规定可按左表要求测定</td></tr>
<tr><td>油断路器</td><td>3～10
3～10
3～10</td><td>200
600
1000</td><td>300～350
100～150
80～100</td></tr>
<tr><td>隔离开关</td><td>3～10
3～10
3～10</td><td>600
1000
1500～2000</td><td>150～175
100～200
40～50</td></tr>
<tr><td>绝缘油试验</td><td colspan="4">油的绝缘强度：15 kV及以下为25 kV（新油及再生油），其中运行中的油为20 kV；新油应做化学简化分析，符合绝缘油简化分析标准</td><td></td></tr>
<tr><td>试送电</td><td colspan="4">试送电3次：分闸电磁铁线圈电压应大于其额定电压的30%，小于其额定电压的65%；合闸接触器线圈电压应大于其额定电压的30%，小于其额定电压的85%</td><td></td></tr>
</table>

（1）零部件是否齐全、完整。

（2）防爆外壳是否涂有防腐油漆。大、中修后的设备，必须重新涂防腐油漆（铝制外壳例外），并有清晰的防爆标志。

（3）防爆外壳、接线箱、底座等是否变形、走样。若有轻微凹凸不平，应不超过颁布标准。

（4）要通电试运转，看开、停、吸合动作是否灵敏可靠，运行是否正常，有无杂音。

（5）各种进、出线嘴是否封堵。要有合格的密封圈、铁垫圈和铁堵（挡板）。放置顺序：最里为密封圈，中间是铁堵，外面是垫圈。线嘴要拧紧。

（6）防爆面是否有锈蚀或机械伤痕，是否涂有防锈油脂。防爆面不能有锈蚀，粗糙度要合乎要求，针孔、划痕等机械伤痕不能超过规定。

（7）隔爆间隙是否符合要求。对每台设备的隔爆面都应逐一用塞尺进行检测。

2. 安装

开关的接线盒（腔）是连接电源与负载的装置，在安装和接线时，应特别注意以下几点：

（1）安装地点周围要求环境干燥，无垮塌现象。如顶板有淋水、滴水而无法避开时，必须采取遮挡措施，以免水滴入开关中。

（2）开关应安置在与地面垂直位置，如无法做到时，则与垂直面的倾斜角度不得超过15°。在变电所内开关可放在地板上，在配电点或设备旁时，开关应放在架子上。

（3）松开隔爆开关接线盒盖板及接线嘴，将加工好的电缆头从接线嘴伸入接线盒内部，并与相应的接线柱连接。

（4）开关与电缆连接时，一个接线嘴只允许连接一条电缆，同时必须配有合格的密封圈。合格的密封圈其内径应不大于电缆外径1 mm。其外径与进线装置内径差应不大于：密封圈外径小于20 mm时为1 mm，密封圈外径为20～60 mm时为1.5 mm，密封圈外径大于60 mm时为2.0 mm。其宽度不小于电缆外径的0.7倍，厚度不小于电缆外径的0.3倍。电缆与密封圈之间不准包扎其他物品，在进出铠装电缆时，密封圈必须全部套在铅皮上。

（5）电缆护套伸入接线箱内壁的长度为5～15 mm。电缆护套的切割，应是整齐的一圈，并不得划破线芯绝缘。应将线芯绝缘层外的布带及芯垫割除。

（6）电缆线芯与接线柱连接时，其地线和相线的长度配合要适当，即当电缆向外拉出，导电线芯被拉脱接线柱时，接地线芯仍保持连接。导电线芯的裸露长度不得大于10 mm，电缆与开关接线柱的连接如图10－10所示。

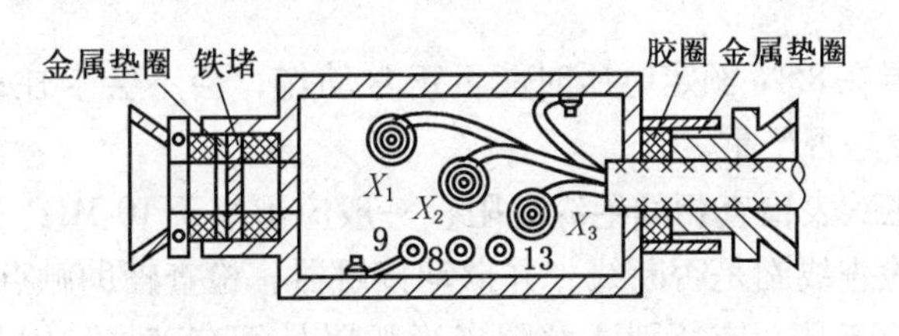

图10－10 电缆与开关接线柱的连接

（7）接线箱内的线芯布置要求整齐，不得相互绞绕。其裸露导体间的电气间隙：660 V时应不小于10 mm，380 V时应不小于6 mm。

（8）从压盘式进线嘴引入、引出的电缆，必须用压盘将电缆压紧，不得松动，使之能起到密封作用，并通过压盘上的压板把电缆压紧在喇叭嘴上，其压紧程度为不超过电缆直径的10%。如电缆直径较小不能被压板压紧时，可在压板下垫以适当厚度的胶皮。

（9）接线完毕后，应清除接线箱内铜丝、石块、煤屑等杂物，并将未用的线嘴用密封圈和铁堵堵死。

（10）用500 V兆欧表测量其总回路的绝缘电阻，在空气温度为15～25 ℃、相对湿度为50%～70%时，其绝缘电阻值不应小于10 MΩ。

五、常用低压电器的安装

1. 铁壳开关的安装

（1）铁壳开关可安装在墙上或其他结构上，也可安装在钢支架上。安装在墙上时，应事先量好固定螺栓的孔眼，然后在墙上划线打洞，埋好固定螺栓。固定在支架上时，应先将支架埋在墙上，然后用六角螺栓将开关固定在支架上。

（2）铁壳开关严禁倒装和横装，必须垂直安装在配电板上，安装高度以操作方便和安全为原则，一般安装在距地面1.3～1.5 m处。在户外装用，应有防雨装置。

（3）铁壳开关的外壳接地螺钉必须可靠接地或接零，并严禁在开关上方搁置金属零件，防止它们掉入开关内部造成相间短路事故。

（4）电源线和负载的进线都必须穿过开关的进出线孔，并在进出线孔加装橡皮垫圈，以保证更换熔丝时，熔断器不会带电。

（5）100 A以上的铁壳开关，应将电源进线接在开关的上桩头，负载引出线接下桩头；100 A以下的铁壳开关，应将电源进线接在开关的下桩头，而将负载的引出线接上桩头，以便检修。

（6）更换熔丝必须在开关断开的情况下进行。

（7）铁壳开关的触点表面有凹凸不平时，宜用细锉修整，使触点表面光洁。

2. 接触器的安装

1）安装前检查

接触器安装前应做以下检查：

（1）检查接触器铭牌与线圈的技术数据是否符合控制线路的要求。

（2）检查接触器的外观，应无机械损伤。用手推动接触器的活动部分时要动作灵活，无卡住现象。

（3）检查接触器在85%额定电压时能否正常动作，会不会卡住；在失压或电压过低时能不能释放，噪声是否严重。

（4）用500 V兆欧表检查相间绝缘电阻，一般应不小于10 MΩ。

（5）用万用表检查线圈是否断线，并揿动接触器，检查辅助触点接触是否良好。

（6）带灭弧罩的产品，应特别注意陶瓷灭弧罩是否有破损。因为这种产品绝对禁止使用破损的灭弧罩或无灭弧罩运行。

2）安装要求

接触器的安装要求如下：

（1）接触器安装时其底面应与地面垂直，倾斜度应小于5°。

（2）为便于散热，应使有孔两面放在上、下位置。

（3）安装时，安装孔的螺钉应装弹簧垫圈和平垫圈，拧紧螺钉以防松脱或振动。同时，切勿使螺钉、垫圈等零件落入接触器内，以免造成机械卡阻和短路故障。

（4）接触器触点表面应经常保持清洁，不允许涂油。当触点表面因电弧作用而形成金属小珠时，应及时锉除。但银和银合金触点表面产生的氧化膜，由于接触电阻很小，不必锉修。

（5）安装接触器时，要注意留有适当的飞弧空间，以免烧坏相邻电器。

3. 继电器的安装

1）安装前检查

继电器安装前应做以下检查：

（1）按控制线路和设备的技术要求，仔细核对继电器的铭牌数据，如线圈的额定电压、电流、整定值以及延时等参数是否符合要求。

（2）检查继电器的活动部分是否动作灵活、可靠，外罩及壳体是否有损坏或缺件等情况；各部件应清洁，触点表面要平整，无油污、烧伤与锈蚀等。

（3）当衔铁吸合后，弹簧在被压缩位置上应有1～2 mm的压缩距离，不能压死；触点的超行程不小于1.5 mm，常开触点的分开距离不小于4 mm，常闭触点的分开距离不小于3.5 mm。

2）安装要求

继电器的安装要求如下：

（1）安装时必须按正确位置安装到位，同时要安装牢固。

（2）严格按照线路图接线，注意选择连接用导线，同时要把螺钉拧紧。

（3）对于电磁式控制继电器，应在主触点不带电情况下，让吸引线圈带电操作几次，看继电器动作是否灵活可靠。

（4）对保护用继电器，如过电流继电器、欠电压继电器等应检查其整定值是否符合要求，待确认或调整准确后，方可投入运行。

六、高压电缆接线盒制作的主要材料及其工艺

1. 高压绝缘胶

高压绝缘胶统称绝缘胶，适用于高低压电缆的终端接线盒、中间接线盒以及开关套管等。绝缘胶在使用及贮藏时，不应使灰尘、铁屑、油类及水分等杂质渗入。绝缘胶为固态，使用前须加热软化，加热到浇灌温度时即可用于接线盒浇灌。不同型号的绝缘胶不能混合在一起，以免引起性能变化，甚至造成报废。

绝缘胶的特点及适用范围见表10－3。

表10－3　绝缘胶的特点及适用范围

绝缘胶型号	性能特点	使用温度范围/℃	适用地区	最高浇灌温度/℃	备　注
1号	黏附性及防水性很强，韧性较高	－40～＋50	严寒地区	150～170	用于浇灌室内外高低压电缆的终端接线盒、中间接线盒、开关套管等。此外，4号绝缘胶还用于浇灌电机接线盒
2号	黏附性及防水性很强，韧性较高	－30～＋60	寒冷地区	160～180	
3号	黏附性很强，有抗热耐寒性能	－25～＋70	范围较广	170～190	
4号	黏附性强，软化点较高	－20～＋80	华东地区及北方温度较高的室内	180～200	

2. 环氧树脂冷浇铸剂

环氧树脂冷浇铸剂用于冷浇型环氧树脂电缆接线盒。该浇铸剂是由环氧树脂、稀释剂、增塑剂及填料混合成的环氧树脂复合物，并且与固化剂一起分装于同一塑料袋中，但是它们之间必须用金属夹或塑料夹分开。环氧树脂冷浇铸剂有四种型号，即1号、2号、3号、4号，分别适用于相应号码的聚丙烯外壳。每袋环氧树脂冷浇铸剂的质量，对应于四种型号，分别为310 g、650 g、1080 g及1560 g。

环氧树脂冷浇铸剂的固化时间与环境温度和环氧树脂用量有关，具体参数见表10－4。

表10－4　环氧树脂冷浇铸剂固化时间和最高反应温度

环氧树脂冷浇铸剂/g	环境温度/℃	固化时间/min	最高反应温度/℃
200	14	66	95
765	22	23	147.5
765	55	10	154

七、电缆的连接

电缆的连接分为电缆与电缆、电缆与电气设备的连接。无论哪种连接都应避免出现因明接头、“鸡爪子”和接线虚而引起的电火花和电弧现象，减少漏电和短路故障。井下电缆的连接应符合以下要求：

（1）电缆与电气设备的连接，必须用与电气设备性能相符的接线盒。一个电缆引入装置只允许连接一条电缆。电缆芯线与接线盒内接线端子应正确连接。导电芯线必须使用齿形压线板（卡爪）或线鼻子与接线端子连接；导电芯线应无毛刺；连接线上的垫片、弹簧垫圈应依次上齐并压紧，但不得压住绝缘材料；连接屏蔽电缆时，屏蔽层必须随同绝缘层一起剥除，剥除长度一般可以和外护套的剥除长度相同，可用四氯化碳将芯线上的碳粉清除干净；腔内的接地芯线要比导电芯线长一些，一旦导电芯线被拉脱时，接地芯线仍能保持连接。

（2）不同型号电缆之间严禁直接连接，必须通过符合要求的接线盒、连接器或母线盒进行连接。

（3）电缆进入引入装置，必须按接线工艺标准要求整体进入；电缆的一端在接上带电设备时，另一端不可以什么也不接，应避免出现“羊尾巴”。

（4）同型号电缆之间直接连接时，必须遵守下列规定：

① 橡套电缆的修补连接（包括绝缘、护套已损坏的橡套电缆的修补），必须采用阻燃材料进行硫化热补或与热补有同等效能的冷补。在地面热补或冷补后的橡套电缆，必须经浸水耐压试验，合格后方可下井使用。在井下冷补的电缆必须定期升井试验。

② 塑料电缆连接处的机械强度以及电气、防潮密封、老化等性能，应符合该型号矿用电缆的技术标准。

（5）电缆接头应满足以下要求：

① 芯线连接良好，接触电阻、接头处的温度均不大于电缆的阻值和电缆的最高允许温度。

② 接头处有足够的抗拉强度，其值应不低于电缆芯线强度的70%。

③ 两根电缆的铠装、铅包、屏蔽层和接地芯线都应良好连接。

第三节　电气设备的试验和测定

一、大中型电动机测定

1. 电桥法

图10－11所示是用双臂电桥测量电动机、变压器绕组直流电阻的接线原理图。图中

R_i 是串入电源回路中用来改变电流、缩短充电时间（时间常数）的可变电阻。电路中的最终稳定电流以被试设备空载电流的 2～3 倍为限，但不得超过电桥的最大许可电流。可变电阻之值 R_i 应为 0.5～5 Ω，电源电压用 6～12 V稳定直流电源。

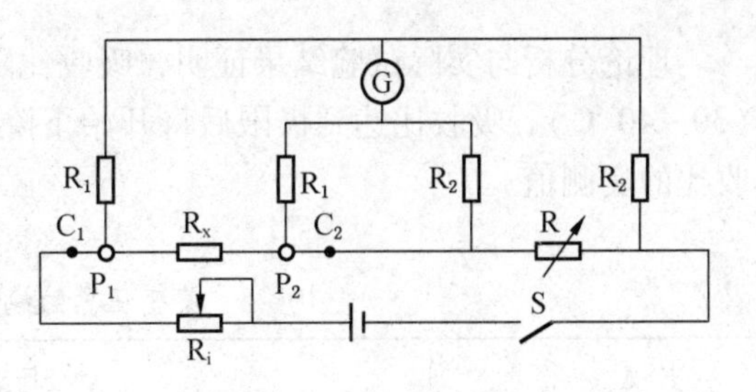

图 10－11 双臂电桥原理图

在测量大容量变压器低压绕组的直流电阻时，空载电流通常可达数十安，这是电桥电路中不允许的，因此只能采用较小直流电流的直流电压降法，即电压电流法来测量。

2. 直流电压降法

电压电流的测量必须采用数字电压表，绕组两端的压降可用电压表直接测量，而电路中的电流是通过将标准电阻 R_N 转换成电压进行测量，其接线原理如图 10－12 所示。

读取电压电流数值后，可方便地计算出绕组的直流电阻值

$$R_X = \frac{U_X}{U_N} R_N$$

式中 U_X——绕组两端的电压降；

U_N——标准电阻 R_N 上的电压降。

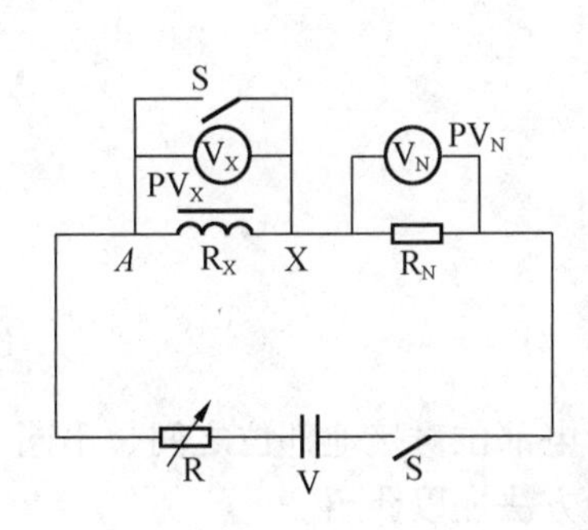

PVX—测绕组电阻压降的数字式电压表；PVN—测标准电阻压降的数字式电压主表；R—调节电阻

图 10－12 直流电压降法接线原理

采用这种测试方法时，由于测量电路中的电流比较大，铁芯已达到饱和，如果电路中的电流突然中断，绕组中将出现较高的感应电动势，危及设备及人员安全，因此在被试绕组两端或另一绕组的两端接一短路保护开关，在绕组测量过程中将保护开关断开。当测量结束时，先将电流降至最小（即 R 值调至最大），然后把保护开关 S 合上，再断开直流电源（在开断之前，测量仪表的测量线必须从被测端子上取下），经过一定时间后才能打开保护开关，切忌在切断电源后立即打开保护开关。

二、电气设备绝缘电阻、吸收比试验

绝缘电阻是指在加压开始至第 15 s 和第 60 s 时读取的绝缘电阻的绝对值（MΩ），同时还要观察其衰减情况，即第 60 s 和第 15 s 时的绝缘电阻的绝对值的比值（R_{60}/R_{15} 的值），通常把这一数值称为吸收比。下面以变压器为例予以说明。

1. 绝缘电阻与施加电压持续时间的关系

在直流电压的作用下，绝缘介质内有三种不同因素产生的电流通过。其中充电电流（即位移电流）随施加电压的时间迅速衰减。极化电流也随着时间衰减，但其衰减速度要比充电电流缓慢得多。第三种是泄漏电流，它只与施加电压的大小有关，与加压时间无关。

2. 绝缘电阻、吸收比与温度的关系

试验表明，变压器绕组的绝缘电阻随温度而变化，温度升高绝缘电阻的绝对值减小。

理论分析与实际试验结果证明，吸收比随绝缘温度的上升而增大。但温度升至一定值(30～40 ℃)，吸收比达到极限后将开始下降，表10－5列出了某变压器的绝缘电阻和吸收比的实测值。

表10－5　某变压器的绝缘电阻和吸收比的实测值

规　　格	变压器的绝缘电阻和吸收比的实测值			
31500/110	23 ℃	27 ℃	35 ℃	38 ℃
	1400/750＝1.87	1210/660＝1.83	910/520＝1.75	850/490＝1.73

绝缘电阻的测量结果与下列因素有关：

(1) 与测量时变压器绝缘温度有关（一般以变压器内油温为基准），温度上升，绝缘电阻下降，温度每变化10 ℃，约差1.5倍。

(2) 随施加电压的时间上升，在稳定前加压时间越长，绝缘电阻的绝对值越大。

(3) 与施加电压的大小有关，即与加在绝缘内部的电场强度有关。

3. 绝缘电阻试验条件和要求

由于变压器绝缘电阻值与加压的时间、变压器绝缘的温度和施加电压的大小有关，因此在进行试验时应具备以下条件：

(1) 油浸变压器必须充满变压器油。

(2) 凡影响测量结果的部件必须按图全部装好。

(3) 测量时变压器绝缘的温度应为10～40 ℃。

三、大型电气设备绕组的交流耐压试验

交流耐压试验常称为工频耐压试验，是考核主绝缘的带电部位对接地部位之间、不同绕组之间绝缘强度最有效的方法。下面以变压器为例对试验方法加以介绍。

变压器在耐压试验之前，必须按图装配好，并且完成全部工艺处理。油箱外部的零部件可能影响试验结果时必须装配好，只有经过计算具有足够裕度时，才允许不装。

1. 变压器的接线

首先必须将被试变压器各个绕组的所有引出端分别用导线将其短接，将短接后的一个被试绕组与高压试验的回路相连，其余绕组与铁芯、夹件及油箱相连，并与试验回路中的工作地线可靠连接。

如果被试变压器的绕组不短路，在试验电压的作用下，沿着绕组各点对接地部位、匝间、层间和段间都会有电流流过，其电路如图10－13所示。这个电流使变压器绕组产生励磁，使其他绕组感应出电压。当被试绕组的某点发生放电或击穿时，放电点相当于接地，使试验电压全部加在进线端与放电点之间的线段上，从而使各绕组产生过电压危及其他部位的绝缘，因此所有绕组的端子必须短路。

耐压试验时，非被试绕组必须接地，这是因为各绕组之间、绕组对地之间（油箱、铁芯等）都有电容。当对高压绕组进行试验时，在低压绕组接地的情况下，试验电压加在高压绕组对低压绕组和油箱、铁芯等接地部位之间，也就是主绝缘上。如果低压绕组不

接地，则在高压绕组对低压绕组对接地部位之间的回路中，试验电压加在这两个电容上，其上的电压分配与电容量成反比。

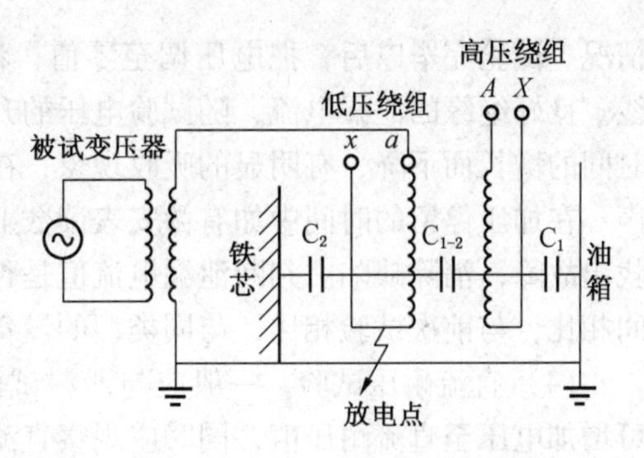

图 10－13 外施耐压试验时不正确的接线图

2. 加压方法

试验电压初始值应不超过 1/3 全试验电压，以防操作瞬变过程中引起的过电压影响。然后与测量相配合尽快均匀地增加试验电压（但要保证测量仪表能准确读数），以免造成在接近试验电压时变压器上耐压时间过长（从达到 75% 试验电压开始以每秒 2% ~3% 的速度上升即可）。

在全试验电压下停留 60 s，然后迅速降低电压至 1/3 全试验电压以下，切断电源结束试验。不得在高于 1/3 全试验电压时突然切断电源，以免瞬变过程产生过电压导致故障或造成不正确的试验结果。

四、大型电动机直流泄漏电流与直流耐压试验

（1）对电动机进行直流泄漏电流与直流耐压的测定与用兆欧表测量绝缘电阻的原理相同，只是使用的直流电压较高，而且是逐步分段上升的。泄漏电流测试的试验电压一般为电动机额定电压的 1.5 倍，直流耐压试验为电动机额定电压的 3 倍，由于电压是逐步分段上升，可以观察各段电压下泄漏电流的变化情况，有利于绝缘状态的判断。泄漏电流与直流耐压试验，对发现绝缘电阻较高时的故障比较有效，尤其是直流耐压试验对于发现局部缺陷有特殊意义。

（2）泄漏电流试验接线图如图 10－14 所示，这种接线方式测得的数值比较准确，但微安表处于高电位，因此要有良好的绝缘，并注意操作安全。图中 R 为保护电阻，按每伏 10 Ω 选用；C 为稳压电容，在测量小容量的设备时使用，如单个线圈、套管等；TY 为调压器；B_1 为试验变压器；B_2 为灯丝变压器；V_2 为静电电压表；ZL 为整流管；ZG 为单只硅整流片串接而成的硅堆；Z_x 为被试品。

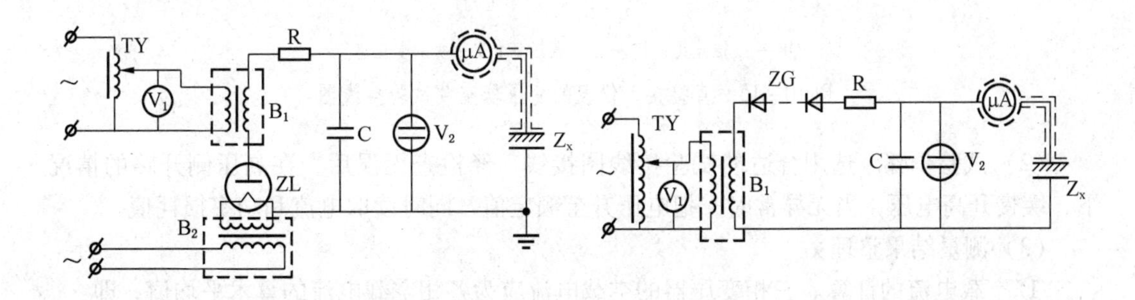

图 10－14 泄漏电流试验接线图

（3）使用整流管整流时，应先将灯丝加热 1 min，然后合上试验电源，调整调压器，使试验变压器电压升高至预定值后，读取微安表的指示值。一般按规定的试验电压，分 25%、50%、75%、100% 四级，每级停留 1 min，测量每级泄漏电流值，观察电流变化的

情况。试验完毕以后，把电压调至零值，将被试件接地放电，并拆除与试验设备连接的线。良好绝缘的泄漏电流，随试验电压的升高而增大，无急剧增加现象；泄漏电流随加压时间的增长而下降，有明显的吸收现象；在试验结束时，接地放电有较大的放电火花与响声。在加压停留的时间中如有微安表读数上升或突然到满刻度的大幅度摆动现象等，则应找出故障，消除缺陷。判断泄漏电流值是否合乎要求，应该用同台电动机中三相绕组各相间相比，与前次试验相比，与同类型的设备相比，从中得出结论。

（4）直流耐压试验，一般应与泄漏试验同时进行，当泄漏电流没有异常现象时，即可增加电压至直流耐压值，同时应观察直流耐压时泄漏电流的变动情况。

五、变压器空载试验及结果分析

1. 变压器的空载试验

变压器的空载试验是在变压器的任意一侧绕组施加额定电压，其他绕组开路，测量变压器的空载损耗和空载电流的试验。空载电流以实测的空载电流 I_0 占额定电流 I_e 的百分数表示，记为 I_0。

空载试验的主要目的是测量变压器的空载电流和空载损耗；发现磁路中的局部或整体缺陷；检查绕组匝间、层间绝缘是否良好，铁芯矽钢片间绝缘状况和装配质量等。

变压器空载试验方法有单相电源法和三相电源法两种。三相电源法试验时，功率损耗可采用三瓦特表或双瓦特表测量，一般常用双瓦特表法。

一般采用三相电源法，因条件限制或寻找故障时也可用单相电源法。

（1）试验接线。三相电源法接线有两种，直接接入测量仪表的试验接线如图 10－15 所示；通过互感器间接接入测量仪表的试验接线如图 10－16 所示。

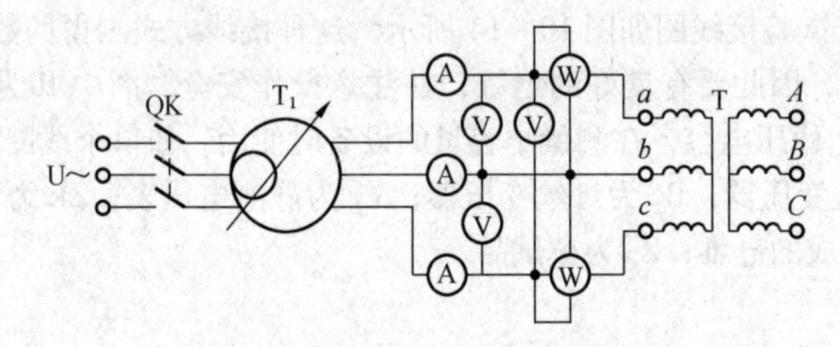

QK—三相开关；T_1—三相调压器；T—被试变压器

图 10－15　直接接入仪表的变压器空载试验接线图

（2）试验步骤。选用合适的试验接线图接线，经检查无误后，在高压侧开路的情况下，缓慢升高电压，当无异常时，把电压升至额定值，同时读取电流和功率损耗值。

（3）测量结果整理：

① 空载电流的计算。三相变压器的空载电流应为各相空载电流的算术平均值，即

$$I_0 = \frac{I_{0a} + I_{0b} + I_{0c}}{3I_e} \times 100\%$$

式中　I_0——空载电流百分数，%；

I_e——被试绕组的额定电流，A；

I_{0a}、I_{0b}、I_{0c}——a、b、c 相测得的空载电流，A。

② 空载损耗的计算。变压器的空载损耗应为两个瓦特表读数的代数和，即

$$P_0 = P_{01} + P_{02}$$

式中　　P_0——空载损耗，W；

P_{01}、P_{02}——两瓦特表的读数，W。

如果测量仪表是通过互感器间接接入的，应将仪表读数乘以互感器的变比。

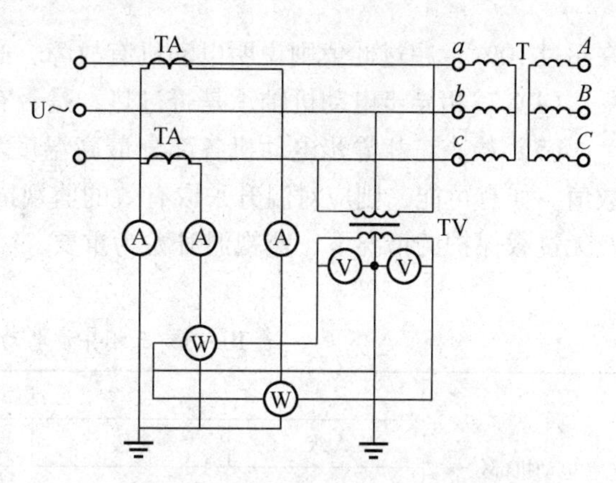

TA—电流互感器；TV—三相调压器；T—被试变压器

图 10－16　通过互感器接入仪表的变压器空载试验接线图

2. 空载试验结果的分析判断

（1）电力变压器空载试验时，在额定条件下，空载电流的允许偏差为 ±22%；空载损耗的允许偏差为 ±15%。若超过时，必须找出产生差异的原因。对于三相变压器，一般是再进行单相全电压试验，以找出缺陷部位。其方法是将变压器三相绕组中的一相顺次短路，在其他两相上施加电压，进行空载电流和空载损耗的测量。一相短路的目的是使该相没有磁通通过，因此就没有任何损耗。

（2）空载损耗和空载电流增大的原因主要有以下几个方面：

① 硅钢片间绝缘不良；

② 硅钢片间存在局部短路；

③ 穿心螺栓或压板的绝缘损坏，造成铁芯局部短路；

④ 硅钢片有松动，出现空气隙，磁阻增大，使空载电流增加；

⑤ 绕组匝间或层间短路；

⑥ 绕组并联支路短路或并联支路匝数不相等；

⑦ 中小型变压器铁芯接缝不严密。

（3）三相变压器测得的空载电流，三相略有差别，这是因为各相磁路长度不同，两边磁路对称相等，而中间磁路较短，从而导致磁阻也不同。因此，两边相的电流要比中间相的电流大，一般中间相空载电流比两边相空载电流小 20% ~35%。如果测量结果与此不符，说明有局部缺陷。

（4）测得的空载电流和空载损耗与出厂值相比应无明显变化。

第四节　机电设备检修

一、三相异步电动机的维护和定期检修

1. 三相异步电动机在运行中的维护

（1）三相异步电动机应经常保持清洁，进、出风口必须保持畅通，不允许有水滴、油污和其他杂物落入电动机内部。

（2）运行时，三相异步电动机的负载电流不得超过额定值。

（3）检查三相电流是否平衡。三相电流中任一相电流与其他两相平均值之差值不允

许超过 10%，超过此值则说明电动机有故障，必须查明原因采取措施。

（4）三相异步电动机轴承是否过热，是否有漏油等情况。

（5）检查三相异步电动机各部分最高温度和最高允许温度是否符合表 10－6 规定的数值。如有可能，则应对温升采取有效的监视措施。特别是在无电压、电流和频率监视以及无过载保护的情况下，监视温升尤为重要。

表 10－6　三相异步电动机的最高允许温度　℃

电动机部位		绝缘等级									
		A级		E级		B级		F级		H级	
		测量方法									
		温度计法	电阻法	温度计法	电阻法	温度计法	电阻法	温度计法	电阻法	温度计法	电阻法
定子绕组		55	60	65	75	70	80	85	100	105	125
转子绕组	绕线型	55	60	65	75	70	80	85	100	105	125
	笼　型	—	—	—	—	—	—	—	—	—	—
定子铁芯		60	—	75	—	80	—	100	—	125	—
滑　环		60	—	70	—	80	—	90	—	100	—
滑动轴承		40	—	40	—	40	—	40	—	40	—
滑动轴承		55	—	55	—	55	—	55	—	55	—

（6）对绕线式三相异步电动机，应检查电刷与集电环间的接触压力、磨损及火花情况。如发现火花时，则应清理集电环表面，用 0 号砂布均匀地把集电环表面磨平，并校正电刷压力。

2. 三相异步电动机的定期维修

（1）三相异步电动机的定期小修。定期小修属于一般检修，主要检查项目见表 10－7。

（2）三相异步电动机的定期大修。大修应全部拆卸电动机彻底检查和清理，一般 1 年进行 1 次，主要检修内容见表 10－8。

表 10－7　电动机定期小修检查项目表

项　目	检查内容
清理电动机	1. 清除和清擦电动机外部的污垢 2. 测量绝缘电阻
检查和清理电动机接线部分	1. 清理接线盒污垢 2. 检查接线部分螺钉是否松动、损坏 3. 拧紧各连接点
检查各紧固部分螺钉和接地线	1. 地脚螺栓是否紧固 2. 电动机端盖、轴承盖等螺钉是否紧固 3. 接地是否可靠

表10-7（续）

项　　目	检　查　内　容
检查传动装置	1. 传动装置是否可靠，传动带松紧是否适中 2. 传动装置是否良好，有无损坏
检查轴承	1. 轴承是否缺油，有无漏油 2. 轴承有无噪声及磨损情况
检查和清理启动设备	1. 清理外部污垢，清擦触头，检查有烧伤否 2. 接地是否可靠，测量绝缘电阻

表10-8　电动机定期大修内容

项　　目	检　查　内　容
清理电动机及启动设备	1. 清除电动机表面及内部各部分的油泥和污垢 2. 清洗电动机轴承
检查电动机及启动设备各种零部件	1. 检查各零部件是否齐全，有无磨损 2. 检查启动设备轴承润滑油是否变质、是否需要重新加油
检查电动机绕组有无故障	1. 绕组有无接触、短路、断路现象 2. 转子有无断路 3. 绝缘电阻是否符合要求
检查电动机定、转子铁芯是否相擦	定、转子铁芯是否有相擦痕迹，如有应修正
检查控制电气和测量仪表及保护装置	1. 控制电器触点是否良好，接线是否紧密可靠 2. 各种仪表是否良好 3. 保护装置动作是否正确可靠
检查传动装置	1. 联轴器是否牢固 2. 连接螺钉有无松动 3. 传动带松紧程度是否合适，齿轮啮合是否良好
试车检查	1. 测量绝缘电阻是否符合要求 2. 安装是否牢固 3. 各转动部分是否灵活 4. 电压、电流是否正常 5. 是否有不正常的振动和噪声

二、变压器的干燥

变压器有以下情况时必须进行干燥处理：更换线圈或绝缘；吊芯检查或修理时，器身在空气中暴露时间超过规定者（一般规定 12 h）；绝缘电阻低于规定值。

变压器的干燥方法很多，常用的有下列两种：

（1）感应加热法。此法是将器身放在原来油箱内，在油箱外壁缠绕若干匝线圈，并通以适当的交流电，使油箱产生磁通，利用油箱壁中涡流损失发出的热量来干燥变压器。箱壁温度应不超过 115 ~120 ℃。器身（铁芯）温度应不超过 90 ~95 ℃。

（2）烘干箱干燥法。烘干箱设备适用于小容量的变压器。干燥时将器身吊入烘干箱，控制内部温度为90～95 ℃，每小时测1次绝缘电阻，烘干箱上部应有出气孔，用来排放潮气。

干燥过程中应有专人看管，要特别注意安全，防止发生火灾。

三、防爆设备的检查

防爆电气设备除在入井前和安装后进行各种检查之外，在运行中还必须进行日常巡回检查和定期检查。

1. 巡回检查

巡回检查是指每天或每班，由电工或专责电工对防爆电气设备的外观及运行情况进行一次检查。运行中的日常巡回检查，是保证防爆电气设备安全运行的重要一环。

巡回检查的内容除了对电气设备的防爆性能进行检查外，还包括以下项目：

（1）防爆电气设备、小型电器的安装、敷设地点是否安全、整洁，有无顶板落碴、滴水、淋水现象，是否堆积有浮煤和杂物。

（2）设备外观有无变形、破损等情况；设备的零部件、螺钉等是否齐全，有无松动。

（3）带油的电气设备是否有漏油现象，油量是否符合要求。

（4）变压器、电动机的运转声音及温度是否正常。

（5）电缆接线盒是否有过热及其他异常现象等。

2. 定期检查

对一些重要的电气设备的安全性能和技术状况应进行定期检查。《煤矿安全规程》规定，使用中的防爆电气设备的防爆性能，要每月检查一次；主要电气设备的绝缘电阻，至少6个月检查一次；移动式电气设备的橡套电缆的绝缘，要每月检查一次，配电系统继电保护装置的检查整定，要每6个月检查一次。

对定期检查中发现的问题和异常现象，应立即进行处理，值班人员当时无法处理的，要及时向主管人员汇报，安排处理。

电气设备的外表，特别是瓷绝缘体的表面沉积粉尘和酸碱油污后，会使其表面电阻减小，漏电电流加大，严重时会出现弧光闪络现象，造成短路故障。因此，要定期对电气设备进行清扫。清扫时，还应同时对电气设备的绝缘、接地、连接情况进行检查，特别要检查瓷绝缘子表面有无裂纹、破损及爬电现象。

防爆型电气设备的外壳如果堆积粉尘、杂物过多，对电气设备特别是电动机的散热不利，所以应经常清理。

四、矿井交流提升机控制系统的检查和维护

1. 高压换向器的维护

高压换向器要经常检查，一般至少每星期检查一次。检查前必须先切断高压电源和低压控制电源，挂上停电牌，然后才能工作。检查的主要内容如下：

（1）换向器应保持清洁，清除绝缘油和瓷瓶上的尘埃，并仔细检查瓷瓶有无裂纹或破损等情况，损坏者应更换。

（2）用手试验接触器动作是否灵活，应无阻滞或抖动现象。拉杆和杠杆的接触面必须润滑，各部轴承内必须定期添注润滑油，同时注意机械闭锁装置动作是否正确。

（3）检查主触点。主触点闭合时应在触点下部呈线接触，断开时应当用触点上部切断电路。触点表面如有烧痕或不平时，应及时用细锉打光，禁止使用砂纸。

（4）检查主触点的压力、间隙以及三相是否同时闭合。当不符合要求时，必须进行调整或更换弹簧。

（5）检查防电离装置的金属片，特别要仔细检查磁吹灭弧线圈的绝缘是否良好，如有损坏必然引起换向器不能正常工作，消弧作用降低，触点容易烧蚀。

（6）检查磁铁的短路环是否完整，损坏的必须更换（用黄铜板弯制）。短路环不完整会使接触器发出很大的响声、振动，致使活动部分接触不严，加速触点烧坏。

（7）磁铁活动部分与固定部分表面接触要严密，接触不严时可调整活动部分。

（8）测量绝缘电阻，受潮部分（特别是消弧室）应随时干燥。每隔一年应进行一次耐压试验。

（9）所有螺栓、螺帽、销子和垫圈应齐全，并要上紧。

（10）检查吸引线圈，有过热损坏的应予更换。

2. 磁力控制站的维护

磁力控制站的维护主要是清扫、检修各电器元件和端子接线。

1）加速接触器的维护

（1）清除接触器表面的灰尘、污垢。

（2）检查主触点，闭合时应呈线接触，表面如有烧蚀，应用细锉打光；烧损严重的应更换。软连接应完整无损。

（3）检查主触点压力、间隙和接触后的压缩行程。

（4）检查消弧罩，清扫消弧罩上灰尘和铜渣；栅格板不应相碰，石棉板如被电弧烧成窟窿，则应及时更换。

（5）检查辅助触点，触点表面如有麻点，可用00号砂纸打磨，触点的压缩行程应为2.5 mm，运行磨损后亦不应小于1.2 mm，否则应进行调整。

（6）检查衔铁，接触面应闭合严密无隙，闭合后无太大的响声，否则应进行调整。短路环应完整无损，损坏的必须更换（用黄铜板制作）。

（7）检查吸引线圈，有过热损坏的应予更换。

2）继电器的维护

（1）清扫继电器各部分灰尘，试验继电器动作是否正确和灵活。

（2）打磨或更换触点，检查触点压力、间隙和压缩行程是否正常。

（3）测量线圈绝缘电阻（一般不低于1 MΩ），检查线圈有无断线或过热损坏，对于不能继续使用的线圈应予以更换。

（4）时间继电器须进行延时测定和调整。JT3型继电器不允许在没有非磁性垫片的情况下工作，且垫片厚度不得小于0.1 mm。

（5）JLJ电流加速继电器要在加速运行过程中观察其动作情况，如其吸合和释放动作不符合加速要求，则应进行调整。

3. 其他电器的维护

1）司机操纵台及主令控制器的维护

（1）清扫司机操纵台内外灰尘。

（2）检查并校正各个仪表指示的正确性。

（3）检查各指示灯是否完好，指示是否正确。

（4）检查各按钮及转换开关动作是否灵活，触点接触是否良好。

（5）校对圆盘深度指示器，看其指示是否正确。

（6）主令控制器每月至少检查一次，清除灰尘，打磨触点，检查触点的压力、间隙（10 ~ 18 mm）和弹簧压缩行程（3 ~ 4 mm），更换磨损过度的触点、凸轮和滑轮。

2）保护及闭锁装置的维护

（1）检查终点开关、过卷开关、闸瓦磨损开关、松绳装置等安装是否正确、牢固，试验其动作是否可靠，即断开其触点能否起到保护闭锁作用。

（2）检查过速继电器、限速继电器、错向继电器及断线保护继电器动作是否正确可靠，人为断开其触点应使安全回路接触器 AC 断电释放。

（3）检查脚踏紧急开关及高压换向器栅栏门闭锁开关安装是否牢固，试验其动作是否可靠，即断开其触点应使高压油开关跳闸。

（4）检查减速开关和凸块安装是否牢固，动作是否正确。

（5）检查机械离心开关动作是否正确、可靠。

（6）调整限速凸轮板。

3）转子电阻箱的维护

（1）初次使用的电阻箱，头 1 ~ 2 个月必须每天拧紧两端螺帽，以后每隔 3 ~ 4 周拧紧一次。

（2）检查电阻发热情况，特别是炎热的夏天。

（3）定期清扫灰尘，检查并拧紧所有连接螺栓，如发现接头或夹板有烧蚀现象应及时处理；检查瓷绝缘子有无裂纹或破损。

（4）测量绝缘电阻，其值应不小于 1 MΩ。

4）低频发电机组的维护

（1）整流子变频机的电刷调整好后，其手轮要予以固定不能再动，否则会影响输出电压。

（2）要防止整流子变频机的传动皮带轮打滑，以免转速发生变化影响输出频率。

（3）低频发电机的电刷应位于几何中性线上，否则会使整流恶化。所以要定期检查固定电刷的螺栓是否松动并及时拧紧，以免电刷走动。

（4）整流子表面应注意清洁光滑，特别要防止与油类接触致使片间云母变质，发现整流子表面有灼伤、烧焦、锈迹或铜绿等现象时，可用 00 号或 0 号砂纸在发电机空转时将整流子表面磨光。整流片间云母应低于整流子表面 0. 5 ~ 1 mm。

（5）电刷压力要适当，一般整流子上电刷的压力为 2.94×10^4 Pa，滑环上电刷的压力为 1.96×10^4 Pa。电刷碎裂或磨损过多必须用同牌号的电刷予以更换。新电刷要用 00 号砂纸贴着整流子面进行研磨，并空载运转 1 ~ 2 h，使电刷与整流子间有 2/3 以上的面积相接触。

（6）发电机轴承的润滑油一般每隔半年检查一次，油色正常时稍添新油即可。如油色变暗、变硬或变质，则必须及时更换新油，加新油前要把旧油除尽并用煤油洗净，新油加至轴承室的 1/2 ~ 2/3 为宜，平时可用油枪加油。

5）接地装置的维护

应经常检查所有电气设备的接地是否良好，如发现有损坏的必须及时修复。接地极的接地电阻每年雨季前应进行一次测定，其值应不大于4 Ω。

第五节 电子器件焊接

一、焊接工具

电烙铁是主要的焊接工具，根据焊接点的大小，散热的快慢及焊接对象的不同来选择电烙铁。焊接一般的晶体管电子电路或集成电路，可用25 W或30 W内热式电烙铁。CMOS电路一般选用20 W内热式电烙铁，且外壳要接地良好。新的电烙铁使用前要将烙铁头清理干净，通电后待烙铁头加热到颜色变紫时，涂上一层松香（或焊锡膏），再挂上一层薄锡。使用过程中应防止“烧死”，不可把电烙铁不上锡而一直通电，否则电烙铁会因表面氧化促使其传热性变差而沾不上锡。使用过的旧烙铁，也存在烙铁头氧化而影响焊接质量的问题，这时只需把烙铁头取下，用平锉锉去缺口和氧化物即可。

二、元器件引脚的处理

所有元器件引脚，在插入印刷电路板之前，都必须刮净后镀上锡。有的元件出厂时引脚已镀锡，但因长期存放被氧化，所以应重新镀锡。

三、助焊剂的选用

元器件引脚镀锡时应选用松香作助焊剂。印刷电路板上已涂有松香水，元器件焊入时不必再用焊剂。焊锡膏、焊油等焊剂腐蚀性大，在印刷电路板的焊接中禁止使用。

四、焊锡的选用

进行电子器件焊接时，应选用松香芯焊锡丝。含杂质较多的其他焊锡块，不宜使用。

五、焊接方法

烙铁头要经常保持清洁平整，焊接前要除去上面的黑色氧化物，当烙铁头顶端因长期氧化出现豁口时，要用锉刀修整。焊接时烙铁头顶端放在焊点处，同时顶住电路板上的铜箔（焊盘）与元件的引线（时间要短），接着很快把焊锡丝接触烙铁头顶端，焊锡便立即熔化并与元件及铜箔接触，约1 s后移开烙铁即可。

六、焊点形状的控制

标准的焊点应圆而光滑、无毛刺。但是初学焊接时，焊点上往往带毛刺或焊点呈蜂窝状。质量比较好的焊点，在交界处焊锡、焊孔（铜箔或焊片）和元件引线三者可较好地熔合在一起。从表面上看焊锡也把导线包住了，但焊点内部并没有完全熔合，这样的焊点称为虚焊点。虚焊点用欧姆表测量也显示导通，但用手拉一下就可能把导线拉出来，即使当时拉不出来，经过一段时间以后，由于温度、湿度或振动等因素，焊点处也会形成断路。由于虚焊点从外表上不容易被发现，所以给调试和检修工作带来很大困难。

七、焊接技术

（1）焊件和焊接点要净化，焊接前，应将焊件和焊点表面处理干净，然后蘸上松香，镀上锡，以便焊接。

（2）烙铁头的温度和焊接时间要适度，焊接时，当被焊金属的温度达到焊锡融化温度后，烙铁头与焊接点接触时间以能让焊锡表面光亮、圆滑为宜，焊接过程只需几秒钟。烙铁头停留时间过长，温度太高易使元件损坏；烙铁头停留时间过短，温度低焊剂未挥发，易形成“虚焊”。

（3）焊锡量要适中，焊锡量以能浸透接线点为宜。焊锡量少，焊接点可能松散；焊锡量多，容易与附近焊点短路。

（4）焊接时要扶稳元器件，焊点未稳固之前不能晃动焊件，以免造成虚焊。焊接晶体管，特别是集成电路时，最好用镊子夹住被焊元器件，以免温度过高而损坏元器件。

第六节　电气故障处理

一、短路的危害及其一般预防方法

短路是指电流不流经负载，而是经过电阻很小的导体直接形成回路。其特点是电流很大，可达额定电流的几倍、十几倍、几十倍。短路电流因为电流很大，发热剧烈，如不及时切除，不仅会迅速烧毁电气设备和电缆，而且会引起绝缘油和电缆着火，酿成火灾，甚至引起瓦斯煤尘爆炸。此外，短路电流还会产生很大的电动力，使电气设备遭到机械损坏。在电网靠近电源的地点发生短路时，也会使电网电压急剧降低，影响同一电网中其他用电设备的正常工作。预防短路的主要途径是加强对电气设备和电缆绝缘的维护、检查和提高过流保护装置动作的可靠性。为此，应做到以下几点：

（1）正确选择设备和电缆的额定电压，使之等于或大于所在电网的工作电压，避免击穿绝缘。

（2）正确安装电气设备和正确地敷设、连接电缆，并经常检查电缆的吊挂情况，防止电气设备、电缆绝缘受潮和遭到机械损伤。

（3）坚持使用检漏继电器和屏蔽电缆，防止漏电故障扩大成短路。

（4）按《煤矿安全规程》的规定，定期检查电缆和电气设备的绝缘，定期对电缆的绝缘做预防性试验；对高压电气设备的绝缘油，要定期做物理、化学性能和电气耐压试验，并及时补充油量。

除以上各点外，为预防短路还应防止误操作。为此，在操作高压断路器和隔离开关时，应执行工作票和工作监护制度；隔离开关操作手柄与断路器操作机构（或接触器停止按钮）之间，要有机械闭锁装置。

二、井下漏电故障的排除

引起漏电继电器动作、开关跳闸的漏电故障，按性质可分为集中性漏电和分散性漏电两种。

集中性漏电又有长期集中性漏电、间歇的集中性漏电和瞬间的集中性漏电之分。长期集中性漏电，是由于电网内某台设备或电缆因绝缘击穿或导体碰触外壳所造成。间歇的集中性漏电，大部分是由于电网内某台设备（主要是电动机）或电缆的负荷部分绝缘击穿或导体碰触外壳，在设备运转时产生漏电所致。瞬间的集中性漏电，主要是由工作人员或其他物件偶然触及带电导体或触及电气设备和电缆的破裂部分，使之与地相连而导致的，也可能是操作电气设备时产生弧光放电导致的。

分散性漏电是由于某条线路及设备的绝缘水平太低或整个网路的绝缘水平太低导致的。

发生漏电故障后，应根据电缆和设备的新旧程度，下井使用的时间长短，周围条件（如潮湿、积水、淋水情况等）和设备运转情况，首先判断漏电性质，估计漏电大致范围，然后进行细致检查，找出漏电点。寻找故障时，要区别是漏电故障还是漏电继电器本身的故障。

如找不到漏电点，应与瓦斯检查员联系，对可能产生瓦斯积聚的地区（如单巷掘进、通风不良的采掘工作面等）进行瓦斯检查；如无瓦斯积聚（瓦斯浓度小于1%），可用下列方法寻找：

（1）集中性漏电的寻找方法。发生漏电跳闸后，试合总馈电开关，如能合上，可能是瞬间集中性漏电；试合总馈电开关，如不能合上，再拉开全部分路开关试合总馈电开关，如仍不能合上，则漏电点在电源线上，然后用兆欧表摇测，以确定在哪一条线上；拉开全部分路开关，试合总馈电开关，如能合上，再将各分路开关分别逐一送合，如送合某一开关时发生跳闸，则表示此分路有集中性漏电；根据漏电时间的长短来决定是长时间的或间歇的集中性漏电。

（2）分散性漏电的寻找方法。可以用拉开全部分路开关，再将各分路开关分别逐一送合的方法，观察漏电继电器的欧姆表指数变化情况，确定是哪一条线路绝缘水平最低，然后用兆欧表摇测。如果某些设备或电缆绝缘水平太低，则应更换这些设备和电缆。

三、提升机电控系统常见故障及处理

1. 交流电控系统主要电气设备常见故障及处理

交流电控系统主要电气设备常见故障及处理见表10－9。

表10－9 交流电控系统主要电气设备常见故障及处理

	故障特征	主要原因	处理方法
高压开关柜	1. 油开关不能合闸	1. 电压互感器高压侧或低压侧保险丝烧断 2. 电压互感器高压侧或低压侧断线 3. 失压脱扣线圈断线	1. 更换保险丝 2. 修理接通 3. 修理或更换
	2. 自动脱扣机构有毛病	1. 机构中有卡住的地方 2. 机构磨损	1. 调整或拆开清洗 2. 修理或更换

表10－9（续）

	故障特征	主要原因	处理方法
高压换向器	1. 换向器不吸	1. 吸引线圈断线 2. 吸引线圈回路内闭锁触点接触不好 3. 活动部分机械润滑不好，阻力太大或支持板歪斜	1. 修理或更换 2. 清扫打磨和调整弹簧压力 3. 清洗加油或调整支持板
	2. 主触点发热	1. 触点严重氧化或烧蚀 2. 主触点接触不严密 3. 弹簧松弛，压力不够	1. 用细锉打磨，烧蚀严重者需更换 2. 用细锉打磨，使成线接触 3. 调整或更换弹簧
	3. 母线或软连线发热	接头松弛	打磨并拧紧螺栓
	4. 磁力系统发响、振动，吸引线圈过热	1. 短路环断裂或掉落 2. 衔铁接触不严或歪斜 3. 主触点压力太大	1. 更换 2. 清扫打磨，调整衔铁 3. 调整触点压力
	5. 换向器闭合时，产生短路现象，油开关跳闸	1. 熄弧室受潮 2. 电气和机械闭锁损坏，换相太快	1. 取下熄弧室干燥，清扫内部铜渣及灰尘 2. 检查闭锁环节，消除故障点
	6. 换向器不断开合（直流吸引线圈，带经济电阻者）	经济电阻断线或其连线断开	更换经济电阻或接好连接
交流接触器	1. 接触器通电时不能吸合	1. 线圈烧毁或断线 2. 线圈连接处接触不好 3. 电源电压太低，吸力不够 4. 活动部分的衔铁被立腿挡住 5. 衔铁与铁芯之间有障碍物 6. 主触点与消弧罩摩擦 7. 接触器的轴承润滑不好	1. 更换线圈 2. 打磨并拧紧螺栓 3. 检查电源电压 4. 调整立腿 5. 清除障碍物 6. 调整消弧罩 7. 清洗、注机油润滑
	2. 运行中吸引线圈烧毁	1. 线圈受潮，绝缘能力降低 2. 电源电压太高	1. 更换线圈 2. 检查电压
	3. 接触器吸合后，响声太大	1. 短路环损坏 2. 主触点压力太大 3. 衔铁接触不严 4. 螺栓松动	1. 更换 2. 调整压力 3. 打磨、调整 4. 拧紧螺栓
	4. 主触点严重发热甚至熔连	1. 触点压力太大或太小 2. 线圈上电压低于额定电压85%，造成吸力不够 3. 触点磨损严重或脏污 4. 负荷过大	1. 调整压力 2. 应保证电压 3. 清扫打磨或更换 4. 更换大接触器
	5. 线圈断电后磁铁不掉	1. 衰磁太大 2. 主触点被消弧罩挡住 3. 触点熔连	1. 打磨中间铁芯或更换 2. 调整消弧罩 3. 打磨或更换触点

表10-9（续）

	故障特征	主要原因	处理方法
金属电阻箱	1. 个别电阻片刺火	1. 接触面粗糙或脏污 2. 两端螺帽未上紧	1. 打磨、清扫 2. 适当拧紧两端螺帽
	2. 电阻严重过热	电阻箱容量小，选择不当	重新选配
	3. 部分电阻过热，甚至烧断	1. 电阻容量小 2. 操作不当，该段电阻运行时间太长	1. 重新选配 2. 改进操作
	4. 加速不匀，切除电阻时出现过大的冲击电流	1. 电阻箱之间短路 2. 电阻片之间短路	1. 寻找短路点，更换电阻箱 2. 换下修理
低频发电机组	1. 低频发电机及整流子变频机电刷下火花过大	1. 电刷与整流子接触不良 2. 电刷压力不适当 3. 电刷牌号不对或质量不好 4. 电刷位置不在中性线上 5. 电刷架在圆周上分度不匀 6. 电刷在刷握中太紧（被卡住）或太松 7. 整流子表面粗糙、不圆或整流片凸出（即跳排） 8. 云母片高出整流子表面 9. 电机过载 10. 输出频率过高 11. 转子绕组与整流子脱焊 12. 励磁、换向极、补偿和转子等绕组有短路、断路、接地或接线错误故障 13. 均压线有故障 14. 电机振动幅度较大 15. 空气中含有水蒸气或酸碱太多	1. 研磨电刷 2. 调整压力 3. 更换合适的电刷 4. 校正到中性线上 5. 用纸条沿圆周间距校正电刷并使之相等 6. 太紧可研磨电刷，太松则须更换 7. 用细油石打磨或车光 8. 将云母片刻低于表面 0.5 ~ 1 mm 9. 减少负荷 10. 调低励磁频率 11. 重焊 12. 用电表检查，消除故障点短路等故障一般须更换绕组或重绕 13. 检查均压线是否断开，并接好 14. 消除振动 15. 加强新鲜空气对流
	2. 低频发电机不发电	1. 接线头松动或接触不良 2. 励磁回路（包括整流子变频机、同步发电机、直流励磁机）有断路之处 3. 整流子变频机的整流子电刷张角位于零位 4. 整流子变频机的相序不对，使其输出频率为倍频（中频），而使低频发电机励磁绕组感抗增大，励磁电流减小 5. 整流子变频机或直流励磁机的传动皮带断裂	1. 打磨、拧紧 2. 按顺序逐台检查并连接好 3. 调整电刷张角 4. 检查并调整相序 5. 更换

表 10 - 9（续）

	故障特征	主要原因	处理方法
低频发电机组	3. 低频发电机输出电压不足	1. 励磁回路接线有错误或接触不良 2. 励磁绕组有部分短路 3. 电刷位置不在中性线上 4. 转子绕组有短路或断路 5. 整流片间短路 6. 整流子变频机、同步发电机、直流励磁机的输出电压不足	1. 检查重接 2. 除能局部绝缘外一般须重绕 3. 校正到中性线上 4. 修理或重绕 5. 如是表面短路，可清扫、打磨；如是内部短路则须拆开修理 6. 逐台检查是转速不够，电刷位置不对，还是接触不好，再分别消除故障点
	4. 低频发电机的输出电压三相不平衡	1. 电刷引出线和补偿绕组的接线相序有错误 2. 整流子变频机的输出电压三相不平衡 3. 电刷在圆周上分布不匀 4. 励磁回路接线错误 5. 励磁绕组和转子绕组有部分短路	1. 检查重接 2. 检修整流子变频机 3. 调整均匀 4. 检查重接 5. 一般须重绕
	5. 整流子变频机输出频率不正常	1. 传动皮带松动打滑或断裂 2. 拖动电动机转速变化 3. 整流子变频机的转向错误	1. 调整或更换 2. 检修拖动电动机 3. 改变转向
	6. 电机过热	1. 过载 2. 通风不良 3. 绕组短路 4. 电压过高	1. 减少负荷 2. 清扫电机，加强通风 3. 一般须重绕 4. 适当调低电压
	7. 轴承过热	1. 轴承过度磨损 2. 油脂太多或太少，油脏 3. 轴弯曲 4. 传动皮带张力过大	1. 更换轴承 2. 加油适量，油脏则须更换 3. 调直 4. 调整适当

2. 交流电控系统控制线路常见故障及处理

参照 TKD - A 系列，交流电控系统控制线路常见故障及处理见表 10 - 10。

表 10 - 10 交流电控系统控制线路常见故障及处理

故障特征	主要原因	处理方法
1. 合上电源刀闸，加速延时继电器 1SJ ~ 8SJ 不吸合	1. 铁磁稳压器没有输出或输出很小 2. 整流器（GZ1 或 GZ8）元件损坏 3. 直流发电机有故障（KKX 系统） 4. 7JC、8JC 常闭触点接触不好	1. 修理稳压器 2. 更换损坏元件 3. 检修发电机 4. 清扫灰尘、打磨触点

表10-10（续）

故障特征	主要原因	处理方法
2. 合上电源刀闸后，前一部分延时继电器不吸合，后一部分吸合	前一序号加速接触器常闭触点接触不好或其连线断开	打磨触点，检查连线
3. 合上电源刀闸，仅1SJ不吸合	1. 继电器本身线圈坏了或其连线断开 2. XHJ或1JC常闭触点接触不好	1. 更换线圈，检查连线 2. 打磨触头
4. 合上电源刀闸，2SJ~8SJ中有一个不吸合	1. 继电器本身线圈坏了或其连线断开 2. 与其串联的同序号接触器的常闭触点接触不好	1. 更换线圈，检查线圈 2. 打磨触点
5. 主令控制器手柄在中间位置，工作闸手柄在抱闸位置，合上油开关后AC不吸合	1. AC本身线圈坏了 2. AC回路中串联的LK-1、DZK-1、8JC、GSJ_1、GSJ_2、J_2、SL、SYJ、GYD、JXK_1~JXK_4、JXK_{1A}、JXK_{2A}、1HK-3等触点有接触不好的；AC回路各闭锁触点间的连线断开	1. 更换线圈 2. 两项可用灯泡或万用表顺着线路各触点逐个测量，寻找故障点。如按本节把线路改进，则故障点可直接显示出来
6. AC吸合后安全制动电磁铁不吸	1. 电磁铁线圈坏了或连线断开 2. 活动铁芯不灵活，被卡住	1. 更换 2. 拆开修理
7. 主令控制器手柄移到启动位置后，ZC或FC都不吸合	1. AC、1SJ、DZC、KDJ、KDC等触点接触不好；XC与SDZJ、FW_{1-2}、LK-3与FW_{7-8}、LK-4触点同时接触不好 2. ZC与FC线圈都坏了 3. 各触点间连接线断开	1. 打磨触点，检查触点不闭合的原因，并消除之 2. 更换 3. 检查连线
8. 主令控制器手柄移到启动位置（向前、向后二个位置）ZC，FC有一个不吸合	1. 本身线圈损坏 2. ZC、FC常闭触点有一个接触不好 3. 过卷恢复开关不在零位 4. LK-3或LK-4接触不好 5. 连线断开	1. 更换 2. 打磨触点 3. 扳到零位 4. 检修触点 5. 检查连线
9. 主令控制器手柄移到启动位置后，XLC不吸合	1. 本身线圈损坏 2. ZC或FC常开触点接触不好 3. 连线断开	1. 更换 2. 打磨触点 3. 检查连线
10. 换向接触器闭合后经一段延时又断开，再经一段延时又闭合，这样重复地一合一断	换向接触器的自保触点（329—330）接触不好或其连线断开	打磨触点，检查连线
11. 换向及加速接触器瞬时重复合上，断开（KKX系统）	接触器本身的经济电阻断损或其连线断开	更换电阻或检查连线

表10-10（续）

故障特征	主要原因	处理方法
12. J_1 不吸合	1. 本身线圈损坏 2. SDZJ 或 ZJ、FJ 常闭触点接触不好 3. 连线断开	1. 更换 2. 检查和打磨触点 3. 检查线路
13. 信号继电器 XC 不吸合	1. 本身线圈损坏 2. J_1、J_2、KDJ、LK-2（或 LKJ）触点接触不好或没有闭合 3. 信号回路或连线断开	1. 更换 2. 检查和打磨触点 3. 检查线路
14. 操纵主令控制器手柄，加速接触器 1JC~8JC 不吸合	1. 1JC 线圈坏了 2. LK-5 触点或 1SJ 常闭触点接触不好 3. 1JC 回路连线断开	1. 更换 2. 打磨触点 3. 检查连线
15. 操纵主令控制器手柄，加速接触器 2JC~8JC 全不吸合	1. 2JC 线圈坏了 2. 2JC 回路串联的触点 1JC、LK-6、DZJ、DZK-2、2SJ、KDC、XC 等有接触不好的 3. 2JC 回路连线断开	1. 更换 2. 清扫打磨触点 3. 检查连线
16. 主令控制器手柄移到终端，前一部分加速接触器吸合，后一部分加速接触器不吸合	1. 不吸部分第一个接触器线圈坏了 2. 不吸部分第一个接触器回路内触点接触不好或连线断开	1. 更换 2. 清扫打磨触点，检查连线
17. 主令控制器手柄移到终端，加速接触器没有延时而相继吸合	加速延时继电器 1SJ~8SJ 没有吸合	按第一项原因检查处理
18. 启动时电动机有很大的冲击电流，甚至使油开关跳闸	1. JLJ 继电器没整定好 2. JLJ 继电器线圈坏了 3. JLJ 继电器触点或其连线接触不好 4. 高压回路或电机有故障	1. 重新整定 2. 更换线圈 3. 清扫打磨触点，检查连线
19. 加速接触器闭合后，电动机不能启动，且发出嗡嗡的叫声	1. 高压换向器的主触点接触不好 2. 电动机定子进线电缆有故障，产生单相运转 3. 启动电阻断开 4. 电动机本身有故障	1. 打磨和高速触点 2. 检修或更换电缆 3. 更换和重接连线
20. 提升机在最大速度运行中，安全闸突然抱闸	1. 供电线路失去电压，无压释放器动作 2. 提升机超速 15%，GSJ_2 继电器动作 3. 限速回路或深度指示回路断线，JSJ 或 SL 动作 4. 制动油过压 J_2 动作 5. 高压换向器栅栏门被打开，LSK 动作 6. 电动机过负荷，油开关跳闸 7. 低压电源失压 8. AC 或 G_8 线圈烧毁	1. 检查失压原因并处理 2. 检查过速原因 3. 检查连线 4. 检修液压站 5. 关好栅栏门 6. 检查过负荷原因并清除 7. 检查失压原因并处理 8. 更换线圈

表 10－10（续）

故障特征	主要原因	处理方法
21. 提升机在减速运行中，安全闸突然抱闸	1. 除第 20 项 2、6 两点外其他均与第 20 项的各个原因同 2. 减速段过速 GSJ1 释放 3. 过卷	1. 与第 20 项相同 2. 检查过速原因 3. 恢复
22. 限速回路继电器全部不动作或动作不正确	1. 测速发电机有故障 2. 测速发电机的传动皮带断了或太松打滑 3. 测速发电机引出线断开 4. 励磁回路断线	1. 检查测速发电机 2. 调整或更换皮带 3. 检查连线 4. 检查连线
23. 动力制动接触器不吸合	1. 接触器本身线圈坏了 2. 1SJ 不吸 3. DZC 回路内触点接触不好或连线断开	1. 更换线圈 2. 按第 1、2 项检查原因并处理 3. 清扫打磨触点，检查连线
24. 动力制动电流上不去或没有电流	1. CF_3 测速绕组回路断线 2. CF_3 没有输出 3. CF_4 没有输出（用机组时） 4. 没有触发信号（用可控硅时） 5. 插件接触不好 6. 整流硅元件损坏 7. 快速熔断器烧断	1. 检查该回路连线 2. 检查各绕组及连线 3. 检查各绕组及连线 4. 检查触发回路 5. 重新插接 6. 更换元件 7. 更换熔丝
25. 脚踏动力制动电流上不去或没有电流	1. KDC 或 KDJ 没有释放 2. KDC 或 KDJ 常闭触点接触不好 3. 自整角机 CD_2 一次或二次绕组未接通 4. GC_4 整流器损坏 5. Rt14（Rt210）电位器损坏 6. 脚踏控制回路连线断开	1. 检查 JTK_8 及 KDC，KDJ 2. 清扫、打磨触点 3. 检查 CD_2 的二次电压 4. 更换损坏元件 5. 更换电位器 6. 检查连线
26. 动力制动电流下不来	1. 磁放大器偏移绕组断线或偏移电流变小 2. 磁放大器给定绕组断线或给定电流变小 3. 可控硅不能关断 4. 触发回路有故障	1. 检查偏移回路 2. 检查给定回路 3. 更换可控硅 4. 检查触发回路
27. KT 线圈没有电流，可调闸，不能松闸	1. 继电器 GZJ 不吸 2. CF_1 工作绕组没有电源电压 3. CF_3 的（16）（20）、（21）（22）或（13）（14）绕组断线或没有电流 4. 整流器 GZ_2 损坏 5. 自整角机 CD_1 没有输出	1. 检查 DZK－1 触点及 GZJ 本身线圈 2. 检查电源电压 3. 检查该回路电流 4. 更换损坏元件 5. 检查自整角机一次电源及二次输出

表 10－10（续）

故障特征	主要原因	处理方法
28. KT 线圈电流下不来，可调闸，不能抱闸	外截止负反馈绕组（18）(20)，（21）（22）断线或与负偏移绕组（11）（12）同时断线或没有电流	检查该回路电流
29. 深度指示不动作或指示不正确	1. 自整角机 CD_3、CD_4 二次连线断开 2. 接受自整角机 CD_4 阻力矩（包括指示机构）太大	1. 检查连线 2. 检查阻力增大原因并消除
30. 润滑油泵不能启动	1. 电源没有电压 2. 接触器 JC_2 有毛病 3. 控制按钮 3QA，3TA 接触不好 4. 接触器 JC_2 控制回路连线断开 5. 转换开关 K_4 接触不好	1. 检查电源电压 2. 检查接触器 3. 清扫打磨触点 4. 检查连线 5. 清扫打磨触点
31. 制动油泵不能启动	1. 与第 30 项诸原因相似 2. 制动油过压继电器 J_2 常闭触点接触不好	1. 与第 30 项相同 2. 清扫打磨触点
32. 制动油压自动系统不能按规定自动启动或自动停止油泵（KKX 系统）	1. 蓄压器上的限位开关接触不好或损坏 2. 蓄压器重锤上的拨动爪位置不对或损坏 3. 接触器有毛病	1. 检修限位开关触点 2. 调整或更换拨动爪 3. 检修接触器
33. 风包压力降低时压风机电动机不能自动启动	1. 与第 30 项 1、2、4 点原因相似 2. 压力继电器的触点接触不好	1. 与第 30 项相同 2. 调整压力继电器和检修触点

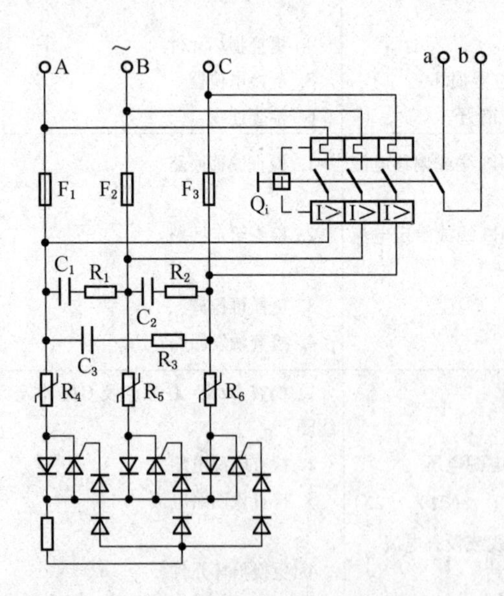

图 10－17　电枢变压器交流抑制电路的故障检测

3. 直流提升机电控系统故障检测及监视

直流提升机电控系统的故障监视分为两大类，一类是电气设备的故障监视，另一类是机械设备的故障监视。

1）电气设备的故障检测和监视类型

（1）电枢变流器同步电源的监视。通过检测同步电压的幅值确定同步是否缺相，是否欠压。出口电路为继电器。

（2）电枢变流变压器的温度检测。通过热敏电阻检测变流变压器的温度。出口为两个继电器，一个是报警信号，另一个是跳闸信号。

（3）电枢变压器交流抑制电路的故障检测。若交流抑制电路出现故障（通常是保护抑制电路的熔断器熔断），说明抑制电路没有抑制过电压的能力，变流器无法安全工作，所以要通过监视抑制电路中的熔断器来监视交流抑制电路。交流抑制电路的故障检测原理如图10-17所示。当抑制电路有任一熔断器熔断时，自动开关 Q_i 释放，触点 a/b 断开，表示出现交流抑制电路故障。

（4）电枢变流柜温度及风扇故障监视。

（5）电枢回路漏电监视。为了保证电枢变流器的安全运行，应该把能够造成直流侧短路故障的因素消除在萌芽状态，而电枢回路的绝缘不良就是一个因素。当电枢回路绝缘被破坏后，就会造成变流器直流侧短路故障。

电枢回路漏电监视电路分两部分，一是停车期间的漏电监视，二是运行期间的漏电监视。

当绝缘不良时（绝缘电阻小于1 MΩ），发出声光报警信号；当绝缘电阻小于600 kΩ时，安全回路失电。

（6）电枢变流器快熔熔断监视。

（7）可控硅变流器监视。

（8）磁场变流器同步电源的监视。

（9）辅助电源监视。

（10）电枢均方根电流检测及过载监视。

（11）调速系统故障监视。

2）提升机械设备的故障检测和监视类型

（1）测速发电机的监视。

（2）钢丝绳滑动监视。

（3）连续速度监视。

（4）速度监视。

（5）运转方向及停车监视。

（6）电动机温度监视。

（7）井筒开关的监视。

（8）机械闸的监视。

（9）闸瓦磨损监视。

第五部分
高级矿井维修电工知识要求

第十一章

电 工 基 础

第一节 电路中各点电位的计算

电路中某一个电气元件的工作状态往往可以用其两端的电压来反映，因此对电路中电压的计算尤为重要。但是当电路中元件较多时，表示每两点间的电压就显得烦琐，如果用电位来表示，则简单而清晰。如图 11－1 所示，每两点间的电压，需要有 U_{ab}、U_{bc}、U_{cd}、U_{ac}、U_{ad}、U_{bd} 6 个电量，但如果选取其中一点为参考点，只需要用三个电位量，就可以清楚地比较出电路中每两点间的电压关系。例如，取 d 点为参考点，则 $\varphi_d=0$，根据 a、b、c 三点的电位 φ_a、φ_b、φ_c 就可以比较出每两点间的电压关系了，比用电压表示要简捷得多。所以，在电工和电子技术中，习惯上采用电位来分析和计算。

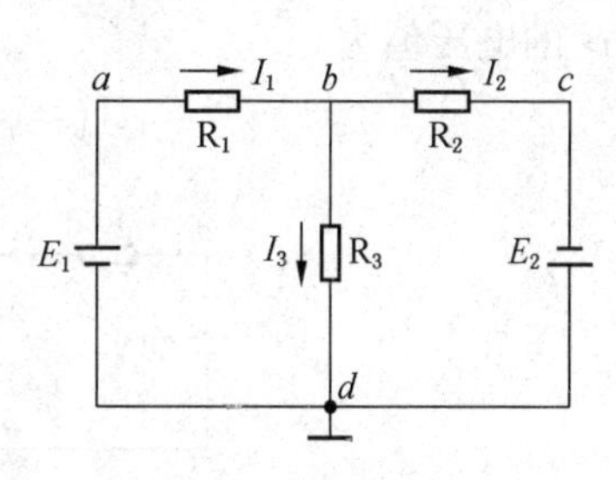

图 11－1 电路图

一、电位的计算

计算电位的基本步骤如下：

1. 分析电路

根据已知条件，求出部分电路或某些元件上的电流和电压的大小、方向。

2. 选定参考点（零电位点）

电路中有时可能已指定零电位点，如果未指定，可任意选取，但应以计算方便为好。如图 11－1 中，若取 d 为参考点，则计算 a、b、c 点的电位就简单方便。但如果取 a 点或 c 点为参考点，计算其他点的电位就比较烦琐。

3. 计算电位

参考点选好以后，要计算某点的电位，可从这点出发，经电路中任意路径到参考点（零电位点），将这条路径上的各段电压，按照从该点指向参考点的方向，依次相加。路径可以任意选择，但选择的原则首先要计算方便简单。如图 11－1 所示，以 d 点为参考点，若求 b 点的电位，选择的路径有 3 条，第一条是从 b 经电阻 $R_1\to a$ 点 $\to E_1$ 到参考点，其电位 $\varphi_b=U_{ba}+U_{ad}=-I_1R_1+E_1$；第二条是从 b 点 $\to R_3\to$ 参考点，电位 $\varphi_b=U_{bd}=I_3R_3$；第三条是从 b 点 $\to R_2\to c$ 点 $\to E_2\to d$ 点，电位 $\varphi_b=U_{bc}+U_{cd}=I_2R_2-E_2$。显然，选取第二条路径最简捷。如果要计算某两点间的电压，可根据电压等于电位差求得。

电路中电位相同的点称为等电位点或同电位点。等电位点之间的无分支纯电阻电路可有可无，对整个电路无影响。也可将零电位点之间用导线（连线）直接连接，也不影响整个电路的工作状态。

二、电路中两点间电压的计算

计算电路中任意两点间电压的方法通常有两种。第一种方法是由电位求电压。如电路中有两点 a、b，在任意选择参考点后，分别求出 φ_a、φ_b，根据电压等于电位之差的关系，求出 a、b 间的电压 U_{ab}。不管参考点如何选择，虽然各点电位值会发生变化，但两点间的电压是不变的。求电路中任意两点的电压的第二种方法是分段法，即把两点间的电压分为若干个小段进行计算，各小段电压的代数和即为所求电压。

在电子电路中，为了方便，常采用一种习惯画法，即电源不用电池符号表示，而改用电位的方法来表示，零电位点（参考点）也不画出。如图 11－2a 所示电路，o 点为参考点，a 点电位 $\varphi_a=20$ V，b 点电位 $\varphi_b=-10$ V，将图 11－2a 简化为图 11－2b 所示，点 a、b 间的电压值为

$$U_{ab}=\varphi_a-\varphi_b=+20\ \text{V}-(-10)\ \text{V}=30\ \text{V}$$

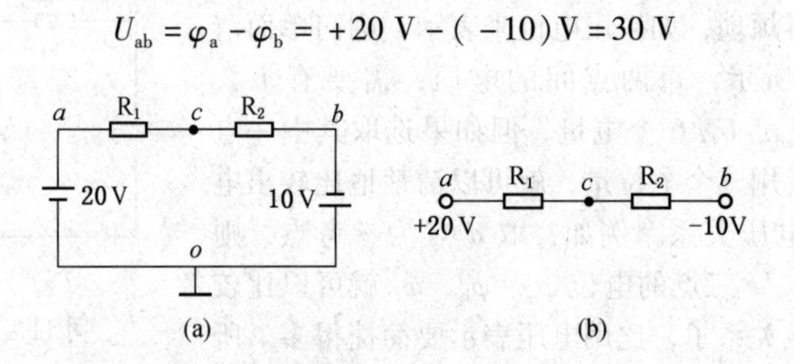

图 11－2　电子电路

第二节　复杂直流电路的计算

一、支路电流法

支路电流法是应用基尔霍夫定律列节点电流方程和回路电压方程求电路各支路电流的方法。支路电流法是计算复杂直流电路最基本的方法。其计算步骤如下：

（1）假设并标出各支路电流方向和回路绕行方向（简称回路方向）。

（2）根据基尔霍夫第一定律列节点电流方程。如电路中有 n 个节点，则节点电流方程数目为 $n-1$。

（3）根据基尔霍夫第二定律列回路电压方程。如电路中有 m 个支路电流（未知数），回路电压方程数目为 $m-(n-1)$ 个，也等于电路的网孔数。

（4）代入已知数解方程组，求出各支路电流。

（5）确定各支路电流的实际方向。当计算出的支路电流为正值时，其实际方向与假设方向相同；为负值时，其实际方向与假设方向相反。

二、戴维南定理

对于一个复杂电路，有时并不需要了解所有支路的情况，而只要求出其中某一支路的电流，这时采用戴维南定理计算较为简便。

在介绍戴维南定理之前，先介绍一下二端网络。任何具有两个出线端的部分电路都称为二端网络。含有电源的二端网络称为含源二端网络或有源二端网络，否则称为无源二端网络。在图 11－3a 中，线框内的部分就是一个含源二端网络，经常可以把它画成图 11－3b 所示的一般形式。

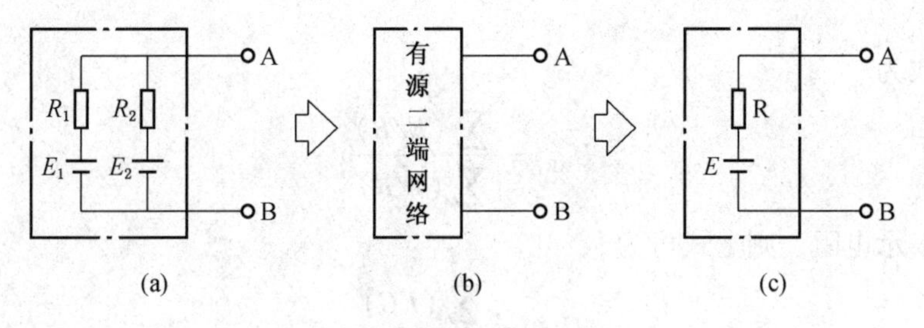

图 11－3　含源二端网络

戴维南定理指出：任何一个含源二端线性网络都可以用一个等效电源来代替，这个等效电源的电动势 E 等于该网络的开路电压 U_0，内阻 r 等于该网络内所有电源不作用、仅保留其内阻时，网络两端的输入电阻（等效电阻）R_i。

如果图 11－3a 的 A、B 两端接有电阻 R，那么，用戴维南定理求 R 支路电流的步骤如下：

（1）把电路分为待求支路和含源二端网络两部分。

（2）断开待求支路，求出含源二端网络开路电压 U_0，即为等效电源的电动势 E。

（3）将网络内各电源置零（即将电压源短路，电流源开路），仅保留电源内阻，求出网络两端的输入电阻 R_i，即为等效电源的内阻 r。

（4）画出含源二端网络的等效电路，然后接入待求支路，则待求支路的电流为

$$I=\frac{E}{r+R}=\frac{U_0}{R_i+R}$$

三、叠加原理

电路的参数不随外加电压及通过其中的电流而变化，即电压和电流成正比的电路称为线性电路。叠加原理是反映线性电路基本性质的一个重要原理。其内容是：在线性电路中，任一支路中的电流（或电压）等于各个电源单独作用时，在此支路中所产生的电流（或电压）的代数和。

四、节点电压法

在复杂直流电路计算中。有时会碰到这样的电路，其支路较多而节点很少，如图 11－6所示。对于这样的电路，用节点电压法计算较为简便。

可以把电路图 11－4 改画成电路图 11－5。这个电路具有两个节点 A 和 B。两个节点之间的电压称为节点电压。节点电压法以节点电压为未知量，先求出节点电压，再根据含

源电路欧姆定律求出各支路电流。

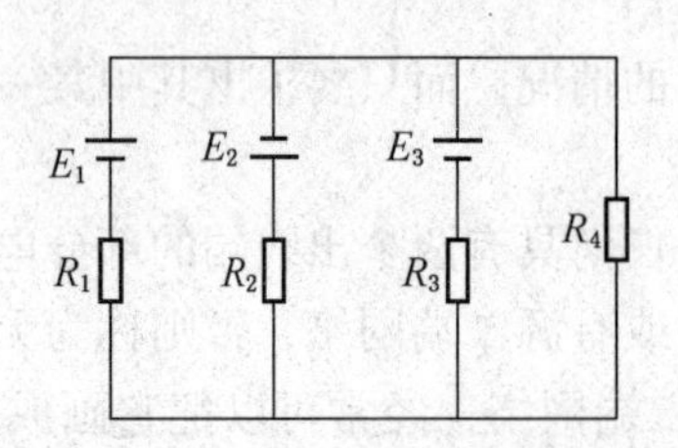

图 11－4　两节点复杂直流电路

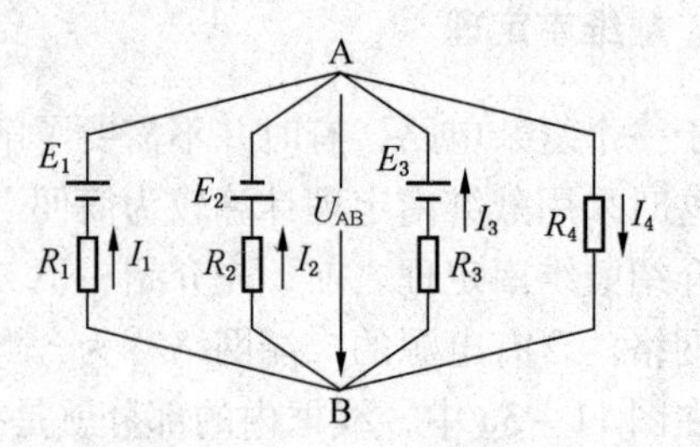

图 11－5　节点电压法例图

一般形式为

$$U_{AB} = \frac{\sum (E/R)}{\sum (1/R)} \tag{11-1}$$

用电导表示电阻，则上式可为

$$U_{AB} = \frac{\sum (EG)}{\sum G} \tag{11-2}$$

式(11－2)中分母各项的符号都是正的,分子各项的符号按以下原则确定:凡电动势的方向指向 A 节点时取正号,反之取负号。

用节点电压法解题的步骤如下:

（1）选定参考点和节点电压的方向。

（2）求出节点电压。

（3）根据含源支路欧姆定律求出各支路电流。

第三节　直流电桥平衡条件

一、直流电桥电路

电桥电路在生产实际和测量技术中应用十分广泛，其电路如图 11－6a 所示。其中 R_1、R_2、R_3、R_4 是电桥的四个桥臂。电桥的一组对角顶点 c、d 之间接电源。如果所接电源为直流电源，则这种电桥称为直流电桥。

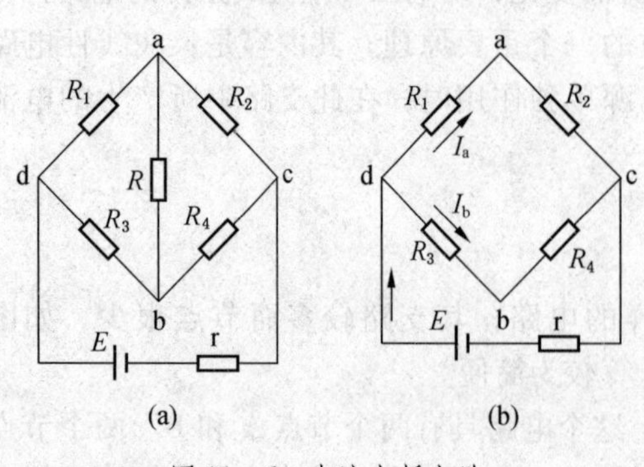

图 11－6　直流电桥电路

二、直流电桥平衡条件

电桥电路的主要特点是当四个桥臂电阻的阻值满足一定关系时，会使接在对角线 a、b 间的电阻 R 中没有电流通过。这种情况称为电桥的平衡状态。此时有

$$U_{da} = U_{db}$$

$$U_{ac} = U_{bc}$$

即

$$R_1R_4 = R_2R_3 \tag{11-3}$$

因此直流电桥的平衡条件是：对臂电阻的乘积相等。

三、直流电桥测量电阻原理

图 11-7 所示的直流电桥由 R_1、R_2、R_3、R_x 组成四臂，桥路上接灵敏度较高的零中心检流计。

R_x 为被测电阻，当电桥不平衡时，有电流通过检流计，表针偏离零点。调整 R_1、R_2、R_3，使检流计表针指零，电桥平衡。此时有

$$R_1R_3 = R_2R_x$$

即

$$R_x = \frac{R_1}{R_2}R_3$$

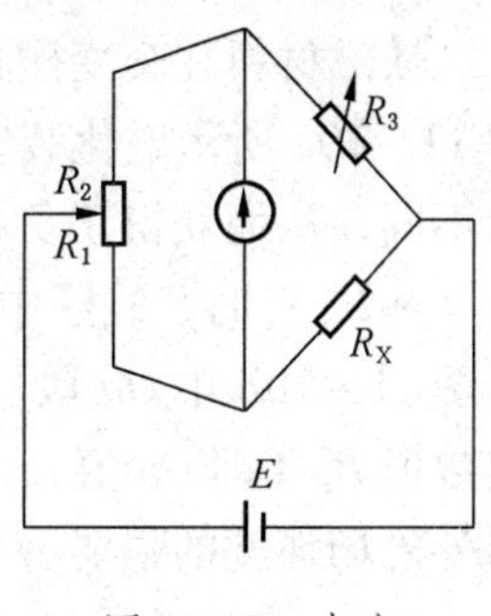

图 11-7 直流电桥的应用

R_1、R_2 称为比例臂，借此可调整各挡已知比例值。R_3 称为比较臂，为直读的可变电阻。利用电桥原理能够方便、精确地计算出被测电阻 R_x 的数值。

第四节 铁磁物质的磁化

一、磁化的概念

原来没有磁性的物质，在外磁场作用下产生磁性的现象称为磁化。凡是铁磁物质都能被磁化，如图 11-8 所示。

二、起始磁化曲线

铁磁物质从完全无磁状态到进行磁化的过程中，磁感应强度 B 将按照一定规律随外磁场强度 H 的变化而变化，这种 $B-H$ 关系曲线称为起始磁化曲线，如图 11-9 所示。

由 $B-H$ 曲线可见，B 与 H 存在着非线性关系。在曲线开始一段 Oa，曲线上升缓慢，但这段很短；在 ab 段随着 H 的增加，B 几乎是直线上升；在 bc 段，随着 H 的增加，B 的上升缓慢，形成曲线的膝部；在 c 点以后，随着 H 的增加，B 几乎不上升，此段称为饱和段。

因为 $\mu = B/H$，在 H 变化过程中，B 跟着变化，因而 μ 也在变化。由图 11-9 可见 μ 不是常数，在实际使用铁磁材料时，可根据不同要求选择合适的 μ 值范围。当 $H=0$ 时 $\mu=\mu_1$，μ_1 称为起始磁导率。

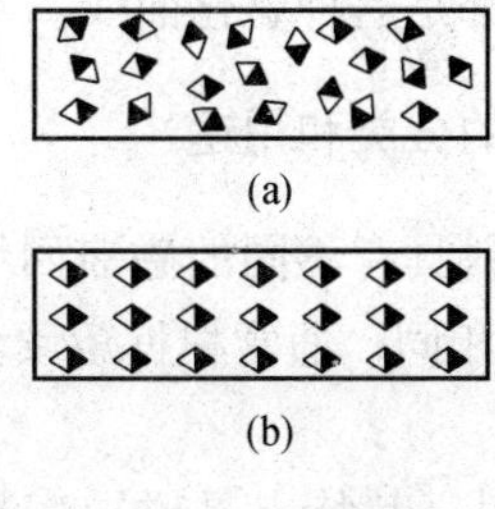

图 11-8 磁化

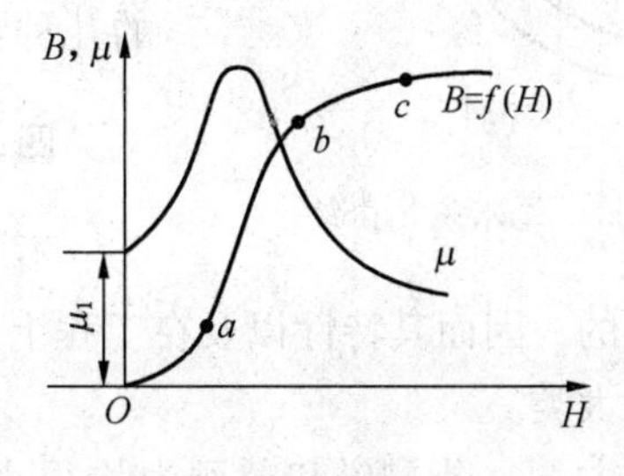

图 11-9 起始磁化曲线

三、磁滞回线

铁磁材料在交变磁场中进行反复磁化时，可得到如图 11－10b 所示的磁滞回线，利用图 11－10a 所示磁化装置实验获得。当开关 S 置于不同的位置时，通过环形线圈的电流方向不同，从而获得正负相反的外磁场 H。调整 R 值使线圈电流逐渐增大，使 H 达到最大值（$+H_m$）时，线圈中间未经磁化过的环形铁磁材料被磁化，得到一条起始磁化曲线，如图 11－10b 中 Oa 段。如果使 H_m 又减小到零，这时曲线并不沿 Oa 下降，B 仍保持着一定数值 B_r（即 Ob 值），这个数值称为剩磁。剩磁的大小不但与铁磁材料的种类有关，还与外磁场强度的强弱有关。

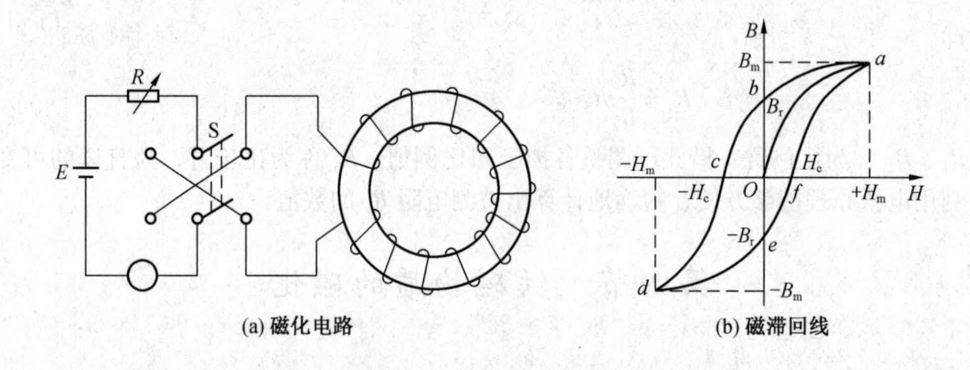

(a) 磁化电路　(b) 磁滞回线

图 11－10　磁化电路与磁滞回线

改变线圈电流方向并重复上述实验，使 H 反向增加，当 H 由 O 增至 c 时，$H=-H_c$，剩磁由 b 沿 bc 段下降至零。这时的 H_c 值称为“矫顽力”。当反向磁场继续增加至 $-H_m$ 时，B 也反向增加至 $-B_m$，如曲线 cd 段。当反向磁场又恢复到零值，又有一定的反向剩磁 $-B_r$，如 Oe 段，再逐渐增大正向磁场，曲线将沿 efa 变化而完成一个循环。经过多次循环，铁磁材料被反复磁化。

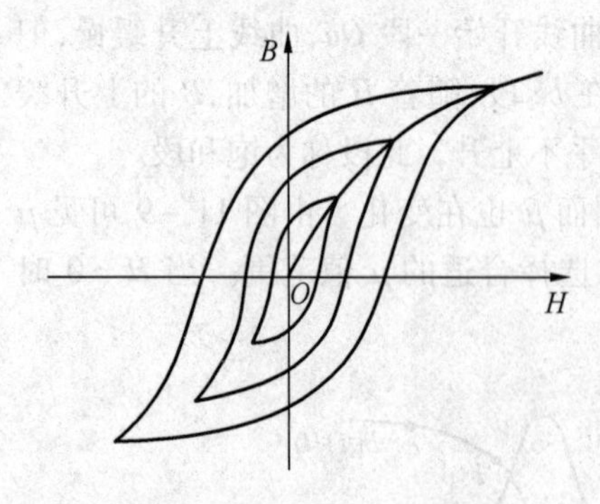

图 11－11　基本磁化曲线

通过反复磁化得到的 $B-H$ 关系曲线 $abcdefa$ 称为磁滞回线。由于铁磁材料在反复磁化过程中，B 的变化总是滞后于 H 的变化。所以，我们称这一现象为磁滞。

在不同的外磁场强度情况下得到的一系列磁滞回线如图 11－11 所示，把这些磁滞回线的顶点连接起来得到的曲线称为基本磁化曲线。图 11－12 中给出的几种常用的曲线都是这种磁化曲线。

四、铁磁材料的分类和用途

不同的铁磁材料具有不同的磁滞回线，其剩磁和矫顽力是不同的，因而其特性以及在工程上的用途也不相同。通常根据矫顽力的大小把铁磁材料分成三大类。

（1）软磁材料，指剩磁和矫顽力均很小的铁磁材料。其特点是磁导率高，易被磁化

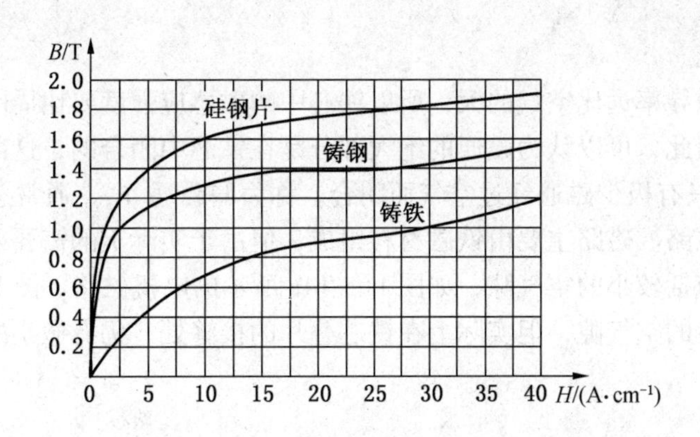

图 11－12　硅钢片、铸钢、铸铁的基本磁化曲线

也易去磁，磁滞回线较窄，磁滞损耗小，如图 11－13a 所示。软磁材料根据使用频段范围又可分为用于低频的和用于高频的两种。用于低频的有铸钢、硅钢等，电机、变压器、继电器等设备中的铁芯常用的是硅钢片。用于高频的软磁材料要求具有较大的电阻率，以减小高频涡流损失。常用的有铁氧体（如锰锌铁氧体、镍锌铁氧体等）。

（2）硬磁材料，指剩磁和矫顽力均为很大的铁磁材料。其特点是磁滞回线很宽，如图 11－13b 所示，这类材料不易被磁化，也不易去磁，一旦磁化后能保持很强的剩磁，适合制作永久磁铁，所以也叫永磁材料。常用的有铝镍钴合金、钡铁氧体、钨钢、钴钢等。在磁电式仪表、扬声器中的磁钢、永久磁铁等就是用硬磁材料制成的。

（3）矩磁材料，它的磁滞回线的形状如同矩形，如图 11－13c 所示。这种铁磁材料在很小的外磁场作用下就能被磁化，一经磁化便达到饱和值，去掉外磁，磁性仍能保持在饱和值。根据这一点，矩磁材料主要用来做记忆元件，如电子计算机中的存储器的磁心。

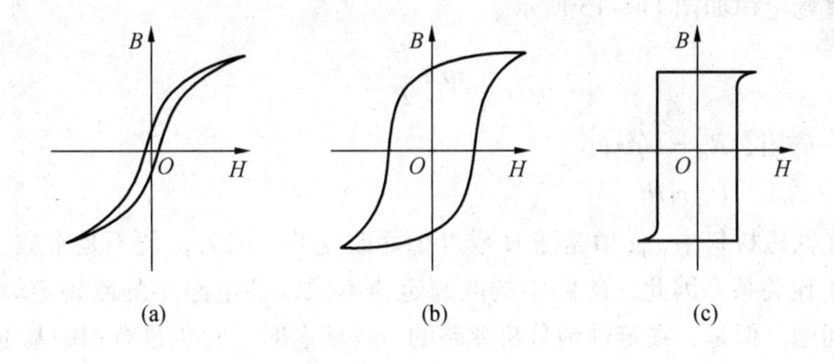

图 11－13　不同铁磁材料的磁滞回线

第五节　磁路及磁路定律

一、磁路

工程中，为了用较小的电流产生较强的磁场，利用铁磁材料做成铁芯，然后在外面套

上线圈，通以电流。

由于铁芯的磁导率远比空气的大，所以铁芯中的磁感应强度要比周围空气中的磁感应强度大许多倍。因此，可以认为磁通的绝大部分是在铁芯中闭合的，这部分磁通称为主磁通，用 Φ 表示。只有极少磁通经过空气而闭合，称为漏磁通 Φ_S，通常忽略不计。磁通所经过的路径称为磁路。磁路主要由铁磁材料组成，但由于实际上的需要或制造工艺上的原因，在磁路中也包括较小的空气隙，如图 11－14a 所示的电机磁路。图 11－14b 是变压器磁路，它没有明显的空气隙，但实际上在铁芯叠片的接缝处，仍有微小的空气隙。

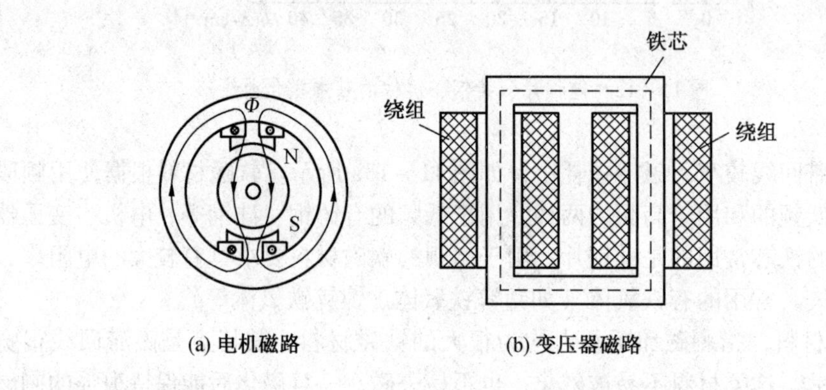

(a) 电机磁路　　(b) 变压器磁路

图 11－14　磁路

二、磁路的基本定律

1. 磁路的欧姆定律

磁路的欧姆定律如图 11－15 所示。

$$\Phi=\frac{U_m}{R_m} \tag{11-4}$$

式中　R_m——磁阻，$R_m=l/\mu s$；

U_m——磁压，$U_m=Hl$。

但是，在铁磁材料中，μ 值是随 H 或 B 值而改变的，因为 μ 值不是常数，故在 U_m 与 Φ 之间没有正比关系。因此，磁路中的欧姆定律不像线性电路中的欧姆定律那样能够直接用来计算问题。但是，在定性地分析磁路的工作状态时，它仍是有用的基本定律。

2. 磁路的基尔霍夫定律

（1）基尔霍夫第一定律实际上是磁通连续性原理的体现。在分支磁路的分支处如图 11－16 所示，取一个任意形状的闭合面 S，根据磁通的连续性可知：进入闭合面的磁通，必定等于穿出闭合面的磁通。

若取穿入的磁通为正，则穿出的磁通为负，上式可简化成：

$$\sum \Phi = 0 \tag{11-5}$$

式（11－5）即基尔霍夫第一定律表达式。

若磁路是无分支的，但具有不同的截面时，根据磁通的连续性，则有

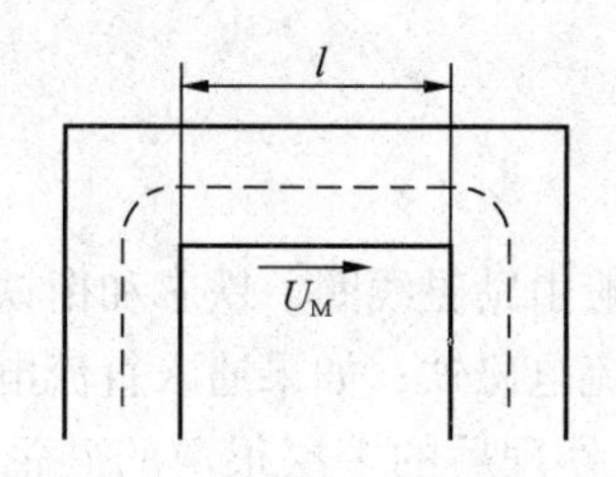

图 11－15 一段磁路欧姆定律

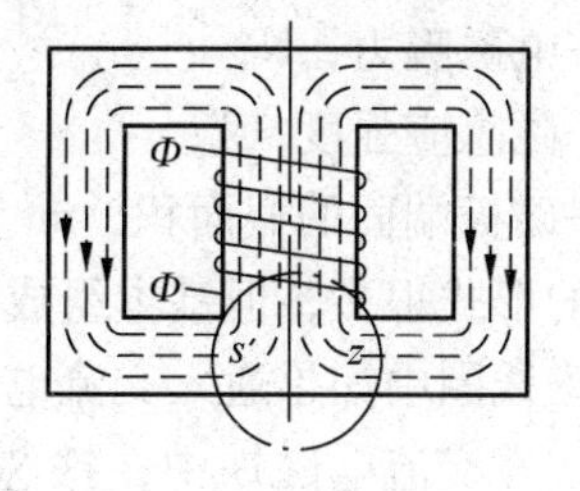

图 11－16 对称分支磁路

$$\Phi = B_1S_1 = B_2S_2 = \cdots$$

故可得

$$B_1 = \frac{\Phi}{S_1},\ B_2 = \frac{\Phi}{S_2}\cdots$$

说明在无分支磁路中，不同的截面上具有不同的磁通密度。

（2）基尔霍夫第二定律（全电流定律）是磁场中的普遍规律。在磁路中任意取一闭合回线，沿此回线的总磁压等于与此回线相交链的全部电流的代数和，即

$$\sum(H\Delta l) = \sum NI \tag{11－6}$$

式中 N——磁路的磁通势，简称磁势。

磁势在磁路中的作用就是用来产生磁场或磁通的，正如电动势在电路中的作用。

在无分支磁路中，如果各段材料不同或截面不同，各段的磁场强度也不相同，如图 11－17 所示，我们可以把磁路分成若干段，凡是材料、截面积都相同的就可作为一段，在同一段中磁场强度是相同的。如把图 11－17 中的磁路分成 l_1、$2l_2$、$2l_0$ 及 l_3 等几段，于是基尔霍夫第二定律可更具体地表达成下列形式：

$$H_1l_1 + H_2\times 2l_2 + H_3l_3 + H_0\times 2l_0 = NI$$

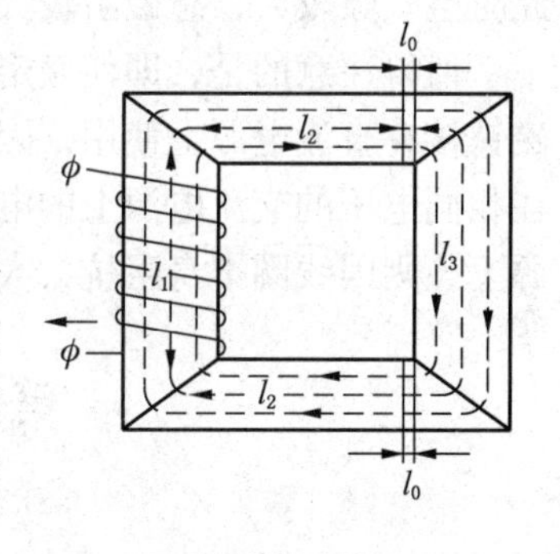

图 11－17 磁路分段

磁路的基尔霍夫两条定律是计算磁路常用的基本定律。

第六节 电 磁 铁

电磁铁是利用通电的铁芯线圈吸引衔铁或保持某种机械零件、工件于固定位置的一种电器。衔铁的动作又可使其他机械装置发生联动。当电源断开时，电磁铁的磁性随之消失，衔铁或其他零件即被释放，借助弹簧的作用力返回原来的位置（复位）。

对于电磁铁来说，励磁线圈通电后产生的磁通经过铁芯和衔铁形成闭合回路，使衔铁也被磁化，并产生与铁芯不同的异性磁极，从而产生电磁力。有的电磁铁即使没有衔铁，那么靠近它的其他铁磁物质（被搬运的钢铁或被加工的钢铁件）也同样被磁化，因此，铁芯具有很强的电磁吸引力。

电磁吸引力是电磁铁的主要参数之一。计算电磁铁的电磁吸引力的基本公式是

$$F = \frac{10^7}{8\pi}B^2S \tag{11－7}$$

式中　F——电磁吸力，N；

B——磁感应强度，T；

S——磁极端面的截面积，m^2。

电磁铁的形式很多，但基本组成部分相同，一般由励磁线圈、铁芯和衔铁3个主要部分组成。励磁线圈中如果通入交流电，就可构成交流电磁铁；如果通入直流电，就可构成直流电磁铁。在交流电磁铁中，铁芯是由经过绝缘处理后的多层很薄的硅钢片叠制而成的，而直流电磁铁中铁芯是用铸钢、软钢或工程纯铁制成的。

交、直流电磁铁除上述结构上的不同外，其电磁关系上也有很大的不同。

(1) 直流电磁铁的励磁电流、磁通、磁感应强度等都是恒定不变的。而在交流电磁铁中却是随时间不断交替变化的。因此交流电磁铁产生的吸引力也是交变的，这也是交流电磁铁工作时有噪声的原因。

(2) 交流电磁铁中由于电流交变，因而在交变磁通作用下，铁芯中产生磁滞损耗，但直流电磁铁中因电流恒定而没有上述损耗。

(3) 直流电磁铁中线圈电流（励磁电流）的大小仅决定于线圈电压和线圈电阻，而与铁芯和衔铁之间的空气隙无关。但交流电磁铁却不同，如果衔铁在吸合过程中被卡住，此时空气隙较大，总磁阻较大，从而使励磁电流增大，导致线圈过热而损坏线圈。

值得注意的是，即使额定电压相同的交、直流电磁铁也绝不能互换使用。若将交流电磁铁接在直流电源上使用，因线圈中的感抗为零，只有很小的电阻，这时励磁电流要比接在相同电压的交流电源上的电流大许多倍而烧坏线圈。反之，若将直流电磁铁接在交流电源上，则因线圈本身阻抗太大，励磁电流过小而吸力不足，导致衔铁不能正常工作。

第七节　谐　振　电　路

一、串联谐振电路

在RLC串联电路中，当电路总电压与电流同相时，电路呈纯阻性，电路的这种状态称为串联谐振。

1. 谐振条件与谐振频率

电路发生谐振的条件是

$$f_0=\frac{1}{2\pi\sqrt{LC}}\quad 或\quad \omega_0=2\pi f_0=\frac{1}{\sqrt{LC}} \qquad (11-8)$$

当电路参数L、C一定时，改变电源频率f，达到上述关系时，电路就会发生谐振。当然，如果电源频率一定，改变电路参数L或C，也可以使电路达到谐振状态。

2. 串联谐振的特点

(1) 串联谐振时，电路阻抗最小，且呈纯阻性。电路阻抗为

$$Z=\sqrt{R^2+(X_L-X_C)^2}=R$$

(2) 电路中电流最大，并与电压同相，$\varphi=0$。谐振电流为

$$I_0=\frac{U}{Z}=\frac{U}{R}$$

（3）电阻两端电压等于总电压，电感与电容两端的电压相等，相位相反，且为总电压的 Q 倍。

$$U_L = U_C = I_0 X_L = \frac{U}{R} X_L = U\frac{X_L}{R} = QU$$

式中，Q 为电路的品质因数，其值为

$$Q = \frac{X_L}{R} = \frac{X_C}{R} = \frac{2\pi f_0 L}{R} = \frac{1}{2\pi f_0 CR}$$

由于一般串联电路的 R 值很小，所以 Q 值总大于1，其数值约为几十，有的可达几百。所以串联谐振时，电感和电容元件两端可能会产生总电压 Q 倍的高电压，因此串联谐振又称电压谐振。谐振时，$U_L = U_C$，电路总无功功率等于零，电源与电路之间不再进行能量交换，电源只提供电阻消耗的能量，电感与电容之间进行磁场能与电场能的交换。

在供电系统中，由于电源本身电压很高，所以不允许电路发生谐振，以免在线圈或电容器两端产生高电压，引起电气设备损坏或造成人身伤亡事故。

二、并联谐振电路

为了提高谐振电路的选择性，常常需要较高的品质因数 Q 值。信号源内阻较小时，可采用串联谐振电路。如信号源内阻很大，采用串联谐振，Q 值就很低，选择性会明显变坏。这种情况下，可采用并联谐振。

1. 并联谐振的条件

对电阻、电感串联再与电容并联的电路，当 $I_1 \sin\varphi_1 = I_2$ 时（I_1 为感性支路电流，I_2 为容性支路电流），感性支路的无功电流和容性支路的无功电流相互抵消，电路呈阻性。这种情况称为电路发生并联谐振。

谐振时：

$$\frac{\omega L}{R^2 + (\omega L)^2} = \omega C$$

这就是该电路发生谐振的条件。

谐振角频率为

$$\omega_0 = \sqrt{\frac{1}{LC} - \frac{R^2}{L^2}}$$

一般情况下 $\sqrt{\frac{L}{C}} \gg R$，即 $\frac{1}{LC} \gg \frac{R^2}{L^2}$，则谐振角频率和谐振频率可简化为

$$\omega_0 \approx \frac{1}{\sqrt{LC}}$$

$$f_0 \approx \frac{1}{2\pi\sqrt{LC}}$$

2. 并联谐振电路的特点

（1）电路的阻抗最大，总电流最小。电路中电流的感性无功分量与容性无功分量完全补偿，电路的总电流最小，且等于电感支路的有功分量电流 $I_1\cos\varphi_1$，谐振电流为

$$I_0 = I_1\cos\varphi_1 = \frac{U}{\sqrt{R^2 + X_L^2}} \times \frac{R}{\sqrt{R^2 + X_L^2}} = U\frac{R}{R^2 + X_L^2}$$

电流的总电流最小，说明电路的总阻抗最大，总阻抗为

$$Z_0=\frac{U}{I_0}=\frac{R^2+X_L^2}{R}$$

（2）谐振时两支路可能产生过电流。并联谐振时有

$$I_2=I_1\sin\varphi=U\frac{\omega L}{R^2+(\omega L)^2}=U\frac{R}{R^2+(\omega L)^2}\times\frac{\omega L}{R}=I_0\frac{X_L}{R}=I_0Q$$

式中，Q 为电路的品质因数。

可见，并联谐振时，感性无功电流和容性无功电流可能比总电流大许多倍。因此，并联谐振也称电流谐振。

第十二章

电　子　技　术

第一节　集成运算放大器简介

一、集成电路

1. 集成电路中元器件的特点

（1）集成电路中的元器件是用相同的工艺在同一块硅片上大批制造的，因此元器件的性能比较一致，对称性好，适合用作差动放大电路。

（2）集成电路中的电阻器用 P 型区（相当于 NPN 型三极管的基区）的电阻构成，阻值范围一般在几十欧至几十千欧之间，阻值太高和太低的电阻均不易制造，大电阻多采用外接方式。由于制造三极管比制造电阻器节省硅片，且工艺简单，故集成电路中三极管用得多，电阻用得少。

（3）集成电路中的电容是用 PN 结的结电容，一般小于 100 PF，如必须用大电容时可以外接。

2. 集成电路的分类

（1）按功能分类。集成电路按功能有模拟集成电路和数字集成电路两类。模拟集成电路又可分为线性和非线性电路两类。常用的模拟集成电路有集成运算放大器、集成功率放大器、集成稳压管、集成数 - 模和模 - 数转换器等。数字集成电路主要用于处理断续的、离散的信号，常用的有各种集成门电路、触发器，各种集成计数器、寄存器、译码器，各种数码存储器等。

（2）按导电类型分类。集成电路按导电类型可分为单极型（MOS 场效应管）、双极型（PNP 型或 NPN 型）和二者兼容型 3 种。其中，单极型集成电路又可分为 3 种：用 P 沟道 MOS 管组成的，称为 PMOS 型；用 N 沟道 MOS 管组成的，称为 NMOS 管；同时采用 P 沟道和 N 沟道 MOS 管互补应用的称为 CMOS 型。

（3）按制造工艺分类。集成电路按制造工艺可分为半导体集成电路、薄膜集成电路和厚膜集成电路等。

（4）按集成度分类。在一块芯片上有包含 100 个以下元器件的小规模集成电路，有包含 100 ~ 1000 个的中规模集成电路，有包含 1000 ~ 100000 个的大规模集成电路，以及包含 100000 个以上的超大规模集成电路等几种。目前，中规模和某些大规模集成电路的使用已相当普遍。

3. 集成电路的型号命名和外形

我国国家标准《半导体集成电路型号命名方法》(GB 3430—1989）规定，半导体集成电路的型号由五部分组成，见表 12－1。

表 12－1　半导体集成电路型号命名方法

第零部分		第一部分		第二部分	第三部分		第四部分	
用字母表示器件		用字母表示器件的类型		用阿拉伯数字表示器件系列和品种代号	用字母表示器件工作温度和范围		用字母表示器件的封装	
符号	意义	符号	意义		符号	意义	符号	意义
C	中国制造	T	TTL		C	0～70 ℃	W	陶瓷扁平
		H	HTL		E	－40～85 ℃	B	塑料扁平
		E	ECL		R	－55～85 ℃	F	全密封扁平
		C	CMOS		M	55～125 ℃	D	陶瓷直插
		F	线性放大器		…	…	P	塑料直插
		B	非线性电路				J	黑陶瓷直插
		D	音响电视电路				K	金属菱形
		W	稳压器				T	金属圆形
		J	接口电路				…	…
		M	存储器					
		μ	微型机电路					
		…	…					

集成电路的封装有陶瓷双列直插、塑料双列直插、陶瓷扁平、塑料扁平、金属圆形等多种，有的还带有散热器。部分集成电路的外形如图 12－1 所示。集成运算放大器（以下简称为集成运放）是一种线性集成电路，在发展初期，主要用作计算机的数学运算，目前已远远超出了数学运算范围。它作为一种高放大倍数的多极直接耦合放大电路，广泛应用于各种实用的线性或非线性电路中。

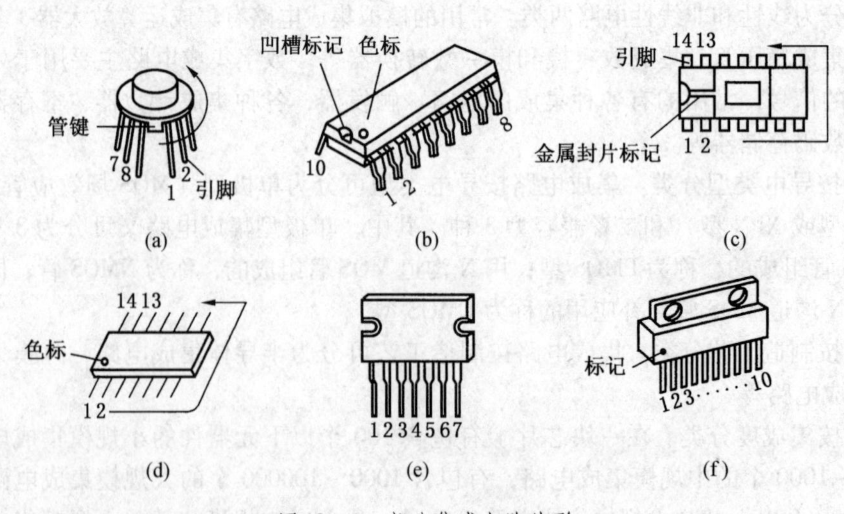

图 12－1　部分集成电路外形

二、集成运算放大器

1. 集成运放的分类

集成运放分为通用型和特殊型两大类，其中通用型集成运放按主要参数由低到高分为通用Ⅰ型、通用Ⅱ型和通用Ⅲ型；特殊型集成运放又分为高输入阻抗型、高精度型、宽带型、低功耗型、高速型和高压型等。

2. 集成运放的组成框图

集成运放的组成如图 12－2 所示，通常包括输入级、中间级、输出级和偏置电路。

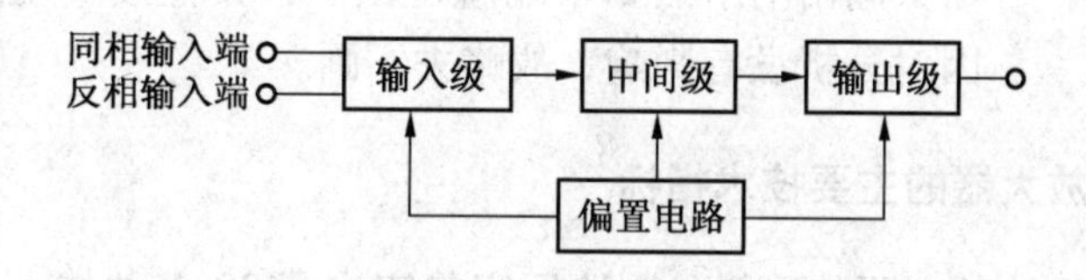

图 12－2 集成运放的组成和原理框图

输入级的作用是提供同相和反相的两个输入端，并应有较高的输入电阻和一定的放大倍数，同时还要尽量减小零漂，故多采用差动放大电路。

中间级的作用主要是提供足够高的电压放大倍数，常采用共发射极放大电路。

输出级的作用是为负载提供一定幅度的信号电压和信号电流，并应具有一定的保护功能。输出级一般采用输出电阻很低的射极输出器或由射极输出器组成的互补对称输出电路。

偏置电路的作用是为各级提供所需的稳定的静态工作电流。

3. 集成运放的型号和封装

低功耗运算放大器型号说明如下：

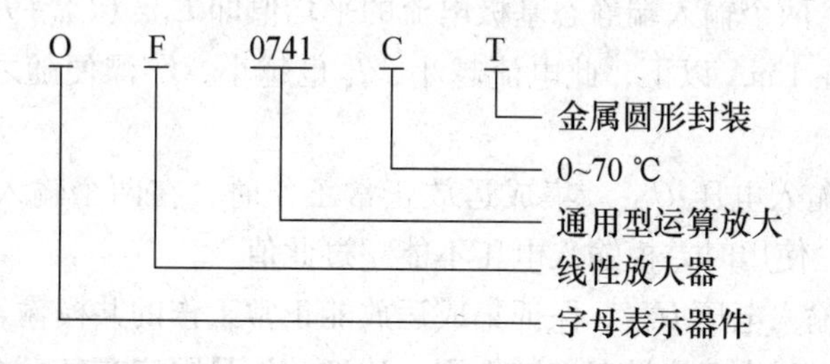

为了简便起见，在要求不严格的场合，习惯上只用第一和第二两部分表示某产品型号。例如“F007”“F004”等。

常见的集成运放有两种形式，一种是金属圆壳式封装，如图 12－1a 所示，国产通用型集成运放 F007 的封装多为这种形式；另一种为塑料双列直插式封装，如图 12－1b 所示。这种封装形式用得越来越多，它使用方便，不易搞错。其引出端有 8 个、14 个、16 个不等。不论哪种封装形式，它们管脚的排列顺序从顶部看都是自标志处数起，逆时针方向排序 1、2、3……。由于集成运放发展迅速，由生产厂的企标型号命名的集成运放越来越多，企标型号由字母和阿拉伯数字组成。国内生产厂家的产品与国外同类产品直接互换使用的，使用时要参阅产品说明书，以免使用不当而损坏器件。

4. 集成运放的代表符号

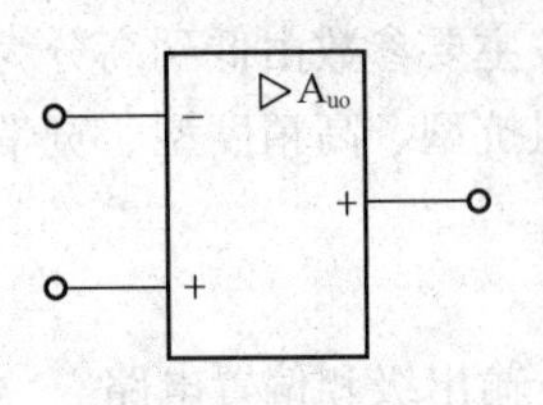

图 12－3　集成运放的图形符号

集成运放的代表符号如图 12－3 所示，其中，“▷”表示放大器。三角所指方向为信号传输方向，A_{uo}表示该放大器的开环电压放大倍数。图中输入端“＋”（或 P）表示同相输入端，“－”（或 N）表示反相输入端。

实际上集成运放的引出端不止 3 个，但分析集成运放时，习惯只画出图示的 3 个端就可以了，其他接线端各有各的功能，但因对分析没有影响，故略去不画。

三、集成运算放大器的主要技术指标

为了表征集成运放各方面的性能，制造厂家曾定出了 20 多种技术指标，作为合理选择和正确使用集成运放的依据，下面列出主要的几种：

（1）开环差模电压放大倍数 A_{uo}。集成运放在开环（无反馈）状态下输出电压 U_o 与输入的差模电压（$U_{i1}-U_{i2}$）之比，即 $A_{uo}=U_o/(U_{i1}-U_{i2})$。$A_{uo}$越高，构成的电路运算精度越高，工作也越稳定。

（2）输入失调电压 U_{i0}。输入电压为零（$U_{i1}=U_{i2}=0$）时，输出电压不为零。为了使输出电压等于零，需要在输入端加一个补偿电压，此电压即为输入失调电压 U_{i0}，一般为几毫伏，显然，此值越小越好。

（3）输入失调电流 I_{i0}。在输入信号为零时，补偿同相和反相两个输入端静态基极电流之差的电流。如果输入端为理想对象，则 I_{i0}应为 0，一般在 0.1～0.01 mA 范围内，此值越小越好。

（4）输入偏置电流 I_{iB}。为改善集成运放性能而加在其输入端的另一个静态基极电流，当输入信号为 0 时，两个输入端静态基极电流的平均值即 $I_{iB}=(I_{iB1}+I_{iB2})/2$，基与输入级的结构有关，一般在 1 mA 以下，此电流越小，I_{i0}也越小，零漂便随之减小。因此，I_{iB}越小越好。

（5）最大差模输入电压 U_{idm}。集成运放正常工作时，在两个输入端之间允许加载的最大差模输入电压。使用时差模输入电压不能超过此值。

（6）最大共模输入电压 U_{icm}。保证集成运放能正常工作的共模输入电压称为最大共模输入电压。集成运放对共模信号有抑制作用，故把此信号限定在某一个范围内，此范围内的最大值就是最大共模输入电压 U_{icm}的值。如果共模输入电压超过此值，集成运放将不能正常工作。

（7）差模输入电阻 r_{id}。差模输入电阻即指集成运放的两个输入端加入差模信号时的交流输入电阻。此值越大，集成运放向信号源索取的电流越小，运算精度越高。

（8）最大输出电压 U_{opp}。集成运放工作在放大状态时能够输出的最大电压值。

此外，还有输出电阻、温度漂移、转换速率、静态功耗及共模抑制比等，必要时可查阅产品说明书，这里不作详细介绍。

第二节　晶闸管及触发整流电路

一、晶闸管

1. 基本结构

图 12－4 所示是晶闸管的结构示意图和图形符号。晶闸管有 3 个电极：阳极 A、阴极 K 和控制极（又称门极）G；4 层半导体结构：P_1、N_1、P_2、N_2；3 个 PN 结：J_1、J_2、J_3。晶闸管的这种结构可以等效为一个 PNP 型三极管 VT_1 和一个 NPN 型三极管 VT_2 连接的等效模型，如图 12－5 所示。

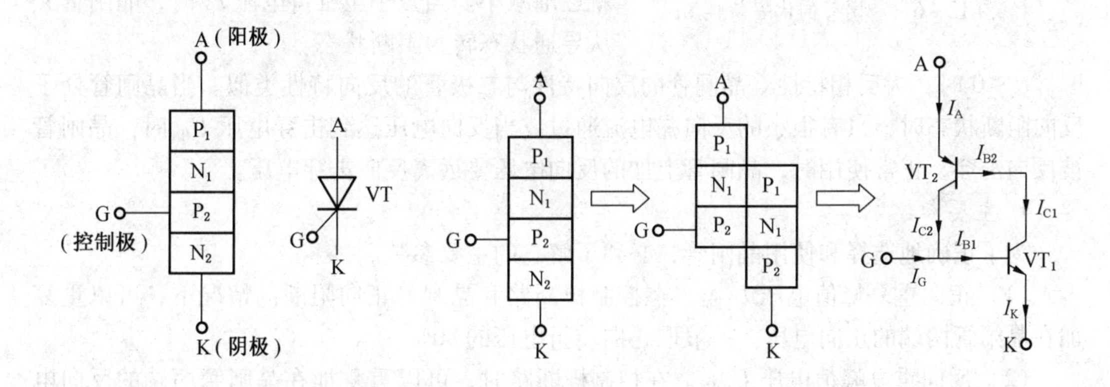

图 12－4　晶闸管结构及符号　　　　图 12－5　晶闸管等效电路

2. 工作原理

从图 12－5 可以看出：当 $U_{AK}>0$，$U_{GK}>0$，且为适当数值时，就会产生相应的控制极电流，且 $I_G=I_{B1}$；若等效三极管 VT_1、VT_2 的电流放大倍数均为 β，则 $I_{c1}=\beta I_{B1}=I_{B2}$；经 VT_2 再次放大后，得 $I_{c2}=\beta\beta I_{B1}$，而 I_{c2} 又流入 VT_1 管的基极再次放大，形成强烈的正反馈，使 VT_1、VT_2 迅速饱和导通，晶闸管导通。晶闸管一旦导通后，即使控制极电流消失，依靠管子本身的正反馈，仍然处于导通状态。所以在实际应用中，U_{GK} 常为触发脉冲。晶闸管导通后，阳极与阴极间的正向电压很小，约为 1 V，导通电流 I_A 的大小取决于外电路。当阳极电压 U_{AK} 断开或反接，或者外电路使 I_A 降低到不能维持内部的正反馈时，晶闸管就关断，恢复到阻断状态。当 $U_{AK}<0$ 时，由于晶闸管内部 PN 结 J_1 和 J_3 处于反相偏置，无论控制极是否加电压，晶闸管都不导通，呈现反相阻断状态。此时流过晶闸管的电流为零，晶闸管承受的反相电压取决于外电路。

综上所述，可知晶闸管具有单向导电性。当 $U_{AK}>0$，同时在控制极和阴极间加正向触发信号时，晶闸管导通；当 $U_{AK}\leqslant 0$ 或使阴极电流减小到维持电流以下时，晶闸管关断。

3. 伏安特性

晶闸管的伏安特性是指阳极电流 I 和阳极与阴极间电压 U 的关系，如图 12－6 所示。

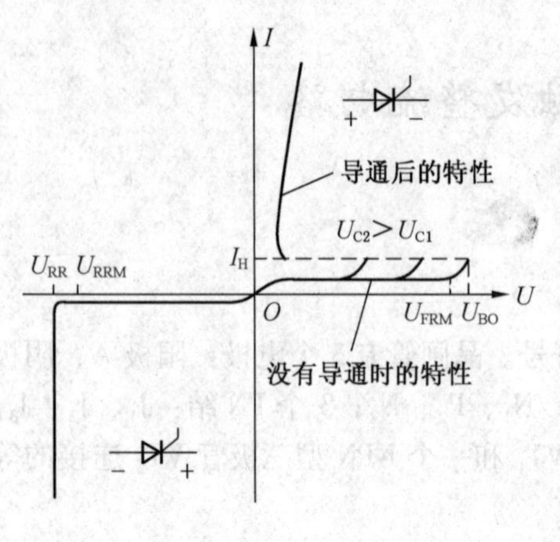

图 12－6　晶闸管的伏安特性

$U>0$ 时，为正向特性。在 $I_G=0$（控制极开路）时，晶闸管只有很小的正向漏电流通过，呈正向阻断状态。当 $U>U_{BO}$ 时，晶闸管将被击穿而导通，这是不允许的。U_{BO} 称为正向转折电压。若控制极加正向触发电压，使 $I_G>0$，则正向转折电压降低，I_G 越大，正向转折电压越小即晶闸管从阻断到导通需要的正向电压越小。正常工作时，必须在控制极与阴极间加合适的触发电压使其导通。导通后的晶闸管特性与二极管的正向特性类似。在晶闸管导通后，若减小正向电压，I 就逐渐减小。当减小至维持电流 I_H 时，晶闸管又从导通状态转为阻断状态。

$U<0$ 时，为反相特性。晶闸管的反向特性与二极管的反向特性类似。当晶闸管处于反向阻断状态时，只有很小的反向漏电流通过。当反向电压达到击穿电压 U_{BR} 时，晶闸管被反向击穿。正常使用时，晶闸管上加的反向电压要远离反向击穿电压。

4. 主要参数

为了正确地选择和使用晶闸管，必须了解它的主要参数。

（1）正向重复峰值电压 U_{FRM}。在控制极断路和晶闸管正向阻断的情况下，可以重复加在晶闸管两端的正向电压。一般取正向转折电压的 80% 。

（2）反向重复峰值电压 U_{RRM}。在控制极断路时，可以重复加在晶闸管两端的反向电压。一般取反向转折电压的 80% 。通常取 U_{FRM} 与 U_{RRM} 中的较小者作为晶闸管的额定电压。额定电压通用系列为 1000 V 以下的每 100 V 为一级，1000 ~ 3000 V 之间的每 200 V 为一级。

（3）正向平均电流 I_F。在环境温度不高于 40 ℃和标准散热及全导通的条件下，允许晶闸管通过的工频正弦半波电流的平均值。将此电流按晶闸管标准电流系列取相应的电流等级。其标准电流系列有 1 A、5 A、10 A、20 A、30 A、50 A、100 A、200 A、300 A、400 A、500 A、600 A、800 A、1000 A 等规格。

（4）正向平均管压降 U_F。在晶闸管正向导通状态下，A、K 两极间的电压平均值。其等级一般用字母 A ~ I 表示。0.4 ~ 1.2 V 范围内每 0.1 V 为一级。

（5）维持电流 I_H。在规定的环境温度和控制极开路的条件下，晶闸管触发导通后维持导通状态所需的最小阳极电流。

除了以上参数外，还有最小触发电压 U_G（一般为 1 ~ 5 V）、最小触发电流 I_G（一般为几十到几百毫安）以及控制极最大反向电压等。晶闸管工作时控制极所用的触发脉冲要由专门的触发电路来提供。当晶闸管工作于快速开关状态时，还必须考虑开关时间、电压上升率和电流上升率等参数。

目前我国生产的普通晶闸管的型号命名含义如下：

例如 KP5 － 7 型晶闸管表示额定正向平均电流为 5 A，额定电压为 700 V 的晶闸管。

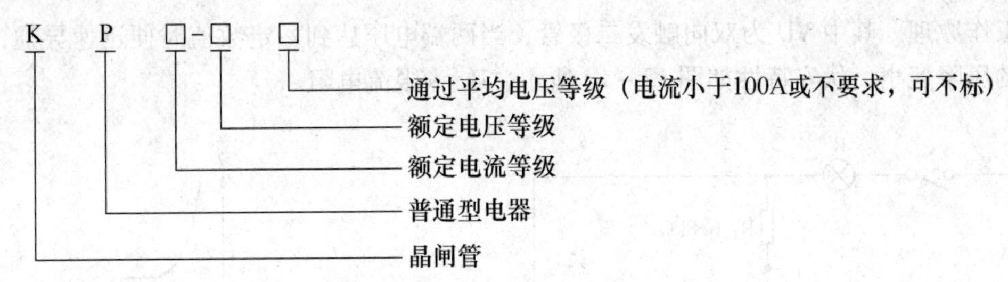

二、晶闸管交流调压

晶闸管构成的可控整流电路实质上是一个直流调压电路。在实际生产中，交流调压（调节交流电压有效值的大小）也得到了广泛的应用，如工业加热、灯光控制、感应电动势的调速等。

图 12－7a 所示为由晶闸管组成的单相交流调压电路，接电阻性负载。电路中的两只晶闸管反方向并联之后串接在交流电路中，只要控制它们正、反向导通的时间，就可以达到调节交流电压的目的。

在交流电压的正半周，晶闸管 VT_1 承受正向电压，VT_2 承受反向电压。当 $\omega t=\alpha$ 时，触发晶闸管 VT_1 导通，于是有电流流过负载，$U_0=U$；当 $\omega t=0$ 时，电源电压过零，VT_1 自行关断。

在交流电压的负半周，晶闸管 VT_2 承受正向电压，VT_1 承受反向电压。当 $\omega t=\pi+\alpha$ 时，触发晶闸管 VT_2 导通，$U_0=U$；当 $\omega t=2\pi$ 时，VT_2 自行关断。

周期性地重复上述过程，在负载电阻上就可得到图 12－7b所示的交流电压波形。改变控制角 α，就可以调整输出电压的有效值。由图 12－7 可得，输出交流电压的有效值为

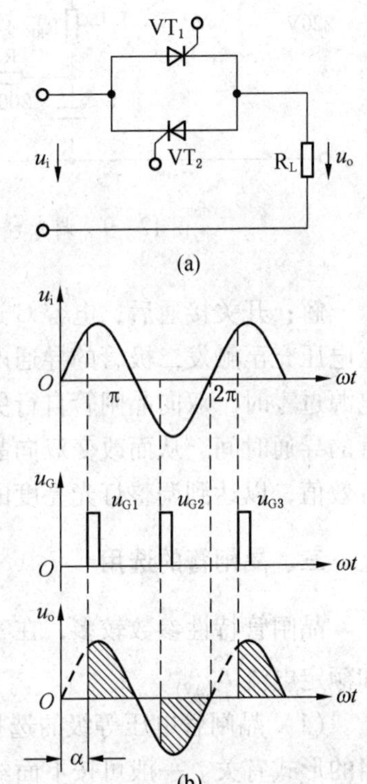

图 12－7　晶闸管交流调压电路

$$U_0=U\sqrt{\frac{1}{2\pi}\sin 2\alpha+\frac{\pi-\alpha}{\pi}} \tag{12-1}$$

在交流调压电路中，通常采用正、反两个方向都能导通的双向晶闸管代替两个反向并联的晶闸管。双向晶闸管的表示符号及伏安特性如图 12－8 所示。G 为双向晶闸管的公共控制极。触发脉冲加于 G 与 A_1 之间，在门极加触发脉冲时，导通方向从 A_2 到 A_1；若外加电压的极性相反，在门极加触发脉冲时，导通方向就从 A_1 到 A_2。

(a)　(b)

图 12－8　双向晶闸管的表示符号及伏安特性

【例 12－1】　图 12－9 所示是用双向晶闸管等元件构成的调光台灯电路，试分

析其工作原理。其中 VD 为双向触发二极管，当两端电压达到一定数值时便迅速导通，导通后的压降变小，伏安特性如图 12－10 所示。R_2 为限流电阻。

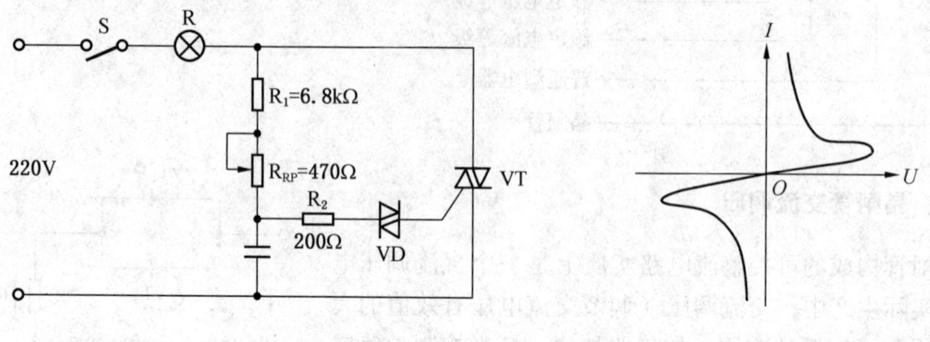

图 12－9　调光台灯电路　　　　图 12－10　双向触发二极管的伏安特性

解：开关接通后，电容 C 通过 R_1、R_2 充电，充电时间常数 $\tau=(R_1+R_{RP})C$。当电容上电压充至触发二极管的导通电压时，触发二极管导通，晶闸管触发导通，灯亮。当交流电源过零时，双向晶闸管自行关断。调节 R_{RP} 可改变 C 的充电时间常数，以改变触发二极管的导通时间，从而改变双向晶闸管在交流电源正、负半周的导通角，改变台灯上电压的有效值，以达到调整灯光亮度的目的。

三、晶闸管的选用

晶闸管特性参数较多，在实际安装与维修设备时主要考虑晶闸管的额定电压（U_{RRM}）和额定电流 $I_{T(AV)}$。

（1）晶闸管电压等级的选择。晶闸管承受的正反向电压与电源电压，控制角 α 及电路的形式有关。一般可按下面经验公式进行估算：

$$U_{RRM}\geqslant(1.5\sim2)U_{RM}$$

U_{RM} 是晶闸管在工作中可能承受的反向峰值电压。

（2）晶闸管电流等级的选择。晶闸管的电流过载能力差，一般是按电路最大工作电流来选择的，即 $I_{T(AV)}\geqslant(1.5\sim2)I_{t(AV)}$，$I_{t(AV)}$ 是电路最大工作电流。

四、晶体管触发电路

1. 单结晶体管的结构、符号和特性

单结晶体管又称双基极二极管。它有一个发射极和两个基极。在一块高阻率的 N 型硅基片上用镀金陶瓷制作成两个接触电阻很小的极，称为第一基极（B_1）和第二基极（B_2），而在硅基片的另一侧靠近 B_2 处掺入 P 型杂质，并引出一个铝质电极，称为发射极（E）。发射极 E 对基极 B_1、B_2 就是一个 PN 结，故称为单结晶体管，如图 12－11a 所示。其符号如图 12－11b 所示。

因为 N 型硅基片的杂质少，所以 B_1 和 B_2 极之间电阻较高，$R_{BB}=R_{B1}+R_{B2}$ 为 4～12 kΩ。R_{B1} 和 R_{B2} 分别是两个基极与发射极之间的电阻，发射极与两个基极之间的 PN 结用一个等效二极管 VD 表示。这样单结晶体管的等效电路如图 12－11c 所示。

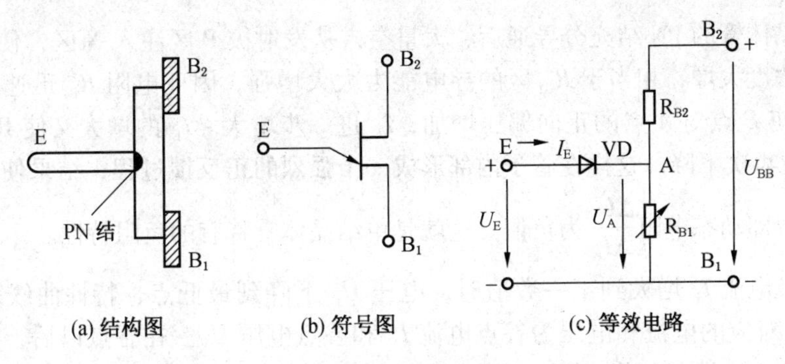

图 12－11 单结晶体管结构、符号和等效电路

单结晶体管的电压电流特性：在基极电源电压 U_{BB} 一定时，用发射极电流 I_E 和发射极与第一基极之间的电压 U_{EB1} 的关系曲线来表示。实验电路如图 12－12 所示。

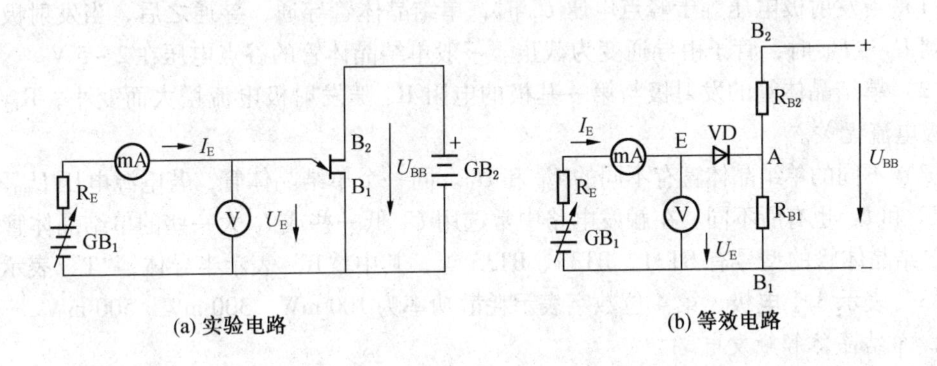

图 12－12 单结晶体管特性的实验电路

当发射极 e 电流为零时，U_{BB} 在 R_{B1} 和 R_{B2} 之间按一定的比例分压，A 点和 B_1 之间的电压为

$$U_{AB1}=\frac{R_{B1}}{R_{B1}+R_{B2}}U_{BB}=\eta U_{BB} \qquad (12-2)$$

式中，η 为单结晶体管的分压系数（或称分压比），它与管子内部结构有关，通常为 0.3～0.9。

当发射极电压 U_E 从零开始逐渐增加时，在 $U_E<\eta U_{VD}$ 时（U_{VD} 为等效二极管正向压降），发射极 E 和基极 B_1 之间不能导通（等效二极管 VD 反偏截止），只有很小的反向漏电流。随着 U_E 的增加，这个反向漏电流逐渐变为大约几微安的正向漏电流，对应图 12－13 中 AP 段，称它为截止区。

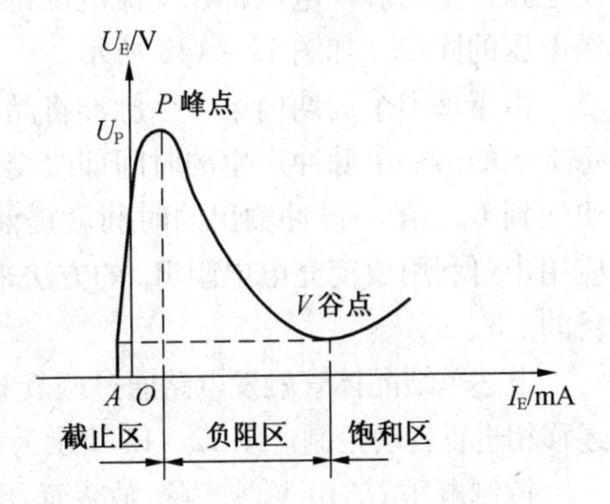

图 12－13 单结晶体管的电压电流特性

当 $U_E=\eta U_{BB}+U_{VD}$ 时，I_E 突然增大（等效二极管 VD 充分导通），这个点称为峰点 P，与该点对应的电流和电压称为峰点电流 I_P 和峰点电压 U_P，显然：

$$U_P=\eta U_{BB}+U_{VD} \qquad (12-3)$$

在单结晶体管的PN结充分导通后，大量空穴从发射极P区注入N区，使N区R_{B1}段中的载流子浓度大增，相当于R_{B1}区的导电能力大大增强，因此电阻R_{B1}迅速减小，分压比η下降，使E点对A点的正向偏压增加，I_E进一步增大。I_E的增大又使R_{B1}进一步减小，A点电位再次下降。这样在管子内部形成一个强烈的正反馈过程，结果使U_E随I_E的增大而降低，即动态电阻$\frac{\Delta U_E}{\Delta I_E}$为负值。这就是单结晶体管特有的负阻特性。

当发射极电流I_E增大到某一数值时，电压U_E下降到最低点，特性曲线对应为谷点V，与谷点V对应的电流和电压为谷点电流I_V和谷点电压U_V。在谷点以后，单结晶体管又恢复正阻特性，即U_E随I_E增加缓慢上升，但变化不大，所以谷点右边的这部分称为饱和区。

如果出现$U_E < U_V$的情况，单结晶体管的PN结反偏，单结晶体管将重新截止。

综上所述，单结晶体管具有以下特点：

（1）当发射极电压等于峰点电压U_P时，单结晶体管导通，导通之后，当发射极电压减小到$U_E < U_V$时，管子由导通变为截止。一般单结晶体管的谷点电压在2～5 V。

（2）单结晶体管的发射极与第一基极的电阻R_{B1}随发射极电流增大而变小，R_{B2}则与发射极电流无关。

（3）不同的单结晶体管有不同的U_P和U_V。同一个单结晶体管，若电源电压U_{BB}不同，它的U_P和U_V也有所不同。在触发电路中常选用U_V低一些或I_V大一些的单结晶体管。

单结晶体管的型号有BT31、BT33、BT35等，其中“B”表示半导体，“T”表示特种管，“3”表示3个电极，第4位数字表示耗散功率为100 mW、300 mW、500 mW。

2. 单结晶体管触发电路

图12－14a所示是利用单结晶体管触发的可控整流电路，图下面部分是晶闸管的主电路，上面部分是晶闸管的触发电路，它们都接于同一电源，因此这两部分电路的交流电压在交变过程中均同时过零，变压器TS称为同步变压器。

U_2经过二极管桥式整流后输出的全波整流电压经稳压管削波后得到梯形波电压U_Z，此电压作为单结晶体管的电源电压。此梯形波电压和交流电压同时过零，因此它保证了触发电路产生的脉冲电压都在交流电源每半周的同一时刻出现，即保证了触发电压和交流电源电压的同步，如图12－14b所示。

由于每半个周期内第一个脉冲将晶闸管触发后，后面的脉冲均无作用，因此只要改变每半周的第一个脉冲产生的时间即改变了控制角α的大小。若电容C充电较快，U_c就很快达到U_P，第一脉冲输出的时间就提前；反之，第一个脉冲输出的时间就后移。在实际应用中可利用改变充电电阻R_P的方法来改变控制角α的大小，从而达到触发脉冲移相的目的。

上述单结晶体管触发电路通过调节R_P进行移相控制，而在实际的电路中往往要求对上述移相进行自动控制。图12－15所示为利用控制电压U_K进行移相控制的触发电路。

控制电压U_K由V_2管直接放大而提高了控制灵敏度。若U_K增大，V_2管的集电极电流增大，其集电极电位下降，使V_3管集电极电流增大，相当于V_3管的等效电阻变小，使电容C充电速度加快，输出脉冲提前；反之，输出脉冲后移。这样由控制电压U_K实现了对可控整流输出电压的自动控制。

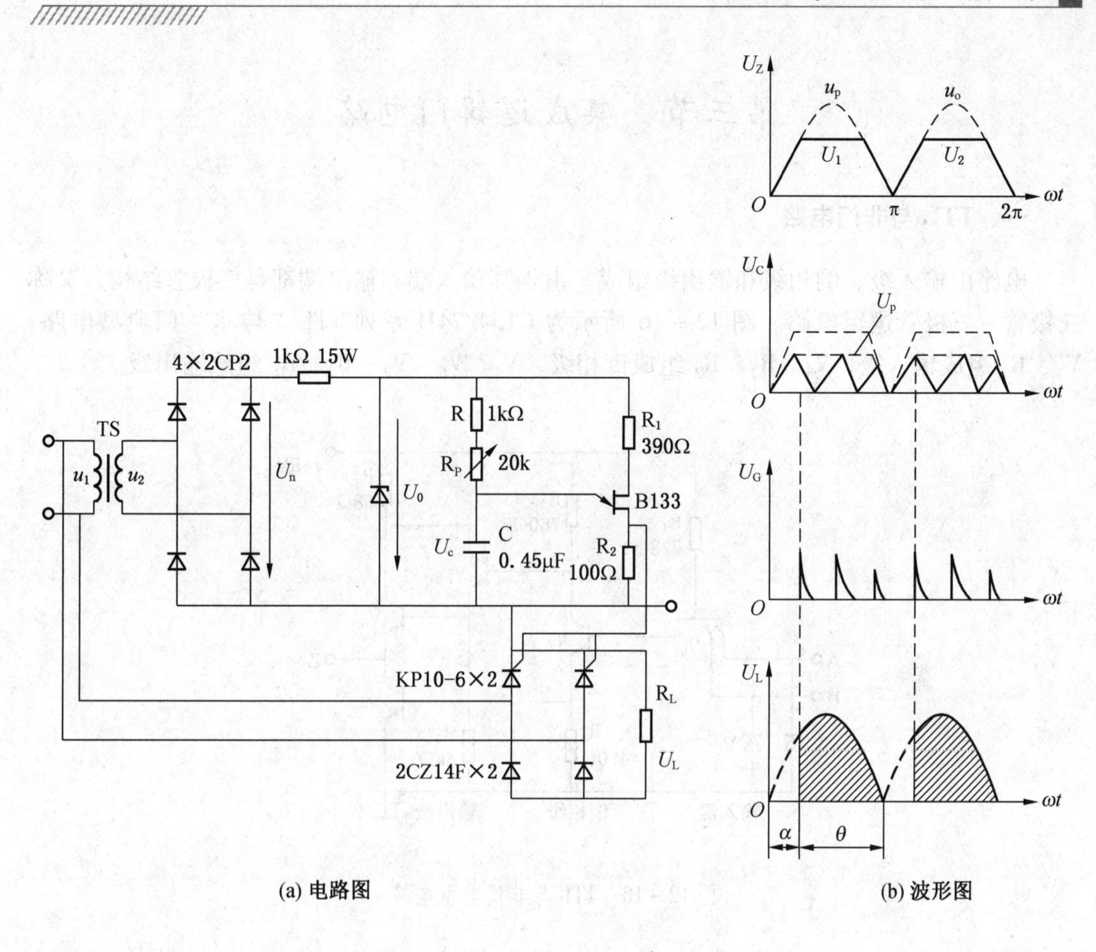

(a) 电路图　　(b) 波形图

图 12－14　单结晶体管触发电路

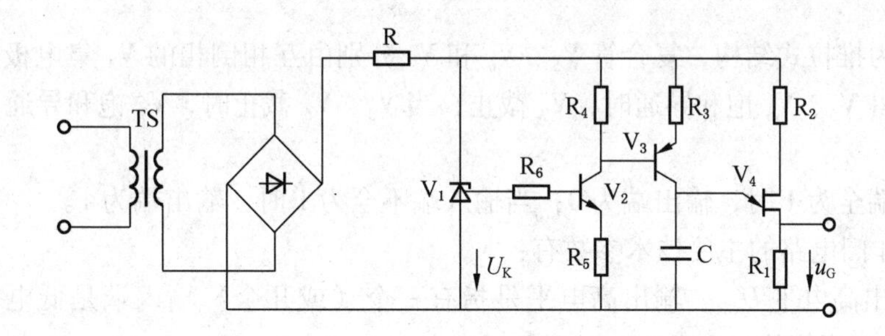

图 12－15　移相控制触发电路

单结晶体管触发电路具有电路简单、调试方便、脉冲前沿陡、抗干扰能力强等优点。但是它的输出功率和移相范围较小，脉冲较窄，所以多用于 50 A 以下的中小容量晶闸管的单相可控整流电路中。

随着晶闸管变流技术的发展，对晶闸管变流装置的可靠性提出了更高的要求，同时希望触发电路的调试和维修更简单方便。近年来已开始应用集成触发器，如 KC 系列单片晶体管集成触发器。

第三节　集成逻辑门电路

一、TTL 与非门电路

电路由输入级、倒相级和输出级组成。由于其输入端和输出端都是三极管结构，又称三极管 - 三极管逻辑电路。图 12 - 16 所示为 CT54/74H 系列 TTL“与非”门典型电路。V_3、R_1 组成输入级，V_4、R_2、R_3 组成倒相级，V_5、V_6、V_7、R_4、R_5 组成输出级。

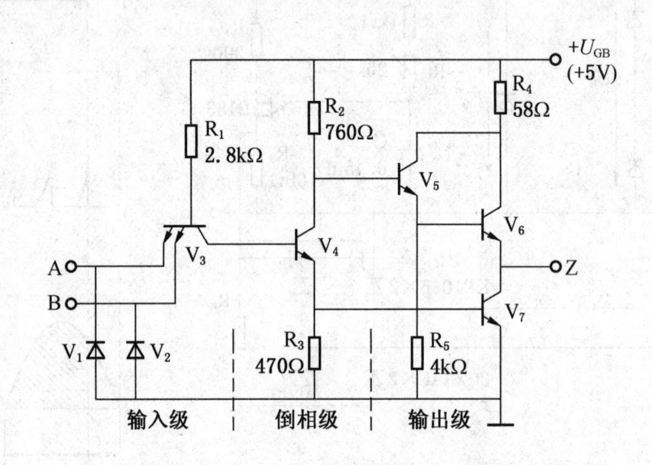

图 12 - 16　TTL 与非门典型电路

输入级 V_3 为多发射极晶体管。它相当于发射极独立而基极和集电极分别并在一起的三极管。

输出级为推拉式结构，复合管 V_5、V_6 和 V_7 分别由互相倒相的 V_4 集电极和发射极电压控制。使得 V_5、V_6 饱和导通时，V_7 截止；当 V_5、V_6 截止时，V_7 饱和导通（称为图腾输出电路）。

当输入端全为 1 时，输出端为 0；当输入端不全为 1 时，输出端为 1。

TTL 与非门电路的主要技术参数有：

（1）输出高电平 U_{OH}。输出高电平是指有一个（或几个）输入端是低电平时的输出电平。U_{OH}的典型值约为 3. 5 V。

（2）输入短路电流 I_{IS}。当某一输入端接地而其余输入端悬空时，流过这个输入端的电流称为输入短路电流。

（3）输入低电平 U_{OL}。输入低电平 U_{OL}是指输入端全为高电平时的输出电平。标准低电平 U_{SL} = 0. 4 V。

（4）扇出数 N_0。扇出数 N_0 表示与非门输出端最多能接几个同类的与非门，典型电路中 $N_0 \geqslant 8$。

（5）开门电平 U_{ON}和关门电平 U_{OFF}。在额定负载下，使输出电平达到标准低电平 U_{SL}时的输入电平称为开门电平；当输出电平上升到标准高电平 U_{SH}时的输入电平称为关门电平。

（6）空载损耗。与非门空载时，电源总电流 I_{GB} 与电源电压 U_{GB} 的乘积称为空载损耗。

（7）高电平输入电流 I_{IH}。高电平输入电流是指某一输入端接高电平，而其余输入端接地时的电流。一般情况下 $I_{IH}<50\ \mu A$。

（8）平均传输延迟时间 t_{pd}。平均传输延迟时间是指用来表示电路开关速度的参数。定义为“与非”门的导通延迟时间 $t_{d(on)}$ 与截止延迟时间 $t_{d(off)}$ 的平均值。

二、CMOS 集成逻辑门电路

由金属 - 氧化物 - 半导体场效应管构成的集成电路简称 CMOS 电路。

（1）CMOS 集成电路的特点（与 TTL 集成电路相比较）。静态功耗低，电源电压范围宽，输入阻抗高，扇出能力强，抗干扰能力强，逻辑摆幅大，温度稳定性好，工作速度低于 TTL 电路，功耗随频率的升高显著增大。

（2）CMOS 非门电路。CMOS 非门电路常称 CMOS 反相器。由两个场效应管组成互补工作状态，如图 12 - 17 所示。当输入端为 1 时，输出端为 0；当输入端为 0 时，输出端为 1，实现反相。

（3）CMOS 与非门电路。由两个以上 COMS 反相器 P 沟道增强型 MOS 管源极和漏极分别并接，N 沟道增强型 MOS 管串接，就构成 CMOS 与非门电路，如图 12 - 18 所示。当两个输入端全为 1 时，输出端为 0；当输入端中有一个或全部为 0 时，输出端为 1。

（4）CMOS 或非门电路。将两个 CMOS 反相器的开关管部分并联，负载管部分串联，就构成 CMOS 或非门电路，如图 12 - 19 所示。当两个输入端全为 1 或其中一个输入端为 1 时，输出端为 0；只有当两个输入端全为 0 时，输出端为 1。

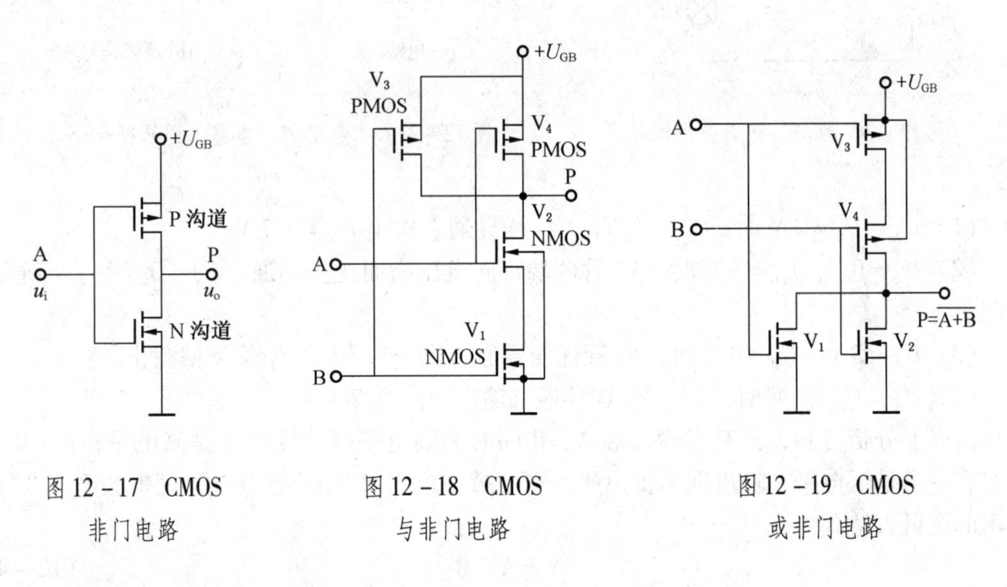

图 12 - 17　CMOS 非门电路

图 12 - 18　CMOS 与非门电路

图 12 - 19　CMOS 或非门电路

第四节　基　本　门　电　路

门电路是指具有一个或多个输入端，但只有一个输出端的开关电路。当它的输入信号满足某一条件时，门电路开启，有信号输出；反之，门电路关闭，无信号输出。门电路的输入和输出之间存在着一定的因果关系，即逻辑关系，所以又称逻辑门电路。为了简单描述逻辑关系，通常用数字符号“0”和“1”来表示某一事物的对立状态，如电位的“高”或“低”，脉冲的“有”或“无”等。这里的“0”和“1”不是表示数值大小，而是表示逻辑变量的两种状态。在逻辑电路中有两种逻辑体制，一种是用“1”表示高电平（大于2.4 V），用“0”表示低电平（小于0.35 V），称正逻辑；另一种是用“1”表示低电平，用“0”表示高电平，称负逻辑。下列讨论均采用正逻辑。

一、与门电路

1.“与”逻辑关系

“与”是一同的意思。图12－20所示电路中只有当开关 S_1 和 S_2 全部接通时，灯 H_L 才亮，否则灯 H_L 就灭，这表明只有当全部条件（开关 S_1、S_2 均接通）同时具备时，结果（灯 H_L 亮）才会发生。这种因果关系称“与”逻辑关系。

2. 与门电路

能实现“与”逻辑功能的电路称为与门电路，简称与门。图12－21所示为具有两个输入端的二极管与门电路及其逻辑符号。图中A、B为输入端，Y为输出端。设输入只有高电平3 V和低电平0 V。下面分析该电路的工作原理。

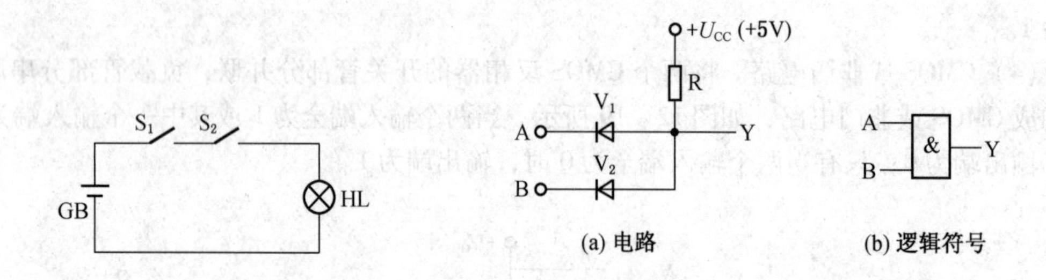

图12－20 “与”逻辑关系图

图12－21 二极管与门电路及逻辑符号

（1）$U_A = U_B = 0$ V时，二极管 V_1、V_2 均导通，输出 $U_Y = 0.7$ V。

（2）$U_A = 0$ V，$U_B = 3$ V时，V_1 管两端正向电压高而优先导通，$U_Y = 0.7$ V，V_2 管反偏截止。

（3）$U_A = 3$ V，$U_B = 0$ V时，V_2 管优先导通，$U_Y = 3.7$ V，V_1 管反偏截止。

（4）$U_A = U_B = 3$ V时，V_1、V_2 均导通，输出 $U_Y = 3.7$ V。

由以上分析可知，只有当输入端A、B同时为高电平时，输出才是高电平；A、B中只要有一个是低电平，输出即为低电平。可见Y和A、B之间是“与”逻辑关系。“与”逻辑的逻辑表达式为

$$Y = A \cdot B \tag{12-4}$$

式中，“·”读作“与”，从形式上看其逻辑表达式和代数中的乘法相似，所以“与”逻辑又称逻辑乘。“与”门逻辑关系除了用逻辑函数表示外还可用真值表表示。真值表是一种表明逻辑门电路输入端状态和输出端状态对应关系的表格。它包括了全部可能的输入值组合及其对应的输出值。将上面的分析结果列成表格，可得与门电路的真值表，见表12－2。

表12-2 与门真值表

A	B	Y
0	0	0
0	1	0
1	0	0
1	1	1

从真值表和逻辑函数式可以看出，与门的逻辑功能是："有0出0，全1出1"。与门的输入端可以不止两个，但逻辑关系是一致的。

二、或门电路

1. "或"逻辑关系

"或"是或者的意思。在图12-22所示电路中，只要开关S_1或S_2中有一个（或一个以上）接通，灯H_L就亮；只有当全部开关断开时，灯H_L才灭，这表明在决定一事件的结果（灯H_L亮）的条件中，只要有一个或一个以上条件具备时，结果就会发生。这种因果关系称"或"逻辑关系。

2. 或门电路

能实现"或"逻辑功能的门电路称或门电路，简称或门。具有两个输入端的二极管或门电路及其逻辑符号如图12-23所示。

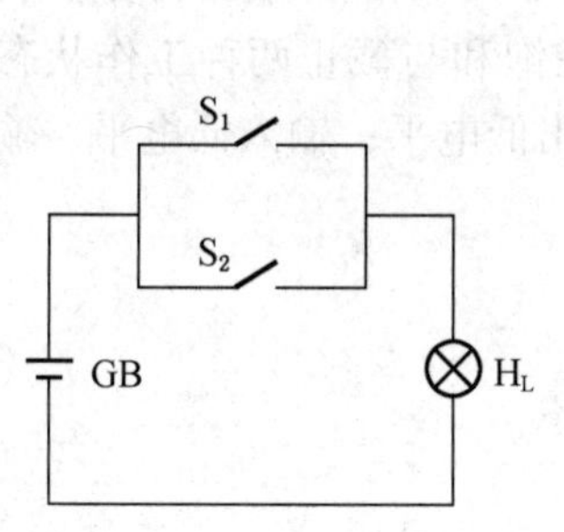

图12-22 "或"逻辑关系图

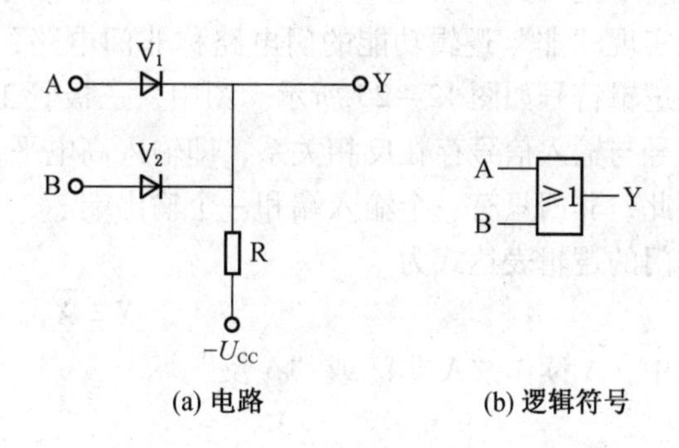

图12-23 二极管或门电路及逻辑符号

下面分析该电路的工作原理，分析时仍假定输入高电平为3 V，输入低电平为0 V。

（1）$U_A=U_B=0$ V时，V_1、V_2两管均截止，$U_Y=(0-0.7)$ V $=-0.7$ V。

（2）$U_A=0$ V，$U_B=3$ V时，V_2管优先导通，$U_Y=(3-0.7)$ V $=2.3$ V，V_1管反偏截止。

（3）$U_A=3$ V，$U_B=0$ V时，V_1管优先导通，$U_Y=2.3$ V，V_2管反偏截止。

（4）$U_A=U_B=3$ V时，V_1、V_2两管均导通，$U_Y=2.3$ V。

由以上分析可知，只要输入端A、B中有一个为高电平，输出即为高电平；只有当输入均为低电平时，输出才是低电平。可见Y与A、B之间是"或"逻辑关系。

将上面的分析结果列成表格，可得或门电路的真值表（表12-3）。

表12-3　或门真值表

A	B	C
0	0	0
0	1	1
1	0	1
1	1	1

“或”逻辑的逻辑表达式为

$$Y = A + B \tag{12-5}$$

式中，“+”读作“或”，从形式上看其逻辑表达式与算术加法相似，所以“或”逻辑又称逻辑加。

从或门的逻辑表达式和真值表可以看出，或门的逻辑功能是：“有1出1，全0出0”。或门的输入端可以不止两个，但逻辑关系是一样的。

三、“非”门电路

1. “非”逻辑关系

“非”是否定的意思。图12-24中开关S与灯H_L并联，当开关S断开时，灯H_L亮，而S接通时，灯H_L灭，这表明事件的结果（灯H_L亮）和条件（开关S）总是呈相反状态。这种因果关系称“非”逻辑。

2. 非门电路

能实现“非”逻辑功能的门电路称非门电路，简称非门。由晶体三极管组成的非门电路及逻辑符号如图12-25所示。图中，三极管工作在饱和与截止两种工作状态，它的输出信号与输入信号存在反相关系，即输入高电平，输出低电平；输入低电平，输出高电平。因此，非门只有一个输入端和一个输出端。

非门的逻辑表达式为

$$Y = \overline{A} \tag{12-6}$$

式中，$\overline{A}$读作“A非”或“A反”。

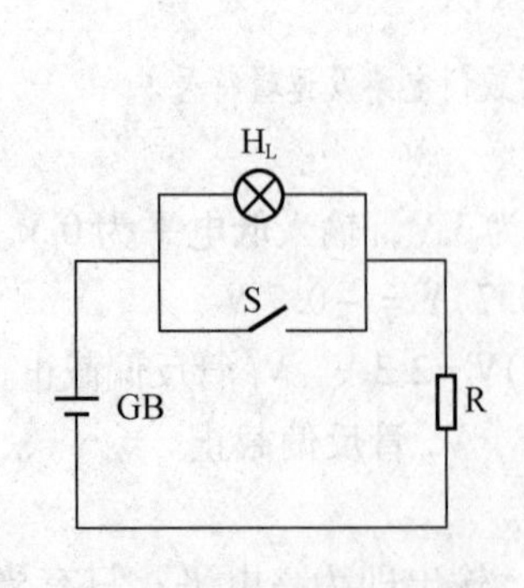

图12-24　“非”逻辑关系图

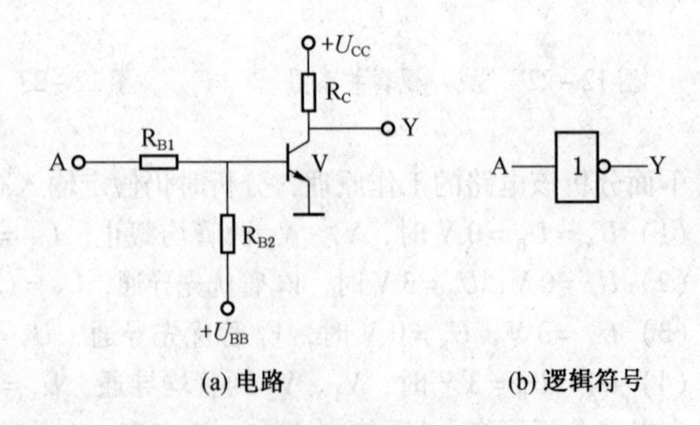

图12-25　三极管非门电路及逻辑符号

非门的真值表见表 12－4。由非门的逻辑表达式和真值表可知非门的逻辑功能是："有 0 出 1，有 1 出 0"。

上述 3 种门电路是最基本的逻辑门，将这些门电路适当组合还能构成复合逻辑门。

四、复合逻辑门

1. 与非门

在与门后面接一个非门，就构成与非门，其逻辑结构及符号如图 12－26 所示。

表 12－4 非门真值表

A	Y
0	1
1	0

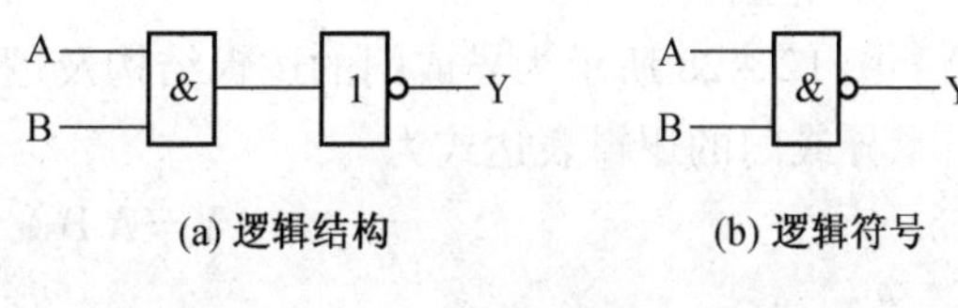

图 12－26 与非门逻辑结构及逻辑符号

与非门的逻辑表达式为

$$Y = \overline{AB} \tag{12-7}$$

由表达式可以看出，A、B 中有一个或一个以上为低电平"0"时，输出 Y 为高电平"1"；只有当 A、B 全为高电平"1"时，输出 Y 为低电平"0"。由此可得与非门的真值表，见表 12－5。

与非门的逻辑功能是："有 0 出 1，全 1 出 0"。与非门的输入端可以不止两个，但逻辑关系是一致的。

表 12－5 与非门真值表

A	B	Y
0	0	1
0	1	1
1	0	1
1	1	0

2. 或非门

在或门后面接一个非门就构成或非门，其逻辑结构及符号如图 12－27 所示。

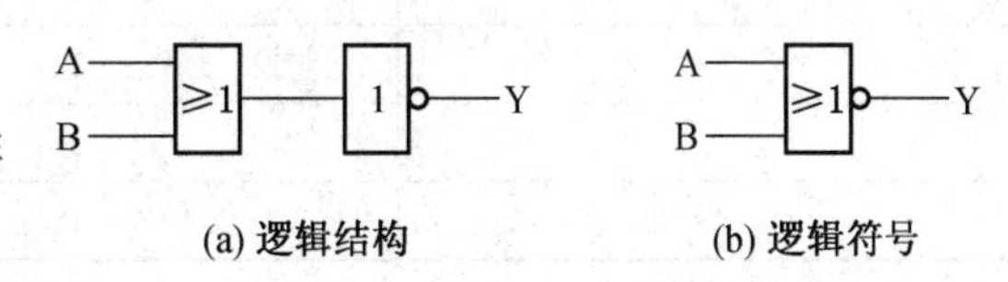

图 12－27 与非门逻辑结构及逻辑符号

或非门的逻辑表达式为

$$Y = \overline{A + B} \tag{12-8}$$

由表达式可以看出，A、B 中有一个或一个以上为高电平"1"时，输出 Y 为低电平"0"；只有当 A、B 全为低电平"0"时，输出 Y 为高电平"1"。由此可得或非门的真值表，见表 12－6。

或非门的逻辑功能是："有 1 出 0，全 0 出 1"。或非门的输入端可以不止两个，但逻辑关系是一致的。

表12-6　或非门真值表

A	B	Y
0	0	1
0	1	0
1	0	0
1	1	0

3. 异或门

图12-28所示为异或门的逻辑结构及逻辑符号。

异或门的逻辑表达式为

$$Y = A\overline{B} + \overline{A}B = A \oplus B \qquad (12-9)$$

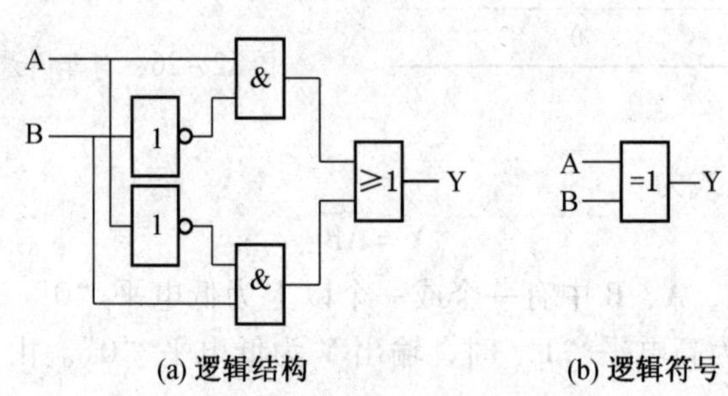

(a) 逻辑结构　　(b) 逻辑符号

图12-28　异或门逻辑结构及逻辑符号

式中，“⊕”读作“异或”。异或门的真值表见表12-7。

由真值表12-7可看出，异或门的逻辑功能是：“输入相同，输出为0；输入不同，输出为1”，即“相同出0，不同出1”。

异或门是判断两个输入信号是否相同的门电路，也是一种常用的门电路。由于该电路输出为“1”时，必须是输入端异号相加的结果，故取名异或门。异或门只有两个输入端。

表12-7　异或门真值表

A	B	Y
0	0	0
0	1	1
1	0	1
1	1	0

第五节　集成触发器

一、基本RS触发器

基本RS触发器由两个与非门作正反馈闭环连接而构成，如图12-29所示。它有两个输出端Q、$\overline{Q}$，在正常情况下，Q与$\overline{Q}$总是逻辑互补的，即一个为0时，另一个为1，有两个输入端子R和S，用来加入触发信号。该触发器的逻辑表达式为

$$Q=\overline{\overline{S}\,\overline{Q}} \qquad \overline{Q}=\overline{\overline{R}Q} \qquad (12-10)$$

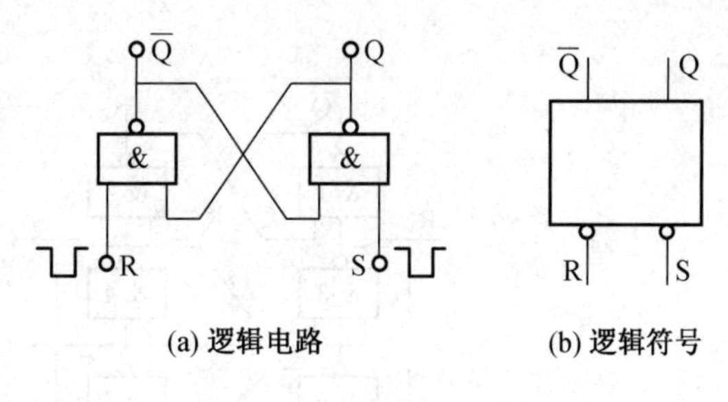

图12-29　基本RS触发器

当R=1，S=0时，不论$\overline{Q}$为何种状态，都有Q=1，且$\overline{Q}$=0。当R=0，S=1时，有Q=0，$\overline{Q}$=1。

触发器Q端的状态作为触发器的状态。Q=1，$\overline{Q}$=0时，称触发器处于1态，反之则为0态。S=0，R=1使触发器置1（或称置位）。因置位的决定性条件是S=0，故称S端为置1端。S=1，R=0使触发器置0（或称复位），故称R端为置0端。

若触发器原来为0态，要使之变为1态，必须让R端的电平由0变1，S端由1变0。这时所加的输入信号称为触发信号，导致的过程称为翻转。

基本RS触发器的R=S=1时，触发器保持原状态不变（即具有记忆功能）；而当R=S=0时，将不能确定触发器是处于1态还是0态。

二、时钟脉冲控制的RS触发器

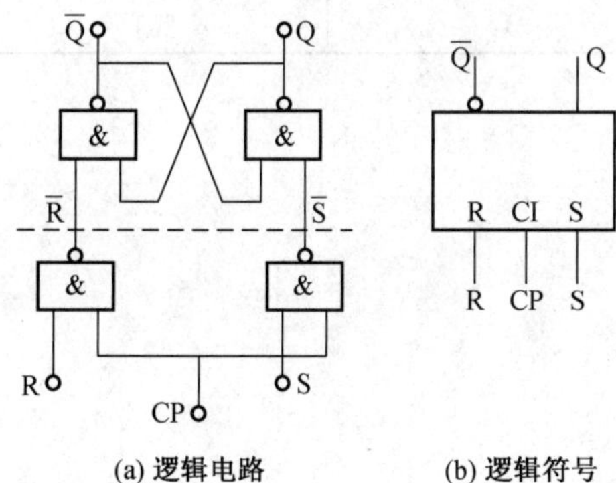

图12-30　时钟脉冲控制的RS触发器

时钟脉冲控制的RS触发器也称为同步触发器，是由基本RS触发器和用来引入R、S和时钟脉冲CP的两个“与非”门构成，如图12-30所示。CP作用前触发器的原始状态为初态，用Q^n表示，CP作用后触发器的新状态为次态，用Q^{n+1}表示。在CP=0期间，$\overline{Q}=\overline{S}=1$，触发器不动作。在CP=1期间，如R=1，S=0，则$\overline{R}=0$，$\overline{S}=0$，使Q=0，即触发器置0。以此类推。

时钟脉冲控制的RS触发器特征方程为

$$Q^{n+1}=S+\overline{R}Q^n \qquad (12-11)$$

SR=0　（条件约束）

式中,SR=0指不允许将R和S同时取为1。

三、D触发器

D触发器由6个与非门组成，如图12-31a所示。D端为信号输入端，CP为时钟信号输入端，$\overline{R}_d$和$\overline{S}_d$分别是直接置0端和直接置1端，Q和$\overline{Q}$端为输出端。D触发器的真值表见表12-8，其特征方程为

$$Q^{n+1}=D \qquad (12-12)$$

D触发器的状态翻转只能发生在CP信号的上升沿（即CP由0变为1的瞬间）。

集成触发器的类型还有T触发器、JK触发器等，在此不一一介绍。

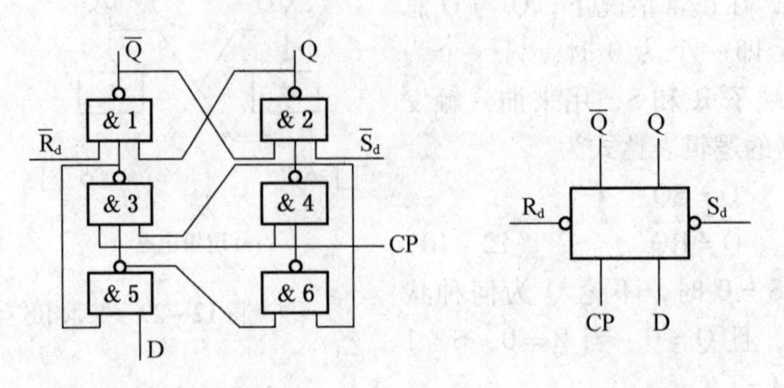

(a) 逻辑电路　　(b) 逻辑符号

图 12－31　D 触发器

表 12－8　D 触发器的真值表

D	Q^n	Q^{n+1}	说　明
0	0	0	置 0
0	1	0	置 0
1	0	1	置 1
1	1	1	置 1

第十三章 电工专业知识

第一节 电力拖动及固定设备电气控制

一、电力拖动与自动控制基础知识

(一) 电动机的机械特性

电动机的机械特性是指电动机的电磁转矩 M 与转速 n 之间的关系，即 $n=f(M)$。对于不同类型的电动机和不同的运行条件，电动机具有各不相同的机械特性。

1. 按硬度分类

机械特性的硬度说明电动机转矩随转速变化的程度，特性曲线上某一点的硬度就是该点转矩对转速的导数，即

$$\beta = \mathrm{d}M/\mathrm{d}n$$

图 13－1 中显示出了具有不同硬度的机械特性曲线。

转矩增加而转速保持不变的机械特性（图 13－1 曲线 a）称为绝对硬特性；转矩增加转速略有下降的机械特性（图 13－1 曲线 b 和 c 的直线段）称为硬特性；转矩增加转速下降幅度较大的机械特性（图 13－1 曲线 d）称为软特性。

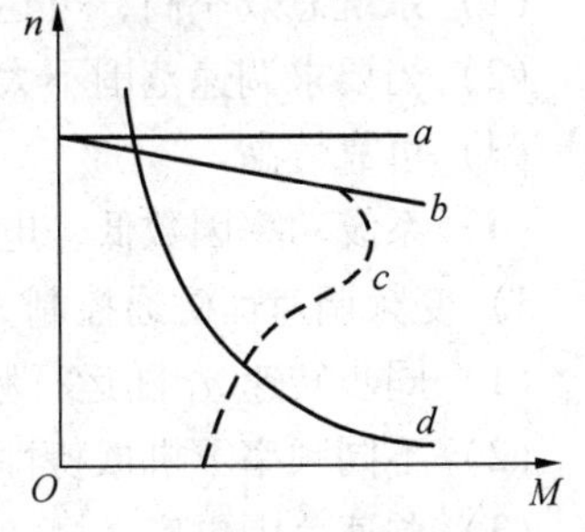

图 13－1 各种电动机的机械特性

2. 按电动机运行条件分类

运行条件是指电动机的端电压、频率等电源参数以及励磁电流附加电阻等电机回路参数，按照运行条件分类，机械特性可分为固有特性和人为特性两种。固有特性又称自然特性，当电动机运行时电源参数均为额定值，同时电动机的回路中无附加电阻或电抗时得到的机械特性称固有特性。不具备上述运行条件的机械特性曲线统称人为特性。

(二) 电动机的运行状态

电动机的运行状态可划分为稳定运行状态（或称静态）和不稳定运行状态（又称动态或过渡过程）两种。

电动机达到某一稳定运行状态，与之相对应的转速和转矩所确定的坐标点称为拖动系统的静态工作点。静态工作点表示电动机以何种转速带动工作机械稳定运行或在何种转速

下电动机的轴转矩 M 与负载转矩 M_L 相平衡。稳定运行条件为

$$M(n)=M_L(n)$$

（三）电动机的调速

人为或自动改变电动机的转速称为速度调节，简称调速。

1. 调速范围

在额定负载下稳定运行，电动机最高工作转速与最低工作转速之比称为调速范围。

$$D=n_{max}/n_{min}$$

各种工作机械要求的调速范围各不相同。拖动系统所能达到的调速范围取决于电动机的类型以及采用的调速方法。

2. 直流电动机的调速方法

他励直流电动机的调速方法有降低电源电压调速、电枢串电阻调速和减弱磁调速3种。

3. 三相异步电动机速度调节

1）三相异步电动机调速方法

根据三相异步电动机的转速表达式 $n=n_1(1-s)=60f_1(1-s)/p$，要实现三相异步电动机速度的调节方法有3种方法：

（1）改变供电电源的频率 f_1，进行变频调速。

（2）改变定子极对数 p，进行变极调速。

（3）改变电动机的转差率，进行调速，如定子调压调速、绕线转子异步电动机转子串电阻调速、串级调速及电磁离合器调速等。

2）异步电动机串级调速的特点

转子回路串电阻调速的缺点之一是转差功率全部消耗在转子回路电阻中。若在转子回路接一反电势（电源），把这部分转差功率取出来加以利用或反馈到电网中去，则异步电动机在调速下的运行效率将大大提高，这种调速方法称为串级调速。其特点为：

（1）系统总效率高，可达90%以上。

（2）当要求调速范围不大时，所需外加电源容量小，设备费用低。

（3）可靠性高。

（4）系统功率因数低，电气制动的特性不够理想。

3）变频调速恒磁通控制方式的特点

（1）同步转速 n_1 随运行频率 ω_1 变化。

（2）不同频率下机械特性为一组硬度相同的平行直线。

（3）调速范围更广。

（4）降低启动电流，有效改善异步电动机启动性能。

（四）电动机制动运行

制动，就是使拖动系统从某一稳定转速很快减速停车，或是为了限制电动机转速的升高，使其在某一转速下稳定运行，以确保设备和人身安全。

制动的方法有机械制动、电气制动和自由停车3种。而电气制动方法又分为能耗制动、反接制动和回馈制动3种。

下面介绍他励直流电动机能耗制动的机械特性及制动电阻计算。

能耗制动的机械特性方程式：

$$n = -[R_a + R_n/(C_e C_T \varphi_n^2)]T$$

式中 R_a——电枢电阻；

R_n——制动电阻；

C_e——电动势常数，$C_e = pN/60a$；

C_T——转矩常数，$C_T = pN/2\pi = 9.55C_e$；

T——电动机产生的电磁转矩。

对应的机械特性曲线是一条通过坐标原点的直线，如图 13－2 所示。

如果制动前电动机在固有机械特性的 A 点稳定运行。开始制动瞬间，转速 n_A 不能突变，电动机从工作点 A 过渡到能耗制动机械特性的 B 点上。因为 B 点电磁转矩 $T_B < 0$，拖动系统在转矩（$-T_N - T_C$）的作用下迅速减速，运行点沿特性下降，制动转矩逐渐减小，直到原点，电磁转矩及转速都降到零，拖动系统停止运转。

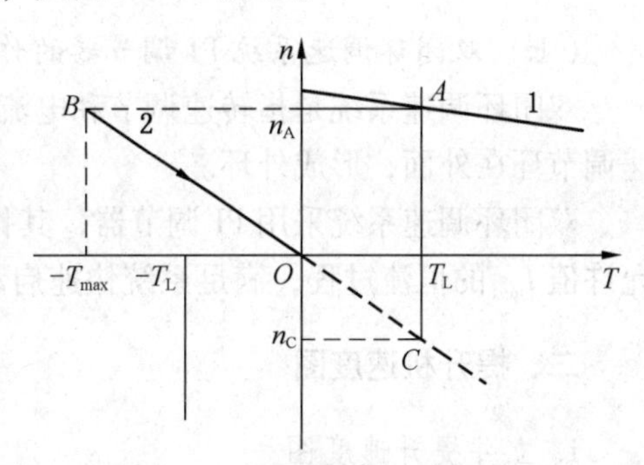

图 13－2 他励直流电动机能耗制动机械特性曲线

制动电阻 R_n 越小，机械特性越平，T_B 的绝对值越大，制动就越快，但 R_n 又不宜太小，否则电枢电流 I_B 和 T_B 将超过允许值，如果将制动开始时的 I_B 限制在最大允许值 I_{max}，这时电枢回路外串电阻最小值为

$$R_n = -E_a/I_{max} - R_a$$

式中 E_a——制动开始时电动机的电枢电动势；

I_{max}——制动开始时最大允许电流，应代入负值。

能耗制动时，若电动机拖动的是位能负载，当电动机减速到原点时，由于 $n=0$，$T=0$，在位能负载作用下：$T - T_L < 0$，电动机会继续减速，也就是开始反转。电动机的运行点沿着机械特性曲线 2 从 0 到 C，C 点处 $T = T_L$，系统稳定运行于 C 点，匀速下放重物。

在 C 点：电磁转矩 $T > 0$，转速 $n < 0$，T 与 n 方向相反，T 为制动转矩，这种稳定运行状态称为能耗制动运行。能耗制动运行时电枢回路串入的制动电阻不同，运行速度就不同，改变制动电阻 R_n 的大小，可获得不同的下放速度。

（五）开环控制系统

开环控制系统是一种最简单的控制方式，其特点是系统的输出量对控制量没有影响。开环控制系统方框图如图 13－3 所示。

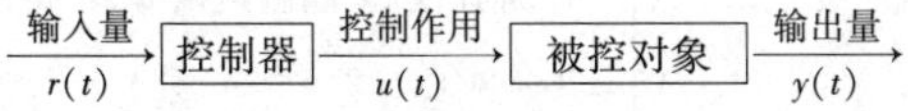

输入量 $r(t)$ → 控制器 → 控制作用 $u(t)$ → 被控对象 → 输出量 $y(t)$

图 13－3 开环控制系统方框图

（六）闭环控制系统

闭环控制的特点：系统的输出量对控制量有直接影响。闭环控制系统方框图如图 13－4 所示。

被控量在闭环控制系统比开环控制系统有更高的控制品质。

在开环控制系统中，只有输入量对输出量产生控制作用，从控制结构上看，只有下面通道，而闭环控制系统由正向通道和反馈通道组成。

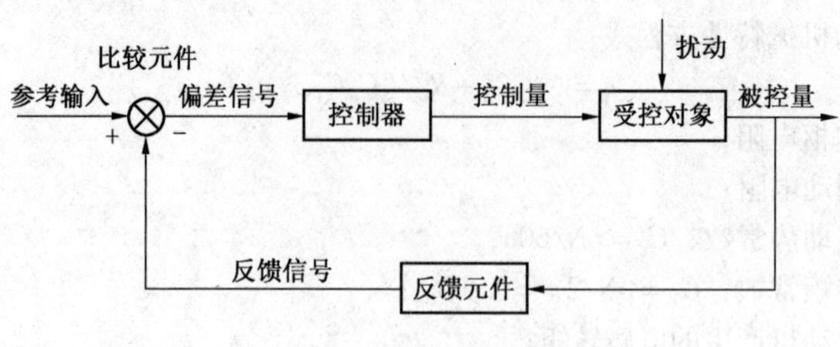

图 13－4　闭环控制系统方框图

（七）双闭环调速系统 PI 调节器的作用

双闭环调速系统是指转速调节和电流调节分开进行，电流调节环在里面，是内环；转速调节环在外面，形成外环。

双闭环调速系统采用 PI 调节器，其作用是在系统的最佳启动过程中保持电流为最大允许值 I_{max} 的恒流过程，满足系统快速启动的要求；同时保证了系统稳态运行时无静差。

二、提升机速度图

1. 立井提升速度图

立井提升速度图分为罐笼提升和箕斗提升两种，见表 13－1。不论单绳提升还是多绳提升，该速度图都适用。

表 13－1　立井提升速度图

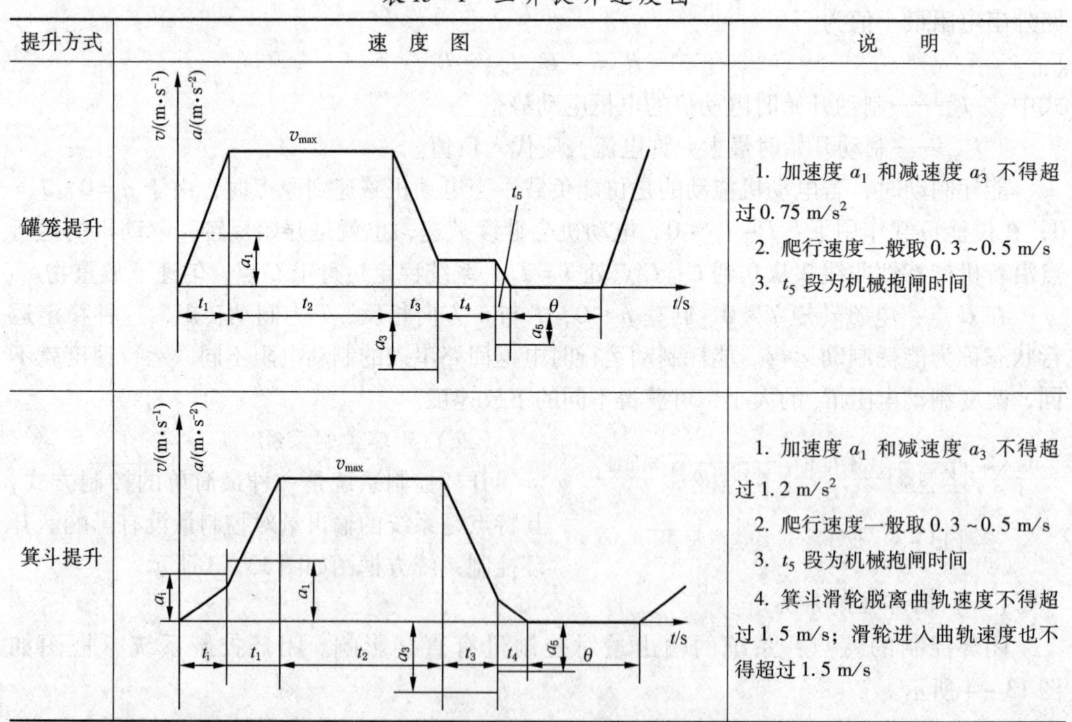

提升方式	速度图	说明
罐笼提升		1. 加速度 a_1 和减速度 a_3 不得超过 0.75 m/s^2 2. 爬行速度一般取 0.3～0.5 m/s 3. t_5 段为机械抱闸时间
箕斗提升		1. 加速度 a_1 和减速度 a_3 不得超过 1.2 m/s^2 2. 爬行速度一般取 0.3～0.5 m/s 3. t_5 段为机械抱闸时间 4. 箕斗滑轮脱离曲轨速度不得超过 1.5 m/s；滑轮进入曲轨速度也不得超过 1.5 m/s

2. 斜井提升速度图

斜井提升分箕斗提升、双钩串车提升和单钩串车提升。常用斜井平车场双钩串车提升速度图和单钩串车甩车场提升速度图见表 13－2。

表 13－2 斜井提升速度图

<table>
<tr><th>提升方式</th><th>速 度 图</th><th>说 明</th></tr>
<tr><td>平车场双钩串车提升</td><td> 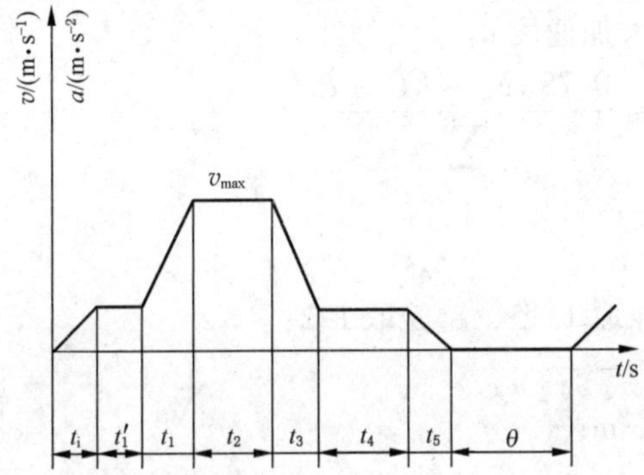v/(m·s⁻¹) a/(m·s⁻²)
v_{max}
t/s
t_i t_i' t_1 t_2 t_3 t_4 t_5 θ</td><td>1. 在车场上的加速度和减速度一般取 0.3 m/s^2
2. 升降人员时加速度和减速度不得超过 0.5 m/s^2
3. 在车场上运行速度一般取 1.5 m/s
4. 串车提升的最大速度：斜井长在 300 m 以下 3.5 m/s，300 m 以上 5 m/s
5. 休止时间平车场取 20 s</td></tr>
<tr><td>单钩串车甩车场提升</td><td colspan="2"> 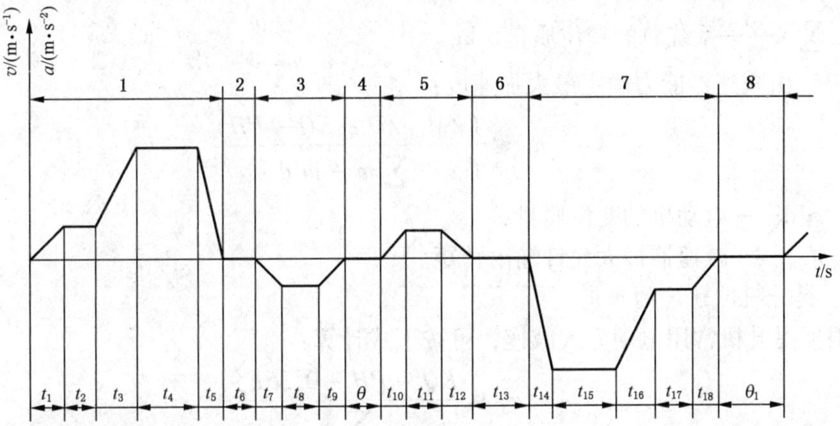v/(m·s⁻¹) a/(m·s⁻²)
1 2 3 4 5 6 7 8
t/s
t_1 t_2 t_3 t_4 t_5 t_6 t_7 t_8 t_9 θ t_{10} t_{11} t_{12} t_{13} t_{14} t_{15} t_{16} t_{17} t_{18} θ_1
1. 从下部甩车场提升重车组通过上部甩车场道岔口
2. 转换道岔
3. 下放重车组
4. 交换空重车组
5. 提升空车组
6. 转换道岔
7. 下放空车组到下部甩车场
8. 交换重车组</td></tr>
</table>

三、最大提升速度、加减速度的确定

1. 最大提升速度

最大提升速度根据投资和运转费用，可按下式估算最大经济速度：

$$V_m = 0.4H^{1/2}$$

式中 H——提升高度，m。

上式计算的速度，必须符合提升机减速比与电动机 n_e 算出的实际速度。《煤矿安全规程》规定，立井升降人员时，最大提升速度不得超过 $0.5H^{1/2}$，且最大不得超过 12 m/s；主井升降物料时，最大提升速度不得超过 $0.6H^{1/2}$。

2. 加速度的确定

提升机加速度受到电动机能力、减速度能力及《煤矿安全规程》的限制。

(1) 《煤矿安全规程》规定，立井升降人员的提升机加（减）速度不得大于 0.75 m/s^2。

(2) 由电动机能力计算允许最大加速度 a_1:

$$a_1 \leqslant \frac{0.75\lambda F_e - KQ - PH}{\sum m}$$

式中　λ——电动机过载倍数；

F_e——电动机额定力，N；

K——矿井阻力系数，箕斗取 1.15，罐笼取 1.2；

Q——负载重力，N；

P——钢丝绳每米重力，N/m；

H——提升高度，m；

$\sum m$——系统总的变位质量，kg。

(3) 由减速器能力确定最大加速度：

$$a_1 \leqslant \frac{(ZM_{j.m}/D - KQ - PH)}{\sum m - m'd}$$

式中　$m'd$——电动机的变位质量；

$M_{j.m}$——减速器最大允许输出转矩。

3. 提升机减速度的确定

根据提升机常用电动方式减速，可按下式计算：

$$a_3 \leqslant \frac{KQ - PH - 0.35F_e}{\sum m}$$

为了易于控制，电动机在减速阶段仍给出一定的拖动力，拖动力一般不小于 0.3 ~ $0.5F_e$。

四、提升机主电动机功率计算方法

提升机主电动机功率可按下式估算：

$$P = [KQV_m/(1000\eta_i)]\rho$$

式中　K——矿井阻力系统，箕斗取 1.15，罐笼取 1.2；

η_i——传动效率，0.85 ~ 0.9；

ρ——动力系数，箕斗 1.2 ~ 1.3，罐笼取 1.3 ~ 1.4；

V_m——提升机最大线速度，m/s；

Q——提升载荷重，N。

对计算的主电动机功率要根据允许温升、过载能力及特殊情况的特殊力三方面进行校验。

五、主提升机供电方案

矿井主要提升机一般采用双回路供电，一回路发生故障时，可换接到另一回路进行供电。一般情况下采用比较经济和安全的供电方式即环形供电，这种方式不但可以节省变电所内高压开关设备，而且可保证双电源供电。正常运行时，主、副井提升机分别由变电所两段母线供电，中间联络电缆是断电的或热备用，当有一回路发生故障时，才使联络电缆环接进行供电。主提升机房供电系统图如图 13－5 所示。

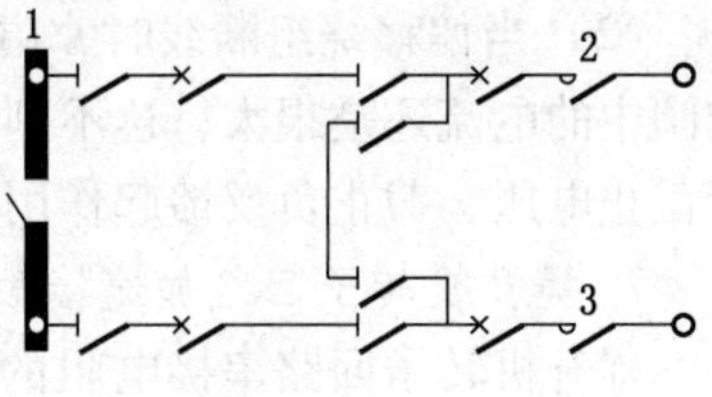

1—变电所；2、3—提升机房

图 13－5　主提升机房环形供电系统图

六、交流拖动提升机电气控制系统

（一）交流控制系统

1. 深度指示器回路

深度指示器有两台自整角机：一台由提升机主轴通过传动装置带动，它把提升机主轴的角位移转换成电信号，称为发送自整角机；另一台为接收自整角机，其转子与司机操纵台上深度指示器圆盘相连。两台自整角机具有整步作用，因此，深度指示器圆盘的转动情况反映提升容器在井筒中的位置。

2. 主令控制器手柄零位联锁接点的作用

当司机操纵手柄在零位时，联锁接点处于闭合状态，手柄离开零位时断开，使得提升机解除安全制动必须在主电机断电状态下进行。

3. 提升机工作闸制动手柄联锁接点的作用

制动手柄联锁接点在紧闸位置时为闭合状态，在半松和松闸位置时为断开状态。制动手柄只有在工作制动状态下才能解除安全制动，这样可避免由于紧急制动和工作制动都解除，而提升机在重力作用下下滑，发生跑车的危险。

4. 交流提升机限速凸轮板的作用

限速凸轮板装在提升机的限速圆盘上，当圆盘转动时，凸轮板压动限速变阻器摇臂的小滚轮，使变阻器的阻值发生变化。其阻值的大小正比于设计的提升速度，当减速时，实际速度大于给定速度，当超过给定速度 10% 时，GSJ 动作，进行安全制动。

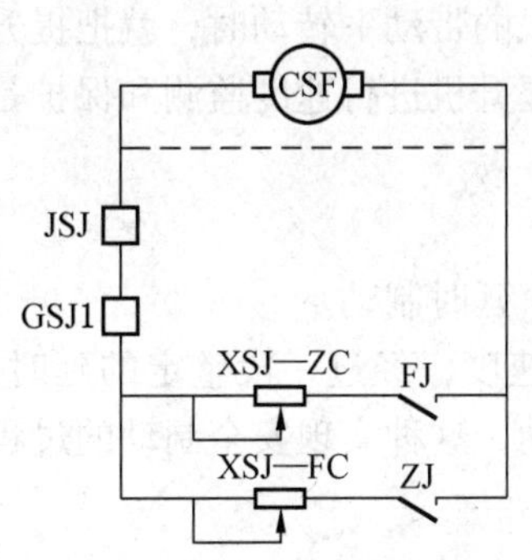

图 13－6　KKX 测速回路简图

5. KKX 电控系统测速回路电流继电器的作用

测速回路电控系统如图 13－6 所示。

测速回路继电器为 JSJ，当提升机的运行速度达到最大运行速度的 50% 时，JSJ 吸合，闭合其常开接点。当提升机全速运行时，若测速发电机组无输出电压或断线，则电流继电器 JSJ 释放，其串在安全回路中的常开接点断开，进行安全制动。

6. 提升机可调闸磁放大器控制绕组施加负偏移电流及回路截止负反馈的作用

负偏移绕组用来改变磁放大器的工作点，同时可减小磁放大器的空载电流。电压截止负反馈的作用有：

（1）当施闸时，截止电压减小，而磁放大器由于惯性来不及减小，此时磁放大器的输出电压大于截止电压，负反馈起作用，使磁放大器的输出迅速减小，尽快达到施闸的目的，当输出电压等于截止电压时，负反馈作用停止。

（2）当偏移绕组断线时，磁放大器的输出增高，即使制动手柄拉至全制动位置，KT线圈中的电流还是很大，达不到最大制动力，如加截止负反馈，此时磁放大器输出电压大于截止电压，截止负反馈起作用，使KT线圈中电流减小，保证可靠工作。

7. 提升机转子回路加速接触器触头三角形接法的作用

提升机转子回路串接电阻的作用是为了启动平稳又能减小启动电流而不降低启动转矩。三相电阻是星形连接，但切除电阻的加速接触器要用三角形接线。因为通过三角形短接接触器的每相电流只有转子一相电流的 $1/\sqrt{3}$ 倍，这样能减轻加速接触器的载流量。

8. 提升机高压换向器的闭锁装置

提升机高压换向器用于高压交流提升电动机的接通、切断和换向。一般由3个三极接触器组成，其中两个用于控制电动机正反转，第三个用于辅助切断高电压的线路。可逆接触器中的正反转两个接触器间除了电气闭锁外还装有机械闭锁，使两个接触器不会同时闭合而造成短路。

另外高压换向器还有栅栏门闭锁保护，当高压换向器栅栏门被打开时，其闭锁开关使高压油开关失压跳闸。

9. 他励直流测速发电机在测速回路中的作用

直流测速发电机的发电端电压由下式表示：

$$E = K_1 \Phi n$$

式中　K_1——电机常数，与电机结构有关；

Φ——电机铁芯的磁通量，Wb；

n——发电机转速，r/min。

根据上式，若使激磁绕组的激磁电流不变，则磁通 Φ 为一常数，此时发电机的发电电压跟随转速变化，并成正比关系。因此测速发电机在提升机的带动下转动时，就把提升速度 n 这个非电量转变为电量——直流电压。用直流电压对提升机进行速度监测和保护是十分方便的。

（二）提升机的二级制动

提升机在进行安全制动时，将全部制动力矩分两次投入，延时制动。

第一次投入的制动力矩，使提升系统产生符合规定的减速度，经过一段整定的延时，第二次把全部制动力矩投入，使提升系统平稳可靠地停止运动，这种实现安全制动的过程称为二级制动。

（三）提升机微拖动装置

主井提升机在箕斗进入卸载曲轨时，需要稳定的低速爬行，这是自动化运行实现准确停车和安全运行的必要环节。微拖动装置就是获得稳定低速的方法之一。其原理系统图如图13－7所示。

微拖动装置工作过程：当提升机开始减速或速度降到3 m/s左右时，微拖电动机6起动空运转，提升速度降到1 m/s左右时，由速度继电器控制使电磁阀9通电，其阀杆下压，a与b腔连通，此时压缩空气由风包经A腔至a腔至b腔进入c腔，压下执行阀活塞杆，使A腔与B腔连通，压气即由A腔经B腔至进气装置至减速机空心轴进入气囊。气囊离合器4充气后，将微拖动装置与主机连接起来。提升速度降到略高于爬行速度时，切除主电动机的动力制动电源，提升系统即由微拖电动机带着进入平稳的低速爬行。提升容

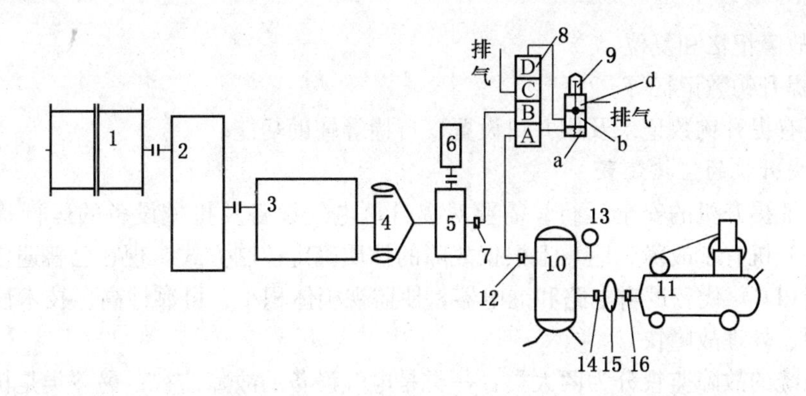

1—滚筒；2—主减速机；3—主电机；4—气囊离合器；5—微拖减速机；6—微拖电动机；7—进气装置；8—执行阀；9—电磁阀；10—风包；11—空气压缩机；12—安全阀；13—电触点压力表；14—止回阀；15—过滤器；16—截止阀

图 13－7　微拖动装置原理系统图

器到达终点时，电磁阀 9 断电，由于弹簧作用，其阀杆上移，a 腔与 b 腔被隔断，b 腔与 d 腔连通，c 腔的压气经 b 腔、d 腔排出，此时执行阀活塞由于弹簧作用也上移，A 腔与 B 腔被隔断，B 腔与 D 腔连通，气囊中的空气经 B 腔、D 腔排出。微拖动装置与主机脱离。

（四）提升机低频拖动

利用低频 3 ~ 5 Hz 交流电源直接送入主电机，使其低速运行拖动方式。

用低频电源实现低速爬行过程中，当电机转速高于由低频电源产生的同步转速时，还可以获得低频发电制动的效果。提升机从等速阶段开始减速时，使定子从工频电网切断，再接入低频电源，电机转子串入全部电阻，此时电机转速由于远高于低频电源所产生的同步转速，电机便运行在发电制动状态，电机输出为负力产生制动作用。为增大制动力矩，再逐级切除电阻，速度逐渐下降，直至全部切除电阻，电动机运行到低频电源所形成的自然特性曲线上，此时提升机负载不管是正力还是负力，都将稳定于爬行速度。

（五）提升机后备保护

在提升机的电控系统中，都已经有了各种安全保护装置，一旦出现异常，安全回路断电自动实现安全制动。为了保证提升机进一步安全运行，提高安全保护的可靠性，并扩大安全保护范围，在提升机电控系统中附加了后备保护装置。

提升机后备保护装置产品种类很多，保护功能大致相同。具体保护作用有以下几种：

（1）提升容器位置检测及数字显示。

（2）提升机速度检测及数字显示。

（3）最大速度超速保护。

（4）减速段限速保护。

（5）接近井口限速 2 m/s 保护。

（6）两次过卷安全保护。

（7）卡箕斗或松绳保护。

（8）深度指示器失效保护。

（9）减速点保护。

（10）故障类显示及声光报警。

（11）故障记忆和复位。

（12）提升钩数记忆等。

另外还有提升钩数记录及假井口设置、自检等辅助功能。

（六）提升机的监控装置

为了保证提升机的安全运行，需要对提升机电气设备及机械设备的运行状态进行监视。一旦提升机有了故障，应马上根据故障的性质确定控制方式。现在已普遍使用可编程序控制器（PLC）代替逻辑电路和继电器，使监视柜体积小，可靠性高，技术性能好，维护调试方便，处理故障快。

提升系统的故障监视分为两大类：一类是电气设备的故障监视；另一类是机械设备的故障监视。

（七）提升机的安全保护装置

《煤矿安全规程》规定，提升装置必须装设下列保险装置，并符合下列要求：

（1）过卷和过放保护：当提升容器超过正常终端停止位置或者出车平台 0.5 m 时，必须能自动断电，且使制动器实施安全制动。

（2）超速保护：当提升速度超过最大速度 15% 时，必须能自动断电，且使制动器实施安全制动。

（3）过负荷和欠电压保护。

（4）限速保护：提升速度超过 3 m/s 的提升机应当装设限速保护，以保证提升容器或者平衡锤到达终端位置时的速度不超过 2 m/s。当减速段速度超过设定值的 10% 时，必须能自动断电，且使制动器实施安全制动。

（5）提升容器位置指示保护：当位置指示失效时，能自动断电，且使制动器实施安全制动。

（6）闸瓦间隙保护：当闸瓦间隙超过规定值时，能报警并闭锁下次开车。

（7）松绳保护：缠绕式提升机应当设置松绳保护装置并接入安全回路或者报警回路。箕斗提升时，松绳保护装置动作后，严禁受煤仓放煤。

（8）仓位超限保护：箕斗提升的井口煤仓仓位超限时，能报警并闭锁开车。

（9）减速功能保护：当提升容器或者平衡锤到达设计减速点时，能示警并开始减速。

（10）错向运行保护：当发生错向时，能自动断电，且使制动器实施安全制动。

过卷保护、超速保护、限速保护和减速功能保护应当设置为相互独立的双线型式。

缠绕式提升机应当加设定车装置。

第二节　钳工相关知识

一、通风设备

1. 离心式通风机

离心式通风机由叶轮、机轴、进风口、螺旋线形机壳、前导器、锥形扩散器等组成，其结构如图 13－8 所示。

当通风机叶轮被电动机拖动旋转时，叶片之间的气体质点受到叶片推动获得一定能量，从而使气体在离心力的作用下，从叶轮中心流向叶轮外缘，汇集于螺壳形机壳中，然后由扩散器出口排出。同时，由于叶轮中气体外流，因而在叶轮入口处形成低于大气压力的负压，外部空气在大气压作用下，经通风机入口进入叶轮，然后又连续不断地沿叶轮径向排出，形成连续风流。风流为轴向进，径向出，故这种通风机被称为离心式通风机。

离心式通风机装有前导器，通过前导器可使通风机叶轮进口处产生气流的扭曲，用来改善通风机的工作性能。

2. 轴流式通风机

轴流式通风机由叶轮、集流器、整流器、轴、外壳、扩散器等部件组成，其结构如图13－9所示。当叶轮被电动机拖动旋转时，由于叶片与叶轮旋转平面间有一定的角度，叶片将推动空气向前运动。这时，在叶轮出口侧气体形成具有一定流速和压力的高压区，在入口侧形成一个低压区，而外部空气在大气压力的作用下，经集流器、流线体、叶轮、整流器和扩散器排出形成连续风流。风流由轴向进，轴向出，故这种通风机被称为轴流式通风机。

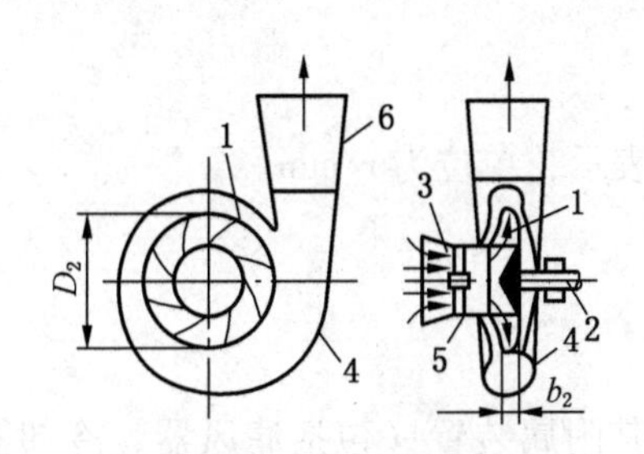

1—叶轮；2—机轴；3—进风口；
4—螺旋线形机壳；5—前导器；
6—锥形扩散器

图13－8 离心式通风机

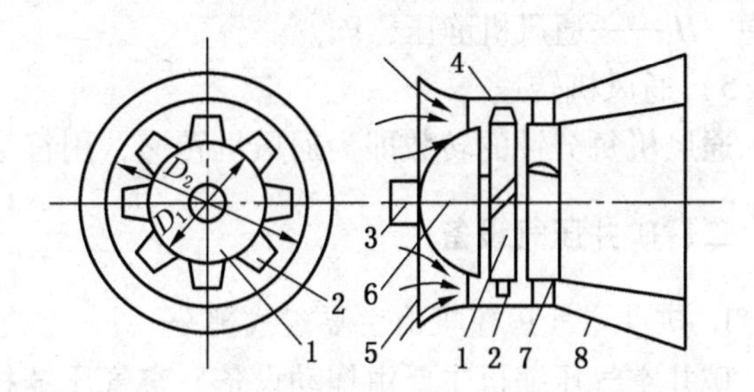

1—叶轮；2—叶片；3—主轴；4—圆筒形外壳；
5—集流器；6—流线体；7—整流器；
8—环形扩散器

图13－9 轴流式通风机

综上所述，通风机的作用是把电动机的机械能传递给气体，使气体获得在网路（空气流经的巷道等）中运动所需的能量。对于通风机，叶轮是传递能量的执行部件。

离心式通风机与轴流式通风机的区别在于：前者空气沿叶轮的轴向进入叶轮内，并顺着叶轮的转动平面径向流出，而后者是沿叶轮的轴向运动。

3. 通风机的工作参数

1）风量

单位时间通风机输送的空气体积，用 Q 表示，单位为 m^3/min。

2）风压

单位体积的空气流经通风机所获得的能量，以 H 表示，单位为 Pa。风压又分为全压（H）、静压（H_{st}）和动压（H_d）。

$$H = H_{st} + H_d$$

3）功率

（1）轴功率：单位时间内电动机输入通风机轴上的功率，以 P 表示。其表达式为

$$P = \frac{QH}{1000\eta}$$

式中 Q——通风机风量，m^3/s；

H——通风机全压，Pa；

η——通风机效率。

（2）有效功率：通风机单位时间内对空气所做的有效功，以 P_X 表示。其表达式为

$$P_X=\frac{QH}{1000}$$

4）通风机效率

（1）全效率：又称全压效率，用 η 表示。其表达式为

$$\eta=\frac{QH}{1000P}$$

（2）静效率：又称静压效率，用 η_j 表示。其表达式为

$$\eta_j=\frac{QH_j}{1000P}$$

式中 H_j——通风机静压，Pa。

5）通风机转速

通风机每分钟的转数即为通风机转速，用符号 n 表示，单位为 r/min。

二、矿井压气设备

1. 矿井空气压缩机的主要组成部分

矿井空气压缩机主要由拖动设备、空气压缩机及其附属装置（包括滤风器、冷却器、储气罐）和输气管道等组成，如图 13－10 所示。

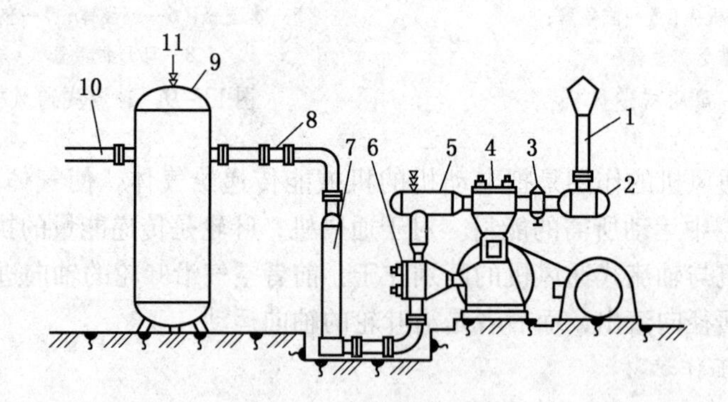

1—进气管；2—空气过滤器；3—调节装置；4—低压缸；5—中间冷却器；6—高压缸；7—后部冷却器；8—逆止阀；9—储气罐；10—输气管路；11—安全阀

图 13－10 矿井空气压缩机的组成

2. 矿用往复式空气压缩机的工作原理

在活塞式空气压缩机中，空气的压缩是由在气缸内做往复运动的活塞完成的，其结构如图 13－11 所示。图 13－11a 为带十字头式的，图 13－11b 为无十字头式的。

当活塞 2 由电动机带动向右移动，当气缸 1 左端的压力略低于吸入空气的压力 p_1 时，吸气阀 7 被打开，空气在大气压力的作用下进入气缸 1 内，这个过程称为吸气过程。

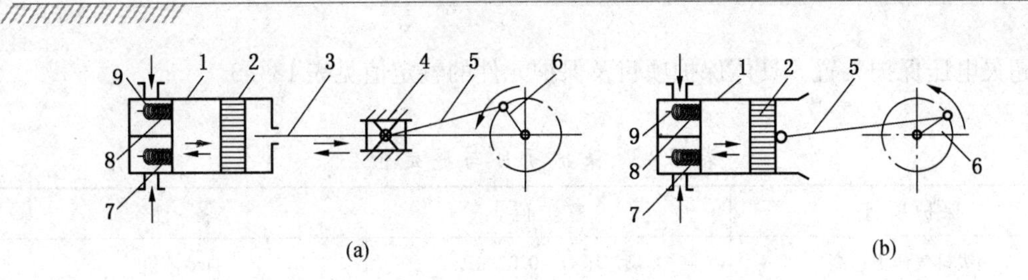

1—气缸；2—活塞；3—活塞杆；4—十字头；5—连杆；6—曲柄；7—吸气阀；8—排气阀；9—弹簧

图 13－11　往复式空压机的工作原理

当活塞返行时，吸入气缸内的空气逐渐被活塞压缩，容积逐渐减小，压力逐渐增加，这个过程称为压缩过程。

当气缸内空气的压力增加到略高于排气罐内的压力 p_2 时，排气阀 8 即被打开，压缩空气排入排气管内，这个过程称为排气过程。

当活塞再次向右移动，残留于气缸余隙容积内的压缩空气的容积逐渐膨胀增大，压力由 p_2 开始逐渐下降，当 p_2 略低于吸气压力 p_1 时便开始吸气，这个过程称为膨胀过程。

活塞在气缸内做一次往复运动时，气缸内空气的状态是由吸气、压缩、排气和膨胀 4 个基本过程组成，这个过程为一个循环过程。

3. 空气压缩机的主要技术参数

1）排气量

排气量指空气压缩机最末一级单位时间内排出的气体体积，用 Q 表示，单位为 m^3/min。

2）排气压力

排气压力指空气压缩机末级排出空气的相对压力，即表压力，单位为 MPa，表压力可由压力表测出。

3）功率

空气压缩机的功率包括理论功率 P_L、指示功率 P_j、轴功率 P_z、比功率 P_B 和电机功率 P_d。

4）效率

（1）工作效率（全效率或总效率）：指空气压缩机理论功率与轴功率之比，即

$$\eta = \frac{P_L}{P_z} = \eta_j \eta_m$$

（2）供气效率（排气效率）：指空气压缩机实际排气量与额定排气量之比，即

$$\eta_P = \frac{Q_p}{Q_e}$$

式中　Q_p——空气压缩机实际排气量，m^3/min；

Q_e——空气压缩机额定排气量，m^3/min。

5）转速

转速指空气压缩机主轴每分钟的转数，单位为 r/min。

4. 空气压缩机的安全保护

空气压缩机在运行中，除有常规的电气保护装置外，还应设置压力、温度、断水和润

滑油超欠电压保护装置。具体保护项目及保护元件的整定值见表 13－3。

表13－3　保护项目与整定值

保护项目	整定值	备　注
一级排气压力过高	额定压力＋0.02 MPa	自动停机
二级排气压力过高	额定压力＋0.02 MPa	自动停机
润滑油压力过高	0.3 MPa	停机或报警
润滑油压力过低	0.05 MPa	停机或报警
一级排气温度过高	160 ℃	自动停机
二级排气温度过高	160 ℃	自动停机
润滑油温度过高	60 ℃	报警
风包温度过高	120 ℃	自动停机
水温保护	40 ℃	自动停机
断水保护		自动停机

三、矿井排水设备

1. 离心式水泵

离心式水泵主要由叶轮、叶片、轴、螺旋状泵壳等组成，如图 13－12 所示。

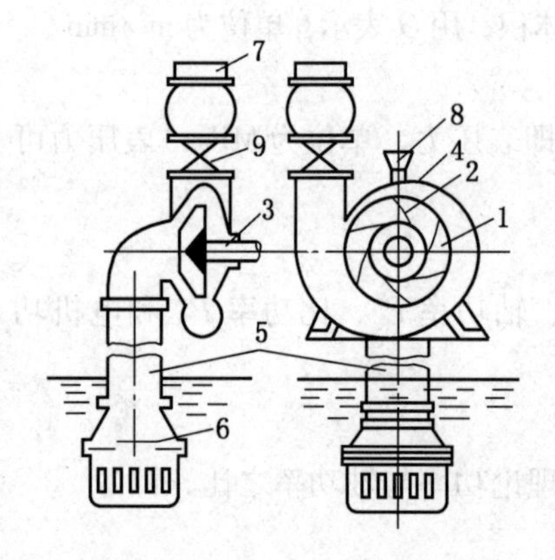

1—叶轮；2—叶片；3—轴；4—外壳；
5—吸水管；6—滤水器；7—排水管；
8—漏斗；9—闸板阀

图 13－12　离心式水泵的组成

水泵启动前，先由灌水漏斗 8 向泵内灌满水，然后启动水泵。当电动机驱动轴使叶轮在泵壳内高速旋转时，叶轮中的水也被叶片带动旋转，这时水在离心力的作用下向叶轮外缘甩去，再汇集在泵壳内。由于水做离心运动冲向叶轮四周，叶轮的中心部位即形成一个具有一定真空度的低压区（比标准大气压力低得多），而吸水井水面上却受着大气压力的作用。在大气与水泵内部压力差的作用下，吸水井内的水经过滤水器冲开底阀，沿着吸水管流入泵内。由于叶轮不断地高速旋转，水便以高速、高压冲向泵壳内，并沿排水管排到高处。与此同时，吸水井中的水不断地被吸到叶轮中心部位的低压区。如此，只要水泵叶轮不停地旋转，水就源源不断地从低处被排到高处。

2. 离心式水泵的工作参数

表征水泵工作状况的参数称为水泵的工作参数，它包括流量、扬程、功率、效率、转速等。

（1）流量：单位时间内水泵排出液体的体积，又称排量，用符号 Q 表示，单位为 m^3/s。

（2）扬程：单位质量液体自水泵获得的能量，用符号 H 表示，单位为 m。

（3）有效功率：水泵输出功率。常用符号 N_a 表示，单位为 kW。水泵扬程 H 可以理解为水泵输出给单位质量液体所做的功，而输出液体的质量为 ρgQ，故

$$N_a = \frac{\rho gQH}{1000}$$

式中 Q——流量，m^3/s；

H——扬程，m；

ρ——水的密度，kg/m^3。

（4）轴功率：水泵由电动机输入的功率。用符号 N 表示，单位为 kW。

（5）效率：水泵有效功率与轴功率的比值，用符号 η 表示。

$$\eta = \frac{N_a}{N} = \frac{\rho gQH}{1000N}$$

（6）转速：水泵转子每分钟转数。用符号 n 表示，单位为 r/min。

3. 离心式水泵主要部件的作用

（1）叶轮（水轮）。叶轮是离心式水泵的主要部件，通过它把电动机输出的机械能传递给水，把水送到一定高度和距离。叶轮有封闭式和敞开式两种，如图 13－13 所示。

（2）泵轴。泵轴是安装叶轮并带动叶轮旋转的部件，一般用碳素钢制成，泵轴与水接触的部分装有轴套。

（3）泵壳。泵壳的作用是把叶轮推出的水收集起来，由一个圆形断面的出口送出。

（4）导向器和返水道。在多级离心式水泵中，在叶轮的外圆周上安装有带导叶固定的圆圈，叫导向器，也叫导水圈，如图 13－14 所示。水自叶轮 1 流出后进入导向器 2。导向器的作用一是引导水流的运动方向；二是降低水流速度，将动压变为静压。进入导向器 2 的水经返水道 3 将水引入下一级叶轮。返水道的作用是把高压水以最小的损失引入下一级叶轮进口。

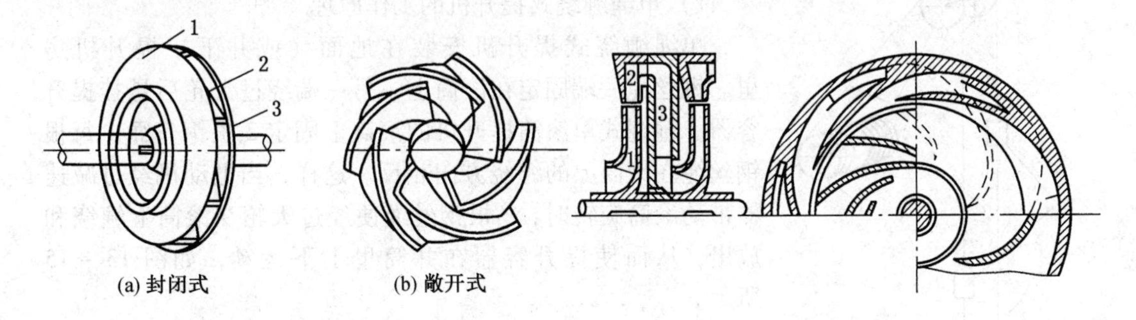

1—前轮盘；2—轮叶；3—后轮盘

图 13－13 叶轮

1—叶轮；2—导向器；3—返水道

图 13－14 导向器和返水道

4. 离心式水泵启动要求

（1）检查水泵等设备是否有机械故障。

（2）向泵腔及吸水管内注水，并把腔内气体全部排出。

（3）关闭水泵出口闸阀。

（4）送电，使泵运转。

（5）水泵达到额定转速后，逐渐将闸阀开启，直到适当的开度。

四、矿井提升机

1. 提升钢丝绳

1）钢丝绳的安全系数

提升钢丝绳的选择与计算直接关系到提升机能否安全提升。因为钢丝绳在运行中受到多种应力的作用，如静应力、动应力、接触应力、挤压应力等。这些应力的反复作用将导致钢丝绳的疲劳破坏，而磨损和锈蚀也将导致钢丝绳的损坏和降低其性能。因此必须按照《煤矿安全规程》的规定来计算，使它有一定的安全系数。即

$$m_a = \frac{p_h}{Q_j}$$

式中　m_a——钢丝绳的安全系数；

p_h——钢丝绳破断拉力总和，N；

Q_j——最大计算静荷重，N。

2）提升机主提升绳的安全系数

钢丝绳的安全系数定义为钢丝绳各钢丝拉断力的总和（不包括试验不合格的钢丝拉断力）与钢丝绳计算的最大静拉力（包括绳端荷重和钢丝绳悬垂长度的质量）之比。《煤矿安全规程》对提升钢丝绳的安全系数有明确的规定。使用中的钢丝绳做定期试验时，如果安全系数小于下列数字，必须更换：

（1）专为升降人员用的小于7。

（2）升降人员和物料用的钢丝绳：升降人员时小于7；升降物料时小于6。

（3）专为升降物料用的和悬挂吊盘用的小于5。

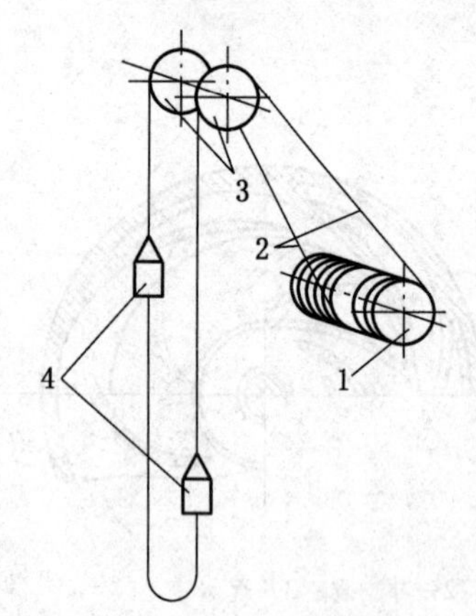

1—滚筒；2—钢丝绳；
3—天轮；4—提升容器

图13－15　单绳缠绕式提升机工作原理图

2. 单绳缠绕式提升机

1）单绳缠绕式提升机的工作原理

单绳缠绕式提升机安装在地面（或井下）提升机房里。钢丝绳一端固定在滚筒上，另一端绕过天轮后悬挂提升容器。缠绕式单滚筒提升机的滚筒上固定2根钢丝绳，每根钢丝绳在滚筒上的缠绕方向相反。这样，当电动机经过减速器带动滚筒旋转时，2根钢丝绳便经过天轮在滚筒上缠绕和放出，从而使提升容器在井筒里上下运动，如图13－15所示。

2）立井提升系统防坠器的基本要求

（1）必须保证在任何条件下都能制动住下坠的罐笼，动作迅速、平稳、可靠。

（2）为保证人身安全，在最小终端载荷时，制动减速度应不大于50 m/s^2；延续时间不超过0.2～0.5 s；在最大终端载荷时，减速度应不小于10 m/s^2。

（3）防坠器动作的空行程时间，即从钢丝绳断裂到防坠器发生作用的时间，应不大于0.25 s。

（4）结构简单、可靠。

（5）各个连接和传动部分，必须经常处于灵活状态。

（6）新安装或大修后的防坠器，必须进行脱钩试验，合格后方可使用。使用中的立井罐笼防坠器，每半年进行一次不脱钩检查性试验，每年进行一次脱钩试验。

3. 多绳摩擦式提升机

多绳摩擦式提升机的工作原理如图 13－16 所示。摩擦式提升机的工作原理与缠绕式提升机不同，其钢丝绳不是固定缠绕在主导轮上，而是搭放在主导轮的摩擦衬垫上；提升容器悬挂在钢丝绳的两端；在提升容器底部悬挂有平衡尾绳。提升机工作时，拉紧的钢丝绳以一定的正压力压紧在摩擦衬垫上。当主导轮由电动机通过减速器带动向单一方向转动时，在钢丝绳和摩擦衬垫之间便产生很大的摩擦力，钢丝绳在摩擦力的作用下跟随主导轮一起运动，从而实现容器的提升和下放。

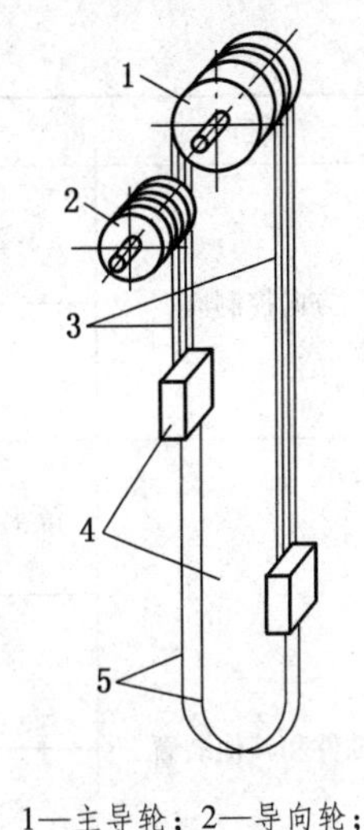

1—主导轮；2—导向轮；3—钢丝绳；4—容器；5—平衡尾绳

图 13－16 多绳摩擦式提升机的工作原理图

五、液压传动

1. 液压传动基础知识

（1）液压传动借助于处在密封容器内的液体的压力能来传递能量或动力。

（2）液力传动借助于液体的动能来实现能量或动力的传递。

（3）液压传动系统的组成。一个完整的液压系统由液压动力元件、液压执行元件、液压控制元件、液压辅助元件和工作液体 5 个部分组成。

（4）液压传动最基本的技术参数。液压传动的特性是液体压力 P 决定于负载，负载的运动速度只与输入的流量 Q 有关而与压力无关。输出功率 $W=PQ$，压力 P 和流量 Q 是液压传动中的重要参数。

（5）液压系统的职能符号及其作用。在液压系统中，凡是功能相同的元件，尽管其结构和工作原理不同，均用一种符号表示，这种图形符号称为液压元件的职能符号。

液压系统中的职能符号图，适用于分析系统工作性能和元件的功能，大多简化了方案设计过程中的绘图工作，而且图形简洁标准、绘制方便、功能清晰、阅读容易。

（6）常见液压元件的职能符号见表 13－4。

（7）液压传动的工作原理。图 13－17 是一个简化的液压千斤顶模型，根据帕斯卡原理，作用在小柱塞 3 上的力 p_1，产生液压力，并以等值同时传递到密封容器内各处。因此，大柱塞 4 底面也受到液压力 p 的作用，而产生推力 p_2 推动重物。p_2 与 p_1 的关系为

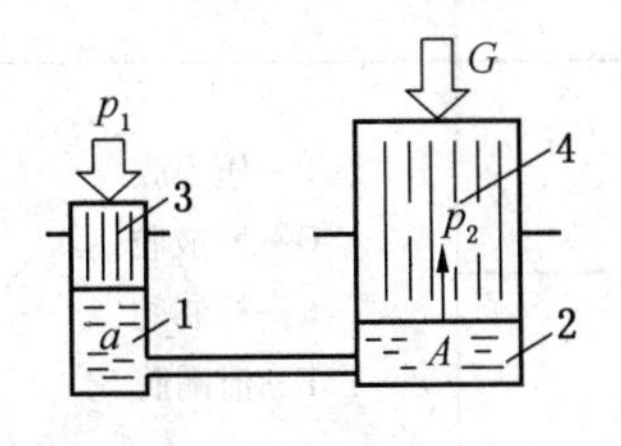

图 13－17 液压千斤顶的工作原理

$$p_2=p_1\frac{A}{a}$$

式中 A——柱塞 4 的横截面面积；

a——柱塞 3 的横截面面积。

表13-4　液压元件的职能符号

项目	名称	符号	备注
方向控制阀	三位四通阀	A B P O	A、B—工作腔
	单向阀		
轴件和其他装置	隔离式气体蓄能器		
	冷却器		
	精滤油器		
	压力表		
泵马达及缸	单向定量泵		
	双向变量泵		
泵马达及缸	双向定量马达		
	双作用单活塞杆缸		
控制方式	液压先导式控制		
	单线圈式电磁控制		
压力控制阀	溢流阀（或安全阀）	P K W O	P—压力腔 O—回液腔 K—控制腔 L—泄漏腔
	顺序阀	P K W L P	
流量控制阀	可调式节流阀		
	分流阀		
方向控制阀	二位二通阀		A、B—工作腔

表13-4（续）

项目	名称	符号	备注
方向控制阀	三位四通阀	A B / P O	A、B—工作腔
	单向阀		
轴件和其他装置	隔离式气体蓄能器		
	冷却器		
	精滤油器		
	压力表		

2. 液压泵

（1）液压泵的主要参数。在液压传动中，油泵是一种将机械能转换为液压能的能量转换装置，是动力源。因此，油泵是液压传动系统中的主要元件。

液压泵的工作参数主要有流量 Q、压力 P、功率 N 和效率 η。

（2）齿轮泵工作原理。齿轮Ⅰ为主动齿轮，齿轮Ⅱ为被动齿轮。当齿轮Ⅰ旋转时，轮齿开始退出啮合之处为吸油腔，轮齿开始进入啮合处为压油腔。吸油腔与压油腔被齿轮的啮合接触线以及径向间隙和端面间隙隔开。

3. 液压马达

液压马达是能量的转换装置，它是液压系统中的执行元件，其在一定流量的压力油的推动下旋转，输出转矩和转速，将液压能转换成机械能。

液压马达和液压泵是否可以互逆使用呢？由于液压马达和液压泵的使用目的不一样，因此在结构的设计上有一定的差别，所以同类型的泵和马达不能互逆使用。

4. 液压油缸

油缸按照其运动方式可分为直线往复运动油缸和摆动油缸。直线往复运动的油缸，按液压作用性质又分为单作用油缸和双作用油缸；按结构形式可分为活塞式油缸、柱塞式油缸和伸缩套筒式油缸。摆动油缸则属于周期性的往复运动油缸。

第三节 矿井高压供电系统

一、矿井供电系统

由矿山电源、各级变电所、矿山各种电压等级的配电线路及各类用电设备组成的整体，称之为矿山供电系统。

矿山地面变电所是矿山供电的枢纽，担负着全矿的供电任务。在多数情况下，一个矿山只设立一个地面变电所。当矿井较多且比较分散时，可设立两个或两个以上的地面变电所，众地面变电所相互配合向矿井供电。

矿山井下的供电一般有两种形式：深井供电系统和浅井供电系统。井下具体的供电方式取决于矿井年产量、开采方式、井下涌水量以及开采的机械化程度等多种因素。

1. 深井供电系统

由矿山地面变电所的6 kV母线上引出下井电缆，沿井筒送到井下中央变电所，再从中央变电所通过高压电缆，把电能输送到井下各高压用户和采区变电所，形成地面变电所→井下中央变电所→采区变电所的三级高压供电方式。采区变电所把6 kV电压降为380～660 V，用低压电缆输送至低压配电点。对于机械化程度较高的综采或高档普采工作面，在采区变电所一般不降压，由采区变电所把6 kV电压直接用高压电缆送到工作面附近的移动式变电站，移动变电站将电压降为1140 V或660 V作为工作面各种设备的电源。中央变电所附近的低压设备，可直接由中央变电所内的变压器降压后供电。图13－18所示为典型的深井供电系统示意图。

2. 浅井供电系统

浅井供电系统适用于煤层埋藏距地表不超过150 m，且电力负荷较小的中小型矿井。

根据具体情况，浅井供电系统有两种不同的供电方式。

（1）井下负荷不大时，采用低压向井下供电。

（2）井下负荷较大时，采用高压向井下供电。

采用浅井供电系统，可以节省高压电缆和高压防爆配电设备，减少了井下硐室的开拓量，提高了矿井供电的安全性，具有较高的技术经济效益。但是，对于煤层埋藏深或用电负荷大的矿井，则必须考虑采用深井供电方式或是采用二者结合的供电方式。

矿井供电系统的供电方式不限于上述两种，在进行矿井供电设计时，应根据具体情况，经过不同方案的技术经济比较，确定合理的供电方案。

3. 矿山地面变电所及其主接线

矿山地面变电所是全矿供电的枢纽，担负着变、配电以及保护和监视主要电气设备工作状态等任务。

地面变电所可分为两种类型：一种是35 kV受电，设有35/6 kV变压器，将35 kV电压降为6 kV后分配给矿山各高压用户，称之为35 kV变电所；另一种是6 kV受电，不需要设主变压器降压，只设高压配电装置，直接用6 kV电压分配给矿山各高压用户，称之为6 kV配电所。6 kV配电所适用于距离电源较近或用电负荷较小的矿山企业。

矿山企业属于一类用户，为了保证供电的可靠性，每个矿山必须具有两个独立电源。根据具体情况，两个独立电源可采用平行双回路供电或环形供电方式，也可采用其他具有备用电源的专用线供电方式。

地面变电所一般设有两台35 kV主变压器，分别经高压开关与相应的一次母线段相连接，以保证重要用电负荷的双电源供电。主变压器将电压降为6 kV后，经高压开关与变电所相应的二次母线段相连接，然后通过各母线段上的高压开关将电能分配到地面各高压用户和井下中央变电所。

此外，在变电所的一次和二次母线上还接有避雷器和电压互感器，它们担负着变电所电气设备、配出线路及用电设备的保护、测量、监视等任务。在变电所的二次母线上一般还接有电力电容器，以提高变电所的功率因数。

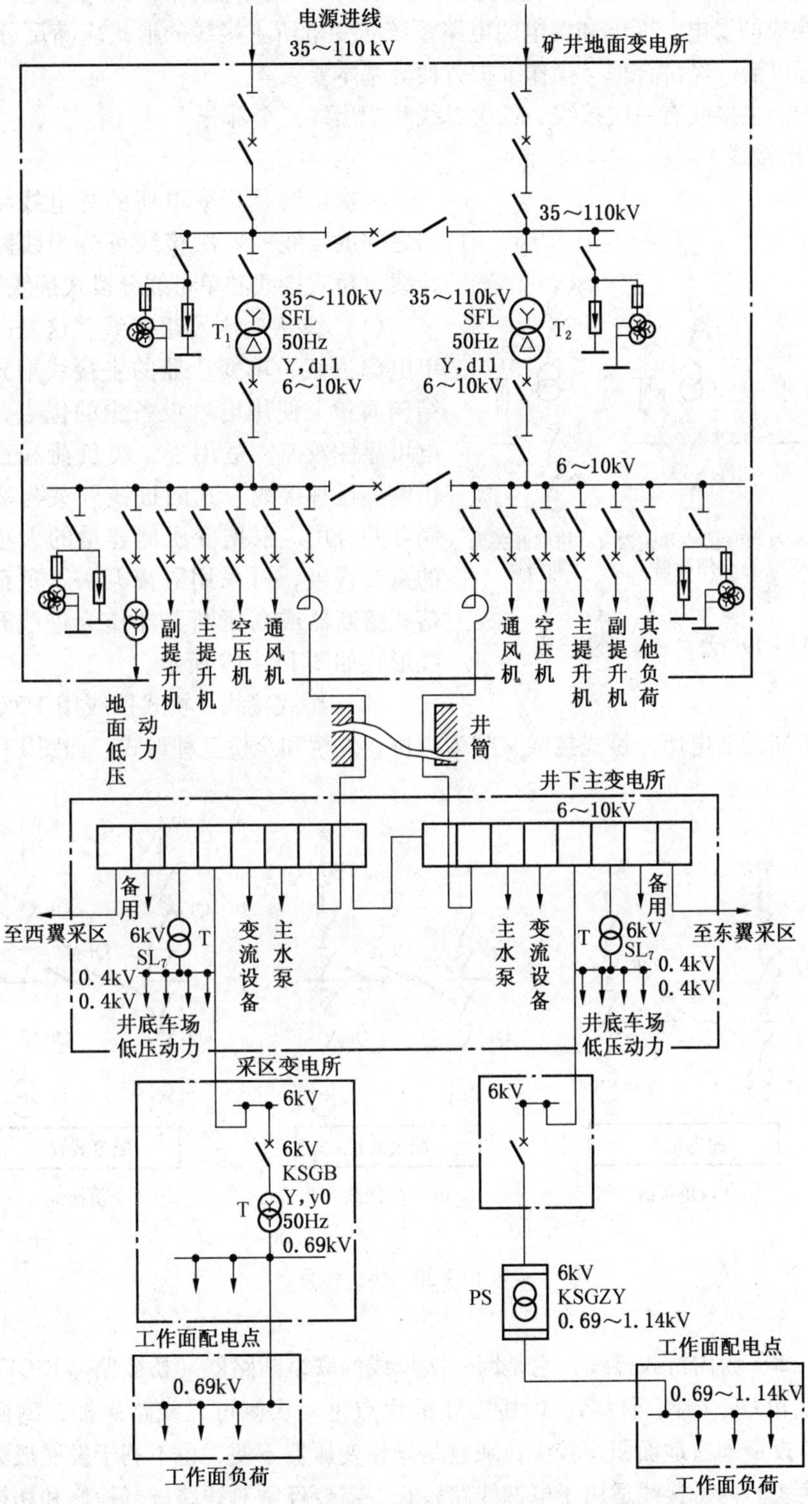

电源进线
35～110 kV
矿井地面变电所
35～110kV
35～110kV
SFL
50Hz
Y, d11
6～10kV
T_1
35～110kV
SFL
50Hz
Y, d11
6～10kV
T_2
6～10kV
地面低压动力
副提升机
主提升机
空压机
通风机
通风机
空压机
主提升机
副提升机
其他负荷
井筒
井下主变电所
6～10kV
备用
至西翼采区
6kV
T
SL_7
0.4kV
0.4kV
变流设备
主水泵
主水泵
变流设备
备用
至东翼采区
T
6kV
SL_7
0.4kV
0.4kV
井底车场低压动力
井底车场低压动力
采区变电所
6kV
6kV
KSGB
Y, y0
T
50Hz
0.69kV
6kV
工作面配电点
0.69kV
工作面负荷
6kV
KSGZY
PS
0.69～1.14kV
工作面配电点
0.69～1.14kV
工作面负荷

图 13－18　深井供电系统示意图

变电所的主接线是指由各种电气设备（变压器、断路器、隔离开关、互感器、避雷器等）连接成的受电、变电和配电的电路系统。变电所主接线的形式应满足可靠、简单、安全、运行灵活、经济合理、操作维护方便等基本要求。

变电所的主接线有一次接线、二次母线和配出线三个部分。

1）一次接线

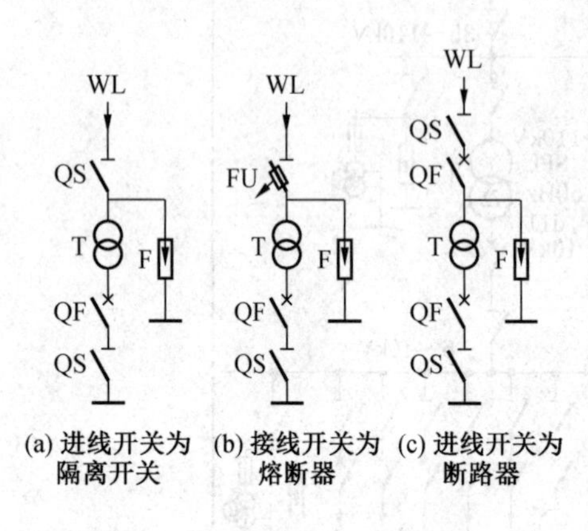

图 13－19　线路变压器组接线

一次接线是指变电所的受电线路与主变压器之间的接线。一次接线可分为线路变压器组接线、桥式接线和单母线分段式接线等几种。

（1）线路变压器组接线。这是一种无分支单电源进线、单变压器的主接线形式。它具有结构简单、使用电气设备少的优点，但是其供电可靠性较差，适用于二类负荷和三类负荷的供电。这种接线方式的进线开关与变压器的控制开关合用。根据变压器容量的大小和变电所的重要程度，可采用隔离开关、负荷开关、跌落式熔断器或高压断路器作为进线开关。其接线形式如图 13－19 所示。

（2）桥式接线。桥式接线用于双电源受电，两台主变压器的变电所。桥式接线又分为内桥、外桥和全桥三种形式，如图 13－20 所示。

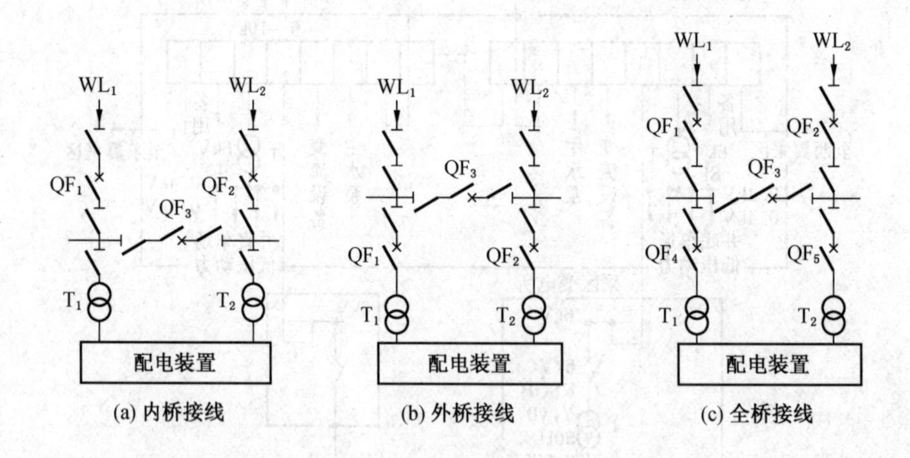

图 13－20　桥式接线

图 13－20a 为内桥式接线，它是因一次母线的联络断路器（桥断路器）QF_3 位于线路断路器 QF_1 和 QF_2 内侧而得名。内桥接线的优点是一次侧可设线路保护，倒换线路比较方便，设备投资和占地面积均较少；缺点是操作变压器不便，也不利于发展成为全桥和单母线分段接线。内桥接线适用于电源线路较长、需要经常对线路进行检修和切换，而变电所负荷比较稳定、不需要经常改变变压器运行方式的变电所。

外桥式接线，它因桥断路器 QF_3 位于线路断路器 QF_1 和 QF_2 的外侧而得名。这种接线形式的优点是改变变压器的运行方式比较方便，比内桥接线少两组隔离开关，继电保护简单且易于过渡到全桥或单母线分段接线；而且投资、占地均较少。其缺点是倒换线路时操作不便，变压器一次侧无线路保护。这种接线适用于电源线路短、故障少、不需要经常切换的线路，变电所负荷变化较大，需要经常改变变压器运行方式的终端变电所。

全桥接线，它是内桥和外桥接线的综合接线形式，这种接线具有内桥和外桥接线方式的共同优点。它适用性强、运行灵活、易于扩展成单母线分段式的中间变电所。这种接线克服了内桥和外桥接线中改变变压器和线路运行方式时所造成的短时停电现象。全桥接线的缺点是所用设备多、占地面积大、投资大。

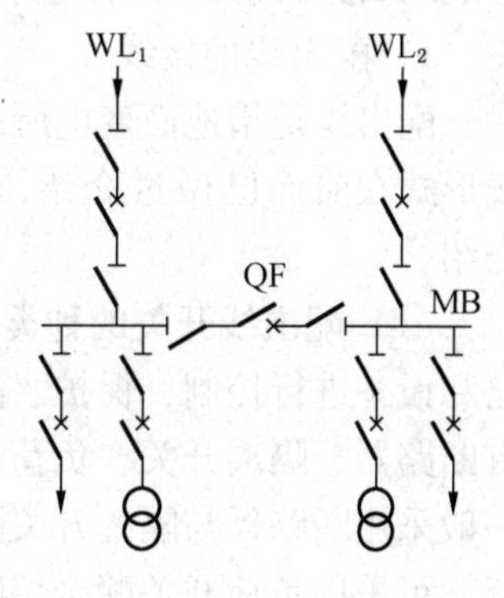

图 13－21　单母线分段接线

（3）单母线分段接线。对于有高压转出线的双电源进线的中间变电所常采用单母线分段的接线方式（全桥接线为单母线分段接线的一个特例），单母线分段接线是全桥接线的扩展，具有全桥接线的所有优点。其接线如图 13－21 所示。

母线的分段开关可采用隔离开关也可采用断路器，前者在母线系统检修或出故障时，会出现短时的全部停电，后者则可避免这一现象。单母线接线所用设备多、投资费用大，但操作方便灵活，因此多用于具有转出线的矿山变电所。

2）二次母线

与主变压器二次侧连接的母线称为二次母线。二次母线的形式有下述三种(图 13－22)：

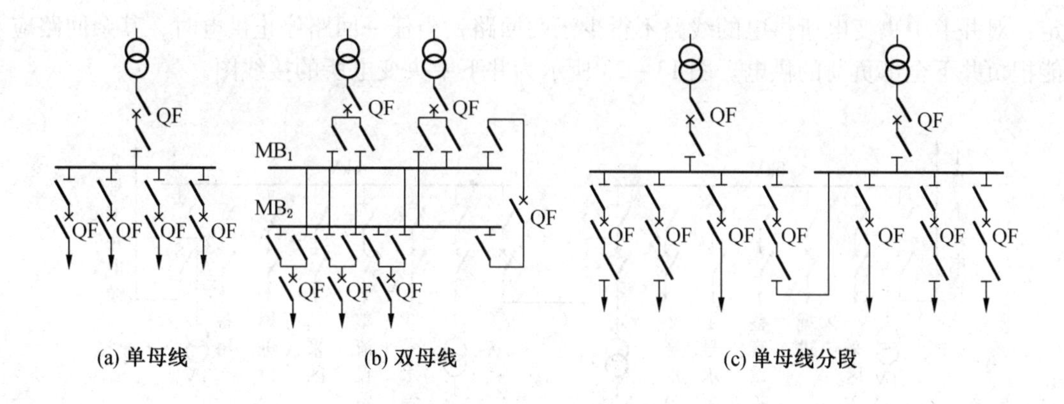

图 13－22　变电所二次母线形式

（1）单母线接线。这种接线简单，所用设备少，但是当母线出故障时，变电所将全部停电。所以这种接线方式适用于仅有一台主变压器的不太重要的小型变电所。

（2）双母线接线。对于容量大、供电可靠性要求高，进出线回路数多的重要变电所，常采用双母线接线方式。变电所的每一回进、出线都通过断路器和两个隔离开关接于两条母线上，两条母线互为备用并用断路器进行联络。在运行中，不论哪一条母线因故障或检修而停电，都不影响任何一个用户的供电，其供电可靠性高、运行灵活。双母线接线的缺点是使用设备多、投资大、接线复杂。双母线接线多用于大容量的区域变电所。

(3) 单母线分段接线。地面变电所通常设有两台主变压器，为了满足重要的矿山高压用户对双电源供电的要求，地面变电所的二次母线大多采用单母线分段式接线，每台变压器各带一段母线。矿山一类负荷和重要的二类负荷，可以从两段母线上分别获得电源，形成双回路放射式或环式供电，以保证供电的可靠性。

3）配出线的接线

配出线是指地面变电所二次母线上引出的高压配电线路。矿井各高压用户的配出线接线形式在前面已做过介绍，在此仅就配出线设置的开关电器的类型、布置方式做简要介绍。

(1) 配出线开关的种类。矿山地面变电所的 6 kV 配出线一般采用成套配电装置对线路和设备进行控制、保护、测量和工作状态指示。成套配电装置中所设置的开关电器主要有断路器、隔离开关、负荷开关和熔断器等。对于大、中型矿山变电所的 6 kV 配出线，一般采用断路器与隔离开关配合控制和保护。对于容量较小、不重要的负荷，为了节省投资，可采用负荷开关配合熔断器进行控制和保护。对于避雷器、电压互感器等保护和测量电器，则可用隔离开关来分、合电路。

(2) 隔离开关的布置。为了便于对成套配电装置中的电气元件（如断路器、熔断器和互感器等）进行检修，在配出线靠近电源母线一侧应装设隔离开关。对于由双电源供电的重要负荷，在设备检修时为了防止反送电，在断路器的两侧均应装设隔离开关。

4. 井下中央变电所

井下中央变电所是井下供电的中心，它直接由地面变电所供电。《煤矿安全规程》规定：对井下中央变电所供电的线路不得少于两回路，当任一回路停止供电时，其余回路应能担负井下全部负荷的供电。图 13－23 所示为井下中央变电所的接线图。

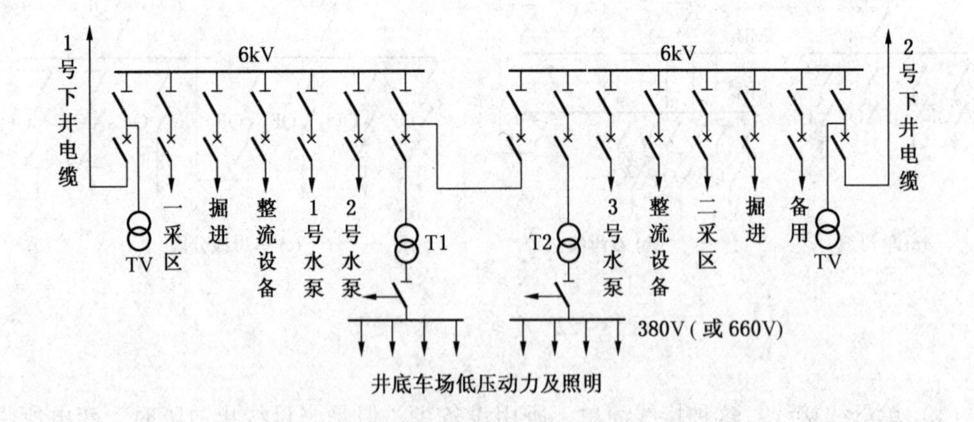

图 13－23 井下中央变电所的接线图

井下中央变电所的高压母线一般采用单母线分段接线，母线的分段数与下井电缆的数目相对应。每一条下井电缆通过高压开关与一段母线相连接，各段母线之间装设有联络开关。正常情况下联络开关断开，采用分列运行方式，由各下井电缆分别向各段母线的负荷供电。当某条电缆因故障而退出运行时，将母线联络开关闭合，保证对用户的供电。

为了向井底车场及附近巷道的低压动力和照明装置供电，中央变电所内通常设有两台低压动力变压器。当主排水泵采用低压电动机拖动时，每一台变压器均应满足最大涌水量时的供电要求。

5. 采区变电所的高压接线

采区变电所是采区供电的中心，其任务是将井下中央变电所送来的6 kV 高压电能降为380～660 V 低压，向采掘工作面配电点及其他电气设备供电。

采区变电所一般属于二类负荷，其供电电源可采用单回路专用线供电。但是随着煤矿采掘机械化程度的提高，综采和综掘设备在煤矿生产中已被广泛应用，因此，对综合机械化采煤和掘进工作面常要求两回路电源供电。

1）单电源进线

单电源进线有两种接线方式：

（1）无高压出线且变压器不超过两台的采区变电所，可不设电源进线开关，其典型接线如图13－24a 所示。

（2）有高压出线的采区变电所，为了便于采区操作，一般设进出线开关，如图13－24b 所示。

2）双电源进线

双电源进线一般用于日产水平很高（如综采和综掘工作面）或接有下山排水泵等重要设备的采区变电所，亦有两种接线方式：

（1）一回路供电，一回路备用（带阴影线开关为分断），如图13－24c 所示。两回进线均设开关，如出线及变压器台数较少时，母线可不分段。

（2）两回路同时供电，如图13－24d 所示。两回进线均设开关，且母线设分段开关，正常情况下分段开关打开，保持电源在分裂运行状态。当一路电源故障停电时，合上母联开关，保证对负荷的供电。

向移动变电站供电的高压电缆由变电所内的高压配电开关配出，如图13－24e 所示。

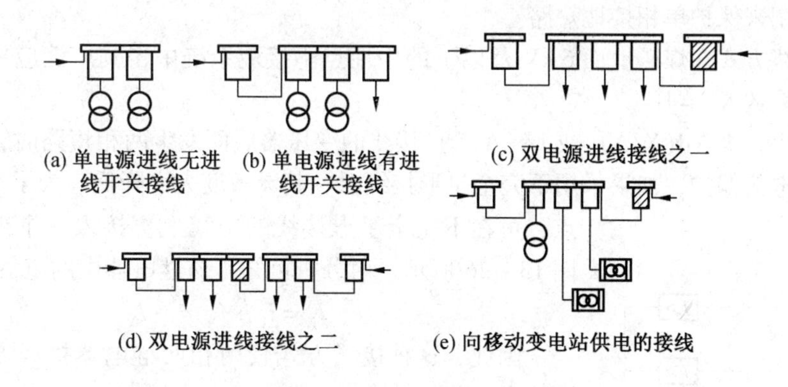
(a) 单电源进线无进线开关接线　(b) 单电源进线有进线开关接线　(c) 双电源进线接线之一　(d) 双电源进线接线之二　(e) 向移动变电站供电的接线

图13－24　采区变电所的高压接线

二、电流保护装置的接线方式

电流保护装置的接线方式是指电流继电器与电流互感器的连接方式。常用的接线方式有三种，如图 13－25 所示。

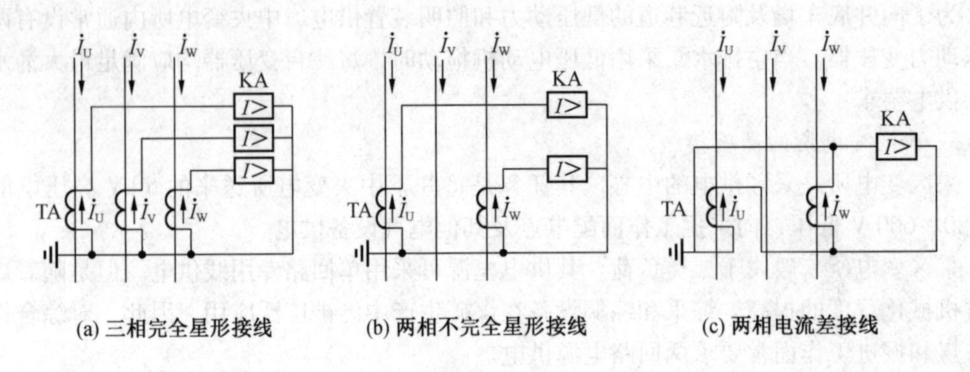

图 13－25　电流保护的接线方式

1. 完全星形接线方式

图 13－25a 是三相三继电器的完全星形接线方式。当发生三相短路或是任意两相短路，中性点直接接地系统中任一相单相接地短路时，至少有一个电流继电器流过电流互感器的二次电流。为了说明继电器线圈的电流 I_{KA} 与电流互感器二次电流 I_2 的关系，引入接线系数 K_{kx}，即

$$K_{kx}=\frac{I_{KA}}{I_2}$$

在完全星形接线方式中，通过继电器的电流就是电流互感器的二次侧电流，其接线系数 $K_{kx}=1$。该接线方式不仅能反映各种类型的短路故障，而且灵敏度相同，因此适用范围较广。主要应用在中性点直接接地系统中，作为相间短路保护和单相接地保护。

2. 不完全星形接线方式

图 13－25b 是两相两继电器的不完全星形接线方式。它能保护三相短路和两相短路，但在没有装设电流互感器的一相发生单相接地短路时，保护装置则不会动作，所以这种接线方式不能用来保护单相接地短路。

这种接线方式在煤矿地面 6 kV 及以下的中性点不接地系统中得到广泛应用。由图可知，其接线系数 $K_{kx}=1$。

应当指出，当 Yd(Y/Δ) 或 Dy(Δ/Y) 接线的变压器后面发生两相短路时，作为其后备保护的过电流保护，如果采用不完全星形接线时，其灵敏度大大降低。为了克服这个缺点，可在不完全星形接线的中线上再接入一个继电器，如图 13－26 所示。由分析可知，该继电器中的电流 I_N 为

$$I_N=I_U+I_W=-I_V$$

因此，这种接线方式较两相两继电器接线方式的灵敏度提高一倍。

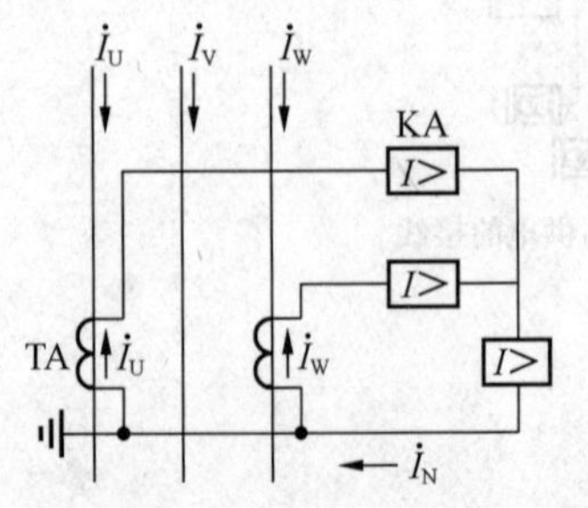

图 13－26　两相三继电器式不完全星形接线方式

3. 差接接线方式

图 13－25c 所示是两相电流差接线方式。由于继电器的电流 I_{KA} 是电流互感器二次侧两相电流之差，所以对于不同形式的相间短路，继电器中的电流大小不同，接线系数也

不一样。由图分析可知，三相短路时，$I_{KA}=\sqrt{3}I_U=\sqrt{3}I_W$；在 UW 两相短路时，$I_{KA}=2I_U=2I_W$；在 UV 或 VW 两相短路时，$I_{KA}=I_U$ 或 $I_{KA}=I_W$。

因此，不同相间短路时，实际通过电流继电器的电流与电流互感器的二次侧电流是不等的，所以接线系数也不同。正常工作时和三相短路时，$K_{kx}=\sqrt{3}$；UV 或 VW 两相短路时，$K_{kx}=1$；UW 两相短路时，$K_{kx}=2$。

两相电流差接接线具有投资少、接线简单、能反映各种相间短路故障等优点，但其灵敏度较另两种接线方式低。一般在煤矿主要用于保护电动机和 10 kV 以下的线路，但不能用来保护 Yd 接线的变压器。

三、继电保护的种类

1. 有时限的电流保护

在辐射式电网中，过电流保护装置均装设在每一段线路的电源侧，如图 13－27 所示，每一套保护装置除保护本线段内的相间短路外，还要对下一段线路起后备保护作用（称为远后备）。

因此，在线路的远端发生短路故障时（如图中 d 点），短路电流从电源流过保护装置 1、3、5 所在的线段，并使各保护装置启动。但根据保护的选择性要求，只应由保护装置 1 动作，切除故障，其他保护装置在故障切除后均应返回。所以应对保护装置 1、3、5 规定不同的动作时间，从用户到电源方向逐级增加，构成阶梯形时限特性，如图 13－27 所示，相邻两级的时限级差为 Δt，则有 $t_5>t_3>t_1$。过流保护按所用继电器的时限特性不同，分为定时限和反时限两种，时限级差 Δt 的大小，根据断路器的固有跳闸时间和时间元件的动作误差，一般对定时限保护取 $\Delta t=0.5$ s，反时限保护取 $\Delta t=0.7$ s。

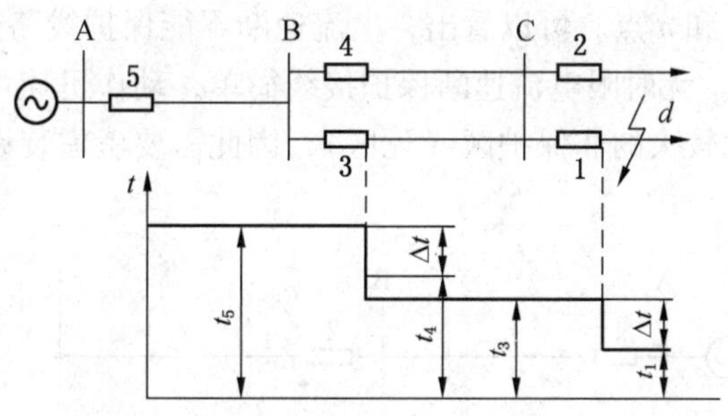

图 13－27 过流保护的时限配合

（1）定时限保护的配合。为了保证动作的选择性，过流保护的动作时间沿线路的纵向按阶梯原则整定。对于定时限过流保护，各级之间的时限配合如图 13－27 所示，时限整定一般从距电源最远的保护开始。如变电所 C 的出线保护中，以保护 1 的动作时限为 t_1，则变电所 B 的保护 3 动作时限 t_3 应比 t_1 大一个时间级差 Δt，即 $t_3=t_1+\Delta t$。同样，变电所 A 的保护 5 应比变电所 B 中时限最大者（如 $t_4>t_3$）大一个 Δt，即 $t_5=t_4+\Delta t$。

（2）反时限保护的配合。反时限保护的动作时间与故障电流的大小成反比，如图 13－28 所示。在靠近电源端短路时，电流较大，动作时间较短，因此，多级反时限过流保护动作时限的配合应首先选择配合点，使之在配合点上两级保护的时限级差为 Δt。在图 13－28 所示线路中，保护装置 1、2 均为反时限，配合点选在 t_2 的始端 d_1 点。因为此点短路时，流过保护 1 和 2 的短路电流最大，两级保护动作时间之差最小，在此点始终满足配合要求 $t_1=t_2+\Delta t$，则其他各点的时限级差均能满足选择性要求。当保护 2 在 d_1 点的动作时间 t_2 确定后（图中的 m 点），根据时限差的要求（$\Delta t=0.7$ s），即可确定 Δt 保护 1

的动作时间 t_1（图中 n 点）。

对感应型电流继电器，已知其动作电流及 d_1 点短路电流 I_{d1} 下的动作时间 t_1，即可确定出与其相对应的一条时限特征曲线，然后找出其 10 倍动作电流下对应的时间，来整定继电器的动作时间。

2. 电流速断保护

过电流保护的选择性是靠纵向动作时限阶梯原则来确定。因此，越靠近电源端，保护的动作时间越长，故不能快速地切除靠近电源处发生的严重故障。为了克服这个缺点，可加装无时限或有时限电流速断保护。

（1）无时限电流速断保护。电流保护的整定值，如果按躲过保护区外部的最大短路电流原则来整定，即是把保护范围限制在被保护线路的一定区段之内，则就可以完全依靠提高动作电流的整定值来获得选择性。因此可以做成无时限的瞬动保护，叫电流速断保护。图 13－29 中给出在不同线路不同地点短路时，短路电流 I_d 与距离 l 的关系曲线。曲线 1 是在系统最大运行方式下，三相短路电流的曲线；曲线 2 是在系统最小运行方式下，两相短路电流的曲线。速断保护的动作电流 I_{dz} 在图中为直线 3，与曲线 1、2 分别相交在 m 和 n 点。可以看出，电流速断不能保护线路全长，最大保护范围是 l_m，最小保护范围是 l_n。无时限电流速断保护接线简单，动作迅速可靠，其主要缺点是不能保护线路全长，有比较大的非保护区（死区），因此需要考虑装设定时限电流速断保护进行配合。

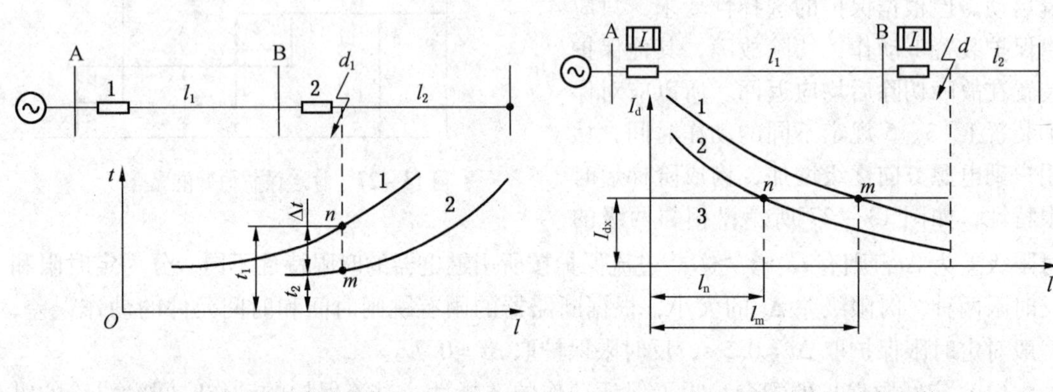

图 13－28　反时限保护配合　　　　图 13－29　电流速断保护

（2）时限电流速断。在无时限电流速断保护的基础上增加适当的延时（一般为 0.5～1 s），便构成时限电流速断。时限速断与无时限速断保护的整定配合用图 13－30 说明，图中Ⅰ和Ⅱ分别表示无时限和时限速断的符号。曲线 1 为流过保护装置的最大短路电流，为了保证动作的选择性，变电所 A 的时限速断要与变电所 B 的无时限速断相配合，并使前者的保护区小于后者。

两种速断保护具有一定的重叠保护区（图中 GQ 段），但是由于时限速断的动作时间比无时限速断大一个时限级差 Δt（一般取 0.5 s），从而保证动作具有选择性。

（3）三段式电流保护。从以上讨论可知，电流保护的三种方式各有所长和其不足之处，若将 3 种保护组合在一起，这种相互配合构成的保护称为三段式过电流保护，它具有较好的保护性能。

通常把无时限电流速断作为第Ⅰ段保护，时限电流速断为第Ⅱ段保护，定时限过电流保护为第Ⅲ段保护。它们的时限配合如图 13－31 所示。

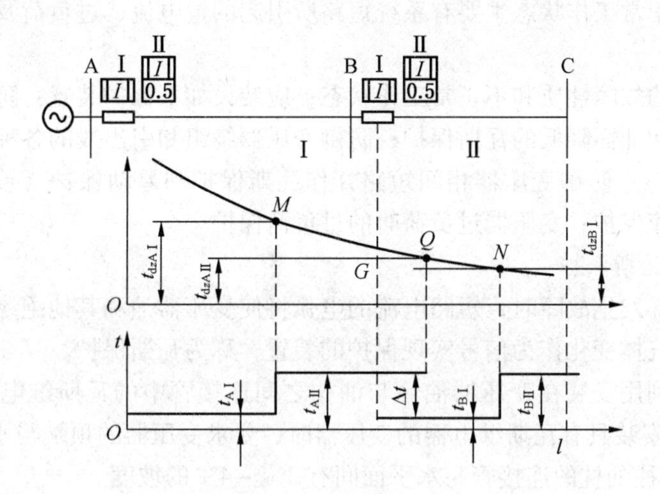

图 13－30　时限速断与无时限速断保护的配合

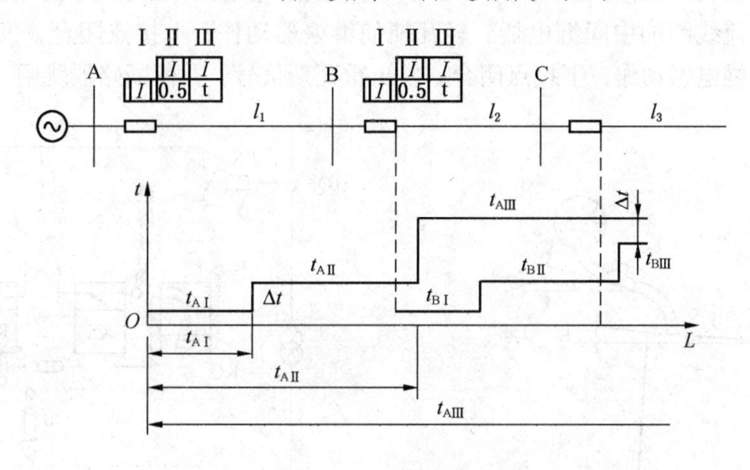

图 13－31　三段式过流保护

线路 l_1 的第Ⅰ段保护为无时限电流速断，保护区为 $L_{AⅠ}$，动作时间为继电器固有动作时间 $t_{AⅠ}$。第Ⅱ段为时限电流速断，保护区为 $t_{AⅡ}$，除保护 l_1 的全长并延伸到 l_2 的一部分，其动作时间比 $t_{AⅠ}$ 大一个 Δt。第Ⅲ段为定时限过流保护，保护区为 l_3 及 l_1、l_2 的全部，其动作时间 $t_{AⅢ}=t_{BⅢ}+\Delta t$，$t_{BⅢ}$ 是第Ⅲ段保护的动作时限。

第Ⅰ、Ⅱ段保护构成本线路的主保护，第Ⅲ段保护对本线路的主保护起后备保护作用，称为近后备，另外还可对相邻线路 t_2 起后备保护作用，称为远后备。

四、电力变压器保护

变压器是供电系统中的重要设备，虽然故障机会比较小，但在实际运行中，仍有可能发生故障，一旦发生故障，将给系统的正常供电和安全运行带来严重影响。为保证供电系统安全可靠地运行，必须根据变压器容量及重要性，相应地装设动作可靠的保护装置。

变压器的故障分为内部故障和外部故障。内部故障主要有绕组的相间短路、匝间短路和单相接地（碰壳）短路等；外部故障有绝缘套管和引出线的相间短路和单相接地短路等。

变压器的不正常工作状态主要有系统短路所引起的过电流、过负荷及油箱的油面降低和油温过高等。

根据变压器的故障性质和不正常工作状态，应装设如下保护装置：防御变压器油箱内部各种短路故障和油面降低的瓦斯保护；防御变压器绕组和引出线的各种短路的差动保护（或电流速断保护）；防御变压器相间短路并作瓦斯保护和差动保护（或电流速断保护）后备保护的过电流保护；变压器过负荷时的过负荷保护。

1. 变压器的瓦斯保护

当变压器内部发生故障时，短路电流的电弧将使变压器油和其他绝缘物分解，产生大量的气体。利用气体变化作为信号实现保护的装置，称为瓦斯保护。

瓦斯保护是利用安装在变压器油箱与油枕之间连接管中的瓦斯继电器构成的，如图13－32所示。在安装具有瓦斯继电器的变压器时，要求变压器的顶端与水平面间有1%～1.5%的坡度，通往油枕的连接管与水平面间有2%～4%的坡度。

瓦斯保护的接线如图13－33所示，KG为瓦斯继电器，KS为信号继电器，KM为带串联自保持电流线圈的中间继电器。轻瓦斯使继电器动作，上接点闭合，发出轻瓦斯信号。重瓦斯使继电器动作，下接点闭合，发出重瓦斯信号，并使断路器跳闸。

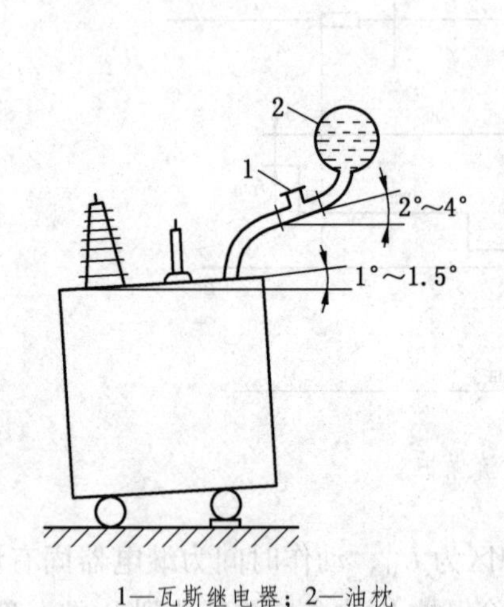

1—瓦斯继电器；2—油枕

图13－32　瓦斯继电器安装示意图

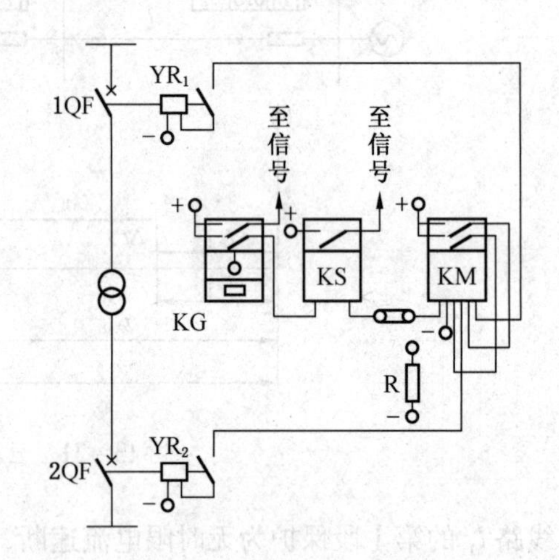

图13－33　瓦斯保护接线图

瓦斯保护的主要优点：动作迅速，灵敏度高，接线和安装简单，能反映变压器油箱内部各种类型的故障。特别是当变压器绕组匝间短路的匝数很少时，虽然故障回路电流很大，可能造成严重过热，而反映到外部的电流变化却很小，因而会使得变压器差动保护、过流保护可能不动作。因此，瓦斯保护对于切除这类故障有特别重要的意义。缺点是不能反映变压器油箱外套管和引线的短路故障。因而，瓦斯保护不能作为防御变压器各种故障的唯一保护，还须与其他保护装置相配合。

2. 变压器的速断保护

瓦斯保护无法反映油箱外部套管和引线的故障。因此对容量较小的变压器，可在电源侧设置速断保护，它与瓦斯保护配合，可以实现变压器内部和电源侧套管及引线上全部故障的保护，保护原理如图 13-34 所示。

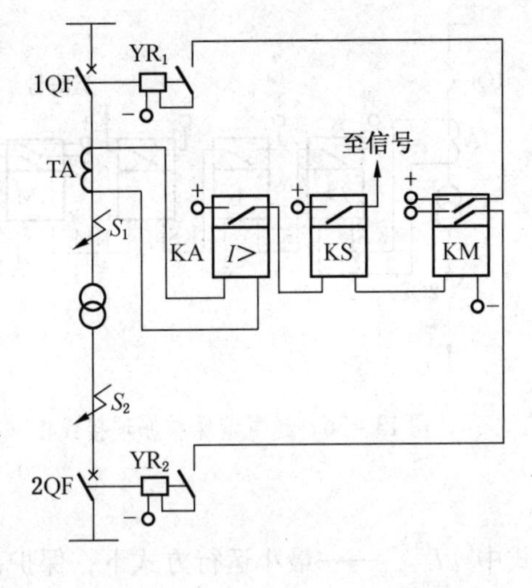

图 13-34 变压器的电流速断保护原理图

电流速断保护的动作电流，应按躲过变压器外部故障（如 S_2 点）的最大短路电流来整定，即

$$\left.\begin{aligned} I_{op} &= K_k I_{S2\cdot max}^{(3)} \\ I_{op} &= K_k \frac{I_{S2\cdot max}^{(3)}}{K_T K_i} \end{aligned}\right\}$$

式中 $I_{S2\cdot max}^{(3)}$——变压器二次侧母线最大三相短路电流；

K_k——可靠系数，取 1.2~1.3；

K_i——电流互感器的变化；

K_T——变压器的变化。

另外，变压器的电流速断保护还应躲开变压器空载投入的励磁涌流，其动作电流应大于变压器额定电流的 3~5 倍。

电流速断保护的灵敏系数：

$$K_r = \frac{I_{S1\cdot min}^{(2)}}{I_{op}} \geqslant 2$$

式中 $I_{S1\cdot min}^{(2)}$——保护装置安装处（如 S_1 点）最小运行方式下两相短路电流。

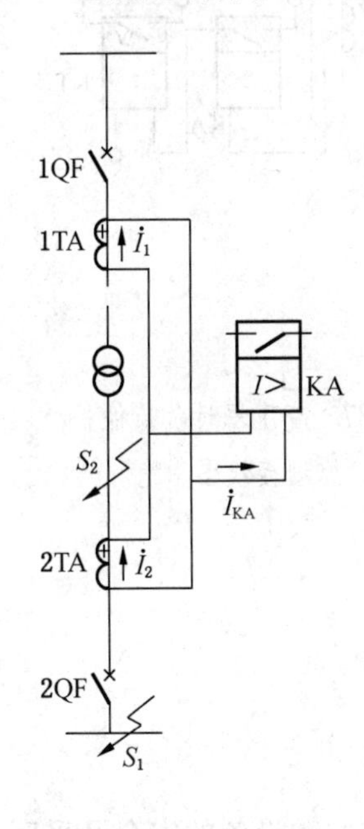

图 13-35 差动保护接线图

3. 变压器的差动保护

变压器的差动保护主要用来防御变压器内部、套管及引出线上的各种短路故障。

差动保护是根据变压器两侧电流之差而动作的保护装置，其保护原理接线如图 13-35 所示。

将变压器两侧装设的电流互感器串联起来构成环路（极性如图 13-35 所示），电流继电器并在环路上。因此，通过继电器的电流等于两侧电流互感器二次侧电流之差，即 $\dot{I}_{KA}=\dot{I}_1-\dot{I}_2$。如果适当选择电流互感器的变比和接线方式，可使在正常运行和外部短路时（S_1 点），电流互感器二次电流大小相等，相位相同，流入电流继电器的电流 I_{KA} 等于零，保护装置不动作。当保护范围内部发生故障时（如 S_2 点），对于单侧电源供电的变压器，则仅变压器一次侧的电流互感器有电流，而 $\dot{I}_2=0$，$\dot{I}_{KA}=\dot{I}_1$，只要 I_{KA} 大于继电器整定电流 I_{op}，继电器就动作，使变压器两侧断路器跳闸，瞬时切除故障。

4. 变压器的过电流保护

变压器的过电流保护装置安装在变压器的电源侧。它既能反映变压器的外部故障，又能作为变压器内部故障的后备保护，同时也作为下一级线路的后备保护。图 13-36 是变压器过电流保护的原理接线图。当过电流保护装置动作后，使变压器两侧的断路器及时可

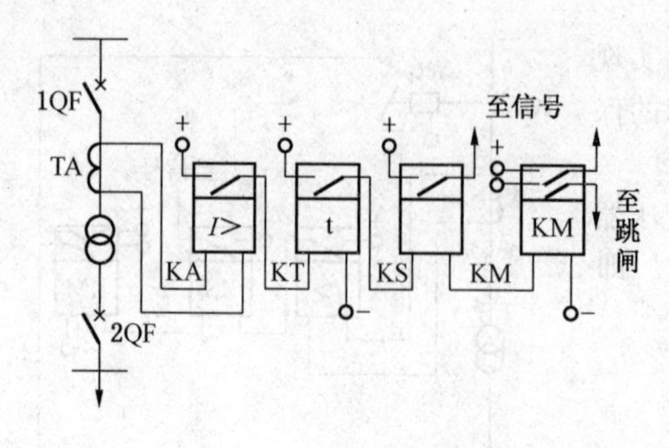

图 13－36　过电流保护原理接线图

靠分断。

过电流保护的动作电流，应按躲过变压器最大负荷电流整定，即

$$I_{op}=\frac{K_k}{K_{re}}I_{w \cdot max}$$

式中　K_k——可靠系数，取 1.2～1.3；

K_{re}——返回系数，一般取 0.85；

$I_{w \cdot max}$——变压器的最大负荷电流。

保护装置灵敏系数

$$K_r=\frac{I^{(2)}_{S \cdot min}}{I_{op}}\geqslant 1.5$$

式中　$I^{(2)}_{S \cdot min}$——最小运行方式下，保护范围末端两相最小短路电流。

过电流保护的动作时限整定，要求与下一级的保护装置相配合，即比它大一个时限阶段 Δt。

5. 变压器的过负荷保护

变压器的过负荷保护是反映变压器不正常运行状态的，经过一定延时后（通常取 10 s）作用于信号。由于过负荷电流大多数是对称的，所以只需在一相上装设保护即可，如图 13－37 所示。

过负荷保护装置的动作电流应按躲过变压器额定电流整定，即

$$I_{op}=\frac{K_k}{K_{re}}I_{N \cdot T}$$

式中　K_k——可靠系数，取 1.05；

K_{re}——返回系数，取 0.85；

$I_{N \cdot T}$——变压器的额定电流。

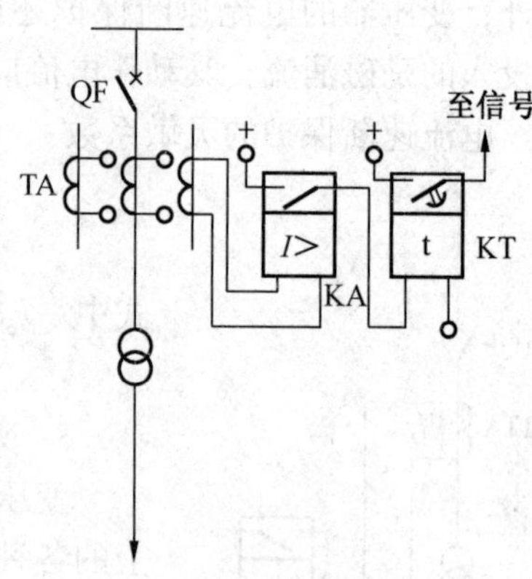

图 13－37　变压器过负荷保护原理接线图

第四节　采　区　供　电

一、概述

采区供电是否安全、可靠和经济合理，将直接关系到人身、矿井和设备的安全及采区生产的正常进行。由于煤矿井下工作环境十分恶劣，因此在供电上除采取可靠的防止人身触电危险的措施外，还必须正确地选择电气设备的类型及参数，并采用合理的供电、控制和保护系统，加强对电气设备的维护和检修，确保电气设备的安全运行，防止瓦斯、煤尘爆炸。

随着煤炭工业的现代化，采掘工作面机械化程度越来越高，机电设备的单机容量和工作面总容量都有了很大的增加。以采煤机为例，从 20 世纪 70 年代初期的 150 kW 左右，增加到现在 1000 kW，有的甚至达到 3000 kW，综采工作面总容量也从几百千瓦增加到

2000～3000 kW。由于机械化程度的提高，这就要求采区走向长度加长，从而使供电距离增大，给供电带来了新的问题。因为在一定的工作电压下，输送功率越大，电网的电压损失越大，电动机的端电压也越低，这将影响用电设备的正常工作。解决的办法有增大电缆截面，采用移动变电站使高压电深入到工作面巷道来缩短低压供电距离，提高用电设备的电压等级等措施。目前我国综采工作面用电设备的电压等级已提高到1140 V，大型矿井综采设备甚至达到3300 V。

当采区功率因数较低时，可采用静电电容器进行无功功率补偿，以提高采区供电的经济性。因为采区负荷的不断增大，要求供电设备的供电能力也相应地增大，这就使得采区电网的运行费用不断地增加。通过分析表明，提高功率因数有很好的经济效益。如果将采区电网的功率因数从0.5～0.6提高到0.9～0.95，就可提高供电设备的供电能力30%～40%，降低电能损耗30%～50%，减少电压损失4%～5%。无功补偿装置的投资在1～3年内即可收回。

二、采区供电系统的拟定与变压器的选择

1. 采区高压供电系统的拟定

当采区变电所、工作面配电点和移动变电站的位置确定以后，即可确定供电系统。具体拟定原则如下：

（1）供综采工作面的采区变、配电所一般由两回电源线路供电，除综采工作面的采区外，每个采区应为一回路。

（2）双电源进线的采区变电所，应设置电源进线开关。当其中为一回路供电，一回路备用时，母线可不分段；当两回路电源同时供电时，母线应分段并设联络开关。

（3）单电源进线的采区变电所，当变压器不超过两台，且无高压出线时，可不设电源进线开关。

（4）采区变电所的高压馈出线，宜用专用的高压配电开关。

（5）由井下中央变电所向采区供电的单回电缆供电线路上串接的采区变电所，不得超过3个。

2. 变压器的容量选择

根据系统的运行方式和负荷的分配原则，确定每台变压器所担负的负荷。每台变压器的计算容量 S_T 按需用系数法计算，即

$$S_T = \frac{K_{de}\sum P_N}{\cos\varphi}$$

式中 $\sum P_N$——由变压器供电的所有用电设备的额定功率之和，kW；

$\cos\varphi$——用电设备的加权平均功率因数；

K_{de}——需用系数。

对下述两种情况，K_{de} 可按公式计算：

对综合机械化采煤工作面：

$$K_{de} = 0.4 + 0.6\frac{P_{N\cdot m}}{\sum P_N}$$

对普通机械化采煤工作面：

$$K_{de} = 0.286 + 0.714 \frac{P_{N \cdot m}}{\sum P_N}$$

式中　$P_{N \cdot m}$——容量最大的电动机的额定功率，kW。

查矿用变压器技术数据表，选择额定容量 $S_{N \cdot T} \geqslant S_T$ 的变压器。

3. 采区电气设备的选择

（1）根据工作环境，采区使用的高压配电箱应根据矿井设备真空化的要求，控制和保护高压电动机和电力变压器的高压配电箱，应具有短路、过负荷和欠电压释放保护；控制和保护移动变电站的高压配电箱，除应具有上述三种保护外，还应具有选择性漏电保护、高压电缆监视保护。

（2）配电箱电缆喇叭口的数目和内径要满足电网接线的要求，并考虑到各种监测、监控的发展要求。

高压配电箱应按额定电压和额定电流选择，并应优先选择具有真空断路器的高压配电箱。按额定断流容量和短路时的动稳定性、热稳定性进行校验。

三、矿用高低压开关设备

矿用隔爆高压配电箱适用于有瓦斯的井下中央变电所和所有采区变电所，作为配电开关或控制保护变压器及高压电动机使用。

1. BGP－6 型矿用隔爆真空配电装置

煤矿使用的高压真空配电装置型号较多，现以 BGP_{23}－6 型为例进行介绍。

1）特点

采用真空断路器，断流容量可达 100 MV·A；应用综合电子继电保护装置和压敏电阻器，可实现漏电、过流短路、绝缘监视、失压和操作过电压等综合保护功能。在结构上，使用了小车结构，便于维护。

2）外形结构

该装置由真空断路器、机械操作机构、小车式插件、电压互感器、电流互感器、零序电流互感器、专用继电器保护装置、指示计量仪表，以及显示装置等组成，通过连接布置，全部安装在隔爆外壳内。

箱体由钢板及加强筋焊接而成，保证了外壳强度，上有吊装钩，下有牵引钩，底脚有可供拖动的雪橇，便于井下运输和安装。

箱体正面大门为快开门，箱门正面有各保护功能的自检按钮、故障显示窗、指示计量显示窗及各类铭牌。互感器、压敏电阻、继电保护装置、断路器均装在小车上，修理和维护时可方便地拉出，箱门盖背面装有电压表、电流表及计量用电度表、保护自检钮。

箱体右侧装有隔离小车操作手柄和断路器操作手柄。

箱体两侧均可根据需要安装联台用引入装置连通节，箱体后腔装有进出线接线腔和供控制、监视信号连线的小喇叭口，箱后高压出线腔（即下腔）只能在该装置的断路器、隔离小车均处于分闸位置时才能打开，并标有负荷侧断电源后开盖标志牌，进线腔（即上腔）标有电源侧断电源后开盖标志牌。在电源停电后才能打开上盖。

所有法兰与盖板的结合面，均为隔爆面，且螺栓紧固。

后接线上下腔与主腔之间有6只穿墙接线柱（静触头），接线柱采用PVC塑料与黄铜棒压塑而成，具有一定的机械强度、抗漏电强度、优良的绝缘性能和导电性能，通过它将三相高压电源与箱内主电路连通，向负载馈电。

3）工作原理

本装置是将6 kV的三相电源引入隔爆接线腔，（上腔）由真空断路器作为控制开关经负载接线腔（下腔）输送给下级负荷，真空断路器受控于专用继电保护装置，它具有漏电、监视、过流、短路等保护功能，并有指示灯显示故障状态。

4）安全联锁装置

为了保证安全，配电装置设有以下安全联锁装置：

(1) 断路器在合闸位置时，隔离小车不能进行分闸或合闸操作。

(2) 隔离小车在合闸位置时，箱门不能打开。

(3) 箱门打开后，隔离小车不能合闸。

(4) 隔离小车只有在合闸位置时，断路器才能进行合闸操作。

2. KBZ1－400(200)/1140型矿用隔爆真空馈电开关

1）用途

KBZ1－400(200)/1140型矿用隔爆真空馈电开关，适用于煤矿井下和其他周围介质中含有爆炸性气体的环境中，在交流电压，660 V、1140 V的三相电网中，作为配电总开关或分支开关用，具有欠电压、过载、短路、漏电闭锁、漏电保护、电容电流补偿功能，并可外接远方分励按钮。

2）结构概述

馈电开关的隔爆外壳呈长方形，用4只M12的螺栓与橇形底座相连，隔爆外壳上、下两个空腔，分别为接线腔和主腔。接线腔在腔的上方，它集中了全部主回路与控制回路的进出线端子。主回路电源进线端子上罩有防护板。接线腔两侧各有两个主回路进出线喇叭口，可引入电缆外径为14.5～21 mm的电缆。主腔由主腔壳体与前门组成，主要装有主体芯架和千伏级电源控制开关，前门采用快开门结构。

交流真空断路器安装在主体芯架左侧上方，三根进线直接接在断路器的进线端子上，三根出线则接在芯架反面的出线压线端子上。千伏级电源控制开关安装在主腔的右侧壁上方，由连接套与主腔外的操作手把相连。过电压吸收装置安装在断路器的下方，控制变压器、电抗器、磁放大器、电流互感器安装在主体芯架的反面，芯架正面还装有两个插接件，用以连接前门、接线腔七芯接线端子过来的插头或插座。

前门上装有观察窗、按钮、试验开关、指示仪表及补偿用的电位器RP、故障显示组件等。

前门与外壳之间有可靠的机械联锁。

3）工作原理

接到合闸指令，合闸线圈在控制电源127 V（140～180 V）作用下，电磁铁励磁，吸动衔铁，一方面弹簧压缩储能，另一方面带动绝缘臂动作，使真空开关管合闸，同时保持钩转动，由转轴扣住（欠电压线圈施加额定控制电源电压＋48 V），实现机械保持；另外辅助接点转换，一组接点延时（50～100 ms）后，切断合闸线圈电源，此时整个合闸过程完成。接到分闸指令，分励线圈加额定控制电源电压（＋40 V）和欠压线圈断电（电源电压下降到额定控制电源电压的 ±5% 及以下)，此时转轴转动，使保持钩脱扣，衔铁、保持钩在分闸弹簧的作用下转动，通过绝缘臂使真空开关管切断电路，同时辅助接点转换，分闸过程完成。

4）DT3 电子脱扣器

DT3 电子脱扣器（以下简称脱扣器）由插件和 3 个电流互感器组成。所用电源为 50 V 和 4 V(或 6 V)，能提供断路器上欠压脱扣器线圈、分励脱扣线圈用 50 V 直流电源。具有欠电压、过载、过流、相敏、断相等保护功能。

在电源电压等于或大于 85% U_e 时，能保证断路器可靠闭合；在电源电压等于或大于 70% U_e 时，能保证闭合状况下断路器不断开；在电源电压下降到 40% U_e 以下时，能保证断路器断开。欠压脱扣器延时时间在 1 ~3 ~5 s 动作时间的 1/2 倍内，如果电源电压恢复到 85% U_e，能保证断路器不断开。欠压跳闸后，再次合闸前需复位。欠压跳闸没有显示。

过载长延时保护特性（反时限保护特性），整定范围为 $0.4I_e$、$0.6I_e$、$0.8I_e$、$1.0I_e$。返回电流值为整定值的 $0.9I_e$，过载延时跳闸有显示，并需要复位才能允许再次合闸，长延时整定开关的“∝”挡为“关”。

过流（短路）瞬动保护，当任一相电流（幅值）大于过流瞬动保护整定值，保护器能使断路器的脱扣机构瞬时动作，幅值短路保护动作，电流整定值 $I_z=(1\sim10)I_e$，动作时间为瞬动，过流瞬动保护有显示，并需复位才能允许再次合闸，“瞬时”旋钮开关的 11 挡为试验挡。

过电流相敏短路保护，相敏短路保护电流动作值取幅值短路保护整定值的 0.2、0.4、0.6、0.8 倍，即 $0.2I_z$、$0.4I_z$、$0.6I_z$、$0.8I_z$，当三相线电流滞后相电压的角度大于 55°时不动作，也就是电动机在启动时，电流高于相敏短路保护整定电流断路器不断开，动作时间为瞬时，也有显示，需复位，相敏旋钮开关的 0.02 挡为“试验”挡，1.2 挡为“关”挡。所以，“瞬时”数字可打大一点，以躲过启动电流。

断相保护性能，A、B、C 三相中一相为零，当其他两相电流为过载整定电流 0.9 倍时，断相保护提供反时限保护特性使断路器在 3 min 内动作，相序灯显示。

欠压开关放在右下角红点处为延时 1 s，放在左下角为 2 s，放在上面红点处为 3 s，使用时一般不要动它（出厂时放在 1 s 处)。

5）JJ_1 -1140/660B 型检漏保护器

检漏保护器由插件、三相电抗器、磁放大器、LC 滤波器、瓷盘可变电阻器、试验电阻等零部件组成，具有漏电瞬动和延时、漏电闭锁和故障显示、记忆等功能。当电路发生故障后，如果保护器控制电压消失，其故障显示灯也能在 1 h 内保持记忆，即在 1 h 内接上电源电压后仍能显示故障原因。故障排除后，再送电前需复位。检漏保护器具有试验按钮，对漏电部分进行自检。

保护器在合上电源后，电路自动反转，处于闭锁状态。保护器必须复位，才能投入正常。

3. KBZ -630/1140 型矿用隔爆真空馈电开关

1）用途

KBZ -630/1140 型矿用隔爆真空馈电开关（以下简称馈电开关)，适用于煤矿井下和其他周围介质中含有爆炸性气体（甲烷混合物）的环境中，在 660 V 和 1140 V 中性点不接地的三相电网中，作为配电总开关或分支开关，也可作大容量电动机不频繁启动之用，具有欠压、过载、短路、漏电闭锁、漏电保护、电容电流补偿功能，并可外接远方分励按钮。

2）结构概述

馈电开关的隔爆外壳呈方形，用4只M12的螺栓与橇形底座相连。隔爆外壳分隔为两个空腔即接线腔与主腔。

接线腔在主腔上方，它集中了全部主回路与控制回路的进出线端子。主回路电源进线端上罩有防护板。接线腔两侧各有两只主回路进出线喇叭口，各有一只控制电路进出线喇叭口。

主腔由主腔壳体与前门组成，开关关闭时，前门与壳体由上下扣块与左右扣板扣住；开关打开时，前门支承在壳体左侧的铰链上。

交流真空断路器 A_3（ZK－1.14/630－12.5型）安装在主腔壳体的中央偏右侧，三只进线直接接在断路器的进线端子上，三只出线有一只穿过显示回路电流用的互感器TA接至断路器的出线端子，其余二只直接接至断路器的出线端子，其分励按钮杆与主腔右侧的脱扣按钮相连。电源开关 SA_2 安装在主腔的右侧上方，由连接套与主腔右侧上方的操作手把相连。过电压吸收装置ZR安装在主腔的上方，其三根引出线分别接到三只出线端上。主腔的左侧装有一块芯板，正反面均装有控制元件及连接从断路器、前门、接线腔七芯过来的插头的插座。

前门上装有观察窗、按钮、试验开关、指示仪表及补偿用的电位器RP、故障指示组件等。

前门与外壳之间有可靠的机械联锁，当前门与外壳闭合后，退出外壳右侧的闭锁杆至前门的限位块上，使前门因不能提升而打不开，同时因闭锁杆退出后，其前端脱离了电源开关手把的闭锁孔，使电源开关手把可以拨动而接通馈电开关控制电路的电源，馈电开关方能合闸；当需要打开馈电开关时，首先须将电源开关的手把打至中间位置（断开位置）。断开控制电源，断路器因控制电路失电而自动分闸，然后拧进闭锁杆使其前端进入电源开关手把的闭锁孔内，将电源开关闭锁于断开的位置，其外端才能脱离前门上的限位块，此时方能打开前门，从而实现了馈电开关前门闭合并闭锁进行合闸操作。

3）工作原理

KBZ－630/1140型矿用隔爆真空馈电开关的工作原理如图13－38所示。

（1）电源。接通电源开关 SA_2，控制变压器 TC_1 得电，副边输出270 V、220 V、50 V、18 V电压，其中270 V经VC整流后，供合闸电磁铁DT，50 V供电子脱扣器 A_2 及漏电保护插件 A_4，18 V供 A_4。

（2）过载、短路及欠电压保护。过载或短路故障发生后，由装在断路器上的三个电流电压变换器输出的电压送至电子脱扣器 A_2 经整流后得到反映主回路电流大小的脉动直流电压信号，将它们分压后分别送到瞬时、长延时电路，各单元电路按设定值反转，输出一动作信号到记忆电路，记忆并显示故障类别。记忆电路输出的驱动信号一路使三极管 V_6 截止，关断开关电源，使断路器 A_3 上的欠压线圈Q失电。另一路送往整形电路，再触发可控硅 V_4。导通的 V_4 同时使二极管 V_5 导通，关断开关电源；V_3 导通，使欠压线圈Q失电；并使断路器 A_3 上的分励线圈F加电。完成脱扣器动作，断路器分断。同时 KA_1 失

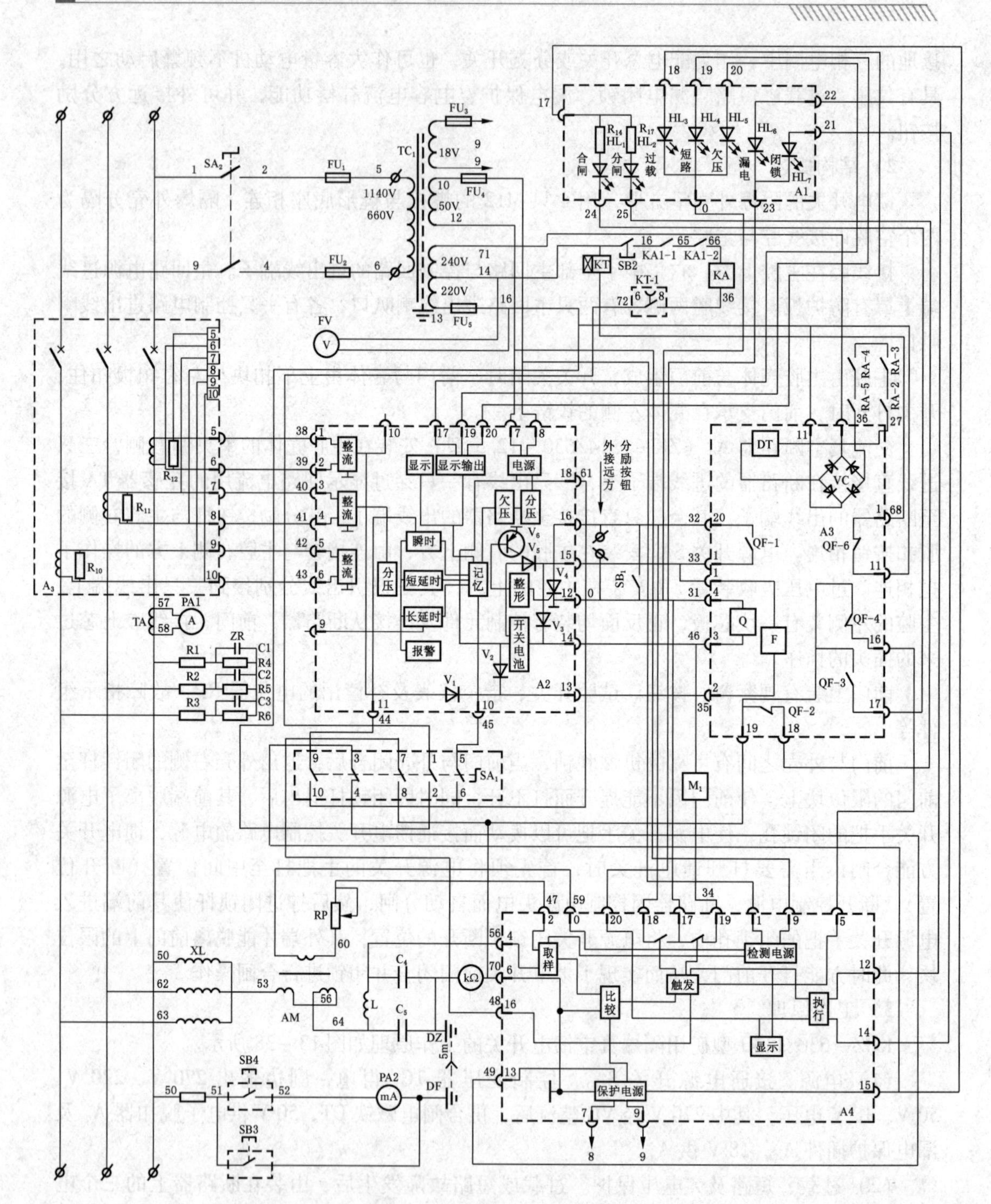

图 13－38　KBZ－630/1140 型矿用隔爆真空馈电开关原理图

电，其常开触点 KA_{1-1}、KA_{1-2} 打开，闭锁 KA_{1-1}、KA_{1-2} 继电器 KA，使故障在未得到处理并复位的情况下，断路器 A_3 中的合闸电磁铁 DT 不能得电，断路器不能合闸送电。

由控制变压器 TC_1 输出的 50 V 送至电子脱扣器 A_2，经整流后，一路经稳压得到 17 V 和 9 V 直流电压，供给控制电路；另一路通过开关电源，为欠压线圈提供直流电压，当电源电压降至额定电压的35% ~70%时，欠压环节动作，执行过程同上，使得欠压线圈失电，分励线圈得电，断路器跳闸，同时，KA_1失电，闭锁过程同上。

过载、短路、欠电压的信号指示分别由电子脱扣器A_2的20号，19号和17号脚引出至安装于前门的显示插件A_1，故障排除后，须将安装于前门上的试验开关SA_1转换到复位位置，才能复位。

(3) 漏电闭锁、漏电保护、电容电流补偿、电网绝缘状态显示。该部分功能主要由漏电保护插件A_4来实现，A_4所用的电源，一个是交流8 V，另一个是交流50 V，经整流稳压后分别作为漏电检测电源和保护电源。

漏电检测回路由下述路径组成：检测电流由A_4的4号脚流出，经滤波器L→磁饱和放大器AM→三相电抗器XL→电网→电网对地绝缘电阻→大地→主接地极DZ→千欧表→A_4的6号脚。

当电网对地绝缘电阻下降到设定值时，漏电检测电流增大，经取样、比较环节后，触发电路动作并记忆，该漏电保护的执行继电器得电，其常开触点闭合（由A_4的17号及18号脚引出），使得分励线圈F得电，断路器跳闸断电，同时，其常闭触点断开，使得KA_1无电，闭锁过程同上。故障信号显示由A_4的12号及14号脚引出至前门的显示组件A_1，故障排除后，需转动试验开关SA_1至复位位置，方能复位。

电容电流补偿步骤如下：合上断路器，将试验开关SA_1转换到补偿位置，按下补偿按钮SB_4，调节电位器R_P（安装于前门上），从而改变磁饱和放大器AM的饱和程度，使得毫安表PA_2（安装在前门上）的读数为最小，此时即为最佳补偿。

电网对地绝缘水平指示由安装在前门上的千欧表来实现。

(4) 电动合分闸：

① 电动合闸：将试验开关SA_1转换至运行位置，其触点1、2闭合，按下电动合闸按钮SB_2，中间继电器KA得电，KA的常开触点KA_{2-5}闭合，合闸电磁铁DT得电，断路器合闸。

放开合闸按钮SB_2，中间继电器KA失电，其常开触点KA_{2-5}断开，合闸电磁铁DT失电。断路器合闸的同时，其辅助触点QF-5打开，时间继电器KT失电，延时100~400 ms，其延时断开常开触点KT-1断开，这样在合闸按钮SB_2因机械故障或其他原因不能及时断开时，通过时间继电器KT断开继电器KA的回路，使得其触点KA_{2-5}断开，DT失电，确保DT不致因通电时间过长而烧坏。

② 电动分闸：按下电动分闸按钮SB_1，分励线圈F得电，断路器跳闸断电。

(5) 试验：

① 漏电试验：将试验开关SA_1转换至运行位置，其触点3、4接通，按下漏电试验按钮SB_3，电阻R_7接地，开关跳闸，并显示故障，复位后方能运行。

② 短路试验：将SA_1转换至短路试验位置，其触点9、10接通，并显示故障，复位后方能运行。

4. 6 kV高压开关柜

以KYN28-12型金属铠装型移开式开关柜为例予以介绍。

1) 概况

KYN28-12型开关柜用于三相交流频率50 Hz、额定电压3.6~12 kV、额定电流3000 A

以下的单母线分段系统及双母线分段系统中，接受和分配电能，并对电路实行控制、检测和保护。该开关柜有完善的“五防”装置，适用于各类发电厂、变电站及工矿企业使用。

“五防”是指：

（1）防止误合、误分断路器。

（2）防止带负荷分、合隔离开关。

（3）防止带电挂接地线。

（4）防止带接地线合闸。

（5）防止误入带电间隔。

该开关柜目前有两种设计序号：KYN28A－12 是 GZS1 型开关柜的新型号；KYN28 C－12 是 MDS 型开关柜的新型号。型号中的 K 表示金属封闭铠装式，Y 表示移开式，N 表示户内型。KYN 系列开关柜是 GG－1、GSG－1A 型开关柜的升级替代产品。

下面主要介绍 KYN28A－12 型开关柜。

开关设备结构如图 13－39 所示。

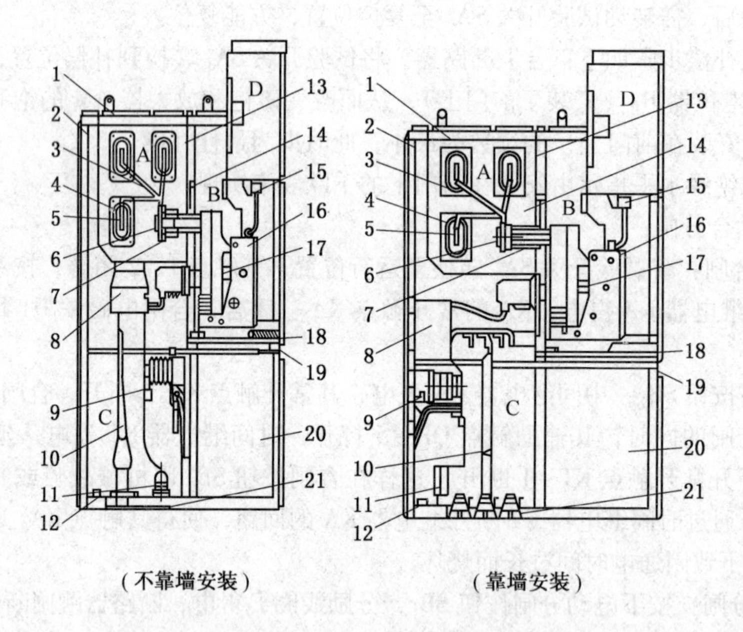

A—母线室；B—断路器手车室；C—电缆室；D—继电器仪表室；
1—泄压装置；2—外壳；3—分支小母线；4—母线套管；5—主母线；6—静触头装置；7—静触头盒；
8—电流互感器；9—接地开关；10—电缆；11—避雷器；12—接地主母线；13—隔板；
14—隔板（活门）；15—二次插头；16—断路器手车；17—加热装置；18—可抽出隔板；
19—接地开关操作机构；20—控制小母线槽；21—电缆封板

图 13－39　KYN28A－12 型开关柜结构示意图

2）开关柜主要技术数据

开关柜主要技术数据见表 13－5。

表13-5 开关柜技术参数表

项目		数据
额定电压/kV		3.6、7.2、12
额定绝缘水平	1 min 工频耐压/kV	42
	雷电冲击电压（全波）/kV	75
额定频率/Hz		50
额定电流/A		630、1250、1600、2000、2500、3000
4 s 热稳定电流（有效值）/kA		20、253、1.5、40
额定动稳定电流（峰值）/kA		50、638、1、0
防护等级		外壳 IP4X，断路器室门打开为 IP2X

3）结构说明

开关柜由固定的柜体和可抽出部件（简称手车）两大部分组成，开关设备柜体的外壳和各功能单元的隔板均采用敷铝锌钢板螺栓连接而成。开关柜外壳防护等级符合 IP4X，断路器室门打开时的防护等级是 IP2X。

KYN28A 型开关柜可配用 ZN63A 型真空断路器手车和 VD4 真空断路器手车。开关柜可安装成双重柜并列，即安装成背靠背或面对面双排排列。由于开关柜的安装与调试均可在正面进行，所有开关柜可以靠墙安装，以节省占地面积，提高开关柜的安全性与安装上的灵活性。

（1）外壳与隔板。开关设备柜体的外壳和隔板是用敷铝锌薄钢板或普通薄钢板经数控车床加工和弯折而成，因此装配好的开关柜能保持尺寸上的统一性。它具有很强的抗腐蚀与抗氧化作用，并具有比同等钢板高的机械强度。开关柜被隔板分隔成手车室、母线室、电缆室、继电器仪表室（低压室）。

（2）手车。手车骨架采用薄钢板经数控设备加工后铆焊而成。根据用途，手车可分为断路器手车、电压互感器手车、计量手车等。相同规格的手车能完全互换。手车在柜内有试验位置和工作位置，每一位置均设有锁定装置，以保证手车处于以上位置时不能随便移动，而移动手车时必须解除联锁。例如对断路器手车，在移动断路器前必须先分闸。

（3）开关柜内的隔室：

① 断路器隔室。在断路器隔室内安装了特定的导轨，供断路器手车在内滑行与工作。手车能在工作位置、试验位置之间移动。活门 14 安装在手车室的后壁上。手车从试验位置移动至工作位置过程中，活门 14 自动打开，反方向移动手车则完全复合，从而保障了操作人员不触及带电体。手车能在开关柜门关闭的情况下操作，通过观察窗可以看到手车在柜内所处的位置，同时也能看到手车上的 ON（用以使断路器合闸）/OFF（用以使断路器分闸）按钮和 ON/OFF 机械位置指示器以及储能/释放状况指示器。

② 母线室。主母线 5 从一个开关柜引至另一个开关柜，通过分支小母线 3 和静触头盒固定。全部母线可根据用户需求用热缩绝缘套管塑封。扁平的分支小母线通过螺栓连接于静触头盒和主母线，不需附加其他的线夹或绝缘子连接。当用户和特殊工程需要时，母

线排上的连接螺栓可用绝缘套和端帽封装。在母线穿越开关柜隔板时，用母线套管4固定。如果出现内部故障电弧，能限制事故蔓延到邻柜，并能保障母线的机械强度。

③ 电缆连接隔室。电缆隔室的顶部及前、后壁可安装电流互感器8，接地开关9，电缆室内可安装避雷器11。当手车16和可抽出式隔板18移开后，施工人员就能正面进入开关柜安装电缆。在电缆隔室内设有特定的电缆连接导体，同时在其下部还配制开缝的可卸式金属电缆封板21，确保现场施工方便。

④ 低压隔离。低压小室内可装继电保护元件、仪表、带电监察指示器，以及特殊要求的二次设备。控制线路敷设在足够空间的线槽内，并有金属盖板封护，左侧线槽是为控制小线的引进和引出预留的，开关柜自身内部的二次线敷设在右侧。

（4）防止误操作联锁装置。开关柜具有可靠的联锁装置，为操作人员与设备提供可靠的安全性与保护，其作用如下：

① 当接地开关在分闸位置时，手车从试验位置移至工作位置。

② 断路器在手车已充分咬合在试验或工作位置时，才能操作。

③ 手车在工作位置，二次插头被锁定不能拔除。

④ 接地开关关合时，手车不能从试验位置移至工作位置。

⑤ 接地开关仅在手车处于试验位置时才能操作。

（5）接地装置。在电缆室内单独设有10 mm×40 mm的接地铜排，此排能贯穿相邻各柜，并与柜体良好接触，此接地排供直接接地的元器件使用，同时由于整个柜体用敷铝锌板相拼联，这样使整个柜体都处在良好的接地状态中，确保运行操作人员触及柜体时的安全。

四、井下保护接地

1. 保护接地

井下电气设备绝缘损坏时，其金属外壳有可能带电。在中性点绝缘系统中，为防止漏电危及人身安全，要求电气设备的金属外壳通过接地装置与大地连接，称为保护接地。

首先分析图13－40a所示的电气设备不采用保护接地的情况。当电气设备绝缘损坏而外壳带电，此时人身触及外壳，电流经过人体流入大地，再经其他两相对地绝缘电阻和相

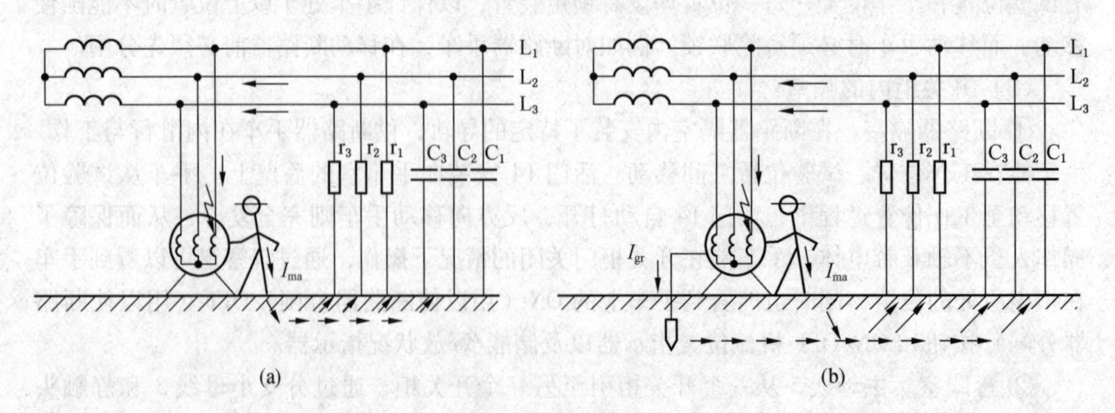

图13－40　人体触及带电外壳时的示意图

对地分布电容流回电源。如果线路绝缘水平较低，电网对地分布电容较大，通过人体的电流可能达到或超过安全极限值，即 30 mA。

图 13－40b 是电气设备采用保护接地的情况，当绝缘损坏外壳带电时，若人身触及外壳，接地电流将同时经过人身和接地装置流入大地。由于接地装置的分流作用，使流过人身的电流大大减小。流过人身的电流和流经接地装置的电流比为

$$\frac{I_{ma}}{I_{gr}}=\frac{R_E}{R_{ma}}$$

流过人身的电流即为

$$I_{ma}=I_{gr}\frac{R_E}{R_{ma}}$$

式中　I_{ma}——人身流过的电流，A；

I_{gr}——接地装置流过的电流，A；

R_E——接地装置的电阻，Ω。

出上式可见，接地电阻 R_E 越小，流过人身的电流也就越小。为使流过人身电流在安全值以下，必须将接地电阻限制在一定范围之内。

2. 井下保护接地系统

煤矿井下保护接地系统是由主接地极、局部接地极、接地母线、辅助接地母线和接地线组成，如图 13－41 所示。

主接地极在主副水仓内各设一个，一般采用厚度不小于 5 mm 的钢板制成。为了保护的可靠性和降低接地电阻，在电气设备集中的地方还必须设置局部接地极。局部接地极一般采用长 1.5 m，直径为 35 mm 以上的镀锌钢管，打入潮湿的地中，也可以用面积不小于 0.6 m^2，厚度不小于 3 mm 的钢板埋在巷道的水沟中。或者采用长 1 m，直径不小于 22 mm 的双根镀锌钢管，并联后相距 5 m 以上，垂直埋入底板，埋深须大于 0.75 m。接地母线的作用是将所有接地线连接到它的上面，一般采用镀锌扁钢或铜线。利用金属铠装电缆的金属外皮和软电缆的接地芯线作为系统的接地线，将井下多处的接地装置连接起来，构成井下保护接地系统。

对于井下保护接地系统的接地电阻一般不进行计算，但必须每季度测定一次，要满足《煤矿安全规程》规定。井下总接地网上任一保护接地点的接地电阻值不得超过 2 Ω；每一移动式和手持式电气设备至局部接地极之间的同接地电网之间，供保护接地用的电缆芯线和接地连接导线的电阻值不得超过 1 Ω。

五、6 kV 电网单相接地电容电流

单相接地电流测量的要求是简单、安全，对电网正常运行影响小，测量精度较高且不受测量条件影响。

图 13－42 介绍一种简单、易实施、测试过程安全、测量精度高的小接地电流系统单相接地电流的测量方法，即单相经电阻接地的间接测量法。

图 13－42 为中性点不接地电网的绝缘参数测量模型，C、r 分别为一相对地电容和绝缘电阻，并假设各相绝缘参数对称，电网的任何一相（图中假设为 A 相）经附加电阻 R 和电流表 A 接地。当电网经电阻 R 接地时，电网中性点将产生一位移电压（又称零序电压）

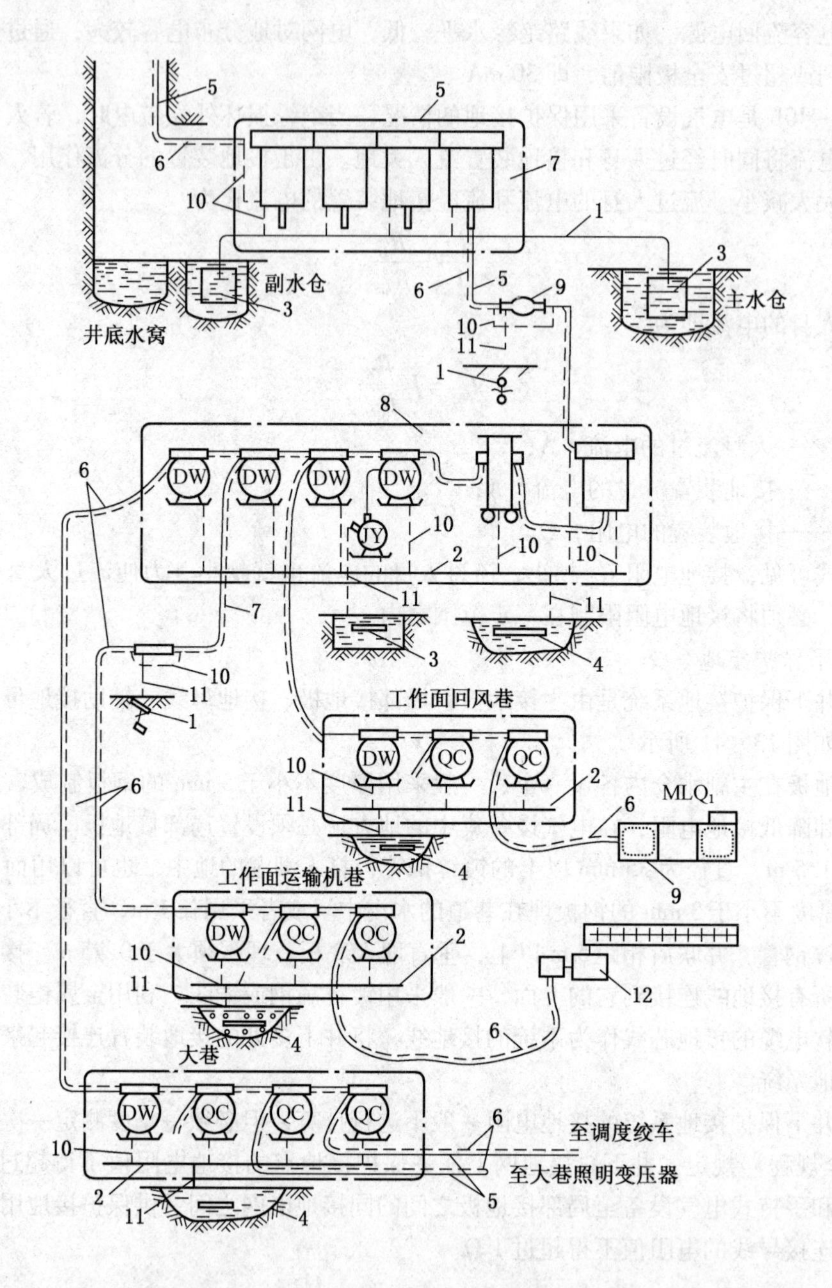

1—接地母线；2—辅助接地母线；3—主接地极；4—局部接地极；5—电缆；6—电缆接地层（线）；7—中央变电所；8—采区变电所；9—电缆接线盒；10—连接导线；11—接地导线；12—输送机

图 13-41　井下保护接地网

$\dot{U}_0$，按图示的测量模型，可以得到电网单相接地时的电容电流为

$$I_E = \frac{U_\phi}{U_0} I_R$$

由此可见，只要测得电网的电源相电压（U_ϕ）、单相经电阻接地时电阻中的电流与电网零序电压，即可方便地得到单相接地电容电流。该方法简单、安全、可靠，测量精度比

较高。

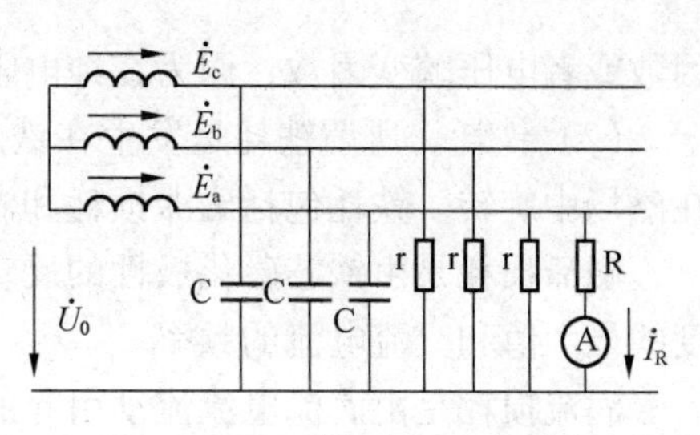

图 13-42 单相经电阻接地的间接测量示意图

考虑到测量的安全性，电网相电压与零序电压通常通过电压互感器进行测量。根据电压互感器的电压比关系可得等式：

$$\frac{U_{\phi}}{100/3}=\frac{U_0}{U_{02}/3}$$

于是电网零序电压的表达式可改写为

$$I_E=\frac{100}{U_{02}}I_R$$

实际测量时，由于电网不一定恰好在额定电压下运行，应考虑到实际电网电压的波动情况，因此上式还应进一步改写为

$$I_E=\frac{U_{l2}}{U_{02}}I_R$$

式中 U_{l2}——电压互感器二次线电压；

U_{02}——电压互感器开口三角处的零序电压。

由上式计算得到的是电网实际电压下的单相接地电流。

在计算推导过程中并没有涉及电网中性点的接地方式，因此，它适用于任何小接地电流系统单相接地电流的测量。实测时，应根据附加电阻 R 的值估计电流表的量程，并注意连线可靠，以防出现高电压。

六、电力系统中的谐波及治理

自从采用交流电作为电能输送的一种方式起，人们就已知道电力系统中的谐波问题。但是，近年来随着非线性设备的大量使用，这一问题更加突出。所谓非线性设备就是正弦供电电压下产生非正弦电流或者在正弦电流下产生非正弦电压的设备。

1. 谐波源

作为谐波源，非线性设备可划分为以下几类：

（1）传统非线性设备，包括变压器、旋转电机以及电弧炉等。

（2）现代电力电子非线性设备，包括现代办公设备中广泛使用的电子控制装置和开关、电源、晶闸管控制设备等。

2. 谐波畸变对电力系统的影响

非线性设备的大量应用使电力系统中的谐波畸变问题日益严重。这里把电压畸变的影响划分为三个大的范畴：热应力，绝缘应力，负载设备应力。

谐波会增加设备的损耗进而加剧热应力。谐波还可以使电压峰值增大，若忽略相位差，则峰值电压上升的标么值就等于电压峰值系数。这种电压升高会导致绝缘应力升高，最终有可能使电缆绝缘击穿。负载设备损坏广义定义为由电压畸变引起的任何设备故障或不正常的工作状态。

1）谐波环境中的热损耗

谐波会增加设备的铜耗、铁耗和介质损耗，进而加剧设备的热应力。

（1）铜耗。如果忽略集肤效应，则由谐波引起的谐波增加的标么值取决于电流畸变

因数或者电压畸变因数，因为在纯电阻情况下电流畸变因数和电压畸变因数是相同的。

（2）铁耗。所谓铁耗是发生在铁芯中的损耗，该铁芯要么被外加励磁而磁化，要么在磁场中旋转。铁耗包括磁滞损耗和涡流损耗，它导致效率降低、铁芯温度升高。

磁滞损耗是由铁芯磁化极性的反转造成的，它取决于磁性材料的尺寸和品质、磁通密度的最大值和交流电流的频率。

涡流损耗是由涡流电流流动引起的功率损耗，涡流电流感生于旋转电机的电枢铁芯中或变压器的铁芯中，分别由电枢铁芯在磁场中旋转引起或由交流励磁引起。

（3）介质（绝缘）损耗。电容器中的介质损耗或电缆中的绝缘损耗是因为实际上不存在理想的电容器可以使电流刚好超前电压90°。

2）谐波对电力系统设备的影响

谐波导致损耗增加和设备寿命缩短。3倍数次谐波即使在负载平衡的情况下也会使中性线带电流，并且此电流有可能等于甚至大于相电流。这导致了要么设备降低额定值，要么中性线采用过大型号的导线。

此外，谐波引起的谐振也可能损坏设备，谐波还会干扰保护继电器、测量设备、控制和通信电路以及用户电子设备等，还会使灵敏设备发生误动作或元件故障。

3. 电力系统谐波的抑制方法

（1）变流器中的相位抵消或谐波控制。

（2）开发有效的过程和方法来控制、减小或消除电力系统设备（主要是电容器、变压器和发电机）的谐波。

（3）使用滤波器。

（4）电路解谐，采用馈电线重构或电容器组改变安装位置等来克服谐振。

其中（1）（2）属于预防性抑制方法，（3）（4）属于补救性抑制方法。

七、节约用电

1. 节约用电的意义

煤炭企业节约用电不仅可以降低煤炭生产的成本、提高经济效益，而且可以节省大量的电能满足其他行业生产的需要。由于生产条件的不同，矿井生产每吨原煤所需的电量变化范围很大，我国一些重点煤矿原煤电耗一般为10～40 kW · h/t。所以，采取有效措施、加强管理、提高生产技术水平，对减少原煤生产的电耗，其效果无疑将十分显著。

2. 节约用电的措施

1）加强煤矿节电工作的技术管理

煤矿节电工作的技术管理包括制定行之有效的供用电制度，实行计划用电；合理调整矿井的电力负荷，充分发挥供电设备的能力；拟定与执行节电计划，制订节电的技术措施，挖掘节电的潜力等。

2）提高现有设备的工作效率，减少间接能量消耗

提高用电设备的工作效率，减少间接能量消耗，就需要对现有的煤矿电气设备加强管理，定期检修，经常维护，减少不必要的能量损失。如：①在煤矿排水系统中，提高水泵的效率，改善水泵的运行性能，减少排水管路的水头损失等；②在提升系统中，尽量做到满载运行，不跑空趟，减少罐道的阻力等；③在通风和压气系统，选择高效率的风机，降

低通风管路和压气管路的阻力，尽量减少漏风等。

3）减少输电线路的能量损耗

煤矿输电线路有架空线路和电缆线路两种。电能在传输的过程中，导线上必然产生能量损耗，这项损耗占矿井用电的5% ~7%，其量值是可观的。所以，必须改造不合理的煤矿供电系统，合理确定变、配电所的位置，减少输电的距离，选择合适的导线截面。有条件的矿井采用10 kV 电压直接入井的供电方式，既可增加电网输电能力，又可提高供电质量，减少电能的损耗，获得显著的经济效果。

4）正确选择和使用电气设备，提高系统的功率因数

煤矿主要电气设备是感应式异步电动机、变压器、电抗器等。这些设备均属于电感性元件，会造成系统的功率因数偏低。正确地选择和使用这些设备，可以提高系统的功率因数，减少电能损耗。如：①加强生产管理，减少设备的空载，轻载运行，提高供电系统中的自然功率因数；②在技术条件满足要求时，可以采用同步电动机拖动；③利用静电电容器补偿系统的无功功率，提高供电系统的功率因数。

5）改造老设备、推广新技术

以高效率的新设备替换低效率的旧设备。如：电力变压器铁芯采用冷轧硅钢片，降低空载损耗；采用硅整流和晶闸管整流装置的直流电源，代替一般低效率的直流发电机组，效率可提高20%以上。电机车脉冲调速，晶闸管串级调速等，都可以节约大量电能。

6）变压器的经济运行

变压器的经济运行是指变压器在电能损耗最少的条件下工作，提高运行效率。

7）提高功率因数

在煤矿企业中使用着大量的感应电动机、电焊机和变压器等电气设备，这些设备在运行中，不仅需要有功功率，还须供给无功功率，导致煤矿供电系统的功率因数偏低。

功率因数低对供电系统极为不利，因为在有功负荷不变的条件下，根据 $P=\sqrt{3}U_N I_N\cos\phi$ 可知，当功率因数较低时，必然使供电系统的电流增大。这样，不但要求增大电源设备的容量，还增加了供电系统的电能损耗和电压损耗，使供电系统的投资和运行费用增加。

所以，提高供电系统的功率因数，对充分利用现有的电源设备，保证供电质量和减少电能损耗有着十分重要的意义。

提高功率因数的方法主要有如下3种：

（1）提高负荷的自然功率因数。这是不需专门的补偿设备，只需改进用电设备的运行情况来提高负荷的功率因数的方法。一般有：

① 正确地选择和合理地使用电动机，使之不在轻载和空载情况下运行。

② 合理确定变压器的容量，适当调整负荷和运行方式，尽量避免变压器空载运行。

③ 在技术条件满足的情况下，对于容量较大的电动机尽量选用同步电动机拖动。

（2）人工补偿法提高功率因数。采取提高负荷的自然功率因数方法后仍然不满足要求时，就应采取人工补偿的方法。目前，应用较多的方法是利用静电电容器进行补偿。

如果在补偿前系统的有功计算容量为 P，无功计算容量为 Q_{Σ}，就可以绘出如图13－43所示的功率三角形。图中 φ_1 为系统的自然功率因数角，φ_2 为补偿后的功率因数角。由图可知，补偿后系统的无功容量 $Q_Z=Q_{\Sigma}-Q_C$，功率因数得到提高。

由图 13－43 所示的几何关系可以看出，补偿电容器的无功容量 Q_C 为

$$Q_C = P(\tan\varphi_1 - \tan\varphi_2)$$

式中　　P——系统的有功计算容量，kW；

$\tan\varphi_1$——补偿前功率因数角的正切值；

$\tan\varphi_2$——补偿后功率因数角的正切值。

补偿电容器一般接成三角形，电容器额定电压按线电压选择。

（3）补偿电容器的补偿方式和连接方法。补偿电容器一般有三种补偿方式，即集中补偿方式，分散补偿方式和单独补偿方式。目前煤矿应用最多的是集中补偿方式，将补偿电容器连接在地面变电所 6 kV 母线上。

补偿电容器的接线如图 13－44 所示，但要注意电容器的放电问题，因为电容器组与线路断开后，内部有残余电荷，电容器的泄漏电流又很小，残余电荷能保持很长时间。这时，如果工作人员误接触断开的电容器是很危险的。一般采用电阻或电压互感器放电。

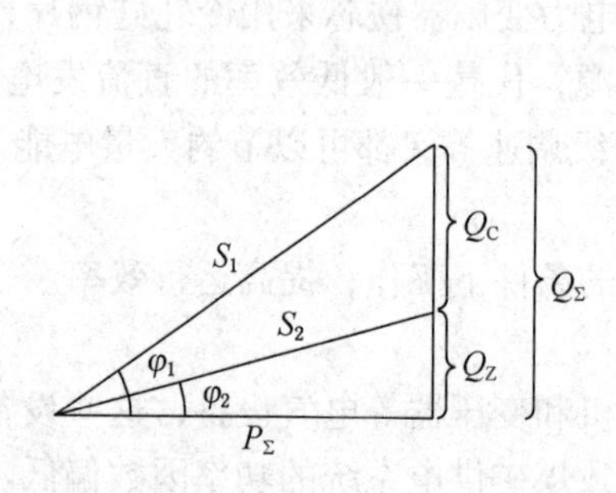

图 13－43　补偿前后的功率三角形

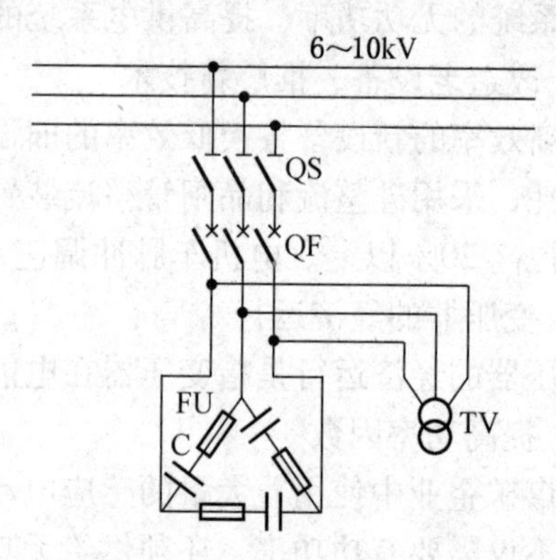

图 13－44　补偿电容器的接线方式

第五节　可编程控制器

一、定时器（T）及其工作特点

1. 定时器的动作及元件号

PLC 内有几百个定时器，其功能相当于继电控制系统中的时间继电器。定时器是根据时钟脉冲的累积计时的。时钟脉冲有 1 ms、10 ms、100 ms 3 种，当所计时间到达设定值时，其输出触点动作。

定时器可以由用户程序存储器内的常数 K 作设定值，也可将数据寄存器（D）的内容作设定值。当用数据寄存器的内容作设定值时，一般使用失电保持的数据寄存器。但应注意，如果锂电池电压降低，定时器、计数器均可能发生误动作。

（1）非积算定时器。FX2 系列 PLC 内有 100 ms 定时器 200 点（T0～T199），时间设定值为 0.1～3276.7 s；10 ms 定时器 46 点（T200～T245），时间设定值为 0.01～327.67 s。

图 13－45 为非积算定时器原理图。当驱动定时器线圈 T200 的输入 X0 接通时，T200 的当前值计数器对 10 ms 的时钟脉冲进行累计数。当计数值与设定值 K1500（15 s）相等

时，定时器的输出触点就接通，即输出触点在驱动线圈后的15 s时动作。

当输入X0断开或中途发生停电时，定时器复位，输出触点也复位。

（2）积算定时器。FX2系列PLC内有1 ms积算定时器4点（T246～T249），时间设定值为0.001～32.767 s；有100 ms积算定时器6点（T250～T255），时间设定值为0.1～3276.7 s。

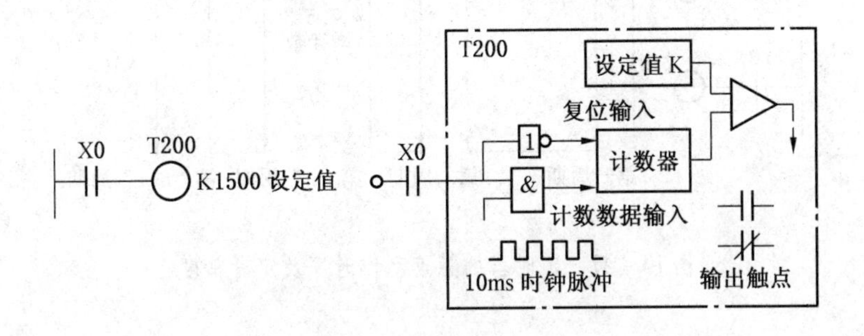

图13－45 非积算定时器原理图

图13－46所示为积算定时器的原理图。当X1接通时，定时器T250的线圈被驱动，T250的当前值计数器开始累计100 ms时钟脉冲的个数，当计数值与设定值K200相等时，定时器的输出触点接通。

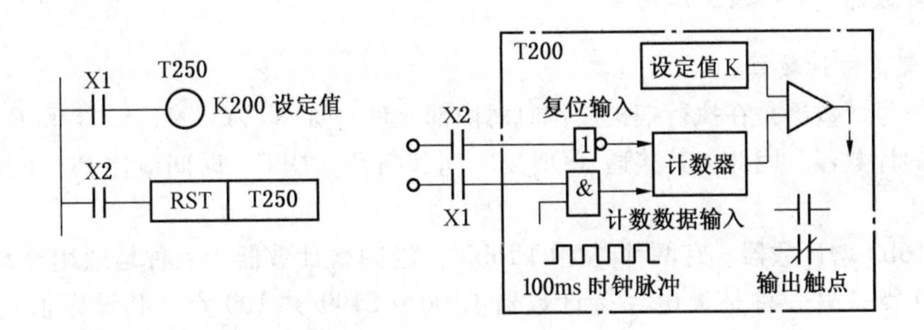

图13－46 积算定时器原理图

定时器计时过程中，即使输入X1断开或发生停电，当前值也可保持。输入X1再接通或复电时，定时器内的脉冲计数器继续计数，当累计时间达20 s时，T250的触点动作。

任何时候，复位输入X2接通，计数器复位，定时器的输出触点也复位。

（3）非积算定时器与积算定时值的比较。非积算定时器没有电池后备，在定时过程中，若遇停电或驱动定时器线圈的输入断开，定时器内的脉冲计数器将不保存计数值，当复电或驱动定时器线圈的输入再次接通后，计数器又从零开始计数。积算定时器由于有锂电池后备，当定时过程中突然停电或驱动定时器线圈的输入断开，定时器内的计数器将保存当前值；在复电或驱动定时器线圈的输入接通后，计数器继续计数直至计数值与设定值相等。

2. 触点的动作时序及精度

定时器在其线圈被驱动后开始计时，到达计时设定值后，在执行第一个线圈指令时定时器的输出触点动作。图13－47所示为定时器的触点动作时序及定时精度。

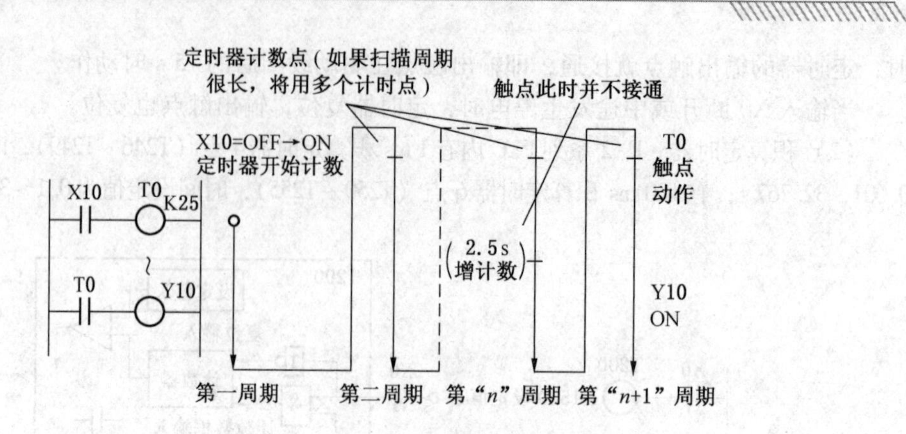

图 13－47 定时器的触点动作时序及定时精度

由触点动作时序图可以看出，从驱动定时器线圈到其触点动作，定时器触点的动作精度大致可表示为：

（1）T：定时器设定时间（s）；

（2）T0：PLC 扫描周期；

（3）α：1 ms、10 ms、100 ms 时钟脉冲所对应的时间 0.001 s、0.01 s、0.1 s。

二、计数器（C）及工作特点

1. 内部信号计数器

内部信号计数器是在执行扫描操作时对内部元件（如 X、Y、M、S、T 和 C）的信号进行计数的计数器。因此，其接通（ON）时间和断开（OFF）时间应比 PLC 的扫描周期稍长。

（1）16bit 增计数器。有两种类型的 16bit 二进制增计数器：一种是通用计数器 C0 ~ C99 共 100 点；另一种是失电保持计数器 C100 ~ C199 共 100 点，其设定值均为 K1 ~ K32767。失电保持计数器 C100 ~ C199 即使停电，其当前值和输出触点的置位/复位状态也能保持。

应注意，计数器的设定值 K0 与 K1 含义相同，即在第一次计数时，其输出触点动作。图 13－48 所示为增计数器的动作时序。X11 为计数输入，X11 每接通一次，计数器的当前值增 1。当计数器的当前值为 10 时，即计数输入达到 10 次时，计数器 C0 的输出触点接通，之后即使 X11 再接通，计数器的当前值都保持不变。当复位输入 X10 接通（ON）时，执行 RST 指令，计数器当前值复位为零，其输出触点也随之复位。

（2）32bit 双向计数器。双向计数器是既可设置为增计数，又可设置为减计数的计数器。32bit 的双向计数器计数值设定范围为 －2147483648 ~ ＋2147483647。FX2 系列 PLC 中有两种 32bit 双向计数器：一种是通用计数器，元件编号为 C200 ~ C219，共 20 点；另一种是失电保持计数器，元件编号为 C220 ~ C234，共 15 点。

失电保持计数器的当前值和输出触点状态在失电时均能保持。32bit 计数器可当作 32bit 数据寄存器使用，但不能用作 16bit 指令中的操作元件。

作增计数或减计数（即计数方向）由特殊辅助继电器 M8200 ~ M8234 设定，计数

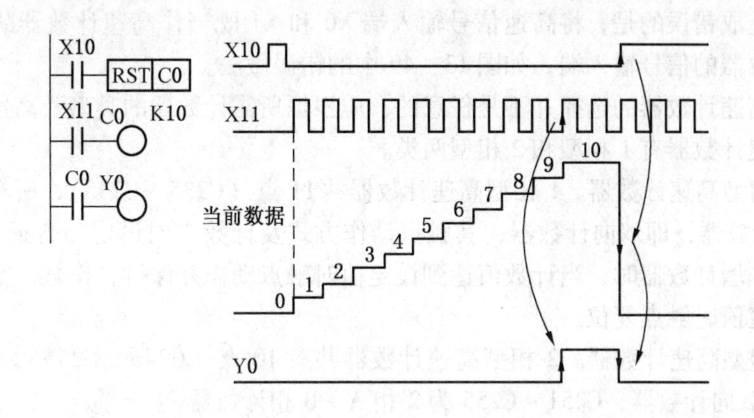

图 13-48 增计数器的动作时序

器与特殊辅助继电器一一对应，如计数器 C211 对应特殊辅助继电器 M8211。对计数器 C×××，当 M8×××接通（置1）时为减计数；当 M8×××断开（置0）时为增计数。计数值的设定可直接用常数 K，也可间接用数据寄存器 D 的内容作为设定值，但间接设定时，要用元件号紧连在一起的两个数据寄存器。

2. 高速计数器

FX2 系列 PLC 中共有 21 点高速计数器，元件编号为 C235 ~ C255，这 21 点高速计数器在 PLC 中共享 6 个高速计数器的输入端 X0 ~ X5。当高速计数器的一个输入端被某个计数器占用时，这个输入端就不能再用于另一个高速计数器，也不能用作其他的输入。也就是说，由于只有 6 个高速计数的输入，因此，最多只能同时用 6 个高速计数器。

高速计数器是按中断方式运行的，因而它独立于扫描周期。所选定计数器的线圈应被连续驱动，以表示这个计数器及其有关输入端应保留，其他高速处理不能再用这个输入端子。各个高速计数器都有其对应的输入端子。

图 13-49 所示为高速计数器的线圈驱动方式及计数信号输入方式。

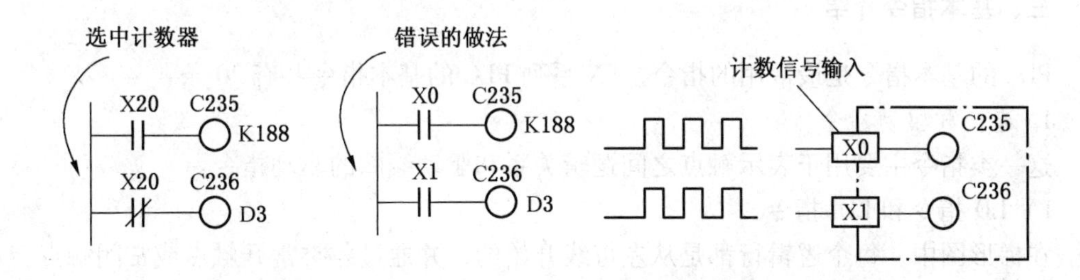

图 13-49 高速计数器的线圈驱动方式及计数信号输入方式

当 X20 接通时，选中高速计数器 C235，C235 对应的计数端为 X0，因此，计数脉冲应从 X0 输入而不能从 X20 输入。

当 X20 断开时，C235 断开，同时 C236 接通，选中计数器 C236。C236 的计数脉冲应从 X1 端输入而不能从 X20 输入。

最容易造成错误的是，将高速信号输入端 X0 和 X1 既当作高速计数器的选中端，又当作高速计数器的信号输入端，如图 13 – 49 中的错误做法。

可见，高速计数器的选择并不是任意的，应根据所需计数器的类型及高速输入的端子来选择。高速计数器有 1 相型和 2 相型两类。

（1）1 相型高速计数器。1 相型高速计数器共 11 点（C235 ~ C245），所有计数器都是 32bit 增/减计数器，即双向计数器，其触点动作方式及计数方向设定与普通 32bit 双向计数器相同。作增计数器时，当计数值达到设定值时触点动作并保持，作减计数器时，当计数值达到设定值时触点复位。

（2）2 相型高速计数器。2 相型高速计数器共有 10 点（C246 ~ C255），其中 C246 ~ C250 为 2 相双向计数器，C251 ~ C255 为 2 相 A – B 相计数器。

所谓 2 相，是指这种计数器具有两个计数器输入端，一个专门用于增计数信号输入，一个专门用于减计数信号输入。

（3）计数器的最高计数频率。计数器的最高计数频率受两个因素制约：一个是各个输入端的响应速度；另一个是全部高速计数器的处理时间。

各输入端的响应速度受硬件限制，不能响应频率非常高的输入信号。当只用其中一个高速计数器时，输入点 X0、X2、X3 的最高输入信号频率为 10 kHz；X1、X4、X5 的最高输入信号频率为 7 kHz。

高速计数器的处理时间是限制高速计数器计数频率的主要因素。高速计数器是采用中断方式运行的，因此，同时使用的计数器数量越少，计数频率就越高，如果某些计数器用比较低的频率计数，则其他计数器就可以用较高的频率计数。也就是说，所有高速计数器的计数频率总和不能超过一个定值。

计数频率总和是指同时在 PLC 计数输入端出现的所有输入信号频率之和的最大值。FX2 系列 PLC 的计数频率总和必须小于 20 kHz。

对于 2 相双向计数器，由于在使用时对某一特定时刻只能用 1 相信号，故可按单相计数器计算方法来计算频率总和。

三、基本指令介绍

PLC 的基本指令是最常用的指令。FX 系列 PLC 的基本指令共有 20 条。

1. 连接和驱动指令

这一类指令主要用于表示触点之间逻辑关系和驱动线圈的驱动指令。

1）LD 指令和 LDI 指令

在梯形图中，每个逻辑行都是从左母线开始的，并通过各类常开触点或常闭触点与左母线连接，这时，对应的指令应该用 LD 指令或 LDI 指令。

（1）LD 指令。又称“取指令”，其功能是使常开触点与左母线连接。

（2）LDI 指令。又称“取反指令”，其功能是使常闭触点与左母线连接。

“LD” 为取指令的助记符。“LDI” 为取反指令的助记符。LD 指令和 LDI 指令的操作元件可以是输入继电器 X、输出继电器 Y、辅助继电器 M、状态继电器 S、定时器 T 和计数器 C 中的任何一个。

LD 指令和 LDI 指令的使用如图 13 – 50 所示。

2）OUT 指令

OUT 指令又称“输出指令”或“驱动指令”，其功能是输出逻辑运算结果，根据逻辑运算结果去驱动一个指定的线圈。

驱动指令的操作元件可以是输出继电器 Y、辅助继电器 M、状态继电器 S、定时器 T 和计数器 C 中的任何一个。

OUT 指令的使用如图 13－51 所示。当输入继电器 X0 的常开触点闭合时,PLC 执行 OUTY1 指令,输出继电器 Y1 线圈被驱动接通,则 Y1 的常开触点闭合,Y1 的常闭触点断开。

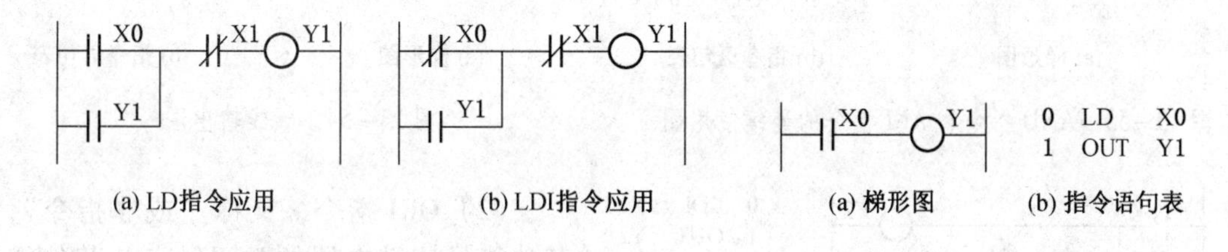

(a) LD指令应用　(b) LDI指令应用　(a) 梯形图　(b) 指令语句表

图 13－50　LD 指令和 LDI 指令的使用图　　图 13－51　OUT 指令的使用图

OUT 指令的说明：

(1) OUT 指令不能用于驱动输入继电器，因为输入继电器的状态是由输入信号决定的。

(2) OUT 指令可以连续使用，称为并行输出，且不受使用次数的限制，如图 13－52 所示。

(3) 定时器 T 和计数器 C 使用 OUT 指令后，还需有一条常数设定值语句。

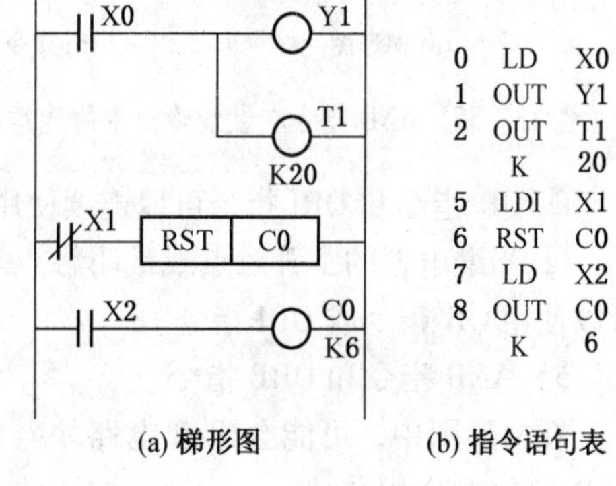

(a) 梯形图　(b) 指令语句表

图 13－52　OUT 指令的连续使用图

3）AND 指令和 ANI 指令

当继电器的常开触点或常闭触点与其他继电器的触点串联时，就应该使用 AND 指令或 ANI 指令。

(1) AND 指令，又称“与指令”，其功能是使继电器的常开触点与其他继电器的触点串联。

(2) ANI 指令，又称“与非指令”，其功能是使继电器的常闭触点与其他继电器触点串联。

AND 指令和 ANI 指令的操作元件可以是输入继电器 X、输出继电器 Y、辅助继电器 M、状态继电器 S、定时器 T 和计数器 C 中的任何一个。

(3) AND 指令和 ANI 指令使用说明：

① AND 指令和 ANI 指令可连续使用，并且不受使用次数的限制，如图 13－53 所示。

② 如果在 OUT 指令之后，再通过触点对其他线圈使用 OUT 指令，称之为纵接输出。如图 13－54 所示，X1 常开触点与 M1 的线圈串联后，与 Y0 线圈并联，就是纵接输出。这种情况下，X1 仍可以使用 AND 指令，并可多次重复使用，如图 13－55 所示。

4）OR 指令和 ORI 指令

在梯形图中，继电器的常开触点或常闭触点与其他继电器的触点并联时，使用 OR 指令或 ORI 指令。

（1）OR 指令，又称“或指令”，其功能是使继电器的常开触点与其他继电器的触点并联。

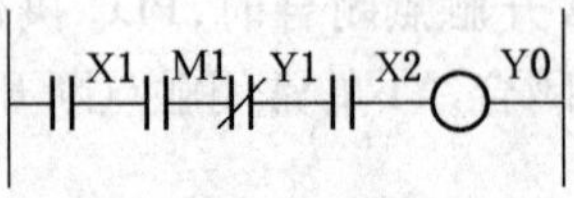

0	LD	X1
1	AND	M1
2	ANI	Y1
3	AND	X2
4	OUT	Y0

(a) 梯形图　(b) 指令语句表

图 13－53　AND 指令和 ANI 指令的连续使用图

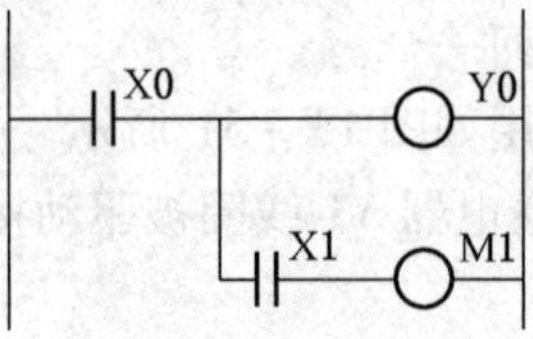

0	LD	X0
1	OUT	Y0
2	AND	X1
3	OUT	M1

(a) 梯形图　(b) 指令语句表

图 13－54　纵线输出图

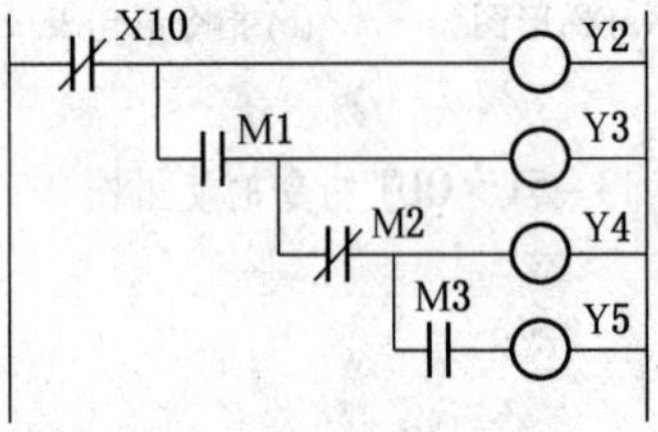

0	LDI	X10
1	OUT	Y2
2	AND	M1
3	OUT	Y3
4	ANI	M2
5	OUT	Y4
6	AND	M3
7	OUT	Y5

(a) 梯形图　(b) 指令语句表

图 13－55　AND 指令在纵线输出下的连续使用

（2）ORI 指令，又称“或非指令”，其功能是使继电器的常闭触点与其他继电器的触点并联。

OR 指令和 ORI 指令的操作元件可以是输入继电器 X、输出继电器 Y、辅助继电器 M、状态继电器 S、定时器 T 和计数器 C 中的任何一个。

（3）OR 指令和 ORI 指令使用说明：

① OR 指令和 ORI 指令可以连续使用，并且不受使用次数的限制。

② 当继电器的常开触点或常闭触点与其他继电器的触点组成的混联电路并联时，也可以使用 OR 指令或 ORI 指令。

5）ANB 指令和 ORB 指令

在梯形图中，可能会出现电路块与电路块串联或者并联的情况，这时，就要使用 ANB 指令或 ORB 指令。

将每个电路看成一个分支电路，每个分支电路的第一触点为分支起点，这时，规定要使用 LD 指令或 LDI 指令。也就是写每个电路块的指令语句表时，如果第一个触点是常开触点，不管这个触点是否接左母线要用 LD 指令；如果第一个触点是常闭触点，则要用 LDI 指令。

（1）ANB 指令，又称“电路块与指令”，其功能是使电路块与电路块串联。

（2）ORB 指令，又称“电路块或指令”，其功能是使电路块与电路块并联。

ANB 指令和 ORB 指令是独立指令，没有操作元件。

2. 多路输出指令

1）MC/MCR 指令

（1）MC 指令，又称“主控指令”，其功能是通过 MC 指令的操作元件 Y 或 M 的常开触点将左母线临时移到一个所需的位置，产生一个临时左母线，形成一个主控电路块。

（2）MCR 指令，又称“主控复位指令”，其功能是取消临时左母线，即将左母线返回到原来位置，结束主控电路块。MCR 指令是主控电路块的终点。

MC 指令操作元件由两部分组成：一部分是主控指令使用次数（N0 ~ N7），也称主控嵌套层数，一定要从小到大按顺序使用；另一部分是具体操作元件，可以是输出继电器 Y 或辅助继电器 M，但不能是特殊继电器。

MCR 指令的操作元件只有主控指令，使用次数 N0 ~ N7，但一定要与 MC 指令中嵌套层数一致。如果是多级嵌套，则主控返回时，一定要从大到小按顺序返回。

MC/MCR 指令的使用如图 13 – 56 所示。采用主控指令对梯形图进行编程时，可以将梯形图改画成图 13 – 56b 所示的形式。

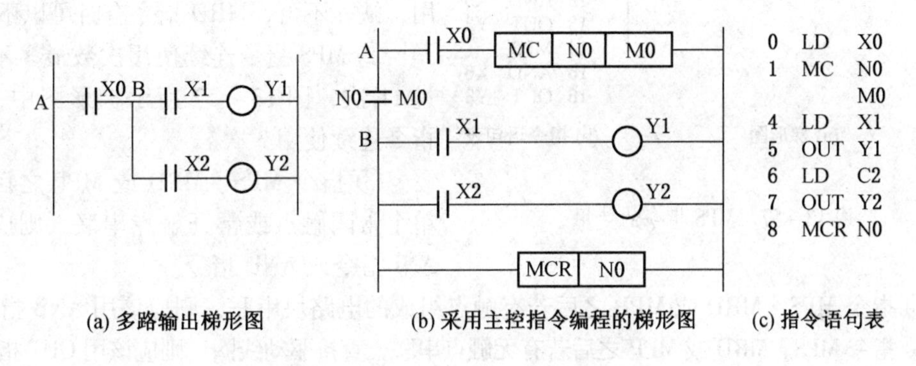

图 13 – 56　MC/MCR 指令的使用

（3）MC 指令和 MCR 指令使用说明：

① MC 指令的操作元件可以是输出继电器 Y 或辅助继电器 M，在实际使用时，一般都是使用辅助继电器 M。当然，不能用特殊继电器。

② 执行 MC 指令后，因左母线移到临时位置，即主控电路块前，所以，主控电路块必须用 LD 指令或 LDI 指令开始写指令语句表，主控电路块中触点之间的逻辑关系可以用触点连接的基本指令表示。

③ MC 指令后，必须用 MCR 指令使左母线由临时位置返回到原来位置。

④ MC/MCR 指令可以嵌套使用，即 MC 指令内可以再使用 MC 指令，这时嵌套级编号是从 N0 到 N7 按顺序增加，顺序不能颠倒。最后主控返回用 MCR 指令时，必须从大的嵌套级编号开始返回，也就是按 N7 到 N0 的顺序返回，不能颠倒，最后一定是 MCR N0 指令。

2）MPS、MRD 和 MPP 指令

在 FX2 系列 PLC 中，有 11 个存储运算中间结果的存储器，称为栈存储器。这个栈存储器将触点之间的逻辑运算结果存储后，就可以用指令将这个结果读出，再参与其他触点之间的逻辑运算。

（1）MPS 指令，又称“进栈指令”，该指令没有操作指令元件。MPS 指令的功能，将触点的逻辑运算结果推进栈存储器 1 号单元中，存储器每个单元中原来的数据依次向下推移。

（2）MRD 指令，又称“读栈指令”，该指令也没有操作元件。其功能是将栈存储器中 1 号单元的内容读出。

执行 MRD 指令时，栈存储器中每个单元中内容不发生变化，既不会使数据下压，也不会使数据上拖。

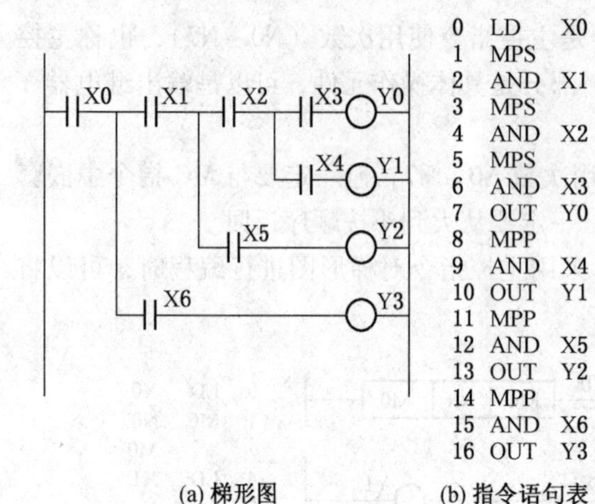

图 13－57 MPS 指令的使用

（3）MPP 指令，又称“出栈指令”，该指令也没有操作元件。其功能是将栈存储器中 1 号单元中结果取出，存储器中其他单元的数据依次向上推移。

（4）MPS、MRD 和 MPP 指令使用说明：

① MPS 指令和 MPP 指令必须成对使用，缺一不可，MRD 指令有时可以不用。

② MPS 指令连续使用次数最多不能超过 11 次，图 13－57 所示梯形图中，MPS 指令连续使用 3 次。

③ 指令 MPS、MRD 或 MPP 之后若有单个常闭触点或常开触点串联，则应该用 ANI 指令或 AND 指令。

④ 指令 MPS、MRD 或 MPP 之后若有触点组成的电路块串联，则应该用 ANB 指令。

⑤ 指令 MPS、MRD 或 MPP 之后若有无触点串联，直接驱动线圈，则应该用 OUT 指令。

3. 置位与复位指令

（1）SET 指令称为“置位指令”，其功能是驱动线圈，使其具有自锁功能，维持接通状态。

置位指令的操作元件为输出继电器 Y、辅助继电器 M 和状态继电器 S。

（2）RST 指令称为“复位指令”，其功能是使线圈复位。

复位指令的操作元件为输出继电器 Y、辅助继电器 M、状态继电器 S、积算定时器 T 和计数器 C。

4. 脉冲微分指令

脉冲微分指令主要用于检测输入脉冲的上升沿或下降沿，当条件满足时，产生一个很窄的脉冲信号输出。

（1）PLS 指令。PLS 指令又称“上升沿脉冲微分指令”。其功能是当检测到输入脉冲的上升沿时，PLS 指令的操作元件 Y 或 M 的线圈得电，产生一个宽度为一个扫描周期的脉冲信号输出。

PLS 指令的操作元件为输出继电器 Y 和辅助继电器 M，不含特殊继电器。该指令的使用如图 13－58 所示。

（2）PLF 指令。PLF 指令又称“下降沿脉冲微分指令”。其功能是当检测到输入脉冲信号的下降沿时，PLF 指令的操作元件 Y 或 M 的线圈得电一个扫描周期，产生一个脉冲宽度为一个扫描周期的脉冲信号输出。

PLF 指令的操作元件为输出继电器 Y 和辅助继电器 M，不含特殊继电器。

PLF 指令的使用如图 13－59 所示。

【例 13－1】 试设计一电动机过载保护程序，要求电动机过载时，能自动停止运转，并发出报警信号。

解：假定电动机只需连续正转，用热继电器进行过载保护。

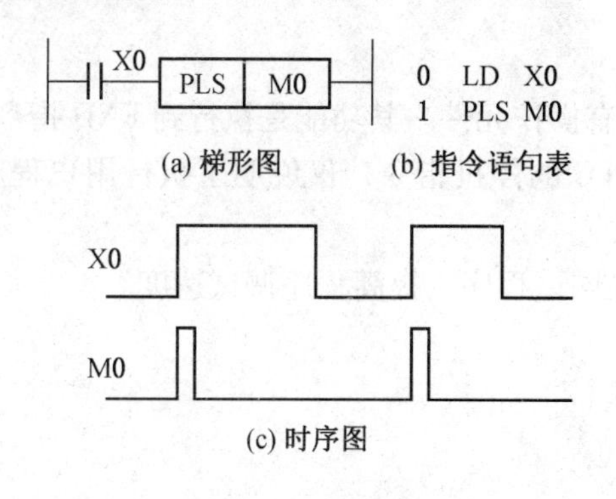

图 13－58　PLS 指令的使用

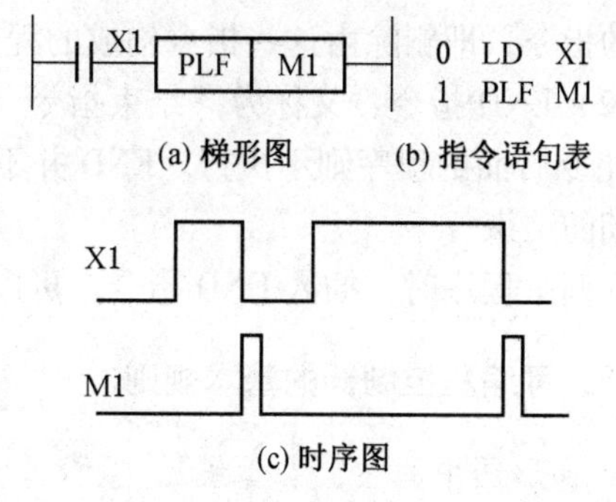

图 13－59　PLF 指令的使用

（1）分配 PLC 输入点和输出点。接线如图 13－60 所示，其中 HL 是报警灯。

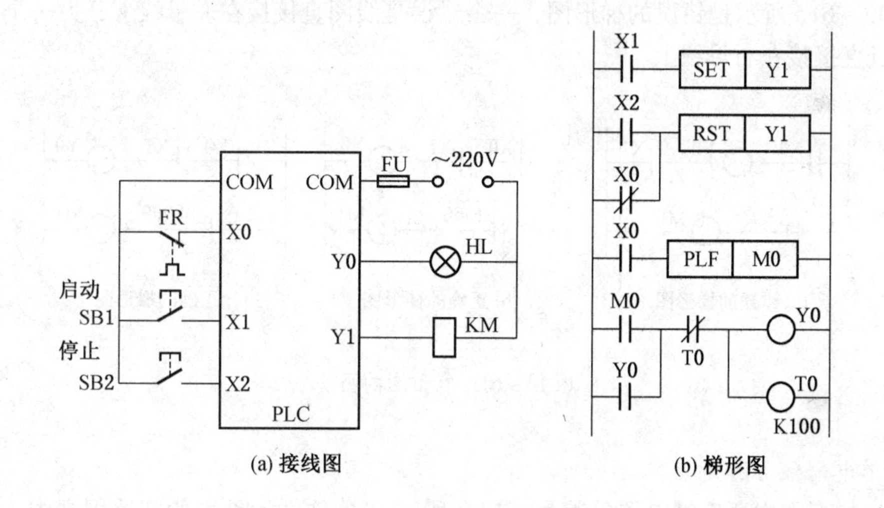

图 13－60　电动机过载保护

（2）程序设计：

电动机的连续运转控制，采用 SETY1 指令程序比较简单。电动机停车控制，是由 X2 常开触点和 X0 常闭触点并联，利用 RSTY1 指令实现。当按下停止按钮 SB2 或热继电器常闭触点断开时，都将执行 RSTY1 指令，使 Y1 线圈复位，电动机停止转动。

当过载时，FR 常闭触点断开，输入继电器 X0 线圈失电，X0 常闭触点恢复闭合，执行 RSTY1 指令，使 Y1 线圈断电，Y1 的触点复位，电动机停止工作。在 X0 常开触点断开瞬间，产生一个下降沿，PLEM0 指令使 M0 线圈得电一个扫描周期，M0 常开触点闭合一个扫描周期，使 Y0 和 T0 线圈同时得电，Y0 线圈得电后，使 Y0 常开触点闭合自锁，接通报警灯。T0 线圈得电后，定时器 T0 开始计时，10 s 后，T0 常闭触点断开，使 Y0 和 T0 线圈都失电，报警灯熄灭，停止报警。

5. 空操作与结束指令

（1）NOP 指令，又称“空操作指令”。其主要功能是在调试程序时，用其取代一些不必要的指令，即删除由这些指令构成的程序。

（2）END 指令，又称为“结束指令”，没有操作元件。其功能是执行到 END 指令后，END 指令后面的程序则不执行。END 并不是 PLC 的停机指令，仅说明了执行用户程序一个周期的结束。

在调试程序时，插入 END 指令，可以逐段调试程序，提高程序调试速度。

四、可编程控制器的基本规则

1. 梯形图中的左、右母线

画梯形图时必须遵守两点：

（1）左母线只能直接接各类继电器的触点，继电器线圈不能直接接在左母线。

（2）右母线只能直接接各类继电器的线圈（不含输入继电器的线圈），继电器的触点不能直接接右母线。

图 13－61a 所示是错误的梯形图，一个错误是线圈直接接在左母线上，另一个错误是常开触点直接接在右母线上。

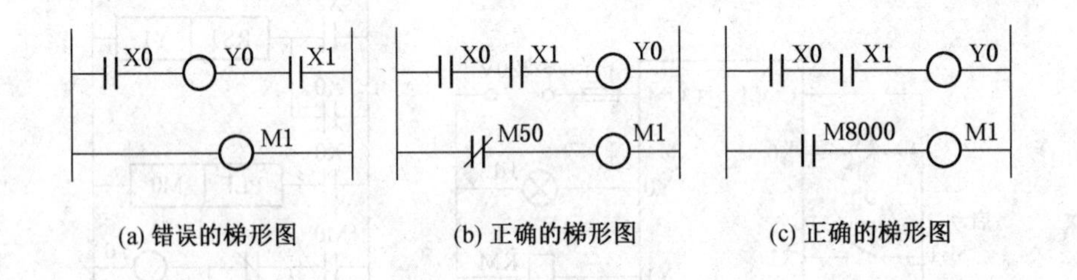

图 13－61　梯形图的画法

2. 继电器线圈和触点

（1）梯形图中所有继电器的编号，应在所选 PLC 软件元件表所列范围之内，不能任意选用。一般情况下，同一线圈的编号在梯形图中只能出现一次，而同一触点的编号在梯形图中可以重复出现。

同一编号的线圈在程序中使用两次或两次以上，称为双线圈输出。双线圈输出只有特殊情况下才允许出现。用步进指令编写的程序中，就允许同一编号的线圈多次出现。一般程序中如果出现双线圈输出，则容易引起误操作。

（2）梯形图中，只表示输入继电器的触点，输入继电器的线圈是不反映的。

（3）梯形图中，不允许出现 PLC 所驱动的负载，只能出现相应输出继电器的线圈。

（4）梯形图中，所有触点都应按从上到下、从左到右的顺序排列，并且触点只允许画在水平方向（主控触点除外）。

3. 合理设计梯形图

（1）在每个逻辑行中，串联触点多的电路块应安排在最上面，这样，可省略一条 ORB 指令。

（2）在每个逻辑行上，并联触点多的电路块应安排在最左边，这样，可省略一条 ANB 指令。

(3) 如果多个逻辑行中都具有相同的控制条件，可将每个逻辑行中相同的部分列在一起，共用同一个控制条件，以简化梯形图。

(4) 设计梯形图时，一定要了解 PLC 的扫描工作方式，即在程序处理阶段，对梯形图按从上到下、从左到右的顺序逐一扫描处理。这一点有别于继电控制线路。

五、顺序控制及状态流程图

1. 顺序控制简介

所谓顺序控制，就是按照生产工艺所要求的动作规律，在各个输入信号的作用下，根据内部的状态和时间顺序，使生产过程的各个执行机构自动、有序地进行操作。在实现顺序控制的设备中，输入信号一般由按钮、行程开关、接近开关、继电器或接触器的触点发出，输出执行机构一般是接触器、电磁阀等。

在顺序控制中，生产工艺要求每一个工步（或称为状态）必须严格按照规定的顺序执行,否则将造成严重后果。因此，顺序控制中每个状态都要设置一个控制元件，保证在任何时刻，系统只能处于一种工作状态。FX 系列 PLC 中规定状态继电器为控制元件，状态继电器共有 900 点有（S0 ~ S899）。其中，S0 ~ S9 为初始状态的专用继电器；S10 ~ S19 为回零状态的专用继电器；S20 ~ S899 为一般通用的状态继电器，可以按顺序连续使用。

当顺序控制执行到某一工步时，该工步对应的控制元件被驱动，控制元件使该工步所有输出执行机构动作，完成相应控制任务。当向下一个工步转移的条件满足时，下一个工步对应的控制元件被驱动，同时，该工步对应的控制元件自动复位，完成一个工步的控制任务。

顺序控制具有以下特点：

(1) 每个工步都应分配一个控制元件，确保顺序控制正常进行。

(2) 每个工步都具有驱动能力，能使该工步的输出执行机构动作。

(3) 每个工步在转换条件满足时，都会转移到下一个工步，而旧工步自动复位。

2. 状态流程图

任何一个顺序控制过程都可分解为若干步骤，每一工步就是控制过程中的一个状态，所以顺序控制的动作流程图也称为状态流程图，即用状态来描述控制过程的流程图。

在状态流程图中，一个完整的状态必须包括：

(1) 该状态的控制元件。

(2) 该状态所驱动的负载，它可以是输出继电器 Y、辅助继电器 M、定时器 T 和计数器 C 等。

(3) 向下一个状态转移的条件，它可以是单个常开触点或常闭触点，也可以是各类继电器触点的逻辑组合。

(4) 明确的转移方向。

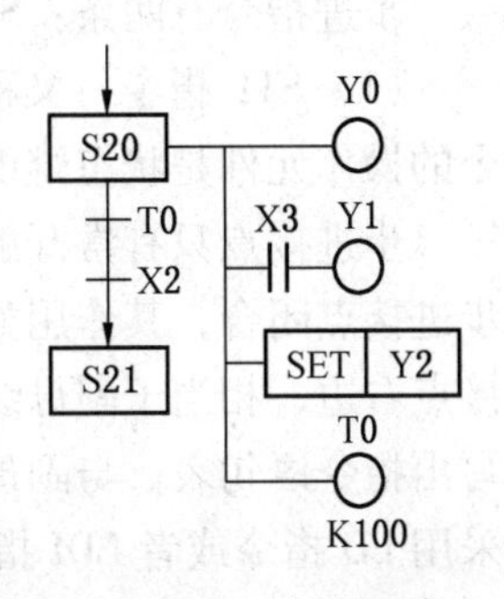

图 13 - 62 状态流程图的完整状态

图 13 - 62 所示为状态流程图中一个完整的状态。从图中可看到，用方框表示一个状态，框内标明该状态的控制元件编号，状态之间用带箭头的线段连接，线段上垂直的短线及其旁边的标注表示状态转移的条件，方框的右边为该状态的输出信号。

六、步进顺控指令及编程方法

每一个状态都有一个控制元件来控制该状态是否动作，为保
证在顺序控制过程中任意时刻只能处于在一个状态，使生产过程有序地进行，顺序控制也称为步进控制。FX 系列 PLC 中是采用状态继电器作为控制元件，状态继电器是利用其常开触点来控制该状态是否动作的，因此，常开触点的作用不同于普通常开触点。控制某一个状态的常开触点称为步进接点。

状态流程图中的某一个状态，如图 13－63a 所示，梯形图如图 13－63b 所示。

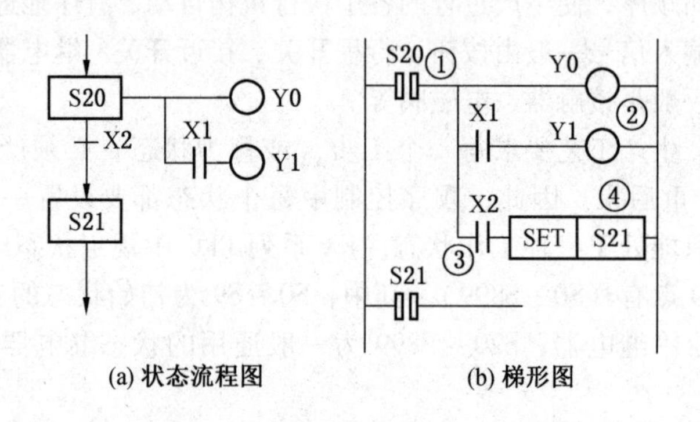

图 13－63　状态流程图和梯形图

1. 完整状态流程图表示方法

（1）控制元件：在梯形图中画出状态继电器的步进接点。

（2）状态所驱动的对象：依照流程图画出即可。

（3）转移条件：如果流程图中只标注 X1，则表示是以 X1 的常开触点动作作为转移条件；如果流程图中只标注 $\overline{X1}$，则表示以 X1 的常闭触点动作作为转移条件；如果带箭头的线段上有两个或两个以上垂直短线，表示触点的逻辑组合为转移条件。例如，标注了 X1 和 X2，则表示以 X1 与 X2 的常开触点串联作为转移条件。

（4）转移方向：用 SET 指令将下一个状态的状态继电器置位，以表示转移方向。

2. 步进指令

步进指令有两条：STL 指令和 RET 指令。

（1）STL 指令，又称“步进接点”指令，其功能是将步进接点接到左母线。STL 指令的操作元件是状态继电器 S，其应用如图 13－64 所示。

步进接点只有常开触点，没有常闭触点。步进接点接通，需要用 SET 指令进行置位。步进接点闭合，其作用如同主控触点闭合一样，将左母线移到新的临时位置，即移到步进接点右边，相当于副母线。这时，与步进接点相连的逻辑行开始执行。可以采用基本指令写出指令语句表。与副母线相连的线圈可以直接采用驱动指令；与副母线相连的触点可以采用 LD 指令或者 LDI 指令，如图 13－64b 所示。

当 X2 常开触点闭合后，执行 SETS21 指令，步进接点 S21 被置位，这时，步进接点 S20 将自动复位。S20 的状态转移到 S21 的状态，完成了步进功能。

（2）RET 指令，又称“步进返回”指令，其功能是使副母线返回到原来左母线的位置。RET 指令没有操作元件，应用如图 13－65 所示。

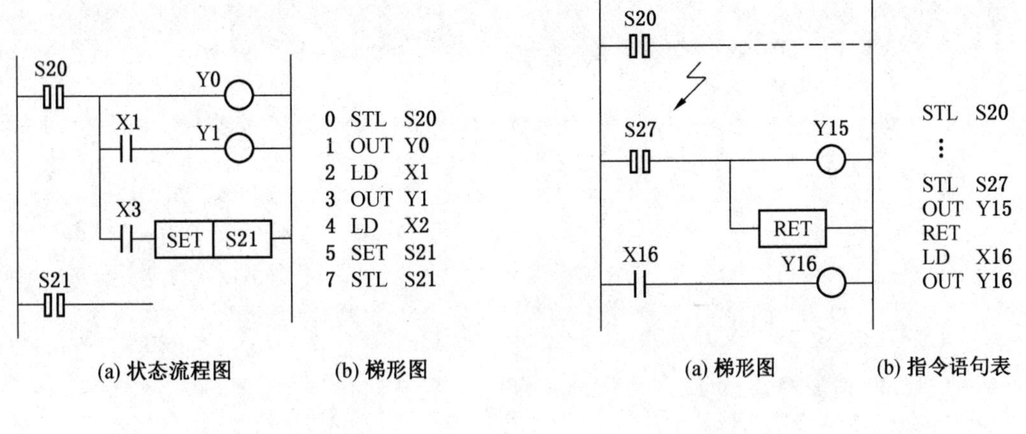

(a) 状态流程图

```
0 STL  S20
1 OUT  Y0
2 LD   X1
3 OUT  Y1
4 LD   X2
5 SET  S21
7 STL  S21
```

(b) 梯形图

图 13－64 STL 指令图

(a) 梯形图

```
STL  S20
 ⋮
STL  S27
OUT  Y15
RET
LD   X16
OUT  Y16
```

(b) 指令语句表

图 13－65 RET 指令图

在每条步进指令后面，不必都加一条 RET 指令，只需在一系列步进指令的最后面接一条 RET 指令，但必须要有 RET 指令。

（3）步进指令的使用。采用步进指令编程时，一般需要下面几个步骤：

① 分配 PLC 的输入和输出点，画出 PLC 的接线图，列出输入和输出点分配表。

② 根据控制要求或加工工艺要求，画出顺序控制的状态流程图。

③ 根据状态流程图，画出相应的梯形图。

④ 根据梯形图，写出对应的指令语句表。

⑤ 用编程器输入程序（梯形图或指令语句表）。

⑥ 调试程序。

第六部分
高级矿井维修电工技能要求

第十四章 基本操作能力

第一节　计　算　能　力

一、煤矿供电系统短路电流的计算

煤矿供电系统常发生的是三相短路、两相短路，对于计算无限大电网的短路电流，主变压器以前的系统阻抗可以忽略不计。

三相短路电流计算公式：

$$I_{\mathrm{d}}^{(3)}=\frac{U}{\sqrt{3}\sqrt{R^{2}+x^{2}}}$$

两相短路电流计算公式：

$$I_{\mathrm{d}}^{(2)}=\frac{U}{2\sqrt{R^{2}+x^{2}}}$$

式中　$I_{\mathrm{d}}^{(3)}$、$I_{\mathrm{d}}^{(2)}$——三相、两相短路电流，A 或 kA；

U——变压器二次侧的线电压，V 或 kV，一般取标准电压，比系统的额定电压高 5%，6 kV 取 6.3 kV，0.66 kV 取 0.69 kV，0.38 kV 取 0.40 kV；

R、x——短路点以前的总电阻和总电抗，均已折算到短路点所在处的电压等级，Ω。

对于高压供电系统，因回路中各元件的电抗占主要成分，电阻可忽略不计，则三相短路电流和两相短路电流的计算公式变为

$$I_{\mathrm{d}}^{(3)}=\frac{U}{\sqrt{3}\,x}$$

$$I_{\mathrm{d}}^{(2)}=\frac{U}{2x}$$

二、高压电动机的过流保护的计算及整定

1. 电流速断保护

异步电动机应躲过启动电流，保护装置动作电流为

$$I_{\mathrm{Z}}=K_{\mathrm{k}}K_{\mathrm{C}}\frac{I_{\mathrm{st}}}{K_{\mathrm{i}}}$$

式中　K_k——可靠系数，采用 GL 型继电器取 1.6～1.8，DL 型取 1.4～1.6；

K_C——接线系数；接在相上为 1，接相差上为$\sqrt{3}$；

K_i——电流互感器变比；

I_{st}——电动机启动电流。

同步电动机按下述两条件计算，取其较大者：

（1）应躲过启动电流。

（2）应躲过外部短路时输出的电流。

$$I_Z = K_k K_C \frac{I_d^{(3)}}{K_i}$$

式中　$K_d^{(3)}$——系统中外部三相短路时，电动机的反馈电流。

灵敏度校验：

$$K_m = \frac{I_d^{(2)} K_C}{K_i I_Z} > 2$$

式中　$I_d^{(2)}$——系统最小运行方式下，保护装置安装处两相短路电流。

2. 过载保护

（1）过载保护动作电流：

$$I_Z = K_k K_C \frac{I_N}{K_f K_i}$$

式中　K_k——可靠系数，动作于信号取 1.1，动作于跳闸取 1.2～1.4；

K_f——返回系统，取 0.85；

K_C——接线系数，接相上为 1，接相差上为$\sqrt{3}$；

I_N——电动机额定电流。

（2）动作时限应躲过启动时间：

$$t_s > t_{st}$$

式中　t_{st}——电动机实际启动时间。

三、变压器电流保护的整定计算

1. 电流速断

应按躲过变压器二次三相短路电流计算保护动作电流。

$$I_Z = K_k K_C \frac{I_d^{(3)}}{K_i}$$

式中　K_k——可靠系数；采用 DL 型取 1.2，采用 GL 型取 1.4；

K_C——接线系数，接相上为 1，相差上为$\sqrt{3}$；

$I_d^{(3)}$——变压器二次最大三相短路电流；

K_i——电流互感器变比。

2. 过电流保护

1）动作电流

$$I_Z = K_k K_C \frac{I_1}{K_f K_i}$$

式中　K_k——可靠系数，取2~3；

I_1——变压器一次额定电流，A；

K_f——返回系数，取0.85。

2）灵敏度校验

（1）多相短路灵敏系数：

速断保护灵敏系数：

$$K_m = \frac{I_{d1}^{(2)}}{I_Z K_i} > 2$$

过流保护的灵敏系数：

$$K_m = \frac{I_{d2}^{(2)}}{I_Z K_i K_U} > 1.5$$

（2）单相短路灵敏系数：

$$K_m = \frac{I_d^{(2)} K_{mx}}{I_Z K_i K_U} > 1.5$$

式中　$I_{d1}^{(2)}$——变压器一次最小两相短路电流；

$I_{d2}^{(2)}$——变压器二次最小两相短路电流；

$I_d^{(2)}$——变压器二次最小单相短路电流；

K_i——变压器一次电流互感器变比；

K_U——变压器变压比；

K_{mx}——单相短路的相对灵敏系数；对继电器接在相差上 $K_{mx}=0$，对继电器接在相上 $K_{mx}=0.5$，对继电器接在相和上 $K_{mx}=1.0$。

四、高低压电缆截面选择计算

1. 高压电缆

高压电缆的截面一般按两种方法选择。

（1）按持续允许电流：

$$KI_P \geqslant I_a$$

式中　I_P——电缆允许载流量，A；

K——环境温度校正系数，25 ℃时为1；

I_a——通过电缆的最大持续工作电流，A。

（2）按经济电流密度：

$$S = \frac{I_N}{J}$$

式中　S——电缆截面，mm^2；

I_N——电缆的持续工作电流，A；

J——经济电流密度，A/mm^2。

J的值取决于电缆的年运行小时，一般年运行小时在3000~5000 h，J值对铜芯电缆取2.25，对铝芯电缆取1.73。若年运行小时小于3000 h，J分别取2.5和1.93。若大于5000 h，J分别取2.0和1.53。

2. 低压电缆

电缆工作时的负荷电流应小于电缆所允许的持续电流，所选电缆应保证距离最远，容量最大的采掘设备在重载启动时的端电压不低于额定电压的75%。电动机正常运行时的端电压不得低于额定电压的95%。这些因素是电缆截面选择时必须满足的基本要求。

1）按持续允许电流选择截面

$$KI_{P} \geqslant I_{a}$$

式中　I_{P}——电缆允许载流量，A；

K——环境温度校正系数，25 ℃时为1；

I_{a}——用电设备持续工作电流，A。

用电设备持续工作电流的计算方法：向两台以下电动机供电的电缆，以电动机的额定电流之和计算；向三台及以上电动机供电的电缆，则须先用需用系数算出计算功率，再求出额定电流之和。

（1）先算出计算功率：

$$P = K_{x} \sum P_{N}$$

式中　P——干线电缆所供负荷的计算功率，kW；

K_{x}——需用系数；

$\sum P_{N}$——干线电缆所供电动机额定功率之和，kW。

（2）计算出干线电缆所通过的工作电流：

$$I = \frac{P \times 10^{3}}{\sqrt{3} U_{N} \cos\varphi}$$

式中　I——干线电缆所通过的工作电流，A；

P——干线电缆所供负荷的计算功率，kW；

U_{N}——电网额定电压，V；

$\cos\varphi$——平均功率因数。

2）按允许电压损失选择电缆截面

在低压供电系统中，根据电动机工作时的端电压不低于额定电压95%的原则，可求出各种额定电压等级时的允许电压损失：

额定电压为380 V时，$\Delta U_{Y} = (400 - 380 \times 5\%)$ V = 39 V。

额定电压为660 V时，$\Delta U_{Y} = (690 - 660 \times 5\%)$ V = 63 V。

额定电压为1140 V时，$\Delta U_{Y} = (1140 - 1140 \times 5\%)$ V = 117 V。

400 V，690 V，1200 V分别为380 V，660 V和1140 V系统变压器的空载电压值。满足允许电压损失的最小截面用下式求得

$$S_{min} = \frac{\rho \sum P_{N} L \times 10^{3}}{\Delta U_{Y} U_{N}}$$

式中　S_{min}——电缆最小计算截面，mm^2；

ρ——电阻率，铜材为0.0175，铝材为0.0283，mm^2/m；

L——电缆的实际长度，m；

ΔU_Y——允许电压损失，V；

U_N——电网的额定电压，V。

五、提升机直流快速开关的选择计算

直流快速自动开关（俗称“快开”）对于系统中的一些严重过流故障，如逆变颠覆、电动机环火、直流侧金属性短路等具有快速保护作用。

一般按下列条件选择快速开关：

（1）额定电流 $I_N \geqslant I_{dN}$，其中，I_{dN}为额定直流电流。

（2）额定电压 $U_N \geqslant U_{dN}$，其中，U_{dN}为额定直流电压。

（3）断流能力 $I_B \geqslant I_{dim}$，其中，I_{dim}为直流侧短路时稳态直流电流平均值。

（4）动作时间 $t_{dZ} \leqslant 20$ ms。

快开的整定原则：动作电流应大于电动机最大允许工作电流，小于电动机最大切断电流。

第二节　组　织　能　力

一、组织提升机控制设备的安装

1. 安装前的准备工作

（1）熟悉和审查技术文件、图纸。技术文件包括设计说明书、电气设备布置图及基础图、电气控制原理系统图、电气安装接线图、设备出厂说明书和其他出厂技术文件、依据图纸作出的设备和主要材料需领清单、按施工需要作出的一般材料和消耗材料计划。

（2）组织准备各类安装工具、测量仪器、仪表。

（3）协助工程技术人员编制施工安全技术措施，检查基础质量、基础各部尺寸和施工记录，组织电工学习安装标准。

（4）开箱检查主要电气设备铭牌数据是否符合设计要求，设备零部件是否齐全完好，紧固件有无松动脱落，最后用干燥压缩空气吹净各处灰尘。

2. 主电动机的安装

主电动机的安装按下述步骤进行：电动机底盘的安装和调整；轴承座的安装和调整；定、转子的安装调整，并初步调整定、转子空气隙，转子轴向窜动量；电动机轴找中心，同时精确调整定、转子间空气隙，转子轴向窜动量，轴和轴瓦配合间隙；紧固底脚螺钉，复校定、转子空气隙值，装上定子和轴承座销钉；安装润滑油系统，通风系统，接地装置；安装刷架和电刷，进行外部电气接线；二次浇灌。其中有些步骤可根据施工具体情况安排先后顺序或交叉进行。新安装的电动机，要根据电动机的受潮情况和现场的具体条件选择合适的方法进行干燥，干燥时要严格控制电动机各部分温升，不得超过各部最高允许温度。新安装的电动机一般要按《煤矿机电设备安装标准》进行有关电气试验和测量。

3. 高压开关柜的安装

开关柜安装需用的基础型钢应平行，并在同一水平面内，接地应良好（接地不应少于两处），底脚螺栓应垂直、牢固。

4. 换向器的安装

换向器的安装工作按以下次序进行：

（1）换向器（柜）的固定、找正。

（2）换向器各接触器间控制连线。

（3）换向器周围装围栅及栅栏门闭锁开关。

（4）换向器的调整。

（5）换向器的试验。

换向器绝缘的交流耐压等试验项目按《煤矿机电安装工程质量检查及标准》进行。

5. 转子磁力站的安装

（1）磁力站应安装于离司机台较远处，以免接触器动作影响司机操作，为便于检修，盘与墙壁间应留有足够的距离。

（2）磁力站控制盘应垂直安装，不得后倾，垂直误差不应超过 2/1000，继电器盘与接触器盘应间隔 10 ~ 20 mm 并分别固定。

（3）盘组立时，先将盘用螺栓固定在基础槽钢上，找平找正后用螺钉将槽钢固定在基础上，为加强盘的稳固，盘后用角铁与墙壁固定。

（4）盘后的动力电缆和控制电缆可固定在用角铁制成的支架上。电缆头及芯线的排列，要不遮盖盘面，整齐美观，便于检修。

（5）检查和调整交流接触器、继电器。

6. 加速柜的安装

真空接触器加速柜或可控硅加速柜柜体的安装参照高压开关柜安装的介绍进行。真空管的试验调整，参照真空管换向器的介绍进行。柜内接线按《煤矿机电设备安装工程质量验收标准》进行。

二、组织井下中央变电所电气设备的安装

1. 安装前的准备工作

安装前的准备工作参照提升机电控设备安装前的准备工作。

2. 变电所电气设备的布置原则

（1）变电所内的设备之间的电气设备连接，除在开关柜内可用母线连接外，必须用电缆进行连接。高压电缆一般应敷设在电缆沟中，低压电缆沟内难以敷设时可以悬挂在墙壁上。

（2）为缩短硐室的长度，一般采用双列布置，只有在设备台数较少、低压开关采用配电盘时，才采用单列布置。

（3）硐室尺寸按设备最大数量及布置方式确定，并需满足以下条件：①高压配电设备的备用位置按设计最大数量的 20% 考虑，且不少于两台；②低压设备的备用回路，按最多馈出回路数的 20% 考虑；③主变压器为两台及以上时，不需要留备用位置。

（4）高压开关柜在布置时，操作走廊宽度不小于 1500 mm（单列布置）或 2000 mm（双列布置）；维护走廊不小于 800 mm，靠墙布置时的离墙距离不小于 50 mm（背面）和 200 mm（侧面），对于隔爆配电箱为 500 ~ 800 mm 或 800 ~ 1000 mm。

（5）所有电气设备外壳必须接地，接地母线沿硐室内壁敷设，由于井下主接地极均

设置在主排水泵房的吸水小井内，距变电所很近，故中央变电所内除检漏继电器的辅助接地极外不设置局部接地极。

3. 中央变电所典型布置方式

（1）高、低瓦斯矿井，高压开关柜台数不太多，低压开关采用矿用一般型低压配电屏，高压开关采用 BGP 型高爆开关或 GKFC－1 型高压开关柜，并有 4 台动力变压器，布置方式如图 14－1 所示。

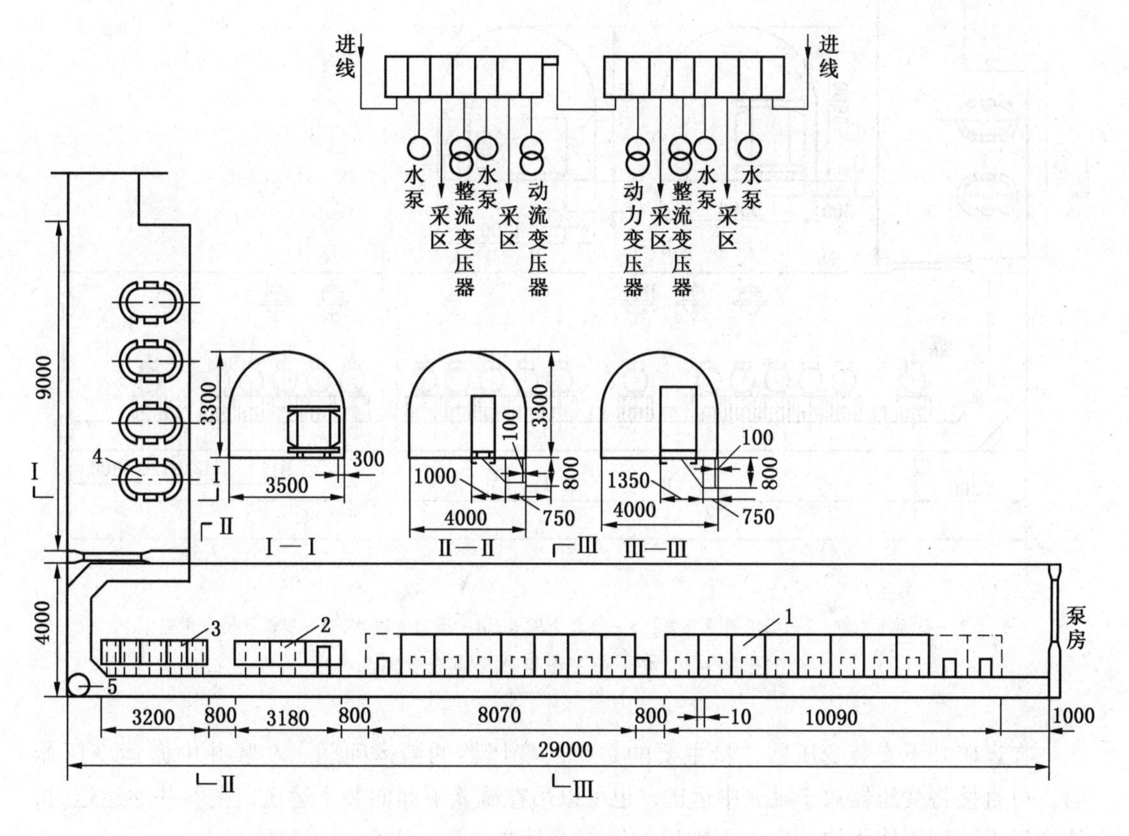

1—高压开关柜；2—硅整流器；3—矿用低压开关柜；4—动力变压器；5—照明变压器

图 14－1 井下中央变电所设备布置例一

（2）煤（岩）与瓦斯突出的矿井，高压开关采用 BGP 型高爆开关或 KYGG，KYGC 型高压真空开关柜，低压开关采用 DW－80 型隔爆自动馈电开关，高低压开关采用双列布置，中央变电所的设备布置如图 14－2 所示。

4. 中央变电所电气设备的安装

1）变压器的安装

（1）变压器的外观检查。变压器运到矿井地面后，必须进行以下几项外观检查：①变压器与图纸规定的型号、规格是否相符；②变压器器身不应有机械损伤，箱盖螺栓应完整无缺，密封衬垫要求密封良好，无渗油现象；③套管不渗油，表面无缺陷；④对变压器油做耐压试验并进行绝缘电阻的测定，应符合完好标准。

（2）变压器的安装。变压器经上述各项检查并确认无异常，即可进行就位安装。

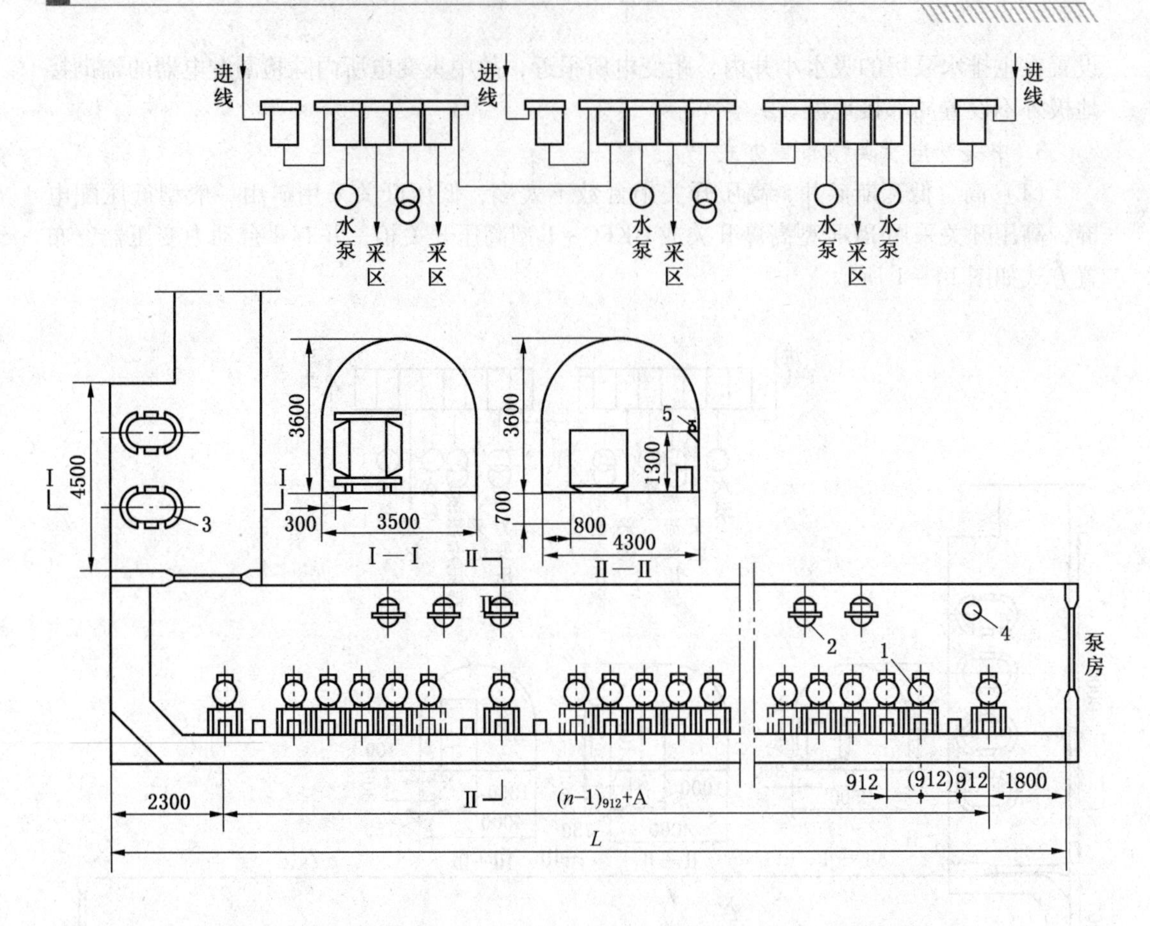

1—高压开关柜；2—低压隔爆开关；3—动力变压器；4—照明变压器；5—隔爆检漏继电器

图 14－2　井下中央变电所设备布置例二

在煤矿井下安装变压器，最主要的是解决变压器的搬运问题。在竖井中搬运变压器时，可直接将变压器放于罐笼中运送，也可以吊在罐笼下面向井下运送；在斜井中运送时，注意运送速度不能太快；在上下坡口的地方尤其要注意，以免掉道和翻车。

变压器与变压器，变压器与墙壁或其他设备之间，要留有一定间隔，作为检修通道。在变压器高低压两侧分别接上事先做好的高压电缆，并接好地线。接线时，要用两把扳手进行，用一把扳手将固定套管的压紧螺母稳住，以防紧线时引起螺栓旋转，使内部接线头松动或位移；用另一把扳手拧紧螺母，压紧电缆芯线。

（3）变压器的接线。变压器的接线主要有引入电源线与变压器的一次侧连接；二次侧与低压引出线的连接；变压器接地的连接及变压器的绕组连接。

一、二次侧接线连接时的注意事项：连接头一定要牢固可靠；接线螺栓、引线瓷瓶、接线板无损伤、无裂纹，标号齐全，引线绝缘无老化破损现象；接线符合要求，接线柱无烧伤、秃扣。接线终端应用线鼻子或过渡接头连接；分接开关应完整无损，位置正确；套管接线柱无灼痕、滑扣现象，并应有防松装置。

（4）变压器的试运行。新安装的变压器，在试运行前，应按技术要求进行运行前的试验，试验合格方可投入运行。

① 严密性试验和漏油检查：采用0.3～0.6 m长的铁管，上装漏斗，将它紧拧在变压油嘴内，将变压器呼吸孔关闭，然后在漏斗中加入与变压器油相同型号的变压器绝缘油。

试验时，对于管状和平面油箱，应采用0.6 m的油柱压力；对波状油箱和有散热的油箱，采用0.3 m的油柱压力，持续15 min。同时检查散热器、油箱、油枕、套管法兰等变压器各部件的结合处是否漏油、渗油。如有渗漏现象应及时处理。试验完毕后，应将油面降到正常范围，并及时打开呼吸孔。

② 变压器的外壳检查：接线端子是否松动；接地线是否接妥；通向散热器及油枕上的油门是否全部打开；防爆膜是否合格；变压器顶盖上有无其他杂物。

③ 空载试验。空载试验的目的是检查变压器空载电流 I_0 和空载损耗 P_0，是否和该变压器标定数值或历史记录相符。试验时，变压器的继电保护装置均应投入，变压器的进线侧加上额定交流电压。如有条件，所加的电压应从零开始，逐步升高到额定电压。此时观察空载电流、电磁声、出线套管、油位等各部位工作是否正常，如果一切情况正常则可投入运行。

④ 检查变压器电压切换档是否正常。第一次投入运行时，可先把调压开关放在中间一档，以后视情况再行切换。

⑤ 对变压器进行全压冲击合闸试验，要反复进行5次。第一次变压器带电后，运行时间不少于10 min，一方面考虑变压器的端部绝缘，另一方面可监听变压器内部有无不正常杂音，方法是用绝缘杆靠在变压器外壳仔细听变压器声音是否均匀有节奏，如果有断续的爆炸声或突发性的剧烈响声，应立即停止。经5次冲击试验合格后方可投入运行。

经过上述检查和试验后，如果一切情况正常，变压器便具备了正式投入运行的条件。

2）高压开关柜的安装

安装前的检查：

(1) 检查规格、型号、回路和线路布置是否符合设计要求，通过检查，可在柜上标明回路编号及位置。

(2) 柜上的零件是否齐全，备用的零件数量是否符合装箱数量。

(3) 仪表有无损坏，受潮，并及时处理。

安装分两步走：就位；操平、找正。就位、操平、找正后紧固螺栓即完成了安装。

多台柜安装时，可先安装中间的，然后再安装两侧的，也可以从一侧排列到另一侧。但要注意柜的垂直度、水平度及柜面不平度的允许偏差值应符合规定。

整体安装好后，开始二次线的敷设和检查，使二次回路走线完全符合设计要求，与此同时对不同用途柜进行输入或馈出一次线路的连接。根据选用不同型号的电缆，采用干包或环氧树脂电缆头，至此高压柜安装完毕。

三、组织电气设备的定期检修

煤矿电气设备的定期检修有日常保养和定期保养，日常保养也叫日检，主要检查经常磨损、振动而易于松动和经常切合电流，进而导致易于烧伤和击穿绝缘的部件，此项工作主要由维修电工进行。定期保养是指设备运行到规定时间后，由维修电工按规定的内容进行保养和维护修理，一般在生产间歇时间进行。下面以交流拖动提升机电控系统为例介绍定期检修的主要内容。

1. 日检的具体内容

（1）检查高压换相接触器的静触头和动触头：如有烧伤和铜瘤，要进行刮除和锉光；调整三相接触的同时性，以及动触头的弹性压力等；摇测触头开路时的绝缘，以检查有无爬电现象；检查辅助触头是否与主触头动作协调，接触是否可靠以及线圈吸合与释放是否正常，闭锁是否正常等。

（2）检查主令控制器的触头是否光滑，接触是否良好，接线端子是否可靠，有无松动。

（3）检查转子磁力站各接触器、继电器的主触头和辅助触头接触是否良好，连接有无松脱，线圈有无过热烧伤，操作试验有无异常现象。

（4）检查转子外接电阻箱连接有无松脱，连接线有无过热烧伤或断路。

（5）检查主电动机转子的滑环有无烧伤，电刷接触是否良好，电刷在刷盒中是否灵活及其弹性压力是否适合。

（6）检查安全回路和保护装置，诸如松绳保护、过卷保护、限速保护等是否正常。

（7）其他易于碰触的绝缘，经常活动的部位，都要重点检查。

（8）检查提升信号回路的触头和绝缘，闭锁是否正常。

（9）进行井口过卷保护和深度指示器上的过卷保护试验。过卷位置超过 0.5 m 未能断电制动时，要进行调整重试。

2. 周（旬）检主要内容

周（旬）检主要内容有：

（1）检查主电动机定子绕组的端子连接是否紧固，并摇测绝缘。

（2）更换过短的电刷、磨损过大的触头，以及过热的线圈。

（3）检查液压站的电气部件和线路。

（4）检查深度指示器的电气部件和线路。

3. 月检主要内容

除周检内容外，还有以下内容：

（1）详细检查和调整安全保护装置和线路，并做动作试验。

（2）检查高压开关柜的操作机构，辅助触头，速断、过流和失压保护等是否灵敏。检查主触头的接触是否良好，有无烧伤和变形，以及绝缘油的油质、油量等。

4. 小修主要内容

提升机电气部分的小修周期，一般为 3 ~ 6 个月。小修是对电气设备个别零件进行检修，基本上不拆卸检修量大的部分。

（1）检查高压开关柜主回路与辅助回路的连接、导电部位对地及相间距离、继电保护整定试验；测定三相触头的导电性（微欧电阻值），开关闭锁、辅助触头与主触头的相对位置以及隔离开关的通断状态等。

（2）检查提升机辅助变压器的一、二次端子连接，清擦套管，检查接地装置，检查有无漏油，检查油位是否正常，摇测绝缘电阻。

5. 中修的周期及主要内容

提升机电气部分的中修周期，一般为 1 ~ 2 年，主要修理项目内容有如下几点。

（1）高压开关柜拆验油断路器的油箱，拆修消弧室，更换触头，试验同时接触性，以及接触电阻，测绝缘电阻等。

(2) 高压换向接触器拆换隔弧绝缘板，修换触头，调整三相开距，检查正反向机械闭锁和电气闭锁。

(3) 高压真空换向接触器真空消弧室极间作耐压试验，以检查真空度；调整超行程，测定氧化锌（ZnO）压敏电阻泄漏电流，以检查过电压保护的可靠性。

(4) 主电动机抽出转子，检查定子及转子绕组槽楔、绕组绝缘、连接有无发热痕迹，清洗轴承，更换新轴承，更换润滑油，吹净灰尘，进行喷漆、干燥。

(5) 检查可控硅动力制动电源装置、可控硅低频制动电源装置、可控硅固态接触器及可控硅整流装置等，以示波器检查主回路和各触发控制环节的波形图。

6. 大修的周期及主要内容

提升机电气部分的大修周期，一般为 4 ~ 6 年，主要修理项目内容有：

(1) 更换高压换向接触器或真空换向器的真空灭弧室及吸持线圈。

(2) 更换主电动机，送厂拆修，更换绕组，更换轴承。

(3) 转子磁力站更换交流接触器、经济电阻、时间继电器。电流加速继电器是否更换，视劣化程度而定。

(4) 可控硅动力制动电源装置、可控硅低频制动电源装置、可控硅固态接触器及可控硅整流装置更换可控硅元件及触发控制插件。

四、组织新安装提升机电控系统的试运转检查

1. 电动机的检查

(1) 清除电动机外部灰尘和杂物，检查电动机内部有无杂物落入，观察各线圈端接线的绝缘及铁芯有无损坏，扎线及楔子的固定情况，固定螺栓和定位销钉的情况；检查出线的正确性及在电动机接线端子上连接的牢固情……绕组出线头的标号与电缆连接是否正确。

(2) 检查滑环和电刷装置，滑环表面应光……电刷在刷架内应能上下自由移动，压力尽可能……

(3) 按照电动机试验标准要求，检查电……

2. 高压开关柜的检查

(1) 必须在无电情况下进行，并接上地……

(2) 清扫开关柜各处灰尘和脏物，拧……

(3) 检查隔离开关、断路器开合是否……

(4) 检查电流互感器和电压互感器，……接线的正确性及连接情况。

(5) 检查开关柜的引入线和引出线……

3. 高压换向器的检查

(1) 高压换向器的引入线、引出……

(2) 主触点及消弧装置是否完好……

(3) 电磁传动装置是否完好，……

(4) 闭锁装置是否可靠。

4. 转子磁力站的检查

（1）清除盘面、继电器、接触器、磁放大器等元件上的灰尘及配线留下的线头和其他废物。

（2）检查继电器、接触器动作是否灵活，固定是否牢靠。

（3）各继电器的整定值是否符合设计要求，各触点的开度、压力是否符合厂家技术要求。

（4）检查各电缆头固定情况，控制线连接是否正确、牢固。

5. 转子启动电阻的检查

（1）清扫电阻上灰尘，拧紧各处螺栓，特别是穿电阻片螺杆两端的螺帽。

（2）检查各段电阻与相应接触器间接线是否正确，连接是否牢固。

五、组织提升机电控系统的验收

提升机电控系统在安装、调试、试运转工作结束后，即可进行系统验收。

验收内容主要分为资料验收和提升机电控系统性能验收两部分。主要依据为合同、技术协议及国家的有关标准规定。

新安装或经改造的提升机电控系统验收时，一般应具备以下技术资料：电控系统电气原理图；电控系统电气接线图；系统设计说明书（包括有关计算）；主要电气设备（高压开关柜、电动机、调压器、高压换向器等）出厂的技术文件及有关试验报告；电控系统调试大纲、调试报告；电控系统试运转报告。

提升机电控系统性能验收主要包括性能测试、保护装置试验验收、操作性能测试及紧急制动性能测试等几部分。

性能测试主要为提升机速度图、电流图测试及制动系统最大制动力矩测试。测试速度图、电流图时应分空载、半载、满载几种工况，对应手动、半自动、自动几种工作方式分别进行测试。

保护装置试验一般应包含以下主要内容：

（1）过卷保护，应对软件保护、硬件保护分别进行试验。

（2）过速保护，应对提升机全速、半速、检修等提升方式分别试验。

（3）控制系统绝缘监测，应对控制系统的380 V（AC），24 V（DC）等电源的绝缘监测分别进行测试。

（4）限速保护，分段减速的各段减速应分别试验。

（5）过流保护，各保护装置（高压开关柜、驱动控制过流）等，系统配置的过流保
应进行试验。

欠电压保护。

绕式绞车）。

功能。

（13）主轴承温度保护。

（14）制动器监测保护：包括制动器的工作状态、闸瓦间隙、闸瓦磨损、制动器弹簧疲劳等。

（15）减速器功能保护。

（16）制动油过压监测。

（17）满仓保护。

操作性能测试主要是指对提升机电控系统的各种操作控制方式，如手动、半自动、自动、试验等操作方式及提升机的各种工况，如提煤、提物、提人、检修、换层、应急等工况分别进行操作试验，以检查提升机的操作性能。

紧急制动性能测试电控系统与制动系统的配合情况及各运行参数是否满足规程要求，应分以下工况分别测试：空载全速上行，空载全速下行，半载全速上行，半载全速下行，满载全速上行，满载全速下行。

测试时应作速度、油压、电流曲线记录。

六、6 kV 继电保护装置的调试

矿山供电系统中，继电保护装置是保证供电系统安全运行的重要工具。保护装置设置合理、整定调试得当，能限制停电事故扩大、缩短停电时间，否则可能造成严重后果。

下面主要对6 kV 配出线路反时限过电流保护、主变压器差动保护整定调试方法和瓦斯保护作一介绍。

1. 6 kV 继电保护装置的整定调试

某矿地面变电所6 kV 母线供井下配电，一次接线与系统参数如图14－3所示。图中Ⅰ是地面变电所6 kV 母线；Ⅱ是井下中央变电所；Ⅲ是采区变电所。电流互感器组1TA、2TA 均为不完全星形接线，用GL－11型反时限过电流继电器接线如图14－4所示。

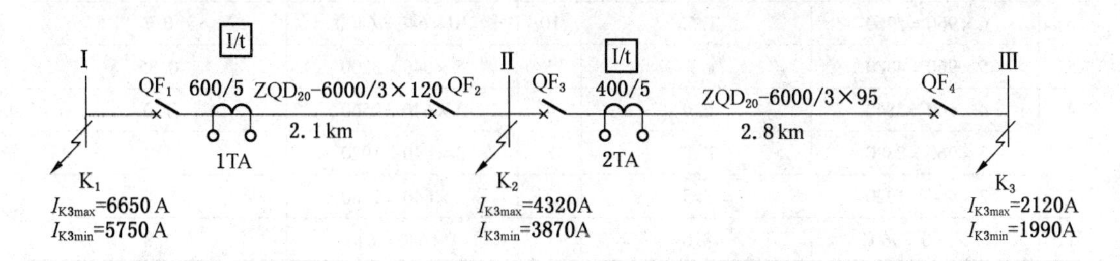

图14－3 一次接线图

（1）保护装置动作电流整定。安装于地面变电所Ⅰ处的反时限过电流保护动作电流，经计算为8.35 A，整定值取8 A，计算的速断装置动作电流为4.95倍，整定值取5倍，速断装置一次动作电流为4800 A。

安装于变电所Ⅱ处的反时限过电流保护装置动作电流，经计算为8.4 A，整定值取8 A，计算的速断动作电流倍数为3.65倍，整定值取4倍，则速断的一次动作电流为2560 A。

（2）时限整定与配合。Ⅰ与Ⅱ变电所均为反时限保护，采用GL－11型继电器，反时

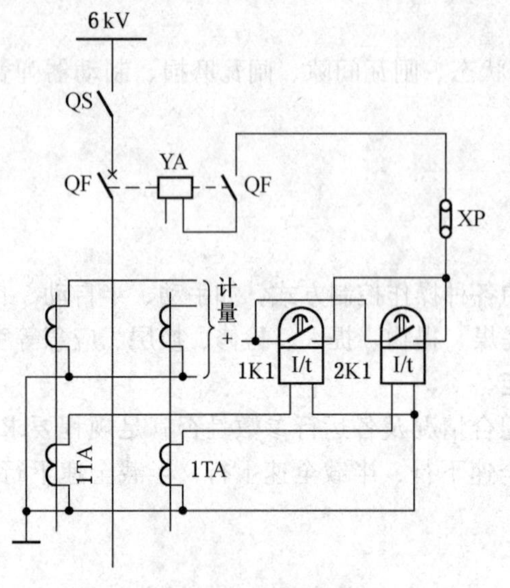

图 14－4 GL－11 型反时限过电流继电器接线图

限的时限阶段取 $\Delta t = 0.7$ s，Ⅱ处整定 0.7 s，则Ⅰ处定为 1.4 s。整定时限为 10 倍动作电流。

对Ⅰ处 GL－11 型继电器时限特性调试：

在整定（8 A）插孔下，测定感应元件动作电流至 1.1 倍速断元件动作电流的时限特性，各点的测试数据见表 14－1 左半部分，绘制特性曲线如图 14－5 中曲线Ⅰ。

安装于Ⅱ处的 GL－11/10 型调试方法同上，各点测试数据见表 14－1 右半部分，绘制曲线如图 14－5 曲线Ⅱ。

可见，安装于Ⅰ、Ⅱ两处反时限过流保护、速断保护的动作时限完全配合。

2. 保护装置的整定调试、故障判断及处理

（1）差动保护的整定调试。变压器差动保护通常采用 BCH_2 型继电器，将各插塞按照计算出的数据（整定参数）插入其相应插孔，测得实际动作电流乘以差动线圈的整定匝数，即为动作安匝，此安匝数应为 60，误差 ±4 时应进行调整。

表 14－1 整定继电器动作电流与动作时间的关系数值

Ⅰ处保护装置，一次动作电流 960 A			Ⅱ处保护装置，一次动作电流 640 A		
倍数	继电器通过电流/A	继电器的动作时间/s	倍数	继电器通过电流/A	继电器的动作时间/s
10	10×960＝9600	1.4			
6	6×960＝5760	1.55	10	10×640＝6400	0.7
5	5×960＝4800	1.75	5	5×640＝3200	0.85
4	4×960＝3840	2.0	4	4×640＝2560	1.0
3	3×960＝2880	2.53	3	3×640＝1920	1.3
2	2×960＝1920	3.5	2	2×640＝1280	1.97
1	1×960＝960	8.0	1	1×640＝640	5.8

（2）瓦斯保护动作的判断及处理。瓦斯保护动作判断及处理见表 14－2。

表 14－2 瓦斯保护动作原因及故障处理

动作原因	故障处理
1. 变压器油面下降	1. 加变压器油至规定位置
2. 与瓦斯继电器连接电缆因漏油（漏水）腐蚀	2. 排除漏油（漏水）或更换电缆
3. 主变压器分接开关接触不良，导线焊接质量不可靠	3. 退出运行，修理分接开关
4. 变压器内部故障	4. 退出运行，经过对绕组及油的试验鉴定故障

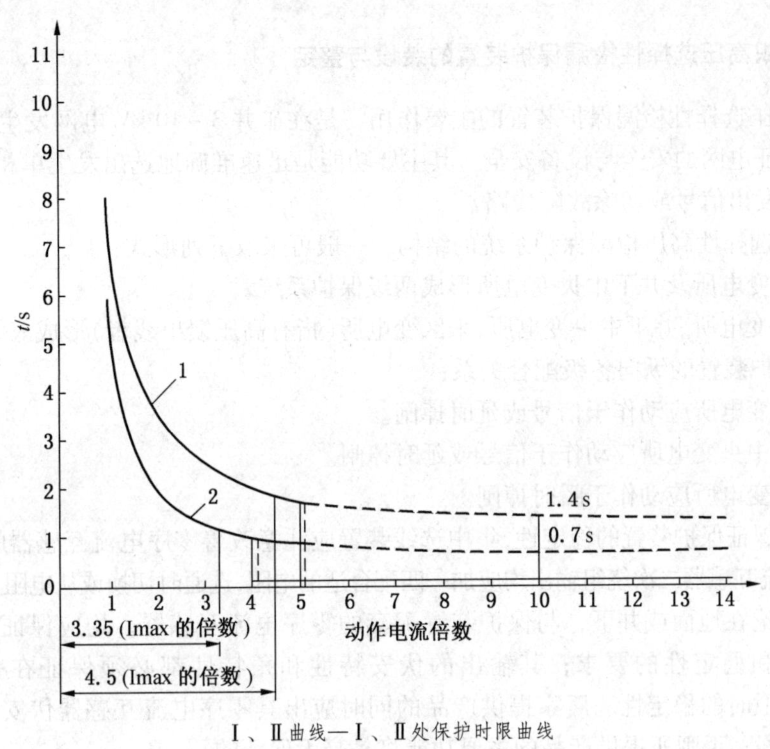

Ⅰ、Ⅱ曲线—Ⅰ、Ⅱ处保护时限曲线

图 14－5 动作时限配合曲线

七、直流电动机整流子产生火花的原因分析

1. 机械原因

（1）换向器表面不良，运行时电刷振动，产生火花。其原因主要是机械平衡不好、换向器面偏心、云母突出、换向器表面粗糙等。

（2）磁隙、主极和换向极极距不一致，电枢绕组并联电路有电位差，产生循环电流通过电刷而发生火花。

（3）电刷节距、换向器片节距不一致，循环电流和自感电势引起整流不良。

（4）电刷压力不均，电流分布不均。

（5）刷握中积存尘粉，或电刷过热膨胀，以致不能活动，引起接触不良。

2. 电气原因

（1）电刷材质不适当，电刷电压下降过低的电刷，不能充分抑制刷下换向器片间的短路电流，以致整流恶化，引起冒火。该用金属石墨电刷的大电流电机，而误用了电阻高的电石墨电刷，也会由于过热而引起火花。

（2）电刷的电流密度过低，换向器表面石墨膜过剩，氧化膜不足，也不能获得良好的整流。

（3）换向极磁场过强、过弱或不均，以致电刷电压高，发生火花。往往由于换向绕组回路，接线错误，垫片调隙不当，或并联换向绕组连接部位电阻不均，产生不平衡所引起。

（4）电刷位置不正确，未能在整流磁场的中性区工作。

（5）电枢绕组故障，例如电枢绕组短路，升条焊锡脱落，绕组两点接地等，都会引起换向器片烧黑。

八、组织高压选择性检漏保护装置的装设与整定

（1）高压选择性检漏保护装置的主要作用，是在矿井 3～10 kV 电网发生单相接地故障时，能保证电网的安全与设备安全。其主要功能是迅速准确地选出发生单相接地故障的线路，并能发出信号或切除故障线路。

（2）有选择性高压检漏保护系统的结构，一般可采取下列形式：

① 地面变电所及井下中央变电所形成两级保护系统。

② 地面变电所、井下中央变电所、采区变电所（指有高压馈出线者）形成三级保护系统。

（3）保护装置的纵向各级配合关系：

① 地面变电所应动作于信号或延时掉闸。

② 井下中央变电所应动作于信号或延时掉闸。

③ 采区变电所应动作于瞬时掉闸。

（4）为保证保护装置的稳定性，集中选线装置应注意改善零序电流互感器的工作条件，每个零序电流互感器二次绕组输出均应加一匹配合适的电阻，选通时切换或从电阻上采集信号。

（5）无论在地面或井下，与保护装置配套的零序电流互感器，均应保证保护装置对其特性质量和稳定性的要求；其输出的伏安特性和角特性都必须保证在一次电流为 500 mA 及以上时的稳定性。厂家提供产品的同时应出具零序电流互感器伏安特性和角特性的技术数据，否则所提供产品的主要功能将是毫无保证的。

（6）对单相接地电容电流超限的矿井电网，在采取分割措施不能奏效时，宜采取消弧线圈接地补偿的限制措施。

（7）对于不同接地方式的矿井高压电网，选择的高压检漏保护装置的选择性功能必须与接地方式相适应。

（8）关于选择性检漏保护装置的动作参数：

① 最低启动一次零序电流：$I_0 \geq 0.5$ A。

② 最高整定一次零序电流：$I_0 < 6$ A。

③ 最低启动二次零序电压：$U_0 \geq 3$ V。

④ 最高整定二次零序电压：$U_0 < 25$ V。

⑤ 保护装置本身的动作时间不大于 0.1 s。

第三节 识 图 能 力

一、复杂电气原理图的分析方法

电气线路图种类繁多，千变万化，很难规定出一个一成不变的读图及分析方法。但是电气线路图又是有规律可循的，再复杂的电路图，总是可以分解为几个功能部分，即单元线路。

如果我们对线路的功用，即所要达到的目标很明确，对各元件的功能有所了解，对基本电子线路又比较熟悉，那就能够化整为零，各个击破，把一个复杂的线路分解成许多简单的线路，整个线路问题也就迎刃而解了。下面以一个最常见的半导体收音机的电气线路为例，说明分析复杂电气线路图的方法。

半导体收音机的功用是将空间的无线电已调波(由广播电台所发出)接收、放大并加以检波,把声音信号从喇叭里放出来。典型的半导体收音机电路实际上就是一些放大、振荡、调制与反调制电路的组合,如图 14－6 所示。我们可以把它分解为许多标准的基本电子线路(单元线路),用框图来表示,如图 14－7 所示。

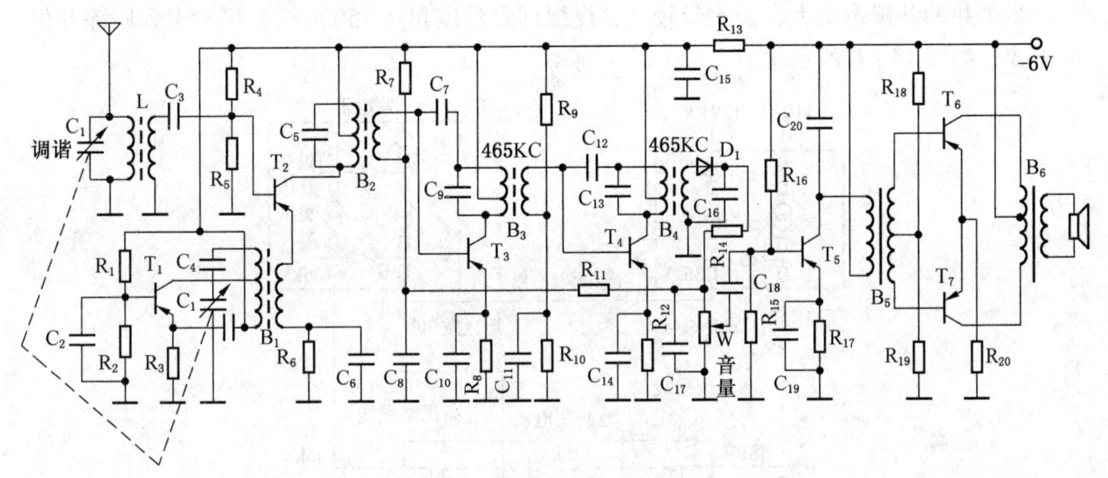

图 14－6 半导体收音机电路

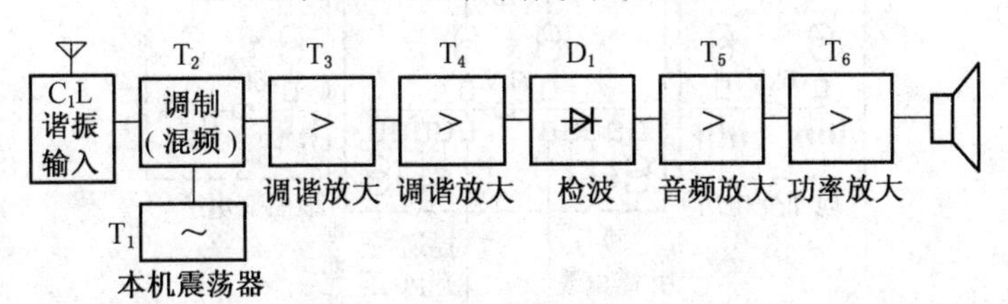

图 14－7 半导体收音机电路框图

天线上的无线电信号经谐振电路 LC_1 调谐后，选出所需的电台而加到调制管 T_2 的基极。T_1 是典型的电感三点式正弦波振荡器，由变压器 B_1 的二次线圈输出振荡信号。它的调谐电容 C_1' 和天线调谐电容 C_1 装在同一根轴上，一起变化，故它的振荡频率（称为本机振荡频率）总是比天线输入频率高 465 kHz。

T_2 是发射极调制电路，又叫混频电路，从 T_2 集电极变压器 B_2 二次输出的是频率为 465 kHz 的已调波。

T_3 和 T_4 都是两个调谐变放大器,它是共射极放大电路,谐振在 465 kHz 的中频频率上。这样,对 465 kHz 的信号,放大器的集电极相当于接了一个很大的负载阻抗,故放大倍数很大,对其余频率的干扰信号则负载阻抗很小,不具备放大作用。故调谐放大器是专门放大某一种频率(此处为 465 kHz)的选频放大器。这二级调谐放大器称为中频放大器。

已调波经二级中频放大后，在中频变压器 B_4 的二次线圈上输出，D_1、C_{16}、C_{17} 和电位器 W 构成典型的二极管检波电路，在电位器滑动触头上输出的就是音频信号了。调节电位器 W 可调节收音机的音量。

T_6 是标准的共射极放大电路，放大音频信号，输出端用变压器 B_6 耦合。T_6 和 T_7 是推挽放大器，最后的输出信号就来推动喇叭，发出声音。

从本例可以看出，尽管某些线路初看似乎很复杂，但是只要能把它分解为一些标准的单元线路，整个线路也就很简单了。煤矿中最重要而较复杂的一些线路是矿山供电线路、电力拖动与控制线路、矿山信号通信及遥控遥测线路组成。

二、典型深井供电系统图简单分析

当矿井的井田范围大、涌水量较大、煤层埋藏深度超过 150 m 时，可考虑采用深井供电方式，如图 14－8 所示。

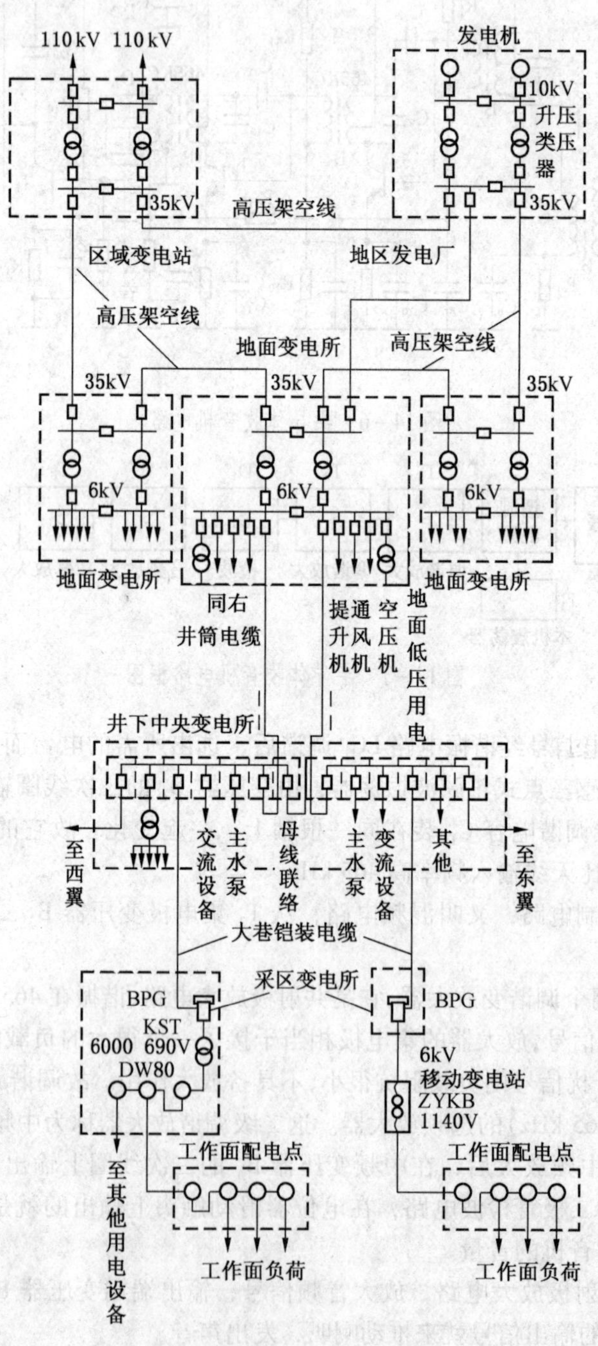

图 14－8 深井供电系统图

从图可看出，该矿地面变电所的电源电压是35 kV，为三回电源线路，其中一回线路直接来自发电厂，另两回电源线路分别来自相邻某矿的变电所，它们相互构成了环形供电，满足了矿井一级用户的需要。

地面变电所将电压从35 kV变为6 kV，分别接在两个单电源又相互联络的6 kV母线段上。6 kV的配电是由两段母线分别向地面低压用户、空压机、主要通风机、提升机和井下中央变电所供电，符合《煤矿安全规程》向不同用户提供供电电源配置的规定。

井下中央变电所除向附近区域提供低压用电、整流用电之外，主要是向主水泵房、采区变电所等配电场所供电。其主接线原则是，高压母线一般采用单母线分段，并设分段联络开关，正常情况下，母线分列运行，各类高压负荷，应尽可能均匀分配在各段母线上；主排水泵由中央变电所高压开关柜直接供电，也可实现间接控制供电。

第四节　智能测量仪器的使用

一、数字存储示波器和瞬态波形存储器

由于光线示波器机械电磁式振子的频率响应不高，而机械扫描示波器虽具有很高的频率响应，但测试精度较低。因此，目前在一些短暂而变化迅速信号的测试中已逐步地采用有数字存储功能的数字存储示波器和瞬态波形存储器以替代光线示波器和机械扫描示波器。

1. 数字存储示波器

数字存储示波器的工作原理框图如图14－9所示。输入的模拟信号经直流选择开关、衰减器和放大器后，输入到模拟量/数字量（A/D）转换器，快速地将变化中某一瞬间的模拟量转换为所对应变化的数字量后，输入到存储器上存储下来。所存储的一系列数字量可以逐个依次地通过数字量/模拟量（D/A）转换器转换成对应的一系列模拟量，通过荧光屏的x轴扫描，将被存储下来的输入模拟量信号周期性地重显在荧光屏上，亦可用x－y记录仪接至模拟量输出环节，将被测波形画在x－y记录仪的方格纸上。

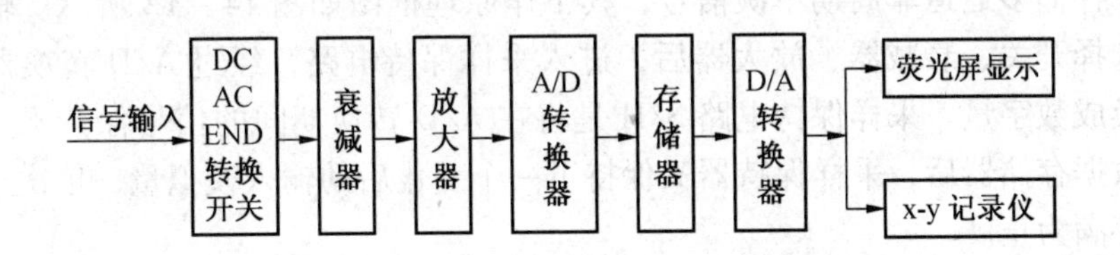

图14－9　数字存储示波器工作原理图

数字存储示波器有两通道和四通道两种。其工作方式有实时方式和存储方式。在实时方式下工作时，数字存储示波器作为一般的阴极示波器使用，只有在存储方式下工作时，才能存储被测的波形。

数字存储示波器有效的存储频带宽度一般在2～20 MHz以下，它主要取决于A/D转换的速率。示波器的触发方式分交流触发和直流触发，可选择正极性或负极性触发。触发

信号可设置为输入信号触发（内触发）和外加信号触发（外触发），触发的电平大小可以调节。扫描方式分为自动扫描和单次扫描等。自动扫描时，不加触发信号即可扫描，单次扫描适用于存储操作。例如，对于图 14－10 的被测波形，如选择较低的正极性触发电平，可将触发后的一段波形存储并显示出来。但是，如果所设置的触发电平较高，会将触发前的一段波形漏掉。为了克服这一缺点，数字存储示波器都设计成具有可将触发电平前一段的波形存储下来的功能。触发前的这段波形长度是由前置延时量选择开关所预置的数来确定的，选择合适的前置延时量，将测量信号的全过程存储并在荧光屏上，如图14－11所示。

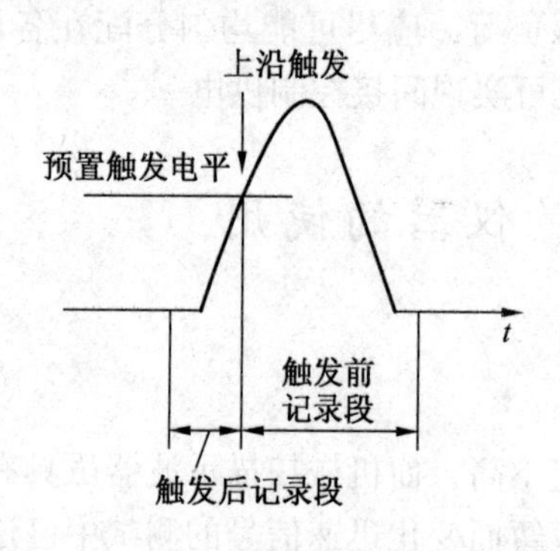

图 14－10　触发后记录的波形

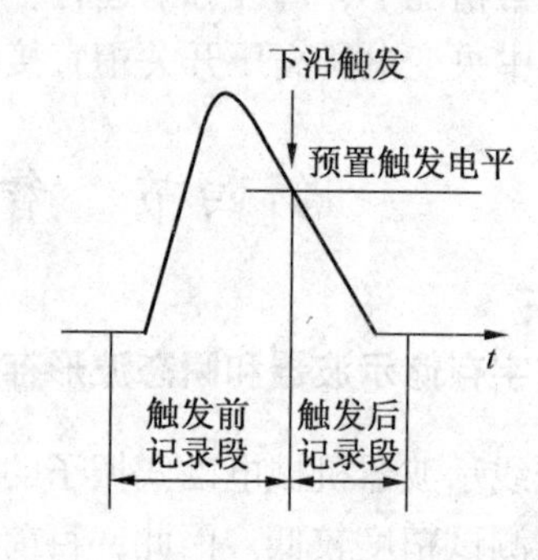

图 14－11　触发前后记录的波形

数字存储示波器每通道的存储容量一般为 1024 单元，每单元为 8 位二进制数字量。示波器荧光屏前的横向 x 轴刻度为 10 格，光点扫描的宽度为 10.24 格，相应每格为 100 个单元所存储的信号。如果要将被测的波形全过程都存入存储器，则应选择适当的写入速度。

2. 瞬态波形存储器

如果要测量信号的通道数较多或需要更多的存储容量时，可采用瞬态波形存储器。瞬态波形存储器有四通道、八通道及以上的，每通道的存储容量在 2048 单元以上，它们可同步采集并存储多通道非周期单次信号，其工作原理框图如图 14－12 所示。输入信号经过交直流选择开关、衰减器、放大器后，进入采样保持电路，经过 A/D 转换器将输入的模拟量转换成数字量。采样保持电路 S/H 是将在 A/D 转换期间的信号保持不变，等到数字量存入数据存储器后，采样保持器又保持下一个变化后的输入模拟量，依次逐个存储直到存储器存满为止。

瞬态波形存储器有两种输出方式，一种是由存储器（RAM）中读出的数字量通过数字量/模拟量（D/A）转换成相应的模拟量，用外接阴极示波器显示被记录的波形，也可送至 x－y 记录仪绘出波形；另一种是送入微型计算机内存，以便微机处理。

瞬态波形存储器的记录方式有内触发预置记录和外触发预置记录。内触发预置记录是使用较多的一种方式，其主要优点是可以记录一段触发前的波形，这段波形的长短由预置地址的多少来确定。触发信号的电平大小、正负极性、上沿与下沿均可事先设定。图14－13a 与图 14－13b 所示分别为上升沿内触发和下降沿内触发的记录方式。图 14－14 为外触发的记录方式。

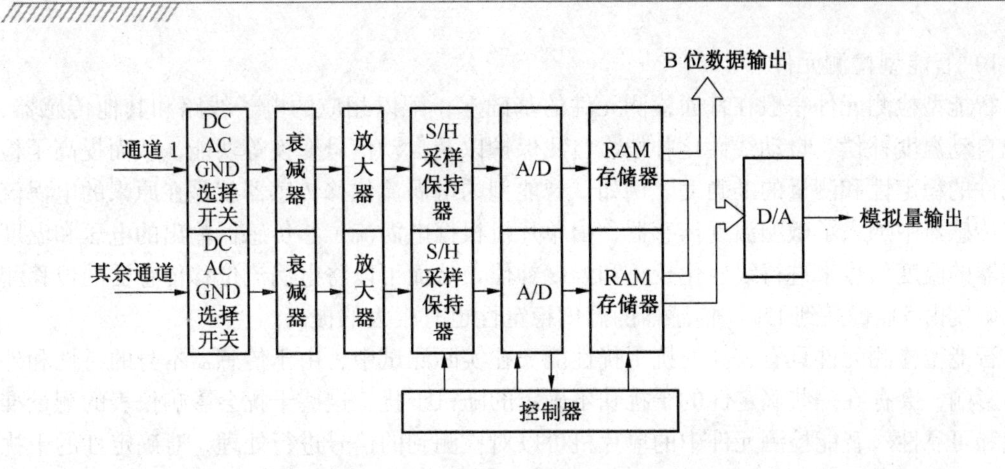

图 14-12 瞬态波形存储器工作原理框图

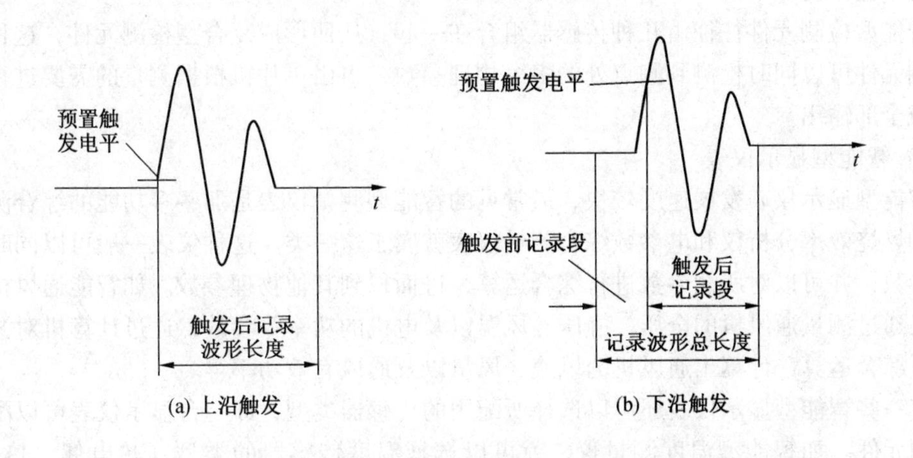

图 14-13 上沿与下沿触发记录

使用过程中应注意所记录的波形长度，应充分利用存储器的存储容量。例如，若每通道的存储容量为 2048，则记录波形的存储地址单元应在 0 ~ 2047 范围内，它包括触发前和触发后的记录波形总长度。

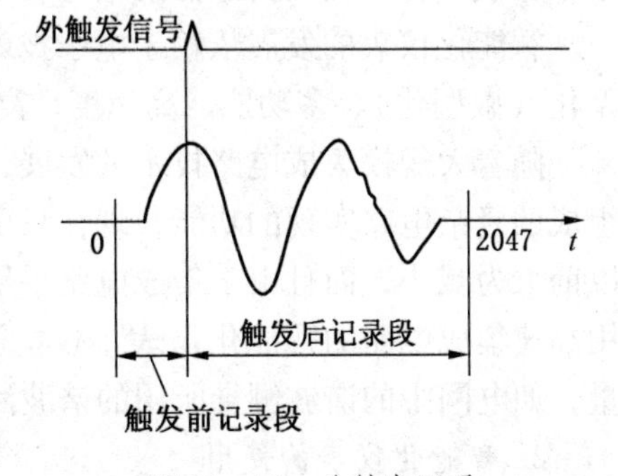

图 14-14 外触发记录

二、智能化仪表的使用

智能化仪表就是将计算机技术应用于仪器仪表的一种新型测量仪表，它在某些方面具有模仿人工智能的特性，使仪表内的各个环节自动地协调工作，并具有数据处理和故障诊断功能。

1. 智能化仪表的基本类型

仪器仪表一般由检测元件（传感器）和显示仪表组成。智能化仪表是指检测元件为智能型或显示仪表为智能型或者二者均为智能型的仪器仪表。

1）智能型检测元件

智能型检测元件一般在普通检测元件的基础上，配以相应的电子线路和其他传感器，实现自动温度补偿、自动线性化补偿、自我保护以及自动信号变换等功能，从而提高了检测元件的稳定性和测量的准确度。例如，智能型的电涡流位移传感器就是在原来的电涡流位移传感器中加入了微型温度传感器，由单片机根据电涡流位移传感器输出的电压和温度传感器的温度信号来进行线性化校正和温度补偿，从而可以将电涡流位移传感器的位移测量准确度由5%提高到1%，传感器的温度稳定性也有很大的提高。

智能型检测元件具有较高的抗干扰性能。在实际测试中，由于传感器本身的特性和外界的影响，会存在一些确定性的干扰和不确定的随机干扰，这些干扰会影响仪表的测量准确度和可靠性。智能检测元件中的单片机可以对检测到的信号进行处理，对确定性的干扰所引起的误差进行补偿修正，对那些不确定的随机干扰进行滤波，从而提高了检测元件本身的抗干扰性能。

智能型检测元件往往由几种传感器组合在一起，从而形成复合型检测元件，这种复合型检测元件可以同时检测到测点处的多个物理参数，再由单片机根据测量的需要进行选择输出或全部输出。

2）智能型显示仪表

智能型显示仪表发展速度较快，最常见的智能型测量仪表是那些多功能的综合测量仪表，如燃烧效率分析仪和电参数综合测量仪表就属于这一类。这种仪表一般可以同时测量多个参数，并可以对所测参数进行综合运算，进而得到其他物理参数。如智能通风机测试仪就是通过测量通风机的全压、静压、风温以及电机的功率等参数，通过计算机对测量参数进行综合运算，计算出通风机的风速、风量以及通风有效功率等。

有一些智能型显示仪表还可以选择所配用的传感器类型，即一台显示仪表可以配装多种检测元件。如智能型温度测量仪，就可以选择温度传感器的类型（热电偶、热电阻、半导体、热敏元件或其他温度传感器），仪表可以根据传感器的类型选取对应的计算公式或数据表，将不同的传感器的信号转换为温度值输出。

智能化仪表的发展依赖于电子技术的发展，随着电子技术的发展，智能化仪表在向小型化（微型化）、多功能、高速度、高精度、高可靠性和低耗能方向发展。

随着大规模集成电路技术的发展，仪表所用元件的体积越来越小，而且原来分立元件组成的复杂电路实现的功能，现在只要一块集成电路就可以实现，因此使得仪表的体积较以前大为减小，而且由于集成电路采用CMOS等低耗能工艺，使仪表的能耗越来越低。采用高速集成电路的智能化仪表不仅能测量恒定量和缓慢变化量，而且能测量高速变化的量，如电网中的谐波测量所用的谐波测量仪表，就能测量出瞬间出现的高次谐波。

2. 智能化仪表的使用

在选用智能仪表时应根据实际测量要求来选择，应特别注意仪器的量程范围和准确度以及显示位数等。智能仪表的测量误差主要由检测元件、模数转换器件、显示器件和计算过程中的四舍五入所产生。由于运算过程多采用多字节运算，其产生的误差可以忽略，在选择智能仪表时除考虑仪表的基本准确度外，不需考虑仪器的显示器最低位±1所产生的误差，因为智能仪器一般采用数字显示，其显示器最低位以后的数字采用四舍五入的原则进行处理，若显示器的位数较少，则由于显示器而产生的误差也不应忽略。

智能仪表与其他普通仪表一样，一般在最大量程的 2/3 处其测量准确度最高——这是由检测元件所造成的，在选择仪表的量程范围时，应充分考虑这一点。

智能仪表的使用比较灵活方便，在实际使用过程中应注意仪表的使用要求。对于多种量程选择的仪表，一般先选择最大量程进行测量，然后再根据实际测量的数据范围进行量程调整；对于多功能的智能仪表，应根据测量的实际情况选择相应的功能及参数；对于需输入参数的智能仪表，输入参数的准确与否往往会对测量的准确度产生较大的影响，如红外测温仪要求输入被测物体的辐射系数，超声波流量计要求输入被测介质的种类和被测管的参数。目前许多智能仪表的输入输出往往采用人—机对话的方式，但由于仪表所用显示器所能显示的信息量的局限性和出于对成本的考虑，仪表的提示信息一般都用英文或英文缩写，在使用时一定要了解提示信息的确切含义，以便根据提示信息正确输入（或选择）相应的参数。

另外，智能仪表在使用中要注意防尘、防潮和防腐，因为智能仪表的线路板布线都比较细且线间距都比较小，微小的尘粒和水珠都可能造成短路，轻微的腐蚀也有可能造成断路，轻者影响测量的正常进行，重者可能损坏仪表。

参 考 文 献

[1] 吴荣贵．电机与变压器［M］．北京：中国劳动出版社，1988.

[2] 王国海．可编程序控制器及其应用［M］．北京：中国劳动社会保障出版社，2001.

[3] 李书堂．电工基础［M］．北京：中国劳动社会保障出版社，2001.

[4] 王锦洲．煤矿电工学［M］．北京：煤炭工业出版社，1994.

[5] 李显全．维修电工［M］．北京：中国劳动出版社，1982.

[6] 叶淬．电工电子技术［M］．北京：化学工业出版社，2004.

[7] 徐淑华．电工电子技术［M］．北京：电子工业出版社，2003.

[8] 雄幸明．电工电子技能训练［M］．北京：电子工业出版社，2004.

[9] 张梦欣．电子技术基础［M］．北京：中国劳动社会保障出版社，2001.

[10] 劳动部培训司．维修电工生产实习［M］．北京：中国劳动出版社，1994.

[11] 顾永辉．煤矿电工手册修订本［M］．北京：煤炭工业出版社，1999.

[12] 岳淑琴．矿山电气设备安装工艺［M］．北京：煤炭工业出版社，1994.

[13] 许主平．煤矿电气设备故障分析与处理［M］．北京：煤炭工业出版社，1991.

[14] 许启贤．煤矿职工职业道德［M］．徐州：中国矿业大学出版社，1989.

[15] 于 修．矿山大型固定设备技术测试［M］．徐州：中国矿业大学出版社，1995.

图书在版编目（CIP）数据

矿井维修电工：初级、中级、高级/煤炭工业职业技能鉴定指导中心组织编写. --3版. -- 北京：应急管理出版社，2024

煤炭行业特有工种职业技能鉴定培训教材

ISBN 978-7-5237-0423-3

Ⅰ.①矿… Ⅱ.①煤… Ⅲ.①煤矿—矿山电工—职业技能—鉴定—教材 Ⅳ.①TD6

中国国家版本馆 CIP 数据核字（2024）第019112号

矿井维修电工（初级、中级、高级） 第3版

（煤炭行业特有工种职业技能鉴定培训教材）

组织编写 煤炭工业职业技能鉴定指导中心
责任编辑 成联君
编　　辑 杜　秋
责任校对 孔青青
封面设计 于春颖

出版发行 应急管理出版社（北京市朝阳区芍药居35号　100029）
电　　话 010-84657898（总编室）　010-84657880（读者服务部）
网　　址 www.cciph.com.cn
印　　刷 河北鹏远艺兴科技有限公司
经　　销 全国新华书店

开　　本 787mm×1092mm 1/16　**印张** 23　**字数** 555千字
版　　次 2024年4月第3版　2024年4月第1次印刷
社内编号 20231554　**定价** 69.00元
